国家药包材标准

国家药典委员会　审　定
中国食品药品检定研究院　组织编写

中国医药科技出版社

内 容 提 要

《中华人民共和国药品管理法》（2015 年修正）中规定直接接触药品的包装材料和容器，必须符合药用要求，符合保障人体健康、安全的标准，并由药品监督管理部门在审批药品时一并审批。

为了进一步规范和完善我国药包材的质量标准，统一各项检验方法及技术要求，加强对药包材的监管。从 2009 年开始，由中国食品药品检定研究院牵头，组织全国药包材检验检测机构对现行的 139 个国家药包材标准进行了整理、勘误和汇编，结合《中国药典》2015 年版四部通则内容特成此书。

本书包含 130 个现行有效的药包材标准，分为七个部分：第一部分为玻璃类药包材标准，第二部分为金属类药包材标准，第三部分为塑料类药包材标准，第四部分为橡胶类药包材标准，第五部分为预灌封类药包材标准，第六部分为其他类药包材标准，第七部分为方法类药包材标准。

本书适用于药包材生产企业、药品生产企业、相关药包材检验检测单位、医药研究机构、医药院校和协会等使用。

图书在版编目（CIP）数据

国家药包材标准／中国食品药品检定研究院组织编写 . —北京：中国医药科技出版社，2015. 10
ISBN 978-7-5067-7810-7

Ⅰ. ①国…　Ⅱ. ①中…　Ⅲ. ①药品-包装材料-国家标准-中国　Ⅳ. ①TQ406. 6-65

中国版本图书馆 CIP 数据核字（2015）第 225910 号

责任编辑　蔡　红　崔丽萍　高雨濛
美术编辑　陈君杞
版式设计　郭小平

出版　中国医药科技出版社
地址　北京市海淀区文慧园北路甲 22 号
邮编　100082
电话　发行：010-62227427　邮购：010-62236938
网址　www. cmstp. com
规格　880×1230mm
印张　25½
字数　738 千字
版次　2015 年 10 月第 1 版
印次　2015 年 10 月第 1 次印刷
印刷　三河市万龙印装有限公司
经销　全国各地新华书店
书号　ISBN 978-7-5067-7810-7
定价　460. 00 元

本社图书如存在印装质量问题请与本社联系调换

国家食品药品监督管理总局

公 告

2015 年 第 164 号

关于发布 YBB 00032005—2015 《钠钙玻璃输液瓶》等 130 项直接接触药品的 包装材料和容器国家标准的公告

根据《中华人民共和国药品管理法》及其实施条例规定，YBB 00032005-2015《钠钙玻璃输液瓶》等 130 项直接接触药品的包装材料和容器国家标准已经审定通过，现予以公布，自 2015 年 12 月 1 日起实施，由中国医药科技出版社出版发行。标准内容可在国家食品药品监督管理总局网站（www.cfda.gov.cn）或中国食品药品检定研究院网站（www.nicpbp.org.cn）进行查询，其标准编号、名称及替代对照表见附件。

特此公告。

附件：1. YBB 00032005—2015《钠钙玻璃输液瓶》等 130 项直接接触药品的包装材料和容器国家标准编号、名称

2. 标准替代对照表

食品药品监管总局

2015 年 8 月 11 日

（公开属性：主动公开）

YBB00032005-2015《钠钙玻璃输液瓶》等 130 项直接接触药品的包装材料和容器 国家标准编号、名称

1. YBB00032005-2015 钠钙玻璃输液瓶
2. YBB00012004-2015 低硼硅玻璃输液瓶
3. YBB00022005-2-2015 中硼硅玻璃输液瓶
4. YBB00332002-2015 低硼硅玻璃安瓿
5. YBB00322005-2-2015 中硼硅玻璃安瓿
6. YBB00332003-2015 钠钙玻璃管制注射剂瓶
7. YBB00302002-2015 低硼硅玻璃管制注射剂瓶
8. YBB00292005-2-2015 中硼硅玻璃管制注射剂瓶
9. YBB00292005-1-2015 高硼硅玻璃管制注射剂瓶
10. YBB00312002-2015 钠钙玻璃模制注射剂瓶
11. YBB00322003-2015 低硼硅玻璃模制注射剂瓶
12. YBB00062005-2-2015 中硼硅玻璃模制注射剂瓶
13. YBB00032004-2015 钠钙玻璃管制口服液体瓶
14. YBB00282002-2015 低硼硅玻璃管制口服液体瓶
15. YBB00022004-2015 硼硅玻璃管制口服液体瓶
16. YBB00272002-2015 钠钙玻璃模制药瓶
17. YBB00302003-2015 低硼硅玻璃模制药瓶
18. YBB00052004-2015 硼硅玻璃模制药瓶
19. YBB00362003-2015 钠钙玻璃管制药瓶
20. YBB00352003-2015 低硼硅玻璃管制药瓶
21. YBB00042004-2015 硼硅玻璃管制药瓶
22. YBB00282003-2015 药用钠钙玻璃管

23. YBB00272003-2015 药用低硼硅玻璃管

24. YBB00012005-2-2015 药用中硼硅玻璃管

25. YBB00012005-1-2015 药用高硼硅玻璃管

26. YBB00162005-2015 口服固体药用陶瓷瓶

27. YBB00152002-2015 药用铝箔

28. YBB00162002-2015 铝质药用软膏管

29. YBB00082005-2015 注射剂瓶用铝盖

30. YBB00092005-2015 输液瓶用铝盖

31. YBB00382003-2015 口服液瓶用撕拉铝盖

32. YBB00012002-2015 低密度聚乙烯输液瓶

33. YBB00022002-2015 聚丙烯输液瓶

34. YBB00242004-2015 塑料输液容器用聚丙烯组合盖（拉环式）

35. YBB00342002-2015 多层共挤输液用膜、袋通则

36. YBB00102005-2015 三层共挤输液用膜（Ⅰ）、袋

37. YBB00112005-2015 五层共挤输液用膜（Ⅰ）、袋

38. YBB00062002-2015 低密度聚乙烯药用滴眼剂瓶

39. YBB00072002-2015 聚丙烯药用滴眼剂瓶

40. YBB00082002-2015 口服液体药用聚丙烯瓶

41. YBB00092002-2015 口服液体药用高密度聚乙烯瓶

42. YBB00102002-2015 口服液体药用聚酯瓶

43. YBB00392003-2015 外用液体药用高密度聚乙烯瓶

44. YBB00112002-2015 口服固体药用聚丙烯瓶

45. YBB00122002-2015 口服固体药用高密度聚乙烯瓶

46. YBB00262002-2015 口服固体药用聚酯瓶

47. YBB00172004-2015 口服固体药用低密度聚乙烯防潮组合瓶盖

48. YBB00132002-2015 药用复合膜、袋通则

49. YBB00172002-2015 聚酯/铝/聚乙烯药用复合膜、袋

50. YBB00182002-2015 聚酯/低密度聚乙烯药用复合膜、袋

51. YBB00192002-2015 双向拉伸聚丙烯/低密度聚乙烯药用复合膜、袋

52. YBB00192004-2015 双向拉伸聚丙烯/真空镀铝流延聚丙烯药用复合膜、袋

53. YBB00202004-2015 玻璃纸/铝/聚乙烯药用复合膜、袋

54. YBB00212005-2015 聚氯乙烯固体药用硬片

55. YBB00232005-2015 聚氯乙烯/低密度聚乙烯固体药用复合硬片

56. YBB00222005-2015 聚氯乙烯/聚偏二氯乙烯固体药用复合硬片

57. YBB00182004-2015 铝/聚乙烯冷成型固体药用复合硬片

58. YBB00202005-2015 聚氯乙烯/聚乙烯/聚偏二氯乙烯固体药用复合硬片

59. YBB00242002-2015 聚酰胺/铝/聚氯乙烯冷冲压成型固体药用复合硬片

60. YBB00372003-2015 抗生素瓶用铝塑组合盖

61. YBB00402003-2015 输液瓶用铝塑组合盖

62. YBB00212004-2015 药用铝塑封口垫片通则

63. YBB00132005-2015 药用聚酯/铝/聚丙烯封口垫片

64. YBB00142005-2015 药用聚酯/铝/聚酯封口垫片

65. YBB00152005-2015 药用聚酯/铝/聚乙烯封口垫片

66. YBB00252005-2015 聚乙烯/铝/聚乙烯复合药用软膏管

67. YBB00072005-2015 药用低密度聚乙烯膜、袋

68. YBB00042005-2015 注射液用卤化丁基橡胶塞

69. YBB00052005-2015 注射用无菌粉末用卤化丁基橡胶塞

70. YBB00232004-2015 药用合成聚异戊二烯垫片

71. YBB00222004-2015 口服制剂用硅橡胶胶塞、垫片

72. YBB00112004-2015 预灌封注射器组合件(带注射针)

73. YBB00062004-2015 预灌封注射器用硼硅玻璃针管

74. YBB00092004-2015 预灌封注射器用不锈钢注射针

75. YBB00072004-2015 预灌封注射器用氯化丁基橡胶活塞

76. YBB00082004-2015 预灌封注射器用溴化丁基橡胶活塞

77. YBB00102004-2015 预灌封注射器用聚异戊二烯橡胶针头护帽

78. YBB00122004-2015 笔式注射器用硼硅玻璃珠

79. YBB00132004-2015 笔式注射器用硼硅玻璃套筒

80. YBB00142004-2015 笔式注射器用铝盖

81. YBB00152004-2015 笔式注射器用氯化丁基橡胶活塞和垫片

82. YBB00162004-2015 笔式注射器用溴化丁基橡胶活塞和垫片

83. YBB00122005-2015 固体药用纸袋装硅胶干燥剂

84. YBB00262004-2015 包装材料红外光谱测定法

85. YBB00272004-2015 包装材料不溶性微粒测定法

86. YBB00282004-2015 乙醛测定法

87. YBB00292004-2015 加热伸缩率测定法

88. YBB00302004-2015 挥发性硫化物测定法

89. YBB00312004-2015 包装材料溶剂残留量测定法

90. YBB00322004-2015 注射剂用胶塞、垫片穿刺力测定法

91. YBB00332004-2015 注射剂用胶塞、垫片穿刺落屑测定法

92. YBB00342004-2015 玻璃耐沸腾盐酸侵蚀性测定法

93. YBB00352004-2015 玻璃耐沸腾混合碱水溶液侵蚀性测定法

94. YBB00362004-2015 玻璃颗粒在98℃耐水性测定法和分级

95. YBB00372004-2015 砷、锑、铅、镉浸出量测定法

96. YBB00382004-2015 抗机械冲击测定法

97. YBB00392004-2015 直线度测定法

98. YBB00402004-2015 药用陶瓷吸水率测定法

99. YBB00412004-2015 药品包装材料生产厂房洁净室（区）的测试方法

100. YBB00172005-2015 药用玻璃砷、锑、铅、镉浸出量限度

101. YBB00182005-2015 药用陶瓷容器铅、镉浸出量限度

102. YBB00192005-2015 药用陶瓷容器铅、镉浸出量测定法

103. YBB00242005-2015 环氧乙烷残留量测定法

104. YBB00262005-2015 橡胶灰分测定法

105. YBB00012003-2015 细胞毒性检查法

106. YBB00022003-2015 热原检查法

107. YBB00032003-2015 溶血检查法

108. YBB00042003-2015 急性全身毒性检查法

109. YBB00052003-2015 皮肤致敏检查法

110. YBB00062003-2015 皮内刺激检查法

111. YBB00072003-2015 原发性皮肤刺激检查法

112. YBB00082003-2015 气体透过量测定法

113. YBB00092003-2015 水蒸气透过量测定法

114. YBB00102003-2015 剥离强度测定法

115. YBB00112003-2015 拉伸性能测定法

116. YBB00122003-2015 热合强度测定法

117. YBB00132003-2015 密度测定法

118. YBB00142003-2015 氯乙烯单体测定法

119. YBB00152003-2015 偏二氯乙烯单体测定法

120. YBB00162003-2015 内应力测定法

121. YBB00172003-2015 耐内压力测定法

122. YBB00182003-2015 热冲击和热冲击强度测定法

123. YBB00192003-2015 垂直轴偏差测定法

124. YBB00202003-2015 平均线热膨胀系数测定法

125. YBB00212003-2015 线热膨胀系数测定法

126. YBB00232003-2015 三氧化二硼测定法

127. YBB00242003-2015 121℃内表面耐水性测定法和分级

128. YBB00252003-2015 玻璃颗粒在121℃耐水性测定法和分级

129. YBB00342003-2015 药用玻璃成分分类及理化参数

130. YBB00142002-2015 药品包装材料与药物相容性试验指导原则

标准替代对照表

序号	标准号	标准名称	代替标准号	代替标准名称
1	YBB00032005-2015	钠钙玻璃输液瓶	YBB00032005	钠钙玻璃输液瓶（试行）
2	YBB00012004-2015	低硼硅玻璃输液瓶	YBB00012004	低硼硅玻璃输液瓶（试行）
3	YBB00022005-2-2015	中硼硅玻璃输液瓶	YBB00022005-2	中性硼硅玻璃输液瓶（试行）
4	YBB00332002-2015	低硼硅玻璃安瓿	YBB00332002	低硼硅玻璃安瓿（试行）
5	YBB00322005-2-2015	中硼硅玻璃安瓿	YBB00322005-2	中性硼硅玻璃安瓿（试行）
6	YBB00332003-2015	钠钙玻璃管制注射剂瓶	YBB00332003	钠钙玻璃管制注射剂瓶（试行）
7	YBB00302002-2015	低硼硅玻璃管制注射剂瓶	YBB00302002	低硼硅玻璃管制注射剂瓶（试行）
8	YBB00292005-2-2015	中硼硅玻璃管制注射剂瓶	YBB00292005-2	中性硼硅玻璃管制注射剂瓶（试行）
9	YBB00292005-1-2015	高硼硅玻璃管制注射剂瓶	YBB00292005-1	高硼硅玻璃管制注射剂瓶（试行）
10	YBB00312002-2015	钠钙玻璃模制注射剂瓶	YBB00312002	钠钙玻璃模制注射剂瓶（试行）
11	YBB00322003-2015	低硼硅玻璃模制注射剂瓶	YBB00322003	低硼硅玻璃模制注射剂瓶（试行）
12	YBB00062005-2-2015	中硼硅玻璃模制注射剂瓶	YBB00062005-2	中性硼硅玻璃模制注射剂瓶（试行）
13	YBB00032004-2015	钠钙玻璃管制口服液体瓶	YBB00032004	钠钙玻璃管制口服液体瓶（试行）
14	YBB00282002-2015	低硼硅玻璃管制口服液体瓶	YBB00282002	低硼硅玻璃管制口服液体瓶（试行）
15	YBB00022004-2015	硼硅玻璃管制口服液体瓶	YBB00022004	硼硅玻璃管制口服液体瓶（试行）
16	YBB00272002-2015	钠钙玻璃模制药瓶	YBB00272002	钠钙玻璃药瓶（试行）
17	YBB00302003-2015	低硼硅玻璃模制药瓶	YBB00302003	低硼硅玻璃模制药瓶（试行）
18	YBB00052004-2015	硼硅玻璃模制药瓶	YBB00052004	硼硅玻璃模制药瓶（试行）
19	YBB00362003-2015	钠钙玻璃管制药瓶	YBB00362003	钠钙玻璃管制药瓶（试行）
20	YBB00352003-2015	低硼硅玻璃管制药瓶	YBB00352003	低硼硅玻璃管制药瓶（试行）
21	YBB00042004-2015	硼硅玻璃管制药瓶	YBB00042004	硼硅玻璃管制药瓶（试行）
22	YBB00282003-2015	药用钠钙玻璃管	YBB00282003	钠钙玻璃药用管（试行）
23	YBB00272003-2015	药用低硼硅玻璃管	YBB00272003	低硼硅玻璃药用管（试行）
24	YBB00012005-2-2015	药用中硼硅玻璃管	YBB00012005-2	药用中性硼硅玻璃管（试行）
25	YBB00012005-1-2015	药用高硼硅玻璃管	YBB00012005-1	药用高硼硅玻璃管（试行）
26	YBB00162005-2015	口服固体药用陶瓷瓶	YBB00162005	药用口服固体陶瓷瓶（试行）
27	YBB00152002-2015	药用铝箔	YBB00152002	药品包装用铝箔（试行）
28	YBB00162002-2015	铝质药用软膏管	YBB00162002	铝质药用软膏管（试行）
29	YBB00082005-2015	注射剂瓶用铝盖	YBB00082005	注射剂瓶用铝盖（试行）
30	YBB00092005-2015	输液瓶用铝盖	YBB00092005	输液瓶用铝盖（试行）
31	YBB00382003-2015	口服液体瓶用撕拉铝盖	YBB00382003	口服液瓶用撕拉铝盖（试行）

序号	标准编号	名称	标准编号	名称
32	YBB00012002-2015	低密度聚乙烯输液瓶	YBB00012002	低密度聚乙烯输液瓶（试行）
33	YBB00022002-2015	聚丙烯输液瓶	YBB00022002	聚丙烯输液瓶（试行）
34	YBB00242004-2015	塑料输液容器用聚丙烯组合盖（拉环式）	YBB00242004	塑料输液容器用聚丙烯组合盖（拉环式）（试行）
35	YBB00342002-2015	多层共挤输液用膜、袋通则	YBB00342002	多层共挤输液用膜、袋通则（试行）
36	YBB00102005-2015	三层共挤输液用膜（I）、袋	YBB00102005	三层共挤输液用膜（I）、袋（试行）
37	YBB00112005-2015	五层共挤输液用膜（I）、袋	YBB00112005	五层共挤输液用膜（I）、袋（试行）
38	YBB00062002-2015	低密度聚乙烯药用滴眼剂瓶	YBB00062002	低密度聚乙烯药用滴眼剂瓶（试行）
39	YBB00072002-2015	聚丙烯药用滴眼剂瓶	YBB00072002	聚丙烯药用滴眼剂瓶（试行）
40	YBB00082002-2015	口服液体药用聚丙烯瓶	YBB00082002	口服液体药用聚丙烯瓶（试行）
41	YBB00092002-2015	口服液体药用高密度聚乙烯瓶	YBB00092002	口服液体药用高密度聚乙烯瓶（试行）
42	YBB00102002-2015	口服液体药用聚酯瓶	YBB00102002	口服液体药用聚酯瓶（试行）
43	YBB00392003-2015	外用液体药用高密度聚乙烯瓶	YBB00392003	外用液体药用高密度聚乙烯瓶（试行）
44	YBB00112002-2015	口服固体药用高密度聚乙烯瓶	YBB00112002	口服固体药用高密度聚乙烯瓶（试行）
45	YBB00122002-2015	口服固体药用高密度聚乙烯瓶	YBB00122002	口服固体药用高密度聚乙烯瓶（试行）
46	YBB00262002-2015	口服固体药用聚酯瓶	YBB00262002	口服固体药用聚酯瓶（试行）
47	YBB00172004-2015	口服固体药用低密度聚乙烯防潮组合瓶盖	YBB00172004	口服固体药用低密度聚乙烯防潮组合瓶盖（试行）
48	YBB00132002-2015	药用复合膜、袋通则	YBB00132002	药用复合膜、袋通则（试行）
49	YBB00172002-2015	聚酯/铝/聚乙烯药用复合膜、袋	YBB00172002	聚酯/铝/聚乙烯药品包装用复合膜、袋（试行）
50	YBB00182002-2015	聚酯/低密度聚乙烯药用复合膜、袋	YBB00182002	聚酯/低密度聚乙烯药品包装用复合膜、袋（试行）
51	YBB00192002-2015	双向拉伸聚丙烯/低密度聚乙烯药用复合膜、袋	YBB00192002	双向拉伸聚丙烯/低密度聚乙烯药品包装用复合膜、袋（试行）
52	YBB00192004-2015	双向拉伸聚丙烯/真空镀铝流延聚乙烯药用复合膜、袋	YBB00192004	双向拉伸聚丙烯/真空镀铝流延聚丙烯药品包装用复合膜、袋（试行）
53	YBB00202004-2015	玻璃纸/铝/聚乙烯药品包装用复合硬片	YBB00202004	玻璃纸/铝/聚乙烯药品包装用复合硬片（试行）
54	YBB00212005-2015	聚氯乙烯固体药用硬片	YBB00212005	聚氯乙烯固体药用硬片（试行）
55	YBB00232005-2015	聚氯乙烯/低密度聚乙烯固体药用复合硬片	YBB00232005	聚氯乙烯/低密度聚乙烯固体药用复合硬片（试行）
56	YBB00222005-2015	聚氯乙烯/聚偏二氯乙烯固体药用复合硬片	YBB00222005	聚氯乙烯/聚偏二氯乙烯固体药用复合硬片（试行）
57	YBB00182004-2015	铝/聚乙烯冷成型固体药用复合硬片	YBB00182004	铝/聚乙烯冷成型固体药用复合硬片（试行）
58	YBB00202005-2015	聚氯乙烯/聚乙烯/聚偏二氯乙烯固体药用复合硬片	YBB00202005	聚氯乙烯/聚乙烯/聚偏二氯乙烯固体药用复合硬片（试行）
59	YBB00242002-2015	聚酰胺/铝/聚氯乙烯冷冲压成型固体药用复合硬片	YBB00242002	聚酰胺/铝/聚氯乙烯冷冲压成型固体药用复合硬片（试行）
60	YBB00372003-2015	抗生素瓶用铝塑组合盖	YBB00372003	抗生素瓶用铝塑组合盖（试行）
61	YBB00402003-2015	输液瓶用铝塑组合盖通则	YBB00402003	输液瓶用铝塑组合盖（试行）
62	YBB00212004-2015	药用铝塑封口垫片	YBB00212004	药品包装用铝塑封口垫片通则（试行）
63	YBB00132005-2015	药用聚酯/铝/聚丙烯封口垫片	YBB00132005	药用聚酯/铝/聚丙烯封口垫片（试行）
64	YBB00142005-2015	药用聚酯/铝/聚酯封口垫片	YBB00142005	药用聚酯/铝/聚酯封口垫片（试行）
65	YBB00152005-2015	药用聚酯/铝/聚乙烯封口垫片	YBB00152005	药用聚酯/铝/聚乙烯封口垫片（试行）

序号	名称	编号	名称	编号
66	聚乙烯铝/聚乙烯复合药用软膏管	YBB00252005	药用聚乙烯铝/聚乙烯复合软膏管	YBB00252005-2015
67	药用低密度聚乙烯膜、袋	YBB00072005	药用低密度聚乙烯膜、袋（试行）	YBB00072005-2015
68	注射液用卤化丁基橡胶塞	YBB00042005	注射液用卤化丁基橡胶塞	YBB00042005-2015
69	注射用无菌粉末用卤化丁基橡胶塞	YBB00052005	注射用无菌粉末用卤化丁基橡胶塞	YBB00052005-2015
70	药用合成聚异戊二烯垫片	YBB00232004	药用合成聚异戊二烯垫片（试行）	YBB00232004-2015
71	口服制剂用硅橡胶胶塞、垫片	YBB00222004	口服制剂用硅橡胶胶塞、垫片（试行）	YBB00222004-2015
72	预灌封注射器组合件（带注射针）	YBB00112004	预灌封注射器组合件（带注射针）（试行）	YBB00112004-2015
73	预灌封注射器用硼硅玻璃针管	YBB00062004	预灌封注射器用硼硅玻璃针管（试行）	YBB00062004-2015
74	预灌封注射器用不锈钢注射针	YBB00092004	预灌封注射器用不锈钢注射针（试行）	YBB00092004-2015
75	预灌封注射器用氯化丁基橡胶活塞	YBB00072004	预灌封注射器用氯化丁基橡胶活塞（试行）	YBB00072004-2015
76	预灌封注射器用溴化丁基橡胶活塞	YBB00082004	预灌封注射器用溴化丁基橡胶活塞（试行）	YBB00082004-2015
77	预灌封注射器用聚异戊二烯橡胶针头护帽	YBB00102004	预灌封注射器用聚异戊二烯橡胶针头护帽（试行）	YBB00102004-2015
78	笔式注射器用硼硅玻璃珠	YBB00122004	笔式注射器用硼硅玻璃珠（试行）	YBB00122004-2015
79	笔式注射器用硼硅玻璃套筒	YBB00132004	笔式注射器用硼硅玻璃套筒（试行）	YBB00132004-2015
80	笔式注射器用铝盖	YBB00142004	笔式注射器用铝盖（试行）	YBB00142004-2015
81	笔式注射器用氯化丁基橡胶活塞和垫片	YBB00152004	笔式注射器用氯化丁基橡胶活塞和垫片（试行）	YBB00152004-2015
82	笔式注射器用溴化丁基橡胶活塞和垫片	YBB00162004	笔式注射器用溴化丁基橡胶活塞和垫片（试行）	YBB00162004-2015
83	固体药用纸袋装硅胶干燥剂	YBB00122005	药用固体药用纸袋装硅胶干燥剂（试行）	YBB00122005-2015
84	包装材料红外光谱测定法	YBB00262004	包装材料红外光谱测定法（试行）	YBB00262004-2015
85	包装材料不溶性微粒测定法	YBB00272004	包装材料不溶性微粒测定法（试行）	YBB00272004-2015
86	乙醛测定法	YBB00282004	乙醛测定法（试行）	YBB00282004-2015
87	加热伸缩率测定法	YBB00292004	加热伸缩率测定法（试行）	YBB00292004-2015
88	挥发性硫化物测定法	YBB00302004	挥发性硫化物测定法（试行）	YBB00302004-2015
89	包装材料溶剂残留量测定法	YBB00312004	包装材料溶剂残留量测定法（试行）	YBB00312004-2015
90	注射剂用胶塞、垫片穿刺力测定法	YBB00322004	注射剂用胶塞、垫片穿刺力测定法（试行）	YBB00322004-2015
91	注射剂用胶塞、垫片穿刺落屑测定法	YBB00332004	注射剂用胶塞、垫片穿刺落屑测定法（试行）	YBB00332004-2015
92	玻璃耐沸腾盐酸浸蚀性测定法	YBB00342004	玻璃耐沸腾盐酸浸蚀性测定法（试行）	YBB00342004-2015
93	玻璃耐沸腾混合碱水溶液浸蚀性的测定法和分级	YBB00352004	玻璃耐沸腾混合碱水溶液浸蚀性的测定法和分级（试行）	YBB00352004-2015
94	玻璃颗粒在98℃耐水性的测定法和分级	YBB00362004	玻璃颗粒在98℃耐水性的测定法和分级（试行）	YBB00362004-2015
95	砷、锑、铅、镉浸出量测定法	YBB00372004	砷、锑、铅、镉浸出量测定法（试行）	YBB00372004-2015
96	抗机械冲击测定法	YBB00382004	抗机械冲击测定法（试行）	YBB00382004-2015
97	直线度测定法	YBB00392004	直线度测定法（试行）	YBB00392004-2015
98	药用陶瓷吸水率测定法	YBB00402004	药用陶瓷吸水率测定法（试行）	YBB00402004-2015
99	药品包装材料生产厂房洁净室（区）的测试方法	YBB00412004	药品包装材料生产厂房洁净室（区）的测试方法（试行）	YBB00412004-2015
100	药用玻璃砷、锑、铅、镉浸出量限度	YBB00172005	药用玻璃砷、锑、铅、镉浸出量限度（试行）	YBB00172005-2015

序号	标准编号	名称	编号	名称
101	YBB00182005-2015	药用陶瓷容器铅、镉浸出量限度	YBB00182005	药用陶瓷容器铅、镉浸出量限度（试行）
102	YBB00192005-2015	药用陶瓷容器铅、镉浸出量测定法	YBB00192005	药用陶瓷容器铅、镉浸出量测定法（试行）
103	YBB00242005-2015	环氧乙烷残留量测定法	YBB00242005	环氧乙烷残留量测定法（试行）
104	YBB00262005-2015	橡胶灰分测定法	YBB00262005	橡胶灰分测定法（试行）
105	YBB00012003-2015	细胞毒性检查法	YBB00012003	细胞毒性检查法（试行）
106	YBB00022003-2015	热原检查法	YBB00022003	热原检查法（试行）
107	YBB00032003-2015	溶血检查法	YBB00032003	溶血检查法（试行）
108	YBB00042003-2015	急性全身毒性检查法	YBB00042003	急性全身毒性检查法（试行）
109	YBB00052003-2015	皮肤致敏检查法	YBB00052003	皮肤致敏检查法（试行）
110	YBB00062003-2015	皮内刺激检查法	YBB00062003	皮内刺激检查法（试行）
111	YBB00072003-2015	原发性皮肤刺激检查法	YBB00072003	原发性皮肤刺激检查法（试行）
112	YBB00082003-2015	气体透过量测定法	YBB00082003	气体透过量测定法（试行）
113	YBB00092003-2015	水蒸气透过量测定法	YBB00092003	水蒸气透过量测定法（试行）
114	YBB00102003-2015	剥离强度测定法	YBB00102003	剥离强度测定法（试行）
115	YBB00112003-2015	拉伸性能测定法	YBB00112003	拉伸性能测定法（试行）
116	YBB00122003-2015	热合强度测定法	YBB00122003	热合强度测定法（试行）
117	YBB00132003-2015	密度测定法	YBB00132003	密度测定法（试行）
118	YBB00142003-2015	氯乙烯单体测定法	YBB00142003	氯乙烯单体测定法（试行）
119	YBB00152003-2015	偏二氯乙烯单体测定法	YBB00152003	偏二氯乙烯单体测定法（试行）
120	YBB00162003-2015	内应力测定法	YBB00162003	内应力测定法（试行）
121	YBB00172003-2015	耐内压力测定法	YBB00172003	耐内压力测定法（试行）
122	YBB00182003-2015	热冲击和热冲击强度测定法	YBB00182003	热冲击和热冲击强度测定法（试行）
123	YBB00192003-2015	垂直轴偏差测定法	YBB00192003	垂直轴偏差测定法（试行）
124	YBB00202003-2015	平均线热膨胀系数测定法	YBB00202003	平均线热膨胀系数的测定法（试行）
125	YBB00212003-2015	线热膨胀系数测定法	YBB00212003	线热膨胀系数的测定法（试行）
126	YBB00232003-2015	三氧化二硼测定法	YBB00232003	三氧化二硼测定法（试行）
127	YBB00242003-2015	121℃内表面耐水性测定法和分级	YBB00242003	121℃内表面耐水性测定法和分级（试行）
128	YBB00252003-2015	玻璃颗粒在121℃耐水性测定法和分级	YBB00252003	玻璃颗粒在121℃耐水性测定法（试行）
129	YBB00342003-2015	药用玻璃成份分类及理化参数	YBB00342003	药用玻璃成份分类及其试验方法（试行）
130	YBB00142002-2015	药品包装材料与药物相容性试验指导原则	YBB00142002	药品包装材料与药物相容性试验指导原则（试行）

分送：各省、自治区、直辖市食品药品监督管理局，中检院、药典委、

药审中心、核查中心、评价中心。

国家食品药品监督管理总局办公厅　　　　　2015 年 8 月 17 日印发

前　言

《中华人民共和国药品管理法》第六章第五十二条规定，直接接触药品的包装材料和容器，必须符合药用要求，符合保障人体健康、安全的标准，并由药品监督管理部门在审批药品时一并审批。

根据原国家食品药品监督管理局（以下简称国家局）《直接接触药品的包装材料和容器管理办法》（局令第13号）第九章附则的解释，药包材是指药品生产企业生产的药品和医疗机构配制的制剂所使用的直接接触药品的包装材料和容器。作为药品的一部分，药包材本身的质量、安全性、使用性能以及药包材与药物之间的相容性对药品的质量有着十分重要的影响。在《国家药品安全"十二五"规划》中，把提高药品的质量标准作为一项重要任务，并首次将新型药包材开发的关键技术列入其中。药包材标准的提高也被提上工作日程，以确保药包材的质量和用药安全。

受国家局药品注册司的委托，从2009年开始，由中国食品药品检定研究院作为牵头单位，组织全国药包材检验检测机构对现行的139个国家药包材标准进行了整理、勘误和汇编。

现行的药包材标准是国家局于2002～2006年期间陆续颁布的《直接接触药品的包装材料和容器标准汇编》（简称YBB标准，共6辑）。在标准执行过程中，发现现行药包材标准中存在文字错误、检测方法落后、文字格式不规范、术语不统一等缺陷。这些问题的存在，严重影响了国家药包材标准的严谨性、规范性和科学性，导致在日常监管和监督抽验过程中出现标准使用混乱、执法依据不足、处罚力度不到位等现象。

为此，中国食品药品检定研究院包装材料与药用辅料检定所根据国家局的要求，制定了本次标准整理、勘误和汇编工作的主要原则，即：勘误为主，修订为辅；其中涉及重大谬误的、描述不一致的内容要坚决修订到位，修订中涉及需要进行方法学验证的项目，应由多家有资质的检验单位共同进行研究验证后予以修订，并结合标准执行情况、存在问题和行业发展现状，对标准进行了修订和完善。

2013年3月，在国家食品药品监督管理总局网站发布了《直接接触药品的包装材料和容器标准汇编》（草案），向社会广泛公开征求意见，先后收到药包材生产企业、药品生产企业、药包材检验检测单位、研究机构和协会等130余家单位近千条反馈意见。最后经过专家讨论会对反馈意见进行甄别、确认和修改，修订后的标准更加完善。

修订后的国家药包材标准共包含130个现行有效的标准文本，现汇编成一册，分为七个部分。修订的内容主要涉及以下方面。

一、标准编号的修订

原药包材国家标准是在2002～2006年之间相继制定，共分6册先后发行，本次修订后的标准汇编成一册，分为七个部分：第一部分为玻璃类药包材标准；第二部分为金属类药包材标准；第三部分为塑料类药包材标准；第四部分为橡胶类药包材标准；第五部分为预灌封类药包材标准；第六部分为其他类药包材标准；第七部分为方法类药包材标准。标准编号在原标准号的基础上增加标准发布年号，以便更新和标示。例如：钠钙玻璃输液瓶的标准号为"YBB00032005—2015"。同时，在颁布的标准汇编中增加《新标准与原标准名称、标准号、页码对照表》以便读者查阅。

二、文字勘误、规范和引用标准的更新

（1）文字错误的修正　原标准中存在文字、数字错误，文字遗漏、重复，文字表述不明确、不规范，符号格式不规范，表格中文字与正文文字不对应等现象，本次勘误、修订中均已更正。例如："园柱面"应改为"圆柱面"；"泽应基本一致"应改为"色泽应基本一致"；"酒精"应改为"无水乙醇"等等。

（2）标准中的字号、字体及行间距的统一　原标准均未统一，此次标准将标准序号的字体统一为Times New Roman，小三号；标准的中文标题的字号统一为黑体，四号，标题的英文统一为 Times New Roman 加粗，小四号；汉语拼音字号统一为 EU-XT，小四，且英文首字母均大写；标准正文的字号统一为宋体，五号，行间距统一为 2mm。

（3）标准引用版本的更新　例如《GB/T 2828.1—2003》修订为《GB/T 2828.1—2012》，《中国药典》2000 年版改为《中国药典》2015 年版等。

（4）书中"*"号所注内容为半年内至少检验一次的项目。

三、中英文名称的统一、术语的规范以及检验方法的更新

本次标准勘误、修订按《中国药典》规范统一标准格式和术语，例如"水蒸汽渗透"改为"水蒸气透过量"等。原标准存在英文名称不统一的现象，本次勘误、修订予以规范和统一，如"多层共挤输液用膜、袋通则（Specification for Muti-layer Co-extrusion film and bags used for infusion）"修订为"多层共挤输液用膜、袋通则（General Requirement for Multi-layer Co-extrusion Film and Bag for Infusion）"等。

部分检验方法根据目前的技术水平进行了更新，例如：乙醛测定法，原标准采用的是填充柱、手动进样的方式分析，柱效低，分离效果和重现性均较差，现修订为毛细管色谱柱，并采用顶空自动进样方法，提高了结果的准确性和工作效率。

四、标准限度要求的提高

原标准中部分检验项目的限度已经不符合目前的技术和安全要求的，本次标准进行了勘误、修订和提高。例如：药用复合膜、袋中溶剂残留量的限度，根据《中华人民共和国工业和信息化部公告（工产业〔2010〕第 122 号）》中"淘汰使用含苯油墨和添加剂进行表面印刷工艺"的规定，将原标准的限度由"溶剂残留总量不得过 10mg/m^2，其中苯类溶剂残留量不得过 3.0mg/m^2"修订为"溶剂残留总量不得过 5.0 mg/m^2，其中苯及苯类每个溶剂残留量均不得检出"。

五、产品规格尺寸的统一和规范

注射液用卤化丁基橡胶塞的规格尺寸，因为历史原因未在原标准中做要求，导致市场上出现直径越来越小的注射液用胶塞，不但造成模具生产的混乱，还出现了大体积注射液瓶配用小口径瓶塞的异常现象，导致输液产品存在潜在的安全隐患和临床使用风险。许多胶塞生产企业和使用企业针对注射液用胶塞规格尺寸的问题，分别提出了不同的意见和建议，同时国家食品药品监督管理总局药化司和

安监司也指示要求解决此问题。经专家会讨论确定，修订的标准中将胶塞规格尺寸作为参考尺寸列入标准，按照玻璃注射液瓶容量规格的大小，分类管理，相对固定瓶口及胶塞的尺寸，严格配套使用。这样，既防止将胶塞尺寸管得过死，又杜绝出现大容量注射液采用大体积注射液瓶和小瓶口塞的现象。

在此次国家药包材标准勘误、修订过程中，《中国药典》2015 年版（简称：新版药典）颁布，并将于 2015 年 12 月 1 日起实施。因此新版国家药包材标准中所有与《中国药典》2010 年版相关内容，均以新版药典为准。在新版药典四部收载的微生物检查法（通则 1105 和通则 1106）与《中国药典》2010 年版有差异，而国家药包材标准中具体品种项下的微生物限度检查法均引用自《中国药典》2010 年版，现应以新版药典的表述和要求为准。具体举例如下：微生物限度项下，"细菌总数"均应修订为"需氧菌总数"；"氯化钠注射液"均应修订为"0.9%无菌氯化钠溶液"等。同时，凡本标准中涉及的同类问题，均以新版药典为准。即凡是标准中有关品种的涉及微生物限度或其他同类项目的所有描述全部以新版药典描述为准，不再勘误。

以上是对本次标准勘误、修订中主要修改内容的介绍，编者希望通过此次标准的勘误、整理和汇总，能进一步规范和完善我国药包材的质量标准，提高各项检验方法的技术水平，强化对药包材的安全性要求，增强对药包材的监管，促进行业的健康发展。

本标准由中国食品药品检定研究院包装材料与药用辅料检定所组织编写，由国家药典委员会审定。如有疑问，可咨询组织编写单位。

中国食品药品检定研究院

2015 年 9 月

编 写 人 员

主　　编　孙会敏　张　伟　邹　健

参与编写人员

李　波　张　伟　王立丰　李茂忠　邹　健　任玫玫
李云龙　王云鹤　兰　奋　王　平　丁丽霞　黄志禄
杨　胜　董江萍　孙会敏　洪小栩　夏军平　余　欢
王　琳　冯国平　钱忠直　杨会英　赵　霞　唐秋瑾
蔡　荣　俞　辉　金　宏　张毅兰　李宝林　徐敏凤
米亚娴　贺瑞玲　王　峰　张丽颖　骆红宇　杨文元
匡佩琳　颜　林　黄海萍　闫　雯　朱碧君　姚　羽
谢新艺　胡宇驰　李丽霞　王国勤　朱必林　郑景峰
陆维怡　梁　炜　徐　俊　钱承玉　赵国斌　兰婉玲
门　英　杨　欣　秦　青　徐　勇　何　雄　王巨才
袁春梅　蔡　弘　杨化新　张启明　辛仁东　吴明军
韩　鹏　纪　炜　许鸣镝　刘艳林　谢兰桂　李　樾
汤　龙　曹变梅

校 对 人 员

孙会敏　杨会英　赵　霞　李宝林　贺瑞玲　王　峰
张丽颖　刘艳林　谢兰桂　汤　龙　杨　锐　李　樾
栾　琳　闫中天　张朝阳　关皓月　王　颖　赵燕君
王　珏　黄雅理　张　辉　宋晓松　窦思红　刘海涛
楚　涵　王添闻　王晓峰　杨　霞　仲俊瑜　吕　华
曹变梅　侯玉磊　赫子仪　林芷艺

编 写 单 位

中国食品药品检定研究院包装材料与药用辅料检定所

国家食品药品监督管理局药品包装材料科研检验中心

上海市食品药品包装材料测试所

国家食品药品监督管理局济南药品包装材料检验中心

浙江省食品药品检验研究院

安徽省食品药品检验研究院

北京市药品检验所

重庆市食品药品检验检测研究院

福建省医疗器械与药品包装材料检验所

海南省药品检验所

湖北省食品药品监督检验研究院

吉林省食品药品检验所

江西省药品检验检测研究院

山西省食品药品检验所

陕西省食品药品检验所

四川省食品药品检验检测院

天津市药品检验所

北京市药品包装材料检验所

陕西省西药产品质量监督检验站

河北省医疗器械与药品包装材料检验研究院

湖南省医疗器械与药用包装材料（容器）检测所

广东省医疗器械质量监督检验所包装材料容器检验中心

江苏省医疗器械检验所

江西省药品审评中心

江苏省医药包装协会

目　录

第三部分 塑料类药包材标准

第四部分　橡胶类药包材标准

第五部分　预灌封类药包材标准

第六部分　其他类药包材标准

第七部分　方法类药包材标准

新标准与原标准名称、标准号、页码对照表

序号	新标准号	新标准名称	页码	原标准号	原标准名称	原辑	原页码
1	YBB00032005—2015	钠钙玻璃输液瓶	11	YBB00032005	钠钙玻璃输液瓶（试行）	第六辑	54
2	YBB00012004—2015	低硼硅玻璃输液瓶	15	YBB00012004	低硼硅玻璃输液瓶（试行）	第五辑	1
3	YBB00022005—2—2015	中硼硅玻璃输液瓶	19	YBB00022005-2	中性硼硅玻璃输液瓶（试行）	第六辑	94
4	YBB00332002—2015	低硼硅玻璃安瓿	24	YBB00332002	低硼硅玻璃安瓿（试行）	第二辑	119
5	YBB00322005—2—2015	中硼硅玻璃安瓿	28	YBB00322005-2	中性硼硅玻璃安瓿（试行）	第六辑	75
6	YBB00332003—2015	钠钙玻璃管制注射剂瓶	32	YBB00332003	钠钙玻璃管制注射剂瓶（试行）	第四辑	49
7	YBB00302002—2015	低硼硅玻璃管制注射剂瓶	35	YBB00302002	低硼硅玻璃管制注射剂瓶（试行）	第二辑	101
8	YBB00292005—2—2015	中硼硅玻璃管制注射剂瓶	38	YBB00292005-2	中性硼硅玻璃管制注射剂瓶（试行）	第六辑	69
9	YBB00292005—1—2015	高硼硅玻璃管制注射剂瓶	42	YBB00292005-1	高硼硅玻璃管制注射剂瓶（试行）	第六辑	63
10	YBB00312002—2015	钠钙玻璃模制注射剂瓶	46	YBB00312002	钠钙玻璃模制注射剂瓶（试行）	第二辑	106
11	YBB00322003—2015	低硼硅玻璃模制注射剂瓶	49	YBB00322003	低硼硅玻璃模制注射剂瓶（试行）	第四辑	43
12	YBB00062005—2—2015	中硼硅玻璃模制注射剂瓶	53	YBB00062005-2	中性硼硅玻璃模制注射剂瓶（试行）	第六辑	103
13	YBB00032004—2015	钠钙玻璃管制口服液体瓶	57	YBB00032004	钠钙玻璃管制口服液体瓶（试行）	第五辑	16
14	YBB00282002—2015	低硼硅玻璃管制口服液体瓶	60	YBB00282002	低硼硅玻璃管制口服液体瓶（试行）	第二辑	90
15	YBB00022004—2015	硼硅玻璃管制口服液体瓶	64	YBB00022004	硼硅玻璃管制口服液体瓶（试行）	第五辑	10
16	YBB00272002—2015	钠钙玻璃模制药瓶	68	YBB00272002	钠钙玻璃药瓶（试行）	第二辑	83
17	YBB00302003—2015	低硼硅玻璃模制药瓶	73	YBB00302003	低硼硅玻璃模制药瓶（试行）	第四辑	27
18	YBB00052004—2015	硼硅玻璃模制药瓶	77	YBB00052004	硼硅玻璃模制药瓶（试行）	第五辑	29
19	YBB00362003—2015	钠钙玻璃管制药瓶	81	YBB00362003	钠钙玻璃管制药瓶（试行）	第四辑	63
20	YBB00352003—2015	低硼硅玻璃管制药瓶	83	YBB00352003	低硼硅玻璃管制药瓶（试行）	第四辑	58

续表

序号	新标准号	新标准名称	页码	原标准号	原标准名称	原辑	原页码
21	YBB00042004—2015	硼硅玻璃管制药瓶	85	YBB00042004	硼硅玻璃管制药瓶（试行）	第五辑	23
22	YBB00282003—2015	药用钠钙玻璃管	87	YBB00282003	钠钙玻璃药用管（试行）	第四辑	13
23	YBB00272003—2015	药用低硼硅玻璃管	89	YBB00272003	低硼硅玻璃药用管（试行）	第四辑	7
24	YBB00012005—2—2015	药用中硼硅玻璃管	92	YBB00012005-2	药用中性硼硅玻璃管（试行）	第六辑	88
25	YBB00012005—1—2015	药用高硼硅玻璃管	95	YBB00012005-1	药用高硼硅玻璃管（试行）	第六辑	82
26	YBB00162005—2015	口服固体药用陶瓷瓶	98	YBB00162005	药用口服固体陶瓷瓶（试行）	第六辑	50
27	YBB00152002—2015	药用铝箔	103	YBB00152002	药品包装用铝箔（试行）	第二辑	4
28	YBB00162002—2015	铝质药用软膏管	106	YBB00162002	铝质药用软膏管（试行）	第二辑	10
29	YBB00082005—2015	注射剂瓶用铝盖	110	YBB00082005	注射剂瓶用铝盖（试行）	第六辑	5
30	YBB00092005—2015	输液瓶用铝盖	114	YBB00092005	输液瓶用铝盖（试行）	第六辑	12
31	YBB00382003—2015	口服液瓶用撕拉铝盖	118	YBB00382003	口服液瓶用撕拉铝盖（试行）	第四辑	77
32	YBB00012002—2015	低密度聚乙烯输液瓶	123	YBB00012002	低密度聚乙烯输液瓶（试行）	第一辑	5
33	YBB00022002—2015	聚丙烯输液瓶	127	YBB00022002	聚丙烯输液瓶（试行）	第一辑	11
34	YBB00242004—2015	塑料输液容器用聚丙烯组合盖（拉环式）	131	YBB00242004	塑料输液容器用聚丙烯组合盖（拉环式）（试行）	第五辑	143
35	YBB00342002—2015	多层共挤输液用膜、袋通则	135	YBB00342002	多层共挤输液用膜、袋通则（试行）	第二辑	127
36	YBB00102005—2015	三层共挤输液用膜（Ⅰ）、袋	139	YBB00102005	三层共挤输液用膜（Ⅰ）、袋（试行）	第六辑	19
37	YBB00112005—2015	五层共挤输液用膜（Ⅰ）、袋	143	YBB00112005	五层共挤输液用膜（Ⅰ）、袋（试行）	第六辑	26
38	YBB00062002—2015	低密度聚乙烯药用滴眼剂瓶	147	YBB00062002	低密度聚乙烯药用滴眼剂瓶（试行）	第一辑	37
39	YBB00072002—2015	聚丙烯药用滴眼剂瓶	150	YBB00072002	聚丙烯药用滴眼剂瓶（试行）	第一辑	41
40	YBB00082002—2015	口服液体药用聚丙烯瓶	153	YBB00082002	口服液体药用聚丙烯瓶（试行）	第一辑	45
41	YBB00092002—2015	口服液体药用高密度聚乙烯瓶	156	YBB00092002	口服液体药用高密度聚乙烯瓶（试行）	第一辑	49
42	YBB00102002—2015	口服液体药用聚酯瓶	159	YBB00102002	口服液体药用聚酯瓶（试行）	第一辑	53
43	YBB00392003—2015	外用液体药用高密度聚乙烯瓶	162	YBB00392003	外用液体药用高密度聚乙烯瓶（试行）	第四辑	84

序号	新标准号	新标准名称	页码	原标准号	原标准名称	原辑	原页码
44	YBB00112002—2015	口服固体药用聚丙烯瓶	165	YBB00112002	口服固体药用聚丙烯瓶（试行）	第一辑	58
45	YBB00122002—2015	口服固体药用高密度聚乙烯瓶	167	YBB00122002	口服固体药用高密度聚乙烯瓶（试行）	第一辑	62
46	YBB00262002—2015	口服固体药用聚酯瓶	169	YBB00262002	口服固体药用聚酯瓶（试行）	第二辑	76
47	YBB00172004—2015	口服固体药用低密度聚乙烯防潮组合瓶盖	171	YBB00172004	口服固体药用低密度聚乙烯防潮组合瓶盖（试行）	第五辑	101
48	YBB00132002—2015	药用复合膜、袋通则	174	YBB00132002	药品包装用复合膜、袋通则（试行）	第一辑	66
49	YBB00172002—2015	聚酯/铝/聚乙烯药用复合膜、袋	178	YBB00172002	聚酯/铝/聚乙烯药品包装用复合膜、袋（试行）	第二辑	17
50	YBB00182002—2015	聚酯/低密度聚乙烯药用复合膜、袋	180	YBB00182002	聚酯/低密度聚乙烯药品包装用复合膜、袋（试行）	第二辑	21
51	YBB00192002—2015	双向拉伸聚丙烯/低密度聚乙烯药用复合膜、袋	182	YBB00192002	双向拉伸聚丙烯/低密度聚乙烯药品包装用复合膜、袋（试行）	第二辑	25
52	YBB00192004—2015	双向拉伸聚丙烯/真空镀铝流延聚丙烯药用复合膜、袋	184	YBB00192004	双向拉伸聚丙烯/真空镀铝流延聚丙烯药品包装用复合膜、袋（试行）	第五辑	115
53	YBB00202004—2015	玻璃纸/铝/聚乙烯药用复合膜、袋	186	YBB00202004	玻璃纸/铝/聚乙烯药品包装用复合膜、袋（试行）	第五辑	121
54	YBB00212005—2015	聚氯乙烯固体药用硬片	188	YBB00212005	聚氯乙烯固体药用硬片	第五辑	248
55	YBB00232005—2015	聚氯乙烯/低密度聚乙烯固体药用复合硬片	190	YBB00232005	聚氯乙烯/低密度聚乙烯固体药用复合硬片	第五辑	256
56	YBB00222005—2015	聚氯乙烯/聚偏二氯乙烯固体药用复合硬片	193	YBB00222005	聚氯乙烯/聚偏二氯乙烯固体药用复合硬片	第五辑	252
57	YBB00182004—2015	铝/聚乙烯冷成型固体药用复合硬片	196	YBB00182004	铝/聚乙烯冷成型固体药用复合硬片（试行）	第五辑	108
58	YBB00202005—2015	聚氯乙烯/聚乙烯/聚偏二氯乙烯固体药用复合硬片	199	YBB00202005	聚氯乙烯/聚乙烯/聚偏二氯乙烯固体药用复合硬片	第五辑	244
59	YBB00242002—2015	聚酰胺/铝/聚氯乙烯冷冲压成型固体药用复合硬片	202	YBB00242002	聚酰胺/铝/聚氯乙烯冷冲压成型固体药用复合硬片（试行）	第二辑	63
60	YBB00372003—2015	抗生素瓶用铝塑组合盖	204	YBB00372003	抗生素瓶用铝塑组合盖（试行）	第四辑	68

序号	新标准号	新标准名称	页码	原标准号	原标准名称	原辑	原页码
61	YBB00402003—2015	输液瓶用铝塑组合盖	208	YBB00402003	输液瓶用铝塑组合盖（试行）	第四辑	91
62	YBB00212004—2015	药用铝塑封口垫片通则	211	YBB00212004	药品包装用铝塑封口垫片通则（试行）	第五辑	127
63	YBB00132005—2015	药用聚酯/铝/聚丙烯封口垫片	213	YBB00132005	药用聚酯/铝/聚丙烯封口垫片（试行）	第六辑	38
64	YBB00142005—2015	药用聚酯/铝/聚酯封口垫片	215	YBB00142005	药用聚酯/铝/聚酯封口垫片（试行）	第六辑	42
65	YBB00152005—2015	药用聚酯/铝/聚乙烯封口垫片	217	YBB00152005	药用聚酯/铝/聚乙烯封口垫片（试行）	第六辑	46
66	YBB00252005—2015	聚乙烯/铝/聚乙烯复合药用软膏管	219	YBB00252005	药用聚乙烯/铝/聚乙烯复合软膏管	第六辑	109
67	YBB00072005—2015	药用低密度聚乙烯膜、袋	222	YBB00072005	药用低密度聚乙烯膜、袋（试行）	第六辑	1
68	YBB00042005—2015	注射液用卤化丁基橡胶塞	227	YBB00042005	注射液用卤化丁基橡胶塞	第五辑	260
69	YBB00052005—2015	注射用无菌粉末用卤化丁基橡胶塞	230	YBB00052005	注射用无菌粉末用卤化丁基橡胶塞	第五辑	264
70	YBB00232004—2015	药用合成聚异戊二烯垫片	233	YBB00232004	药用合成聚异戊二烯垫片（试行）	第五辑	136
71	YBB00222004—2015	口服制剂用硅橡胶胶塞、垫片	236	YBB00222004	口服制剂用硅橡胶胶塞、垫片（试行）	第五辑	132
72	YBB00112004—2015	预灌封注射器组合件（带注射针）	241	YBB00112004	预灌封注射器组合件（带注射针）（试行）	第五辑	65
73	YBB00062004—2015	预灌封注射器用硼硅玻璃针管	244	YBB00062004	预灌封注射器用硼硅玻璃针管（试行）	第五辑	38
74	YBB00092004—2015	预灌封注射器用不锈钢注射针	246	YBB00092004	预灌封注射器用不锈钢注射针（试行）	第五辑	55
75	YBB00072004—2015	预灌封注射器用氯化丁基橡胶活塞	251	YBB00072004	预灌封注射器用氯化丁基橡胶活塞（试行）	第五辑	43
76	YBB00082004—2015	预灌封注射器用溴化丁基橡胶活塞	254	YBB00082004	预灌封注射器用溴化丁基橡胶活塞（试行）	第五辑	49
77	YBB00102004—2015	预灌封注射器用聚异戊二烯橡胶针头护帽	257	YBB00102004	预灌封注射器用聚异戊二烯橡胶针头护帽（试行）	第五辑	62
78	YBB00122004—2015	笔式注射器用硼硅玻璃珠	259	YBB00122004	笔式注射器用硼硅玻璃珠（试行）	第五辑	72
79	YBB00132004—2015	笔式注射器用硼硅玻璃套筒	260	YBB00132004	笔式注射器用硼硅玻璃套筒（试行）	第五辑	76
80	YBB00142004—2015	笔式注射器用铝盖	262	YBB00142004	笔式注射器用铝盖（试行）	第五辑	81

序号	新标准号	新标准名称	页码	原标准号	原标准名称	原辑	原页码
81	YBB00152004—2015	笔式注射器用氯化丁基橡胶活塞和垫片	264	YBB00152004	笔式注射器用氯化丁基橡胶活塞和垫片（试行）	第五辑	85
82	YBB00162004—2015	笔式注射器用溴化丁基橡胶活塞和垫片	268	YBB00162004	笔式注射器用溴化丁基橡胶活塞和垫片（试行）	第五辑	93
83	YBB00122005—2015	固体药用纸袋装硅胶干燥剂	275	YBB00122005	药用固体纸袋装硅胶干燥剂（试行）	第六辑	33
84	YBB00262004—2015	包装材料红外光谱测定法	279	YBB00262004	包装材料红外光谱测定法（试行）	第五辑	157
85	YBB00272004—2015	包装材料不溶性微粒测定法	281	YBB00272004	包装材料不溶性微粒测定法（试行）	第五辑	160
86	YBB00282004—2015	乙醛测定法	283	YBB00282004	乙醛测定法（试行）	第五辑	166
87	YBB00292004—2015	加热伸缩率测定法	285	YBB00292004	加热伸缩率测定法（试行）	第五辑	170
88	YBB00302004—2015	挥发性硫化物测定法	286	YBB00302004	挥发性硫化物测定法（试行）	第五辑	173
89	YBB00312004—2015	包装材料溶剂残留量测定法	287	YBB00312004	包装材料溶剂残留量测定法（试行）	第五辑	175
90	YBB00322004—2015	注射剂用胶塞、垫片穿刺力测定法	289	YBB00322004	注射剂用胶塞、垫片穿刺力测定法（试行）	第五辑	179
91	YBB00332004—2015	注射剂用胶塞、垫片穿刺落屑测定法	292	YBB00332004	注射剂用胶塞、垫片穿刺落屑测定法（试行）	第五辑	185
92	YBB00342004—2015	玻璃耐沸腾盐酸浸蚀性测定法	296	YBB00342004	玻璃耐沸腾盐酸浸蚀性测定法（试行）	第五辑	192
93	YBB00352004—2015	玻璃耐沸腾混合碱水溶液浸蚀性测定法	299	YBB00352004	玻璃耐沸腾混合碱水溶液浸蚀性测定法（试行）	第五辑	197
94	YBB00362004—2015	玻璃颗粒在98℃耐水性测定法和分级	302	YBB00362004	玻璃颗粒在98℃耐水性测定法（试行）	第五辑	203
95	YBB00372004—2015	砷、锑、铅、镉浸出量测定法	304	YBB00372004	砷、锑、铅、镉浸出量测定法（试行）	第五辑	207
96	YBB00382004—2015	抗机械冲击测定法	306	YBB00382004	抗机械冲击测定法（试行）	第五辑	211
97	YBB00392004—2015	直线度测定法	308	YBB00392004	直线度测定法（试行）	第五辑	214
98	YBB00402004—2015	药用陶瓷吸水率测定法	310	YBB00402004	药用陶瓷吸水率测定法（试行）	第五辑	218
99	YBB00412004—2015	药品包装材料生产厂房洁净室（区）的测试方法	312	YBB00412004	药品包装材料生产厂房洁净室（区）的测试方法（试行）	第五辑	221
100	YBB00172005—2015	药用玻璃砷、锑、铅、镉浸出量限度	324	YBB00172005	药用玻璃铅、镉、砷、锑浸出量限度（试行）	第六辑	115

续表

序号	新标准号	新标准名称	页码	原标准号	原标准名称	原辑	原页码
101	YBB00182005—2015	药用陶瓷容器铅、镉浸出量限度	325	YBB00182005	药用陶瓷容器铅、镉浸出量限度（试行）	第六辑	117
102	YBB00192005—2015	药用陶瓷容器铅、镉浸出量测定法	326	YBB00192005	药用陶瓷容器铅、镉浸出量测定法（试行）	第六辑	119
103	YBB00242005—2015	环氧乙烷残留量测定法	327	YBB00242005	环氧乙烷残留量测定法（试行）	第六辑	122
104	YBB00262005—2015	橡胶灰分测定法	329	YBB00262005	橡胶灰分测定法（试行）	第六辑	126
105	YBB00012003—2015	细胞毒性检查法	330	YBB00012003	细胞毒性检查法（试行）	第三辑	1
106	YBB00022003—2015	热原检查法	334	YBB00022003	热原检查法（试行）	第三辑	7
107	YBB00032003—2015	溶血检查法	335	YBB00032003	溶血检查法（试行）	第三辑	10
108	YBB00042003—2015	急性全身毒性检查法	336	YBB00042003	急性全身毒性检查法（试行）	第三辑	12
109	YBB00052003—2015	皮肤致敏检查法	338	YBB00052003	皮肤致敏检查法（试行）	第三辑	15
110	YBB00062003—2015	皮内刺激检查法	340	YBB00062003	皮内刺激检查法（试行）	第三辑	18
111	YBB00072003—2015	原发性皮肤刺激检查法	342	YBB00072003	原发性皮肤刺激检查法（试行）	第三辑	21
112	YBB00082003—2015	气体透过量测定法	344	YBB00082003	气体透过量测定法（试行）	第三辑	24
113	YBB00092003—2015	水蒸气透过量测定法	347	YBB00092003	水蒸气透过量测定法（试行）	第三辑	29
114	YBB00102003—2015	剥离强度测定法	352	YBB00102003	剥离强度测定法（试行）	第三辑	35
115	YBB00112003—2015	拉伸性能测定法	353	YBB00112003	拉伸性能测定法（试行）	第三辑	38
116	YBB00122003—2015	热合强度测定法	356	YBB00122003	热合强度测定法（试行）	第三辑	43
117	YBB00132003—2015	密度测定法	357	YBB00132003	密度测定法（试行）	第三辑	46
118	YBB00142003—2015	氯乙烯单体测定法	359	YBB00142003	氯乙烯单体测定法（试行）	第三辑	49
119	YBB00152003—2015	偏二氯乙烯单体测定法	361	YBB00152003	偏二氯乙烯单体测定法（试行）	第三辑	53
120	YBB00162003—2015	内应力测定法	363	YBB00162003	内应力测定法（试行）	第三辑	57
121	YBB00172003—2015	耐内压力测定法	364	YBB00172003	耐内压力测定法（试行）	第三辑	60
122	YBB00182003—2015	热冲击和热冲击强度测定法	366	YBB00182003	热冲击和热冲击强度测定法（试行）	第三辑	63
123	YBB00192003—2015	垂直轴偏差测定法	368	YBB00192003	垂直轴偏差测定法（试行）	第三辑	67
124	YBB00202003—2015	平均线热膨胀系数测定法	369	YBB00202003	平均线热膨胀系数测定法（试行）	第三辑	69
125	YBB00212003—2015	线热膨胀系数测定法	373	YBB00212003	线热膨胀系数测定法（试行）	第三辑	74
126	YBB00232003—2015	三氧化二硼测定法	375	YBB00232003	三氧化二硼测定法（试行）	第三辑	83

序号	新标准号	新标准名称	页码	原标准号	原标准名称	原辑	原页码
127	YBB00242003—2015	121℃内表面耐水性测定法和分级	376	YBB00242003	121℃内表面耐水性测定法和分级（试行）	第三辑	85
128	YBB00252003—2015	玻璃颗粒在121℃耐水性测定法和分级	378	YBB00252003	玻璃颗粒在121℃耐水性测定法和分级（试行）	第三辑	89
129	YBB00342003—2015	药用玻璃成分分类及理化参数	380	YBB00342003	药用玻璃成份分类及其试验方法（试行）	第四辑	54
130	YBB00142002—2015	药品包装材料与药物相容性试验指导原则	381	YBB00142002	药品包装材料与药物相容性试验指导原则（试行）	第一辑	72

第一部分
玻璃类药包材标准

钠钙玻璃输液瓶

Nagaiboli Shuye Ping

Infusion Bottles Made of Soda Lime Glass

本标准适用于盛装大容量注射液的经过内表面中性化处理的钠钙玻璃输液瓶。

【外观】 取本品适量，在自然光线明亮处，正视目测。应无色透明；表面应光洁、平整，不应有明显的玻璃缺陷；任何部位不得有裂纹。

【鉴别】* 线热膨胀系数 取本品适量，照平均线热膨胀系数测定法（YBB00202003—2015）或线热膨胀系数测定法（YBB00212003—2015）测定，应为（7.6～9.0）×10^{-6} K^{-1}（20～300 ℃）。

【合缝线】 取本品适量，用游标卡尺检测，瓶口合缝线按凸出测量不得过 0.3 mm，其他部位合缝线按凸出测量不得过 0.5 mm。

【刻度线、字、标记】 取本品适量，在自然光线明亮处，正视目测。刻度线、字、标记应清晰可见；刻线宽与外凸用游标卡尺检测，A 型瓶（图 1）刻线宽不得过 0.6 mm，外凸不得过 0.3 mm，B 型瓶（图 2）刻线宽不得过 0.8 mm，外凸不得过 0.4 mm。

【121 ℃颗粒耐水性】 取本品适量，照玻璃颗粒在 121 ℃耐水性测定法和分级（YBB00252003—2015）测定，应符合 2 级。

【内表面耐水性】 取本品适量，照 121 ℃内表面耐水性测定法和分级（YBB00242003—2015）测定，应符合 HC2 级。

【热稳定性】 取本品适量，加水至标线处，塞上与之相适应的胶塞、用铝盖压紧，置高压蒸汽灭菌器内，在 15～20 分钟内由室温均匀升温至 121 ℃，保持 30 分钟。放气至常压，微开高压蒸汽灭菌器盖，自然冷却至高压蒸汽灭菌器内的温度与室温的温差小于 42 ℃，打开高压蒸汽灭菌器盖，取出样品，观察，不得有破裂。

【耐热冲击】 取本品适量，照热冲击和热冲击强度测定法（YBB00182003—2015）第一法测定，经受 42 ℃温差的热震试验后不得破裂。

【耐内压力】 取本品适量，照耐内压力测定法（YBB00172003—2015）第一法测定，经受 0.6 MPa 的内压力试验后不得破裂。

【内应力】 取本品适量，照内应力测定法（YBB00162003—2015）测定，退火后的最大永久应力造成的光程差不得过 40 nm/mm。

【砷、锑、铅、镉浸出量】* 取本品适量，照砷、锑、铅、镉浸出量测定法（YBB00372004—2015）测定，每升浸出液中砷不得过 0.2 mg、锑不得过 0.7 mg、铅不得过 1.0 mg、镉不得过 0.25 mg。

【垂直轴偏差】 取本品适量，照垂直轴偏差测定法（YBB00192003—2015）测定，应符合表 1 规定。

表 1 垂直轴偏差允许的最大值

规格（ml）	50	100	250	500	1000
垂直轴偏差 a_{max}（mm）	1.8	2.0	2.0	2.5	3.0

【标线容量】 取干燥、清洁的本品适量，将被测样品置于天平上称量，记下重量 m_1（g），然后将被测样品置于水平工作台上加水至标线处（先加水至标线近处再用吸管吸出或加水使液面与试样标线一致），

注意应保持试样外壁干燥。再将以上注有水的试样置于天平称量，记下重量 m_2（g）。被测试样的标线容量 V 按下式计算，应符合表2规定。

$$V =(m_2-m_1)/d$$

式中　V 为标线容量，ml；

　　　m_1 为空瓶重量，g；

　　　m_2 为供试品与水的重量，g；

　　　d 为水的密度，g/ml。

表2　标线容量偏差

规格（ml）	50	100	250	500	1000
公称容量（ml）	50	100	250	500	1000
偏差（ml）	±5		±8	±10	±15

附件一　检验规则

1. 产品检验分为全项检验和部分检验。

2. 下列情况之一时，应按标准的要求进行全项检验。

（1）产品注册。

（2）产品出现重大质量事故后重新生产。

（3）监督检验。

（4）产品停产后重新恢复生产。

3. 产品批准注册后，药包材生产、使用企业在原料产地、添加剂、生产工艺等没有变更的情形下，可按标准的要求，进行除"*"外项目检验。

4. 外观、合缝线、刻度线、字、标记、热稳定性、耐热冲击、耐内压力、内应力、垂直轴偏差、标线容量的检验，按《计数抽样检验程序　第1部分：按接收质量限（AQL）检索的逐批检验抽样计划》（GB/T 2828.1—2012）规定进行。检验项目、检验水平及接收质量限见表3。

表3　检验项目、检验水平及接收质量限

检验项目		检验水平	接收质量限（AQL）
外观	裂纹	I	0.65
	其他		4.0
合缝线		S-3	2.5
刻度线、字、标记			
热稳定性		S-2	0.25
耐热冲击		S-2	1.0
耐内压力		S-2	1.0
内应力		S-2	0.65
垂直轴偏差		S-3	2.5
标线容量		S-3	1.5

附件二 规格尺寸（参考尺寸）

规格尺寸可参考图1及表4，图2及表5。

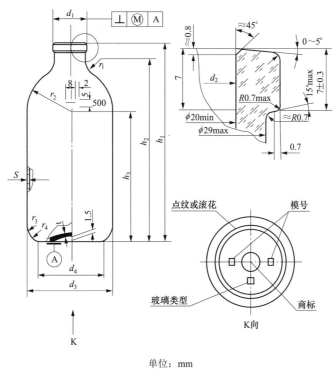

单位：mm

图1 A型瓶

表4 A型瓶的规格尺寸

单位：mm

规格 （ml）	标线容量（ml）		全高 h_1		瓶口外径 d_1		瓶口内径 d_2	
	公称容量	偏差	尺寸	偏差	尺寸	偏差	尺寸	偏差
50	50	±5	68	±0.9	32	±0.3	22.5	±0.3
100	100		104	±1.0				
250	250	±8	136	±1.2				
500	500	±10	177	±1.3				
1000	1000	±15	230	±1.8				

规格 （ml）	瓶身外径 d_3		瓶壁厚		瓶底厚		垂直轴偏差
	尺寸	偏差	S	同一瓶壁 厚薄比	t	同一瓶底 厚薄比	a
50	46	±1.0	≥0.8	≤2.5:1	≥2.5	≤2:1	≤1.8
100	49						≤2.0
250	66						≤2.0
500	78	±1.4	≥1.0				≤2.5
1000	95	±1.8			≥3.0		≤3.0

规格 （ml）	底部接圆 d_4	颈弧高 h_2	肩弧高 h_3	颈弧 r_1	肩弧 r_2	底上弧 r_3	底下弧 r_4	质量 （≈g）
50	38	56	36	6.5	20.6	10	2.5	60
100	39	92	67	8.0	25.0	12	3.0	100
250	54	124	86	10.5	34.0	16	4.0	180
500	61	165	116	13.0	42.0	20	5.0	280
1000	75	218	153	16.5	52.0	25	6.0	525

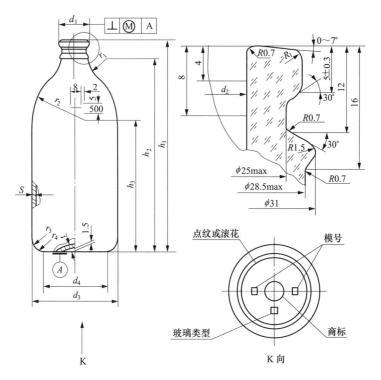

单位：mm

图 2　B 型瓶

表 5　B 型瓶的规格尺寸

单位：mm

规格 （ml）	标线容量（ml）		全高 h_1		瓶口外径 d_1		瓶口内径 d_2	
	公称容量	偏差	尺寸	偏差	尺寸	偏差	尺寸	偏差
50	50	±5	78	±1.0	28.3	±0.3	16.5	±0.5
100	100		110	±1.2				
250	250	±8	140					
500	500	±10	182	±1.5				
1000	1000	±15	220	±2.0				

规格 （ml）	瓶身外径 d_3		瓶壁厚		瓶底厚		垂直轴偏差
	尺寸	偏差	S	同一瓶壁 厚薄比	t	同一瓶底 厚薄比	a
50	46	±1.0	≥1.0	≤2.5:1	≥2.5	≤2:1	≤1.8
100	53	±1.2					≤2.0
250	68		≥1.2				
500	81	±1.5					≤2.5
1000	102	±2.0	≥1.5		≥3.0		≤3.0

规格 （ml）	底部接圆 d_4	颈弧高 h_2	肩弧高 h_3	颈弧 r_1	肩弧 r_2	底上弧 r_3	底下弧 r_4	质量 （≈g）
50	38.0	60	39	6.5	20.5	10	2.5	75
100	38.7	91	63	7.0	28.0	21	5.0	125
250	49.6	121	80	10.0	36.0	27	6.2	220
500	59.3	164	112	12.0	45.0	33	6.6	330
1000	75.8	202	132	15.0	55.0	40	8.4	555

低硼硅玻璃输液瓶

Dipengguiboli Shuye Ping

Infusion Bottles Made of Low Borosilicate Glass

本标准适用于盛装大容量注射液的低硼硅玻璃输液瓶。

【外观】 取本品适量，在自然光线明亮处，正视目测。应无色透明；表面应光洁、平整，不应有明显的玻璃缺陷；任何部位不得有裂纹。

【鉴别】*（1）线热膨胀系数 取本品适量，照平均线热膨胀系数测定法（YBB00202003—2015）或线热膨胀系数测定法（YBB00212003—2015）测定，应为（6.2～7.5）×10^{-6} K^{-1}（20～300 ℃）。

（2）三氧化二硼含量 取本品适量，照三氧化二硼测定法（YBB00232003—2015）测定，含三氧化二硼应不得小于 5%。

【合缝线】 取本品适量，用游标卡尺检测，瓶口合缝线按凸出测量不得过 0.3 mm，其他部位合缝线按凸出测量不得过 0.5 mm。

【刻度线、字、标记】 取本品适量，在自然光线明亮处，正视目测。刻度线、字、标记应清晰可见；刻线宽与外凸用游标卡尺检测，A 型瓶（图 1）刻线宽不得过 0.6 mm，外凸不得过 0.3 mm，B 型瓶（图 2）刻线宽不得过 0.8 mm，外凸不得过 0.4 mm。

【121 ℃颗粒耐水性】 取本品适量，照玻璃颗粒在 121 ℃耐水性测定法和分级（YBB00252003—2015）测定，应符合 1 级。

【内表面耐水性】 取本品适量，照 121 ℃内表面耐水性测定法和分级（YBB00242003—2015）测定，应符合 HC1 级或内表面经中性化处理的应符合 HC2 级。

【热稳定性】 取本品适量，加水至标线处，塞上与之适应的胶塞、用铝盖压紧，置高压蒸汽灭菌器内，在 15～20 分钟内由室温均匀升温至 121 ℃，保持 30 分钟。放气至常压，微开高压蒸汽灭菌器盖，自然冷却至高压蒸汽灭菌器内的温度与室温的温差小于 42 ℃，打开高压蒸汽灭菌器盖，取出样品，观察，不得有破裂。

【耐热冲击】 取本品适量，照热冲击和热冲击强度测定法（YBB00182003—2015）第一法测定，经受 42 ℃温差的热震试验后不得破裂。

【耐内压力】 取本品适量，照耐内压力测定法（YBB00172003—2015）第一法测定，经受 0.6 MPa 的内压力试验后不得破裂。

【内应力】 取本品适量，照内应力测定法（YBB00162003—2015）测定，退火后的最大永久应力造成的光程差不得过 40 nm/mm。

【砷、锑、铅、镉浸出量】* 取本品适量，照砷、锑、铅、镉浸出量测定法（YBB00372004—2015）测定，每升浸出液中砷不得过 0.2 mg、锑不得过 0.7 mg、铅不得过 1.0 mg、镉不得过 0.25 mg。

【垂直轴偏差】 取本品适量，照垂直轴偏差测定法（YBB00192003—2015）测定，应符合表 1 规定。

表 1 垂直轴偏差允许的最大值

规格（ml）	50	100	250	500	1000
垂直轴偏差 a_{max}（mm）	1.8	2.0	2.0	2.5	3.0

【标线容量】 取干燥、清洁的本品适量，将被测样品置于天平上称量，记下重量 m_1（g），然后将被测样品置于水平工作台上加水至标线处（先加水至标线近处再用吸管吸出或加水使液面与试样标线一致），注意应保持试样外壁干燥。再将以上注有水的试样置于天平称量，记下重量 m_2（g）。被测试样的标线容量 V 按下式计算，应符合表 2 规定。

$$V=(m_2-m_1)/d$$

式中　V 为标线容量，ml；

　　　m_1 为空瓶重量，g；

　　　m_2 为供试品与水的重量，g；

　　　d 为水的密度，g/ml。

表 2　标线容量偏差

规格（ml）	50	100	250	500	1000
公称容量（ml）	50	100	250	500	1000
偏差（ml）	±5		±8	±10	±15

附件一　检验规则

1. 产品检验分为全项检验和部分检验。

2. 下列情况之一时，应按标准的要求进行全项检验。

（1）产品注册。

（2）产品出现重大质量事故后重新生产。

（3）监督检验。

（4）产品停产后重新恢复生产。

3. 产品批准注册后，药包材生产、使用企业在原料产地、添加剂、生产工艺等没有变更的情形下，可按标准的要求，进行除"＊"外项目检验。

4. 外观、合缝线、刻度线、字、标记、热稳定性、耐热冲击、耐内压力、内应力、垂直轴偏差、标线容量的检验，按《计数抽样检验程序　第 1 部分：按接收质量限（AQL）检索的逐批检验抽样计划》（GB/T 2828.1—2012）规定进行。检验项目、检验水平及接收质量限见表 3。

表 3　检验项目、检验水平及接收质量限

检验项目		检验水平	接收质量限（AQL）
外观	裂纹	I	0.65
	其他		4.0
合缝线		S-3	2.5
刻度线、字、标记			
热稳定性		S-2	0.25
耐热冲击		S-2	1.0
耐内压力		S-2	1.0
内应力		S-2	0.65
垂直轴偏差		S-3	2.5
标线容量		S-3	1.5

附件二　规格尺寸（参考尺寸）

规格尺寸可参考图1及表4，图2及表5。

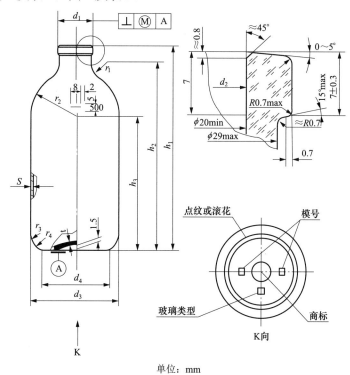

单位：mm

图1　A型瓶

表4　A型瓶的规格尺寸

单位：mm

规格 （ml）	标线容量（ml）		全高 h_1		瓶口外径 d_1		瓶口内径 d_2	
	公称容量	偏差	尺寸	偏差	尺寸	偏差	尺寸	偏差
50	50	±5	68	±0.9	32	±0.3	22.5	±0.3
100	100		104	±1.0				
250	250	±8	136	±1.2				
500	500	±10	177	±1.3				
1000	1000	±15	230	±1.8				

规格 （ml）	瓶身外径 d_3		瓶壁厚		瓶底厚		垂直轴偏差
	尺寸	偏差	S	同一瓶壁 厚薄比	t	同一瓶底 厚薄比	a
50	46	±1.0	≥0.8	≤2.5:1	≥2.5	≤2:1	≤1.8
100	49						≤2.0
250	66						
500	78	±1.4	≥1.0		≥3.0		≤2.5
1000	95	±1.8					≤3.0

规格 （ml）	底部接圆 d_4	颈弧高 h_2	肩弧高 h_3	颈弧 r_1	肩弧 r_2	底上弧 r_3	底下弧 r_4	质量 （≈g）
50	38	56	36	6.5	20.6	10	2.5	60
100	39	92	67	8.0	25.0	12	3.0	100
250	54	124	86	10.5	34.0	16	4.0	180
500	61	165	116	13.0	42.0	20	5.0	280
1000	75	218	153	16.5	52.0	25	6.0	525

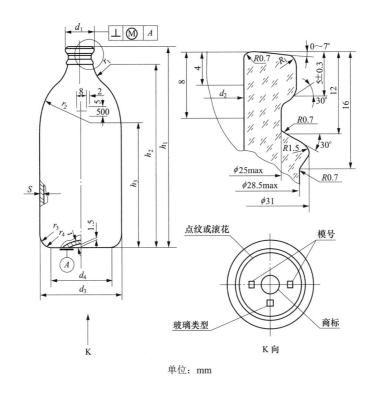

单位：mm

图 2 B 型瓶

表 5 B 型瓶的规格尺寸

单位：mm

规格 （ml）	标线容量（ml）		全高 h_1		瓶口外径 d_1		瓶口内径 d_2	
	公称容量	偏差	尺寸	偏差	尺寸	偏差	尺寸	偏差
50	50	±5	78	±1.0	28.3	±0.3	16.5	±0.5
100	100		110	±1.2				
250	250	±8	140					
500	500	±10	182	±1.5				
1000	1000	±15	220	±2.0				

规格 （ml）	瓶身外径 d_3		瓶壁厚		瓶底厚		垂直轴偏差
	尺寸	偏差	S	同一瓶壁 厚薄比	t	同一瓶底 厚薄比	a
50	46	±1.0	≥1.0	≤2.5:1	≥2.5	≤2:1	≤1.8
100	53	±1.2					≤2.0
250	68		≥1.2				
500	81	±1.5					≤2.5
1000	102	±2.0	≥1.5		≥3.0		≤3.0

规格 （ml）	底部接圆 d_4	颈弧高 h_2	肩弧高 h_3	颈弧 r_1	肩弧 r_2	底上弧 r_3	底下弧 r_4	质量 （≈g）
50	38.0	60	39	6.5	20.5	10	2.5	75
100	38.7	91	63	7.0	28.0	21	5.0	125
250	49.6	121	80	10.0	36.0	27	6.2	220
500	59.3	164	112	12.0	45.0	33	6.6	330
1000	75.8	202	132	15.0	55.0	40	8.4	555

中硼硅玻璃输液瓶

Zhongpengguiboli Shuye Ping

Infusion Bottles Made of Middle Borosilicate Glass

本标准适用于盛装大容量注射液的中硼硅玻璃输液瓶。

【外观】 取本品适量，在自然光线明亮处，正视目测。应无色透明；表面应光洁、平整，不应有明显的玻璃缺陷；任何部位不得有裂纹。

【鉴别】*（1）线热膨胀系数 取本品适量，照平均线热膨胀系数测定法（YBB00202003—2015）或线热膨胀系数测定法（YBB00212003—2015）测定，应为（3.5～6.1）×10^{-6} K^{-1}（20～300 ℃）。

（2）三氧化二硼含量 取本品适量，照三氧化二硼测定法（YBB00232003—2015）测定，含三氧化二硼应不得小于 8%。

【合缝线】 取本品适量，用游标卡尺检测，瓶口合缝线按凸出测量不得过 0.3 mm，其他部位合缝线按凸出测量不得过 0.5 mm。

【刻度线、字、标记】 取本品适量，在自然光线明亮处，正视目测。刻度线、字、标记应清晰可见；刻线宽与外凸用游标卡尺检测，A 型瓶（图 1）刻线宽不得过 0.6 mm，外凸不得过 0.3 mm，B 型瓶（图 2）刻线宽不得过 0.8 mm，外凸不得过 0.4 mm。瓶底应标明玻璃类型为 I 型。

【121 ℃颗粒耐水性】 取本品适量，照玻璃颗粒在 121 ℃耐水性测定法和分级（YBB00252003—2015）测定，应符合 1 级。

【98 ℃颗粒耐水性】 取本品适量，照玻璃颗粒在 98 ℃耐水性测定法和分级（YBB00362004—2015）测定，应符合 HGB1 级。

【内表面耐水性】 取本品适量，照 121 ℃内表面耐水性测定法和分级（YBB00242003—2015）测定，应符合 HC1 级。

【耐酸性】* 取本品适量，照玻璃耐沸腾盐酸浸蚀性测定法（YBB00342004—2015）第一法测定，应符合 1 级；或照玻璃耐沸腾盐酸浸蚀性测定法（YBB00342004—2015）第二法测定，碱性氧化物的浸出量不得过 100 μg/dm²。

【耐碱性】* 取本品适量，照玻璃耐沸腾混合碱水溶液浸蚀性测定法（YBB00352004—2015）测定，应不低于 2 级。

【热稳定性】 取本品适量，加水至标线处，塞上与之适应的胶塞、用铝盖压紧，置高压蒸汽灭菌器内，在 15～20 分钟内由室温均匀升温至 121 ℃，保持 30 分钟。放气至常压，微开高压蒸汽灭菌器盖，自然冷却至高压蒸汽灭菌器内的温度与室温的温差小于 60 ℃，打开高压蒸汽灭菌器盖，取出样品，观察，不得有破裂。

【耐热冲击】 取本品适量，照热冲击和热冲击强度测定法（YBB00182003—2015）的第一法测定，经受 60 ℃温差的热震试验后不得破裂。

【耐内压力】 取本品适量，照耐内压力测定法（YBB00172003—2015）第一法测定，经受 0.6 MPa 的内压力试验后不得破裂。

【内应力】 取本品适量，照内应力测定法（YBB00162003—2015）测定，退火后的最大永久应力造成的光程差不得过 40 nm/mm。

【砷、锑、铅、镉浸出量】* 取本品适量，照砷、锑、铅、镉浸出量测定法（YBB00372004—2015）测定，每升浸出液中砷不得过 0.2 mg、锑不得过 0.7 mg、铅不得过 1.0 mg、镉不得过 0.25 mg。

【垂直轴偏差】 取本品适量，照垂直轴偏差测定法（YBB00192003—2015）测定，应符合表 1 规定。

表1　垂直轴偏差允许的最大值

规格（ml）	50	100	250	500	1000
垂直轴偏差 a_{max}（mm）	1.8	2.0	2.0	2.5	3.0

【标线容量】 取干燥、清洁的本品适量，将被测样品置于天平上称量，记下重量 m_1（g），然后将被测样品置于水平工作台上加水至标线处（先加水至标线近处再用吸管吸出或加水使液面与试样标线一致），注意应保持试样外壁干燥。再将以上注有水的试样置于天平称量，记下重量 m_2（g）。被测试样的标线容量 V 按下式计算，应符合表 2 规定。

$$V =(m_2-m_1)/d$$

式中　V 为标线容量，ml；

　　　m_1 为空瓶重量，g；

　　　m_2 为供试品与水的重量，g；

　　　d 为水的密度，g/ml。

表2　标线容量偏差

规格（ml）	50	100	250	500	1000
公称容量（ml）	50	100	250	500	1000
偏差（ml）	±5	±5	±8	±10	±15

附件一　检验规则

1. 产品检验分为全项检验和部分检验。

2. 下列情况之一时，应按标准的要求进行全项检验。

（1）产品注册。

（2）产品出现重大质量事故后重新生产。

（3）监督抽验。

（4）产品停产后重新恢复生产。

3. 产品批准注册后，药包材生产、使用企业在原料产地、添加剂、生产工艺等没有变更的情形下，可按标准的要求，进行除"*"外项目检验。

4. 外观、合缝线、刻度线、字、标记、热稳定性、耐热冲击、耐内压力、内应力、垂直轴偏差、标线容量的检验，按《计数抽样检验程序　第 1 部分：按接收质量限（AQL）检索的逐批检验抽样计划》（GB/T 2828.1—2012）规定进行。检验项目、检验水平及接收质量限见表 3。

表3　检验项目、检验水平及接收质量限

检验项目		检验水平	接收质量限（AQL）
外观	裂纹	I	0.65
	其他		4.0
合缝线		S-3	2.5
刻度线、字、标记			

检验项目	检验水平	接收质量限（AQL）
热稳定性	S-2	0.25
耐热冲击	S-2	1.0
耐内压力	S-2	1.0
内应力	S-2	0.65
垂直轴偏差	S-3	2.5
标线容量	S-3	1.5

附件二 规格尺寸（参考尺寸）

规格尺寸可参考图 1 及表 4，图 2 及表 5。

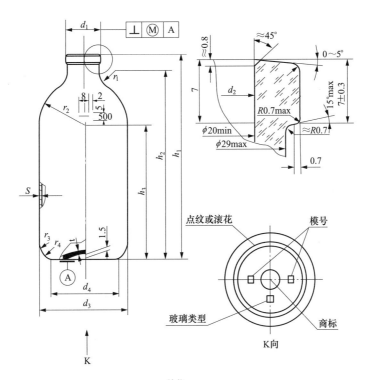

单位：mm

图 1 A 型瓶

表 4 A 型瓶的规格尺寸

单位：mm

规格（ml）	标线容量（ml）		全高 h_1		瓶口外径 d_1		瓶口内径 d_2	
	公称容量	偏差	尺寸	偏差	尺寸	偏差	尺寸	偏差
50	50	±5	68	±0.9	32	±0.3	22.5	±0.3
100	100		104	±1.0				
250	250	±8	136	±1.2				
500	500	±10	177	±1.3				
1000	1000	±15	230	±1.8				

规格（ml）	瓶身外径 d_3		瓶壁厚		瓶底厚		垂直轴偏差
	尺寸	偏差	S	同一瓶壁厚薄比	t	同一瓶底厚薄比	a
50	46						≤1.8
100	49	±1.0	≥0.8				≤2.0
250	66			≤2.5:1	≥2.5	≤2:1	
500	78	±1.4	≥1.0				≤2.5
1000	95	±1.8			≥3.0		≤3.0

规格（ml）	底部接圆 d_4	颈弧高 h_2	肩弧高 h_3	颈弧 r_1	肩弧 r_2	底上弧 r_3	底下弧 r_4	质量（≈g）
50	38	56	36	6.5	20.6	10	2.5	60
100	39	92	67	8.0	25.0	12	3.0	100
250	54	124	86	10.5	34.0	16	4.0	180
500	61	165	116	13.0	42.0	20	5.0	280
1000	75	218	153	16.5	52.0	25	6.0	525

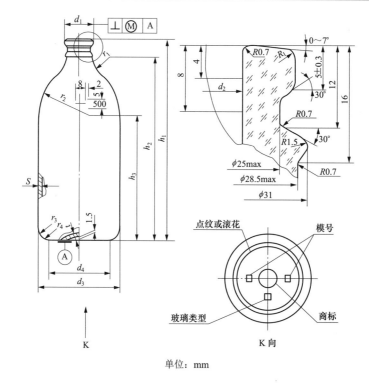

单位：mm

图2 B型瓶

表5 B型瓶的规格尺寸

单位：mm

规格（ml）	标线容量（ml）		全高 h_1		瓶口外径 d_1		瓶口内径 d_2	
	公称容量	偏差	尺寸	偏差	尺寸	偏差	尺寸	偏差
50	50	±5	78	±1.0				
100	100		110					
250	250	±8	140	±1.2	28.3	±0.3	16.5	±0.5
500	500	±10	182	±1.5				
1000	1000	±15	220	±2.0				

规格（ml）	瓶身外径 d_3		瓶壁厚		瓶底厚		垂直轴偏差
	尺寸	偏差	S	同一瓶壁厚薄比	t	同一瓶底厚薄比	a
50	46	±1.0	≥1.0	≤2.5:1	≥2.5	≤2:1	≤1.8
100	53	±1.2					≤2.0
250	68		≥1.2				
500	81	±1.5					≤2.5
1000	102	±2.0	≥1.5		≥3.0		≤3.0

规格（ml）	底部接圆 d_4	颈弧高 h_2	肩弧高 h_3	颈弧 r_1	肩弧 r_2	底上弧 r_3	底下弧 r_4	质量（≈g）
50	38.0	60	39	6.5	20.5	10	2.5	75
100	38.7	91	63	7.0	28.0	21	5.0	125
250	49.6	121	80	10.0	36.0	27	6.2	220
500	59.3	164	112	12.0	45.0	33	6.6	330
1000	75.8	202	132	15.0	55.0	40	8.4	555

低硼硅玻璃安瓿

Dipengguiboli Anbu

Ampoules Made of Low Borosilicate Glass Tubing

本标准适用于色环和点刻痕易折低硼硅玻璃安瓿。

【外观】 取本品适量，在自然光线明亮处，正视目测。应无色透明或棕色透明；不应有明显的玻璃缺陷；任何部位不得有裂纹；点刻痕易折安瓿的色点应标记在刻痕上方中心，与中心线的偏差不得过±1.0 mm。

【鉴别】*（1）线热膨胀系数 取本品适量，照平均线热膨胀系数测定法（YBB00202003—2015）或线热膨胀系数测定法（YBB00212003—2015）测定，应为（6.2～7.5）×10^{-6} K^{-1}（20～300 ℃）。

（2）三氧化二硼含量 取本品适量，照三氧化二硼测定法（YBB00232003—2015）测定，含三氧化二硼应不得小于5%。

【121 ℃颗粒耐水性】 取本品适量，照玻璃颗粒在121 ℃耐水性测定法和分级（YBB00252003—2015）测定，应符合1级。

【内表面耐水性】 取本品适量，照121 ℃内表面耐水性测定法和分级（YBB00242003—2015）测定，应符合HC1级。

【内应力】 取本品适量，照内应力测定法（YBB00162003—2015）测定，退火后的最大永久应力造成的光程差不得过40 nm/mm。

【圆跳动】 取本品适量，照垂直轴偏差测定法（YBB00192003—2015）测定，应符合表1规定。

表1 圆跳动允许的最大值

规格（ml）	1	2	3	5	10	20	25
圆跳动 t_{max}（mm）	1.0			1.7		2.4	

注：圆跳动是指瓶身绕轴线旋转一周丝外径的最大变化量。

【折断力】 取本品适量，照附件二规定的方法检测，安瓿折断力应符合表2规定的值，安瓿折断后，断面应平整（断面不得有尖锐凸起、豁口及长度超过肩部的裂纹）。

表2 安瓿折断力

规格（ml）	支架距离 $l = (l_1 + l_2)$（mm）	折断力（N）	
		最小值	最大值
1	36 = (18+18)	30	80
2			
3			
5			
10	60 = (22+38)		90
20			100
25			

【砷、锑、铅、镉浸出量】* 取本品适量，照砷、锑、铅、镉浸出量测定法（YBB00372004—2015）测定，每升浸出液中砷不得过 0.2 mg、锑不得过 0.7 mg、铅不得过 1.0 mg、镉不得过 0.25 mg。

附件一 检验规则

1. 产品检验分为全项检验和部分检验。

2. 下列情况之一时，应按标准的要求进行全项检验。

（1）产品注册。

（2）产品出现重大质量事故后重新生产。

（3）监督抽验。

（4）产品停产后，重新恢复生产。

3. 产品批准注册后，药包材生产、使用企业在原料产地、添加剂、生产工艺等没有变更的情形下，可按标准的要求，进行除"*"外项目检验。

4. 外观、内应力、圆跳动、折断力的检验，按《计数抽样检验程序 第1部分：按接收质量限（AQL）检索的逐批检验抽样计划》（GB/T 2828.1—2012）规定进行。检验项目、检验水平及接收质量限见表3。

表3 检验项目、检验水平及接收质量限

检验项目		检验水平	接收质量限（AQL）
外观	裂纹	I	0.65
	其他		4.0
内应力		S-3	2.5
圆跳动		S-3	4.0
折断力		S-3	4.0

附件二 折断力测定方法

定义：折断力是将安瓿瓶颈和瓶身分开所要施加的力值。

仪器：安瓿折力仪的精度为 0.1 N，应具有以下特性：

　　　试验速度 v：10 mm/min

　　　力的测量范围：0～200 N

试验装置见图1。

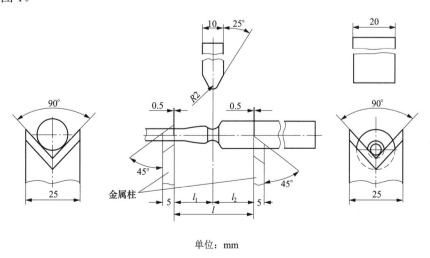

单位：mm

图1 易折安瓿折力试验装置

试验步骤：在两个金属支架之间设定一段距离（如图 1 所示，并按表 2 规定），以便在与被测安瓿的中心轴成 90°的二个金属支架之间施加力。

用安瓿折力仪加力，直至安瓿断裂，记录下折断力值。

注：在试验点刻痕易折安瓿折断力时，应将装置中的加力部件定位在刻痕中间（刻痕向下），否则折断力会增大。

附件三 安瓿耐碱性试验方法（根据用户特殊需要进行检验）

1. 试剂

蒸馏水：必须新鲜煮沸，不含二氧化碳。

氢氧化钠（GB 629）：分析纯。

0.1 mol/L 和 0.5 mol/L 氢氧化钠标准溶液：称取约 4 g 及 20 g 氢氧化钠，分别置入 1000 ml 容量瓶中，用蒸馏水稀释至标线，摇匀、标定。

0.001 mol/L 氢氧化钠溶液：用吸管准确吸取 10 ml 已标定的 0.1 mol/L 氢氧化钠标准溶液于 1000 ml 容量瓶中，用蒸馏水稀释至标线，摇匀。

0.0075 mol/L 氢氧化钠溶液：用吸管准确吸取 15 ml 已标定的 0.5 mol/L 氢氧化钠标准溶液于 1000 ml 容量瓶中，用蒸馏水稀释至标线，摇匀。

2. 仪器

高压蒸汽灭菌器。

常规实验室仪器，以及滤孔为 5～15 μm 垂熔玻璃漏斗。

3. 试样

各种规格的空安瓿 220 支。

4. 试验步骤

试样处理 取空安瓿拍去玻璃屑，在洗瓶机上先用 0.2 MPa 压力的水或气冲洗四、五次，然后用蒸馏水冲洗干净，再经 110 ℃烘干，冷却备用。

按各种规格安瓿的药液灌装量，分别在试样中灌入经滤孔为 5～15 μm 垂熔玻璃漏斗过滤的（0.001 mol/L 或 0.0075 mol/L）氢氧化钠溶液，封口后进行灯检，剔除含有异物的安瓿。置入高压蒸汽灭菌器中，在 15 分钟内均匀升温至 121 ℃，保持 30 分钟，取出待冷却后进行灯检。检查试样中脱片数。

5. 注意事项

使用氢氧化钠溶液时以新配制为宜，亦可装在内壁涂有石蜡的玻璃容器或塑料桶内作短期存放。

配制的 0.001 mol/L 或 0.0075 mol/L 氢氧化钠溶液，使用时应用滤孔为 5～15 μm 垂熔玻璃漏斗过滤。

6. 试验结果

试验报告应包括下列几项内容：

样品名称、规格、数量、料别；

所用试液的浓度；

样品脱片数及占总数百分比；

试验结论；

试验单位、日期以及试验者签名。

附件四 规格尺寸（参考尺寸）

规格尺寸可参考图2、图3及表4。

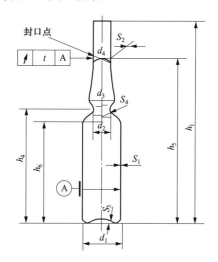

图2 色环易折安瓿

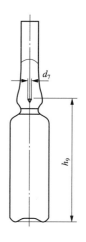

图3 点刻痕易折安瓿

注：其余尺寸见图2

表4 规格尺寸

单位：mm

规格（ml）	外 径											高 度						厚 度		圆跳动 t	歪底	容量（至颈部中间）（ml）
	身外径 d_1		颈外径 d_2		泡外径 d_3		丝外径 d_4		色点直径 d_7	全高 h_1		底至颈高 h_4		底至测量点高 h_5	底至肩高 h_6	底至色点上方高 h_9		丝壁厚 S_2	底厚 S_3			
	尺寸	偏差	尺寸	偏差	尺寸	偏差	尺寸	偏差		尺寸	偏差	尺寸	偏差	尺寸	最小	最大		最小	最小	最大	最大	
1	10.00	±0.26	6.3	±0.8	7.8	±1.0	5.0	±0.6		60.0	±1.0	25.0	±1.0	57.0	21.0	31.5						1.5
2	11.50	±0.26	7.0	±0.8	8.5	±1.0	5.5	±0.6		70.0	±1.0	36.5	±1.0	67.0	32.0	43.0		0.20	0.20	1.0	1.0	2.9
3	13.30	±0.30	8.0	±0.8	9.2	±1.0	5.8	±0.6	2.0±0.5	70.0	±1.0	36.5	±1.0	67.0	32.0	43.0						4.0
5	16.00	±0.30	8.2	±1.0	10.0	±1.0	6.0	±0.6		87.0	±1.0	43.0	±1.0	84.0	38.5	50.5				1.7		6.8
10	18.40	±0.35	8.8	±1.2	11.0	±1.0	6.8	±0.8		102.0	±1.0	58.5	±1.2	99.0	53.5	66.5		0.25	0.30		1.3	12.3
20	22.00	±0.35	10.5	±1.2	13.0	±1.2	7.3	±1.0		126.0	±1.3	76.5	±1.5	123.0	68.0	85.0		0.30	0.35	2.4		23.5
25	22.00	±0.35	10.5	±1.2	13.0	±1.2	7.3	±1.0		144.0	±1.3	94.5	±1.5	141.0	86.0	103.0						

注：同一支安瓿必须 $d_1 > d_3 > d_2 > d_4$

中硼硅玻璃安瓿

Zhongpengguiboli Anbu

Ampoules Made of Middle Borosilicate Glass Tubing

本标准适用于色环和点刻痕易折中硼硅玻璃安瓿。

【外观】 取本品适量，在自然光线明亮处，正视目测。应无色透明或棕色透明；不应有明显的玻璃缺陷；任何部位不得有裂纹；点刻痕易折安瓿的色点应标记在刻痕上方中心，与中心线的偏差不得过 ±1.0 mm。

【鉴别】*（1）线热膨胀系数 取本品适量，照平均线热膨胀系数测定法（YBB00202003—2015）或线热膨胀系数测定法（YBB00212003—2015）测定，应为（3.5～6.1）×10^{-6} K^{-1}（20～300 ℃）。

（2）三氧化二硼含量 取本品适量，照三氧化二硼测定法（YBB00232003—2015）测定，含三氧化二硼应不得小于 8%。

【121 ℃颗粒耐水性】 取本品适量，照玻璃颗粒在 121 ℃耐水性测定法和分级（YBB00252003—2015）测定，应符合 1 级。

【98 ℃颗粒耐水性】 取本品适量，照玻璃颗粒在 98 ℃耐水性测定法和分级（YBB00362004—2015）测定，应符合 HGB1 级。

【内表面耐水性】 取本品适量，照 121 ℃内表面耐水性测定法和分级（YBB00242003—2015）测定，应符合 HC1 级。

【耐酸性】* 取本品适量，照玻璃耐沸腾盐酸浸蚀性测定法（YBB00342004—2015）第一法测定，应符合 1 级；或照玻璃耐沸腾盐酸浸蚀性测定法（YBB00342004—2015）第二法测定，碱性氧化物的浸出量不得过 100 μg/dm^2。

【耐碱性】* 取本品适量，照玻璃耐沸腾混合碱水溶液浸蚀性测定法（YBB00352004—2015）测定，应不低于 2 级。

【内应力】 取本品适量，照内应力测定法（YBB00162003—2015）测定，退火后的最大永久应力造成的光程差不得过 40 nm/mm。

【圆跳动】 取本品适量，照垂直轴偏差测定法（YBB00192003—2015）测定，应符合表 1 规定。

表 1 圆跳动允许的最大值

规格（ml）	1	2	3	5	10	20	25
圆跳动 t_{max}（mm）	1.0			1.7		2.4	

注：圆跳动是指瓶身绕轴线旋转一周丝外径的最大变化量。

【折断力】 取本品适量，照附件二规定的方法检测，安瓿折断力应符合表 2 规定的值，安瓿折断后，断面应平整（断面不得有尖锐凸起、豁口及长度超过肩部的裂纹）。

表2　安瓿折断力

规格（ml）	支架距离 $l=(l_1+l_2)$ （mm）	折断力（N）	
		最小值	最大值
1	36 =（18+18）	20	80
2			
3			
5			
10	60 =（22+38）		90
20			100
25			

【砷、锑、铅、镉浸出量】* 取本品适量，照砷、锑、铅、镉浸出量测定法（YBB00372004—2015）测定，每升浸出液中砷不得过 0.2 mg、锑不得过 0.7 mg、铅不得过 1.0 mg、镉不得过 0.25 mg。

附件一　检验规则

1. 产品检验分为全项检验和部分检验。

2. 下列情况之一时，应按标准的要求进行全项检验。

（1）产品注册。

（2）产品出现重大质量事故后重新生产。

（3）监督抽验。

（4）产品停产后重新恢复生产。

3. 产品批准注册后，药包材生产、使用企业在原料产地、添加剂、生产工艺等没有变更的情形下，可按标准的要求，进行除"*"外项目检验。

4. 外观、内应力、圆跳动、折断力的检验，按《计数抽样检验程序　第 1 部分：按接收质量限（AQL）检索的逐批检验抽样计划》（GB/T 2828.1—2012）规定进行。检验项目、检验水平及接收质量限见表3。

表3　检验项目、检验水平及接收质量限

检验项目		检验水平	接收质量限（AQL）
外观	裂纹	I	0.65
	其他		4.0
内应力		S-3	2.5
圆跳动		S-3	4.0
折断力		S-3	4.0

附件二　折断力测定方法

定义：折断力是将安瓿瓶颈和瓶身分开所要施加的力值。

仪器：精度为 0.1 N 安瓿折力仪，应具有以下特性：

　　　试验速度 v：10 mm/min

　　　力的测量范围：0～200 N

试验装置见图1。

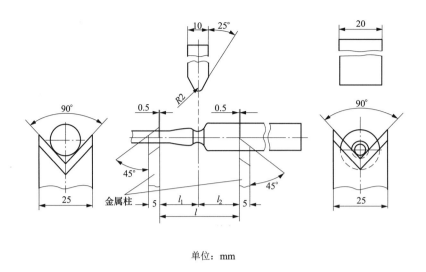

单位：mm

图1 易折安瓿折力试验装置

试验步骤：在两个金属支架之间设定一段距离（如图1所示，并按表2规定），以便在与被测安瓿的中心轴成90°的二个金属支架之间施加力。

用安瓿折力仪加力，直至安瓿断裂，记录下折断力值。

注：在试验点刻痕易折安瓿折断力时，应将装置中的加力部件定位在刻痕中间（刻痕向下），否则折断力会增大。

附件三 安瓿耐碱性试验方法（根据用户特殊需要进行检验）

1. 试剂

蒸馏水：必须新鲜煮沸，不含二氧化碳。

氢氧化钠（GB 629）：分析纯。

0.1 mol/L 和 0.5 mol/L 氢氧化钠标准溶液：称取约4 g 及20 g 氢氧化钠，分别置入1000 ml 容量瓶中，用蒸馏水稀释至标线，摇匀、标定。

0.001 mol/L 氢氧化钠溶液：用吸管准确吸取10 ml 已标定的0.1 mol/L 氢氧化钠标准溶液于1000 ml 容量瓶中，用蒸馏水稀释至标线，摇匀。

0.0075 mol/L 氢氧化钠溶液：用吸管准确吸取15 ml 已标定的0.5 mol/L 氢氧化钠标准溶液于1000 ml 容量瓶中，用蒸馏水稀释至标线，摇匀。

2. 仪器

高压蒸汽灭菌器。

常规实验室仪器，以及滤孔为5～15 μm 垂熔玻璃漏斗。

3. 试样

各种规格的空安瓿220支。

4. 试验步骤

试样处理 取空安瓿拍去玻璃屑，在洗瓶机上先用0.2 MPa 压力的水或气冲洗四、五次，然后用蒸馏水冲洗干净，再经110 ℃烘干，冷却备用。

按各种规格安瓿的药液灌装量，分别在试样中灌入经滤孔为5～15 μm 垂熔玻璃漏斗过滤的0.001 mol/L 或0.0075 mol/L 氢氧化钠溶液，封口后进行灯检，剔除含有异物的安瓿。置入高压蒸汽灭菌器中，在15分钟内均匀升温至121 ℃，保持30分钟，取出待冷却后进行灯检。检查试样中脱片数。

5. 注意事项

使用氢氧化钠溶液时以新配制为宜，亦可装在内壁涂有石蜡的玻璃容器或塑料桶内作短期存放。

配制的 0.001 mol/L 或 0.0075 mol/L 氢氧化钠溶液，使用时应用滤孔为 5～15 μm 垂熔玻璃漏斗过滤。

6. 试验结果

试验报告应包括下列几项内容：

样品名称、规格、数量、料别；

所用试液的浓度；

样品脱片数及占总数百分比；

试验结论；

试验单位、日期以及试验者签名。

附件四 规格尺寸（参考尺寸）

规格尺寸可参考图 2、图 3 及表 4。

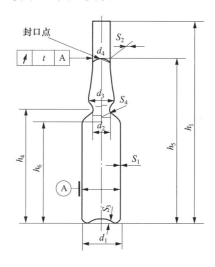

图 2 色环易折安瓿

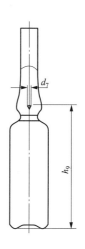

图 3 点刻痕易折安瓿

注：其余尺寸见图 2

表 4 规格尺寸

单位：mm

规格（ml）	外 径									高 度							厚 度		圆跳动	歪底	容量（至颈部中间）（ml）
	身外径 d_1		颈外径 d_2		泡外径 d_3		丝外径 d_4		色点直径 d_7	全高 h_1		底至颈高 h_4		底至测量点高 h_5	底至肩高 h_6	底至色点上方高 h_9	丝壁厚 S_2	底厚 S_3			
	尺寸	偏差	尺寸	偏差	尺寸	偏差	尺寸	偏差		尺寸	偏差	尺寸	偏差	尺寸	最小	最大	最小	最小	最大	最大	
1	10.00	±0.26	6.3	±0.8	7.8	±1.0	5.0	±0.6		60.0	±1.0	25.0	±1.0	57.0	21.0	31.5					1.5
2	11.50	±0.26	7.0	±0.8	8.5	±1.0	5.5	±0.6		70.0	±1.0	36.5	±1.0	67.0	32.0	43.0	0.20	0.20	1.0	1.0	2.9
3	13.30	±0.30	8.0	±0.8	9.2	±1.0	5.8	±0.6		70.0	±1.0	36.5	±1.0	67.0	32.0	43.0					4.0
5	16.00	±0.30	8.2	±1.0	10.0	±1.0	6.0	±0.6	2.0±0.5	87.0	±1.0	43.0	±1.0	84.0	38.5	50.5		0.30	1.7		6.8
10	18.40	±0.35	8.8	±1.2	11.0	±1.0	6.8	±0.8		102.0	±1.0	58.5	±1.2	99.0	53.5	66.5	0.25			1.3	12.3
20	22.00	±0.35	10.5	±1.2	13.0	±1.2	7.3	±1.0		126.0	±1.3	76.5	±1.5	123.0	68.0	85.0	0.30	0.35	2.4		23.5
25	22.00	±0.35	10.5	±1.2	13.0	±1.2	7.3	±1.0		144.0	±1.3	94.5	±1.5	141.0	86.0	103.0					

注：同一支安瓿必须 $d_1 > d_3 > d_2 > d_4$

钠钙玻璃管制注射剂瓶

Nagaiboli Guanzhi Zhusheji Ping

Injection Vials Made of Soda Lime Glass Tubing

本标准适用于盛装直接分装的注射液、注射用无菌粉末与注射用浓溶液的钠钙玻璃管制注射剂瓶。

【外观】 取本品适量,在自然光线明亮处,正视目测。应无色透明或棕色透明;表面应光洁、平整,不应有明显的玻璃缺陷;任何部位不得有裂纹。

【鉴别】* 线热膨胀系数 取本品适量,照平均线热膨胀系数测定法(YBB00202003—2015)或线热膨胀系数测定法(YBB00212003—2015)测定,应为(7.6~9.0)×10^{-6} K^{-1}(20~300 ℃)。

【121 ℃颗粒耐水性】 取本品适量,照玻璃颗粒在121 ℃耐水性测定法和分级(YBB00252003—2015)测定,应符合2级。

【内表面耐水性】 取本品适量,照121 ℃内表面耐水性测定法和分级(YBB00242003—2015)测定,应不低于HC2级。

【内应力】 取本品适量,照内应力测定法(YBB00162003—2015)测定,退火后的最大永久应力造成的光程差不得过40 nm/mm。

【砷、锑、铅、镉浸出量】* 取本品适量,照砷、锑、铅、镉浸出量测定法(YBB00372004—2015)测定,每升浸出液中砷不得过0.2 mg、锑不得过0.7 mg、铅不得过1.0 mg、镉不得过0.25 mg。

【垂直轴偏差】 取本品适量,照垂直轴偏差测定法(YBB00192003—2015)测定,应符合表1规定。

表1 垂直轴偏差允许的最大值

规格(ml)	2	3	5	7	8	10	15	20	25	30
垂直轴偏差 a_{max}(mm)	1.0			1.2				1.5		

附件一 检验规则

1. 产品检验分为全项检验和部分检验。

2. 下列情况之一时,应按标准的要求进行全项检验。

(1)产品注册。

(2)产品出现重大质量事故后重新生产。

(3)监督抽验。

(4)产品停产后重新恢复生产。

3. 产品批准注册后,药包材生产、使用企业在原料产地、添加剂、生产工艺等没有变更的情形下,可按标准的要求,进行除"*"外项目检验。

注:带"*"的项目半年内至少检验一次。

4. 外观、内应力、垂直轴偏差的检验,按《计数抽样检验程序 第1部分:按接收质量限(AQL)检索的逐批检验抽样计划》(GB/T 2828.1—2012)规定进行。检验项目、检验水平及接收质量限见表2。

表2 检验项目、检验水平及接收质量限

检验项目		检验水平	接收质量限（AQL）
外观	裂纹	I	1.0
	其他		4.0
内应力		S-1	1.5
垂直轴偏差		S-3	2.5

附件二 规格尺寸（参考尺寸）

规格尺寸可参考图1，表3及表4。

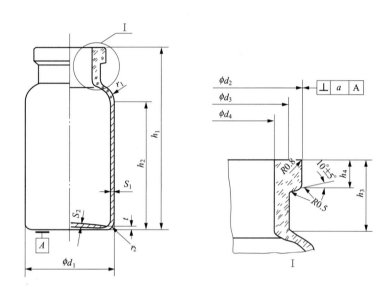

图1 钠钙玻璃管制注射剂瓶

表3 主要规格尺寸

单位：mm

规格（ml）	垂直轴偏差 a_{max}	瓶身外径 d_1		瓶口外径 d_2		瓶口内径 d_4		瓶全高 h_1		瓶口边厚 h_4		底厚 S_2
		尺寸	偏差	尺寸	偏差	尺寸	偏差	尺寸	偏差	尺寸	偏差	
2	1.0	16.0	±0.3	13.0	+0.2 −0.3	7.0	±0.2	31.0	±0.6	3.6	±0.3	≥0.4
3								35.0				
5		18.4				7.6		39.7				
7	1.2	22.0	±0.35	19.6	±0.3	12.6	+0.2 −0.3					
8								45.0				
10								49.7				
15		24.0						52.0				
20	1.5	28.0	±0.4					55.0	±0.8			≥0.45
25								65.0				
30		32.0	±0.5					70.0				

表4 其他规格尺寸（参考）

单位：mm

规格（ml）	瓶颈外径 d_{3max}	瓶身高 h_2	瓶颈 $h_3\approx$	瓶壁厚 $S_1\approx$	$r_1\approx$	$r_2\approx$	t_{max}	质量（$\approx$g）	满口容量（ml）
2	10.5	18.0	8.0	1.0	2.5	1.5	0.7	4.2	3.5
3		20.0						4.6	4.2
5		28.0		0.8				5.0	7.5
7	16.0	27.0	7.5		3.5	2.0		8.2	10.5
8		32.0						9.0	11.5
10		37.0		1.0				9.7	13.5
15		37.0		1.1				12.1	18.5
20		35.0	8.5	1.2	5.5	2.5	1	15.0	23.5
25		47.0						16.2	28.5
30		55.0	10.0					22.5	37

低硼硅玻璃管制注射剂瓶

Dipengguiboli Guanzhi Zhusheji Ping

Injection Vials Made of Low Borosilicate Glass Tubing

本标准适用于盛装直接分装的注射液、注射用无菌粉末与注射用浓溶液的低硼硅玻璃管制注射剂瓶。

【外观】 取本品适量,在自然光线明亮处,正视目测。应无色透明或棕色透明;表面应光洁、平整,不应有明显的玻璃缺陷;任何部位不得有裂纹。

【鉴别】*（1）线热膨胀系数 取本品适量,照平均线热膨胀系数测定法（YBB00202003—2015）或线热膨胀系数测定法（YBB00212003—2015）测定,应为（6.2～7.5）×10^{-6} K^{-1}（20～300 ℃）。

（2）三氧化二硼含量 取本品适量,照三氧化二硼测定法（YBB00232003—2015）测定,含三氧化二硼应不得小于 5%。

【121 ℃颗粒耐水性】 取本品适量,照玻璃颗粒在 121 ℃耐水性测定法和分级（YBB00252003—2015）测定,应符合 1 级。

【内表面耐水性】 取本品适量,照 121 ℃内表面耐水性测定法和分级（YBB00242003—2015）测定,应符合 HC1 或 HCB 级。

【内应力】 取本品适量,照内应力测定法（YBB00162003—2015）测定,退火后的最大永久应力造成的光程差不得过 40 nm/mm。

【砷、锑、铅、镉浸出量】* 取本品适量,照砷、锑、铅、镉浸出量测定法（YBB00372004—2015）测定,每升浸出液中砷不得过 0.2 mg、锑不得过 0.7 mg、铅不得过 1.0 mg、镉不得过 0.25 mg。

【垂直轴偏差】 取本品适量,照垂直轴偏差测定法（YBB00192003—2015）测定,应符合表 1 规定。

表 1 垂直轴偏差允许的最大值

规格（ml）	2	3	5	7	8	10	15	20	25	30
垂直轴偏差 a_{max}（mm）	1.0			1.2				1.5		

附件一 检验规则

1. 产品检验分为全项检验和部分检验。

2. 下列情况之一时,应按标准的要求进行全项检验。

（1）产品注册。

（2）产品出现重大质量事故后重新生产。

（3）监督抽验。

（4）产品停产后重新恢复生产。

3. 产品批准注册后,药包材生产、使用企业在原料产地、添加剂、生产工艺等没有变更的情形下,可按标准的要求,进行除"*"外项目检验。

4. 外观、内应力、垂直轴偏差的检验,按《计数抽样检验程序 第 1 部分:按接收质量限（AQL）检索的逐批检验抽样计划》（GB/T 2828.1—2012）规定进行。检验项目、检验水平及接收质量限见表 2。

表2　检验项目、检验水平及接收质量限

检验项目		检验水平	接收质量限（AQL）
外观	裂纹	I	0.65
	其他		4.0
内应力		S-1	1.5
垂直轴偏差		S-3	2.5

附件二　规格尺寸（参考尺寸）

规格尺寸可参考图1、表3及表4。

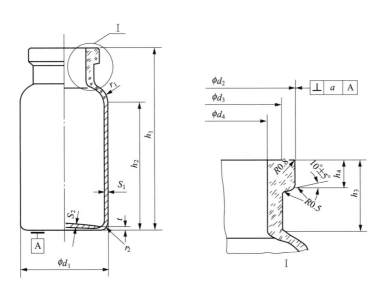

图1　低硼硅玻璃管制注射剂瓶

表3　主要规格尺寸

单位：mm

规格（ml）	垂直轴偏差 a_{max}	瓶身外径 d_1		瓶口外径 d_2		瓶口内径 d_4		瓶全高 h_1		瓶口边厚 h_4		底厚 S_2
		尺寸	偏差	尺寸	偏差	尺寸	偏差	尺寸	偏差	尺寸	偏差	
2	1.0	16.0	±0.2	13.0	+0.2 −0.3	7.0	±0.2	31.0	±0.5	3.6	±0.2	≥0.7
3								35.0				
5		18.4				7.6		39.7				
7	1.2											
8		22.0						45.0				
10								49.7				
15		24.0		19.6		12.6		52.0				
20	1.5	28.0	±0.3					55.0	±0.7			
25								65.0				
30		32.0						70.0				

表4　其他规格尺寸（参考）

单位：mm

规格（ml）	瓶颈外径 d_{3max}	瓶身高 h_2	瓶颈 $h_3\approx$	瓶壁厚 $S_1\approx$	$r_1\approx$	$r_2\approx$	t_{max}	质量（$\approx$g）	满口容量（ml）
2	10.5	18.0	8.0	1.0	2.5	1.5	0.7	4.2	3.5
3	10.5	20.0	8.0	1.0	2.5	1.5	0.7	4.6	4.2
5	10.5	28.0	8.0	0.8	2.5	1.5	0.7	5.0	7.5
7	16.0	27.0	7.5	0.8	3.5	2	0.7	8.2	10.5
8	16.0	32.0	7.5	1.0	3.5	2	0.7	9.0	11.5
10	16.0	37.0	7.5	1.0	3.5	2	0.7	9.7	13.5
15	16.0	37.0	7.5	1.1	3.5	2	0.7	12.1	18.5
20	16.0	35.0	8.5	1.1	5.5	2.5	1	15.0	23.5
25	16.0	47.0	8.5	1.2	5.5	2.5	1	16.2	28.5
30	16.0	55.0	10.0	1.2	5.5	2.5	1	22.5	37

中硼硅玻璃管制注射剂瓶

Zhongpengguiboli Guanzhi Zhusheji Ping

Injection Vials Made of Middle Borosilicate Glass Tubing

本标准适用于盛装直接分装的注射液、注射用无菌粉末与注射用浓溶液的中硼硅玻璃管制注射剂瓶。

【外观】 取本品适量，在自然光线明亮处，正视目测。应无色透明或棕色透明；表面应光洁、平整，不应有明显的玻璃缺陷；任何部位不得有裂纹。

【鉴别】*（1）线热膨胀系数 取本品适量，照平均线热膨胀系数测定法（YBB00202003—2015）或线热膨胀系数测定法（YBB00212003—2015）测定，应为（3.5～6.1）×10^{-6} K^{-1}（20～300 ℃）。

（2）三氧化二硼含量 取本品适量，照三氧化二硼测定法（YBB00232003—2015）测定，含三氧化二硼应不得小于 8%。

【121 ℃颗粒耐水性】 取本品适量，照玻璃颗粒在 121 ℃耐水性测定法和分级（YBB00252003—2015）测定，应符合 1 级。

【98 ℃颗粒耐水性】 取本品适量，照玻璃颗粒在 98 ℃耐水性测定法和分级（YBB00362004—2015）测定，应符合 HGB1 级。

【内表面耐水性】 取本品适量，照 121 ℃内表面耐水性测定法和分级（YBB00242003—2015）测定，应符合 HC1 级。

【耐酸性】* 取本品适量，照玻璃耐沸腾盐酸浸蚀性测定法（YBB00342004—2015）第一法测定，应符合 1 级；或照玻璃耐沸腾盐酸浸蚀性测定法（YBB00342004—2015）第二法测定，碱性氧化物的浸出量不得过 100 μg/dm²。

【耐碱性】* 取本品适量，照玻璃耐沸腾混合碱水溶液浸蚀性测定法（YBB00352004—2015）测定，应不低于 2 级。

【内应力】 取本品适量，照内应力测定法（YBB00162003—2015）测定，退火后的最大永久应力造成的光程差不得过 40 nm/mm。

【耐热性】 取本品适量，放入烘箱中，在 30 分钟内加热至 180 ℃恒温 2 小时后，立即取出，不得破裂。

【耐冷冻性】 取本品适量，注入公称容量 1/2 的水放入冷冻箱中，温度控制在 -41 ℃±2 ℃。24 小时后取出，立即放入 40 ℃±1 ℃水中，1 分钟后取出，不得破裂。

【砷、锑、铅、镉浸出量】* 取本品适量，照砷、锑、铅、镉浸出量测定法（YBB00372004—2015）测定，每升浸出液中砷不得过 0.2 mg、锑不得过 0.7 mg、铅不得过 1.0 mg、镉不得过 0.25 mg。

【垂直轴偏差】 取本品适量，照垂直轴偏差测定法（YBB00192003—2015）测定，应符合表 1 规定。

表 1　垂直轴偏差允许的最大值

规格（ml）	2	3	4	5	6	8	10	15	20	25	30	50
垂直轴偏差 a_{max}（mm）（端肩瓶）	1.00	—	1.00			1.20				1.50		—
垂直轴偏差 a_{max}（mm）（溜肩瓶）	1.00	1.20	—	1.30				1.40		—	1.50	1.80

附件一　检验规则

1. 产品检验分为全项检验和部分检验。

2. 下列情况之一时，应按标准的要求进行全项检验。

（1）产品注册。

（2）产品出现重大质量事故后重新生产。

（3）监督抽验。

（4）产品停产后重新恢复生产。

3. 产品批准注册后，药包材生产、使用企业在原料产地、添加剂、生产工艺等没有变更的情形下，可按标准的要求，进行除"*"外项目检验。

4. 外观、内应力、耐热性、耐冷冻性、垂直轴偏差的检验，按《计数抽样检验程序　第1部分：按接收质量限（AQL）检索的逐批检验抽样计划》（GB/T 2828.1—2012）规定进行。检验项目、检验水平及接收质量限见表2。

表 2　检验项目、检验水平及接收质量限

检验项目		检验水平	接收质量限（AQL）
外观	裂纹	I	0.65
	其他		4.0
内应力		S-1	1.5
耐热性		S-3	0.65
耐冷冻性		S-3	0.65
垂直轴偏差		S-3	2.5

附件二　规格尺寸（参考尺寸）

规格尺寸可参考图1、图2、表3及表4。

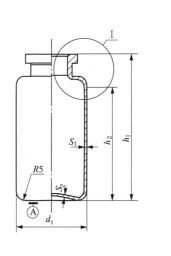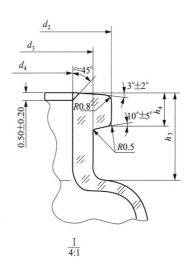

图 1　端肩型瓶

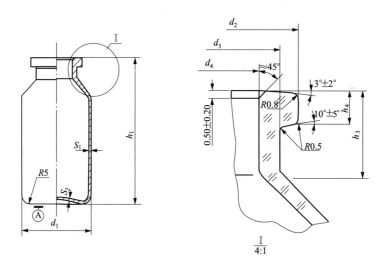

图 2　溜肩型瓶

表 3　端肩型瓶规格尺寸

单位：mm

规格（ml）		2	4	6	8	10	15	20	25	30
垂直轴偏差 a_{max}		1.00		1.20				1.50		
瓶身外径 d_1	尺寸	16.00		22.00		24.00		30.00		
	偏差	±0.20		±0.20				±0.30		
瓶口外径 d_2	尺寸	13.00		20.00						
	偏差			+0.20 −0.30						
瓶颈外径 d_{3max}		10.50		16.00		16.50		17.50		
瓶口内径 d_4	尺寸	7.00		12.50						
	偏差	±0.20		±0.20						
瓶底厚 S_2		≥0.70								
瓶身全高 h_1	尺寸	35.00	45.00	40.00	45.00		60.00	55.00	65.00	75.00
	偏差	±0.50						±0.70		
瓶身长 h_{2min}		23.00	33.00	27.00	32.00	31.00	46.00	35.00	45.00	55.00
瓶颈长 h_3	尺寸	8.00		8.50		9.00		10.00		
	偏差	±0.50						±0.75		
瓶边厚 h_4	尺寸	3.60								
	偏差	±0.20								
瓶壁厚 S_1	尺寸	1.00						1.20		
	偏差	±0.04						±0.05		

表4 溜肩型瓶规格尺寸

单位：mm

规格（ml）		2	3	5	10	15	20	30	50
垂直轴偏差 a_{max}		1.00	1.20	1.30	1.40			1.50	1.80
瓶身外径 d_1	尺寸	16.00	16.40	22.00	24.00		28.00		40.00
	偏差	±0.30			±0.35		±0.40		1.00
瓶口外径 d_2	尺寸	13.00			19.60				28.80
	偏差				+0.20 −0.30				±0.30
瓶颈外径 d_{3max}		10.50		16.00	16.50			17.50	23.30
瓶口内径 d_4	尺寸	7.00			12.50				18.80
	偏差				±0.20				±0.30
瓶底厚 S_2		≥0.40			≥0.70		≥1.00		≥1.20
瓶身全高 h_1	尺寸	35.00	37.00	39.00	48.00	58.00	60.00	80.00	80.00
	偏差	±0.50						±0.70	±1.00
瓶颈长 h_3	尺寸	8.00			8.50				12.00
	偏差	±0.50							±0.80
瓶边厚 h_4	尺寸				3.60				4.50
	偏差				±0.20				±0.30
瓶壁厚 S_1	尺寸	1.00	1.10		1.30			1.50	1.80
	偏差	±0.06	±0.08		±0.10				±0.05

高硼硅玻璃管制注射剂瓶

Gaopengguiboli Guanzhi Zhusheji Ping

Injection Vials Made of High Borosilicate Glass Tubing

本标准适用于盛装直接分装的注射液、注射用无菌粉末与注射用浓溶液的高硼硅玻璃管制注射剂瓶。

【外观】 取本品适量，在自然光线明亮处，正视目测。应无色透明；表面应光洁、平整，不应有明显的玻璃缺陷；任何部位不得有裂纹。

【鉴别】*（1）线热膨胀系数 取本品适量，照平均线热膨胀系数测定法（YBB00202003—2015）或线热膨胀系数测定法（YBB00212003—2015）测定，应为（3.2～3.4）×10^{-6} K^{-1}（20～300 ℃）。

（2）三氧化二硼含量 取本品适量，照三氧化二硼测定法（YBB00232003—2015）测定，含三氧化二硼应不得小于 12%。

【121 ℃颗粒耐水性】 取本品适量，照玻璃颗粒在 121 ℃耐水性测定法和分级（YBB00252003—2015）测定，应符合 1 级。

【98 ℃颗粒耐水性】 取本品适量，照玻璃颗粒在 98 ℃耐水性测定法和分级（YBB00362004—2015）测定，应符合 HGB1 级。

【内表面耐水性】取本品适量，照 121 ℃内表面耐水性测定法和分级（YBB00242003—2015）测定，应符合 HC1 级。

【耐酸性】* 取本品适量，照玻璃耐沸腾盐酸浸蚀性测定法（YBB00342004—2015）第一法测定，应符合 1 级；或照玻璃耐沸腾盐酸浸蚀性测定法（YBB00342004—2015）第二法测定，碱性氧化物的浸出量不得过 100 μg/dm²。

【耐碱性】* 取本品适量，照玻璃耐沸腾混合碱水溶液浸蚀性测定法（YBB00352004—2015）测定，应不低于 2 级。

【内应力】 取本品适量，照内应力测定法（YBB00162003—2015）测定，退火后的最大永久应力造成的光程差不得过 40 nm/mm。

【耐热性】 取本品适量，放入烘箱中，在 30 分钟内加热至 180 ℃恒温 2 小时后，立即取出，不得破裂。

【耐冷冻性】 取本品适量，注入公称容量 1/2 的水放入冷冻箱中，温度控制在 –41 ℃±2 ℃。24 小时后取出，立即放入 40 ℃±1 ℃水中，1 分钟后取出，不得破裂。

【砷、锑、铅、镉浸出量】* 取本品适量，照砷、锑、铅、镉浸出量测定法（YBB00372004—2015）测定，每升浸出液中砷不得过 0.2 mg、锑不得过 0.7 mg、铅不得过 1.0 mg、镉不得过 0.25 mg。

【垂直轴偏差】 取本品适量，照垂直轴偏差测定法（YBB00192003—2015）测定，应符合表 1 规定。

表 1 垂直轴偏差允许的最大值

规格（ml）	2	3	4	5	6	8	10	15	20	25	30	50
垂直轴偏差 a_{max}（mm）（端肩瓶）	1.00	—	1.00	—	1.20				1.50			—
垂直轴偏差 a_{max}（mm）（溜肩瓶）	1.00	1.20	—	1.30	—		1.40			—	1.50	1.80

附件一　检验规则

1. 产品检验分为全项检验和部分检验。

2. 下列情况之一时，应按标准的要求进行全项检验。

（1）产品注册。

（2）产品出现重大质量事故后重新生产。

（3）监督抽验。

（4）产品停产后重新恢复生产。

3. 产品批准注册后，药包材生产、使用企业在原料产地、添加剂、生产工艺等没有变更的情形下，可按标准的要求，进行除"＊"外项目检验。

4. 外观、内应力、耐热性、耐冷冻性、垂直轴偏差的检验，按《计数抽样检验程序　第1部分：按接收质量限（AQL）检索的逐批检验抽样计划》（GB/T 2828.1—2012）规定进行。检验项目、检验水平及接收质量限见表2。

表2　检验项目、检验水平及接收质量限

检验项目		检验水平	接收质量限（AQL）
外观	裂纹	I	0.65
	其他		4.0
内应力		S-1	1.5
耐热性		S-3	0.65
耐冷冻性		S-3	0.65
垂直轴偏差		S-3	2.5

附件二　规格尺寸（参考尺寸）

规格尺寸可参考图1、图2、表3及表4。

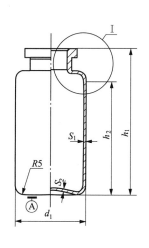 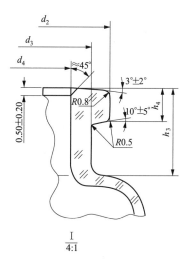

图1　端肩型瓶

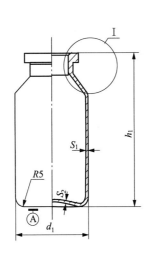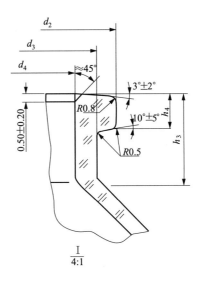

图 2　溜肩型瓶

表 3　端肩型瓶规格尺寸

单位：mm

规格（ml）		2	4	6	8	10	15	20	25	30
垂直轴偏差 a_{max}		1.00		1.20				1.50		
瓶身外径 d_1	尺寸	16.00		22.00		24.00		30.00		
	偏差	±0.20		±0.20				±0.30		
瓶口外径 d_2	尺寸	13.00		20.00						
	偏差	+0.20 −0.30								
瓶颈外径 d_{3max}		10.50		16.00		16.50		17.50		
瓶口内径 d_4	尺寸	7.00		12.50						
	偏差	±0.20		±0.20						
瓶底厚 S_2		≥0.70								
瓶身全高 h_1	尺寸	35.00	45.00	40.00	45.00		60.00	55.00	65.00	75.00
	偏差	±0.50						±0.70		
瓶身长 h_{2min}		23.00	33.00	27.00	32.00	31.00	46.00	35.00	45.00	55.00
瓶颈长 h_3	尺寸	8.00		8.50		9.00		10.00		
	偏差	±0.50						±0.75		
瓶边厚 h_4	尺寸	3.60								
	偏差	±0.20								
瓶壁厚 S_1	尺寸	1.00						1.20		
	偏差	±0.04						±0.05		

表 4 溜肩型瓶规格尺寸

单位：mm

规格（ml）		2	3	5	10	15	20	30	50
垂直轴偏差 a_{max}		1.00	1.20	1.30	1.40			1.50	1.80
瓶身外径 d_1	尺寸	16.00	16.40	22.00	24.00			28.00	40.00
	偏差	±0.30			±0.35			±0.40	1.00
瓶口外径 d_2	尺寸	13.00			19.60				28.80
	偏差	+0.20 −0.30							±0.30
瓶颈外径 d_{3max}		10.50		16.00	16.50			17.50	23.30
瓶口内径 d_4	尺寸	7.00			12.50				18.80
	偏差	±0.20							±0.30
瓶底厚 S_2		≥0.40			≥0.70		≥1.00		≥1.20
瓶身全高 h_1	尺寸	35.00	37.00	39.00	48.00	58.00	60.00	80.00	80.00
	偏差	±0.50						±0.70	±1.00
瓶颈长 h_3	尺寸	8.00			8.50				12.00
	偏差	±0.50							±0.80
瓶边厚 h_4	尺寸	3.60							4.50
	偏差	±0.20							±0.30
瓶壁厚 S_1	尺寸	1.00	1.10	1.30				1.50	1.80
	偏差	±0.06	±0.08	±0.10					±0.05

钠钙玻璃模制注射剂瓶

Nagaiboli Mozhi Zhusheji Ping

Injecion Vials Made of Moulded Soda Lime Glass

本标准适用于盛装注射用无菌粉末的钠钙玻璃模制注射剂瓶。

【外观】 取本品适量，在自然光线明亮处，正视目测。应无色透明或棕色透明；表面应光洁、平整，不应有明显的玻璃缺陷；任何部位不得有裂纹。

【鉴别】* 线热膨胀系数 取本品适量，照平均线热膨胀系数测定法（YBB00202003—2015）或线热膨胀系数测定法（YBB00212003—2015）测定，应为（7.6～9.0）×10^{-6} K^{-1}（20～300 ℃）。

【合缝线】 取本品适量，用游标卡尺检测，瓶口合缝线按凸出测量不得过 0.1 mm，其他部位合缝线按凸出测量不得过 0.2 mm。

【121 ℃颗粒耐水性】 取本品适量，照玻璃颗粒在 121 ℃耐水性测定法和分级（YBB00252003—2015）测定，应符合 2 级。

【内表面耐水性】 取本品适量，照 121 ℃内表面耐水性测定法和分级（YBB00242003—2015）测定，应符合 HC3 级、内表面经中性化处理的应符合 HC2 级。

【耐热冲击】 取本品适量，照热冲击和热冲击强度测定法（YBB00182003—2015）的第一法测定，经受 42 ℃温差的热震试验后不得破裂。

【耐内压力】 取本品适量，照耐内压力测定法（YBB00172003—2015）第一法测定，经受 0.6 MPa 的内压力试验后不得破裂。

【内应力】 取本品适量，照内应力测定法（YBB00162003—2015）测定，退火后的最大永久应力造成的光程差不得过 40 nm/mm。

【砷、锑、铅、镉浸出量】* 取本品适量，照砷、锑、铅、镉浸出量测定法（YBB00372004—2015）测定，每升浸出液中砷不得过 0.2 mg、锑不得过 0.7 mg、铅不得过 1.0 mg、镉不得过 0.25 mg。

【垂直轴偏差】 取本品适量，照垂直轴偏差测定法（YBB00192003—2015）测定，应符合表 1 规定。

表 1 垂直轴偏差允许的最大值

规格（ml）	5		7		8	10	12	15	20	25	30	50	100
瓶型	A	B	A	B	A		B	A					
垂直轴偏差 a_{max}（mm）	1.1				1.2	1.4		1.5			1.6	1.9	2.4

附件一 检验规则

1. 产品检验分为全项检验和部分检验。

2. 下列情况之一时，应按标准的要求进行全项检验。

（1）产品注册。

（2）产品出现重大质量事故后重新生产。

（3）监督抽验。

（4）产品停产后重新恢复生产。

3. 产品批准注册后，药包材生产、使用企业在原料产地、添加剂、生产工艺等没有变更的情形下，可按标准的要求，进行除"*"外项目检验。

注：带"*"的项目半年内至少检验一次。

4. 外观、合缝线、耐热冲击、耐内压力、内应力、垂直轴偏差的检验，按《计数抽样检验程序　第 1 部分：按接收质量限（AQL）检索的逐批检验抽样计划》（GB/T 2828.1—2012）规定进行。检验项目、检验水平及接收质量限见表 2。

表 2　检验项目、检验水平及接收质量限

检验项目		检验水平	接收质量限（AQL）
外观	裂纹	I	0.65
	其他		4.0
合缝线		S-4	4.0
耐热冲击		S-3	1.0
耐内压力		S-3	1.5
内应力		S-2	1.0
垂直轴偏差		S-2	2.5

附件二　规格尺寸（参考尺寸）

规格尺寸可参考图 1、图 2、图 3、表 3 及表 4。

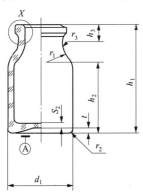

图 1　A 型瓶

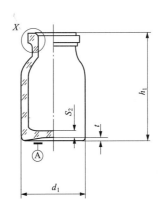

图 2　B 型瓶

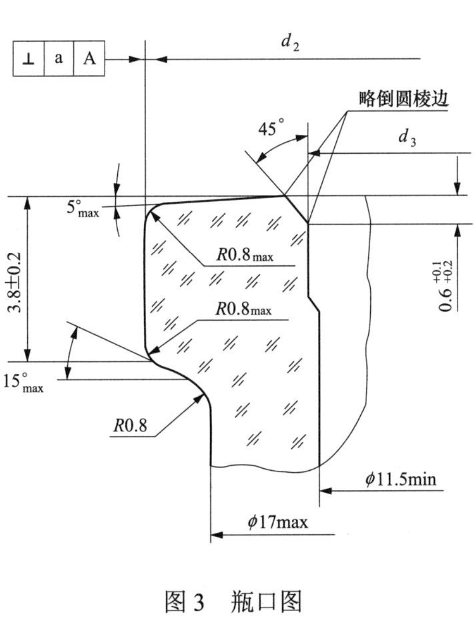

图 3　瓶口图

表3 主要规格尺寸

单位：mm

规格（ml）		垂直轴偏差 a_{max}	瓶全高 h_1 尺寸	偏差	瓶身外径 d_1 尺寸	偏差	瓶口外径 d_2 尺寸	偏差	瓶口内径 d_3 尺寸	偏差	瓶口边厚 S_1 尺寸	偏差	瓶底厚 S_2 尺寸	偏差	瓶颈外径 d_4 max	瓶颈内径 d_5 min
5	A型	1.1	41.3	±0.5	20.8	±0.4										
5	B型	1.1	38.7	±0.5	22.0	±0.4										
7	A型	1.1	40.8	±0.5	22.1	±0.4										
7	B型	1.1	38.7	±0.5	24.5	±0.4										
8	A型	1.2	46.8	±0.6	23.0	±0.6										
10	A型	1.4	53.5	±0.6	25.4	±0.6										
12	B型	1.5	56.8	±0.6	27.0	±0.6	20.0	+0.2 −0.3	12.6	±0.2	3.8	±0.3	3.0	±1.2	17.0	11.5
15	A型	1.5	58.8	±0.6	26.5	±0.5										
20	A型	1.5	58.0	±0.6	32.0	±0.5										
25	A型	1.5	58.0	±0.6	36.0	±0.5										
30	A型	1.6	62.8	±0.7	36.0	±0.5										
50	A型	1.9	73.0	±0.8	42.5	±0.8										
100	A型	2.4	94.5	±0.9	51.6	±0.8										

表4 附加规格尺寸

单位：mm

规格（ml）		满口容量（ml）≈	质量（g）≈	凹底 t ≈	h_2 min	h_3 min	r_1 ≈	r_2 ≈	r_3 ≈
5	A型	7.0	14.0	1.0	26.2	5.5	8.4	1.5	10.0
5	B型	7.3	14.5	1.0					
7	A型	9.0	13.0	1.0	26.7	6.0	5.0	2.0	4.4
7	B型	9.0	14.5	1.0					
8	A型	10.0	16.0	1.0	29.5	6.0	9.5	1.5	7.0
10	A型	15.0	21.0	1.0	35.3	5.7	10.0	2.0	5.1
12	B型	16.0	25.0	1.0					
15	A型	17.0	24.0	1.0	36.5	5.8	15.0	2.5	9.5
20	A型	26.0	29.0	1.0	36.1	5.5	12.0	3.0	6.1
25	A型	32.0	30.0	1.0	34.0	6.5	12.0	3.0	5.0
30	A型	38.0	35.0	1.5	40.8	5.5	12.0	3.0	4.3
50	A型	60.0	50.0	1.5	46.0	6.0	12.5		8.5
100	A型	119.0	89.0	2.0	58.0	5.8	25.6	4.0	7.0

低硼硅玻璃模制注射剂瓶

Dipengguiboli Mozhi Zhusheji Ping

Injection Vials Made of Moulded Low Borosilicate Glass

本标准适用于盛装直接分装的注射液、注射用无菌粉末与注射用浓溶液的低硼硅玻璃模制注射剂瓶。

【外观】 取本品适量，在自然光线明亮处，正视目测。应无色透明或棕色透明；表面应光洁、平整，不应有明显的玻璃缺陷；任何部位不得有裂纹。

【鉴别】*（1）线热膨胀系数 取本品适量，照平均线热膨胀系数测定法（YBB00202003—2015）或线热膨胀系数测定法（YBB00212003—2015）测定，应为（6.2～7.5）×10^{-6} K^{-1}（20～300 ℃）。

（2）三氧化二硼含量 取本品适量，照三氧化二硼测定法（YBB00232003—2015）测定，含三氧化二硼应不得小于5%。

【合缝线】 取本品适量，用游标卡尺检测，瓶口合缝线按凸出测量不得过 0.1 mm，其他部位合缝线按凸出测量不得过 0.2 mm。

【121 ℃颗粒耐水性】 取本品适量，照玻璃颗粒在 121 ℃耐水性测定法和分级（YBB00252003—2015）测定，应符合 1 级。

【内表面耐水性】 取本品适量，照 121 ℃内表面耐水性测定法和分级（YBB00242003—2015）测定，应不低于 HCB 级。

【耐热冲击】 取本品适量，照热冲击和热冲击强度测定法（YBB00182003—2015）第一法测定，经受 42 ℃温差的热震试验后不得破裂。

【耐内压力】 取本品适量，照耐内压力测定法（YBB00172003—2015）第一法测定，经受 0.6 MPa 的内压力试验后不得破裂。

【内应力】 取本品适量，照内应力测定法（YBB00162003—2015）测定，退火后的最大永久应力造成的光程差不得过 40 nm/mm。

【砷、锑、铅、镉浸出量】* 取本品适量，照砷、锑、铅、镉浸出量测定法（YBB00372004—2015）测定，每升浸出液中砷不得过 0.2 mg、锑不得过 0.7 mg、铅不得过 1.0 mg、镉不得过 0.25 mg。

【垂直轴偏差】 取本品适量，照垂直轴偏差测定法（YBB00192003—2015）测定，应符合表1 规定。

表1 垂直轴偏差允许的最大值

规格（ml）	5		7	8	10	12	15	20	25	30	50	100
瓶型	A	B	A	B	A		B	A				
垂直轴偏差 a_{max}（mm）	1.1			1.2	1.4		1.5			1.6	1.9	2.4

附件一　检验规则

1. 产品检验分为全项检验和部分检验。

2. 下列情况之一时，应按标准的要求进行全项检验。

（1）产品注册。

（2）产品出现重大质量事故后重新生产。

（3）监督抽验。

（4）产品停产后重新恢复生产。

3. 产品批准注册后，药包材生产、使用企业在原料产地、添加剂、生产工艺等没有变更的情形下，可按标准的要求，进行除"*"外项目检验。

注：带"*"的项目半年内至少检验一次。

4. 外观、合缝线、耐热冲击、耐内压力、内应力、垂直轴偏差的检验，按《计数抽样检验程序　第 1 部分：按接收质量限（AQL）检索的逐批检验抽样计划》（GB/T 2828.1—2012）规定进行。检验项目、检验水平及接收质量限见表 2。

表 2　检验项目、检验水平及接收质量限

检验项目		检验水平	接收质量限（AQL）
外观	裂纹	I	0.65
	其他		4.0
合缝线		S-4	4.0
耐热冲击		S-3	1.0
耐内压力		S-3	2.5
内应力		S-2	1.0
垂直轴偏差		S-2	2.5

附件二　规格尺寸（参考尺寸）

规格尺寸可参考图 1、图 2、表 3 及表 4。

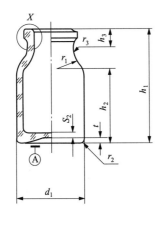

图 1　A 型瓶

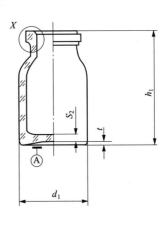

图 2　B 型瓶

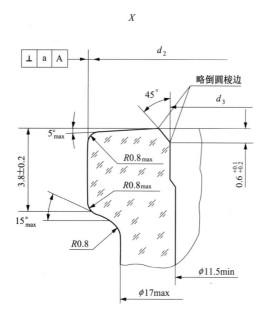

图 3　瓶口图

表 3　主要规格尺寸

单位：mm

规格（ml）		垂直轴偏差 a_{max}	瓶全高 h_1		瓶身外径 d_1		瓶口外径 d_2		瓶口内径 d_3		瓶口边厚 S_1		瓶底厚 S_2		瓶颈外径 d_4	瓶颈内径 d_5
			尺寸	偏差	尺寸	偏差	尺寸	偏差	尺寸	偏差	尺寸	偏差	尺寸	偏差	max	min
5	A 型	1.1	41.3	±0.5	20.8	±0.4	20.0	+0.2 −0.3	12.6	±0.2	3.8	±0.3	3.0	±1.2	17.0	11.5
5	B 型	1.1	38.7	±0.5	22.0	±0.4	20.0	+0.2 −0.3	12.6	±0.2	3.8	±0.3	3.0	±1.2	17.0	11.5
7	A 型	1.1	40.8	±0.5	22.1	±0.4	20.0	+0.2 −0.3	12.6	±0.2	3.8	±0.3	3.0	±1.2	17.0	11.5
7	B 型	1.1	38.7	±0.5	24.5	±0.4	20.0	+0.2 −0.3	12.6	±0.2	3.8	±0.3	3.0	±1.2	17.0	11.5
8	A 型	1.2	46.8	±0.6	23.0	±0.4	20.0	+0.2 −0.3	12.6	±0.2	3.8	±0.3	3.0	±1.2	17.0	11.5
10	A 型	1.4	53.5	±0.6	25.4	±0.4	20.0	+0.2 −0.3	12.6	±0.2	3.8	±0.3	3.0	±1.2	17.0	11.5
12	B 型	1.4	56.8	±0.6	27.0	±0.4	20.0	+0.2 −0.3	12.6	±0.2	3.8	±0.3	3.0	±1.2	17.0	11.5
15	A 型	1.5	58.8	±0.6	26.5	±0.5	20.0	+0.2 −0.3	12.6	±0.2	3.8	±0.3	3.0	±1.2	17.0	11.5
20	A 型	1.5	58.0	±0.6	32.0	±0.5	20.0	+0.2 −0.3	12.6	±0.2	3.8	±0.3	3.0	±1.2	17.0	11.5
25	A 型	1.5	58.0	±0.6	36.0	±0.5	20.0	+0.2 −0.3	12.6	±0.2	3.8	±0.3	3.0	±1.2	17.0	11.5
30	A 型	1.6	62.8	±0.7	36.0	±0.5	20.0	+0.2 −0.3	12.6	±0.2	3.8	±0.3	3.0	±1.2	17.0	11.5
50	A 型	1.9	73.0	±0.8	42.5	±0.8	20.0	+0.2 −0.3	12.6	±0.2	3.8	±0.3	3.0	±1.2	17.0	11.5
100	A 型	2.4	94.5	±0.9	51.6	±0.8	20.0	+0.2 −0.3	12.6	±0.2	3.8	±0.3	3.0	±1.2	17.0	11.5

表4 附加规格尺寸

单位：mm

规格（ml）		满口容量（ml）	质量（g）	凹底 t	h_2	h_3	r_1	r_2	r_3
		≈	≈	≈	min	min	≈	≈	≈
5	A型	7.0	14.0	1.0	26.2	5.5	8.4	1.5	10.0
	B型	7.3	14.5						
7	A型	9.0	13.0		26.7	6.0	5.0	2.0	4.4
	B型		14.5						
8	A型	10.0	16.0		29.5	6.0	9.5	1.5	7.0
10		15.0	21.0		35.3	5.7	10.0	2.0	5.1
12	B型	16.0	25.0						
15	A型	17.0	24.0		36.5	5.8	15.0	2.5	9.5
20		26.0	29.0		36.1	5.5	12.0	3.0	6.1
25		32.0	30.0	1.5	34.0	6.5			5.0
30		38.0	35.0		40.8	5.5			4.3
50		60.0	50.0		46.0	6.0	12.5		8.5
100		119.0	89.0	2.0	58.0	5.8	25.6	4.0	7.0

中硼硅玻璃模制注射剂瓶

Zhongpengguiboli Mozhi Zhusheji Ping

Injection Vials Made of Moulded Middle Borosilicate Glass

本标准适用于盛装直接分装的注射液、注射用无菌粉末与注射用浓溶液的中硼硅玻璃模制注射剂瓶。

【外观】 取本品适量，在自然光线明亮处，正视目测。应无色透明或棕色透明；表面应光洁、平整，不应有明显的玻璃缺陷；任何部位不得有裂纹。

【鉴别】*（1）线热膨胀系数 取本品适量，照平均线热膨胀系数测定法（YBB00202003—2015）或线热膨胀系数测定法（YBB00212003—2015）测定，应为（3.5～6.1）×10^{-6} K^{-1}（20～300 ℃）。

（2）三氧化二硼含量 取本品适量，照三氧化二硼测定法（YBB00232003—2015）测定，含三氧化二硼应不得小于 8%。

【合缝线】 取本品适量，用游标卡尺检测，瓶口合缝线按凸出测量不得过 0.1 mm，其他部位合缝线按凸出测量不得过 0.2 mm。

【121 ℃颗粒耐水性】 取本品适量，照玻璃颗粒在 121 ℃耐水性测定法和分级（YBB00252003—2015）测定，应符合 1 级。

【98 ℃颗粒耐水性】 取本品适量，照玻璃颗粒在 98 ℃耐水性测定法和分级（YBB00362004—2015）测定，应符合 HGB1 级。

【内表面耐水性】 取本品适量，照 121 ℃内表面耐水性测定法和分级（YBB00242003—2015）测定，应符合 HC1 级。

【耐酸性】* 取本品适量，照玻璃耐沸腾盐酸浸蚀性测定法（YBB00342004—2015）第一法测定，应符合 1 级；或照玻璃耐沸腾盐酸浸蚀性测定法（YBB00342004—2015）第二法测定，碱性氧化物的浸出量不得过 100 μg/dm^2。

【耐碱性】* 取本品适量，照玻璃耐沸腾混合碱水溶液浸蚀性测定法（YBB00352004—2015）测定，应不低于 2 级。

【耐热冲击】 取本品适量，照热冲击和热冲击强度测定法（YBB00182003—2015）第一法测定，经受 60 ℃温差的热震试验后不得破裂。

【耐内压力】 取本品适量，照耐内压力测定法（YBB00172003—2015）第一法测定，经受 0.6 MPa 的内压力试验后不得破裂。

【内应力】 取本品适量，照内应力测定法（YBB00162003—2015）测定，退火后的最大永久应力造成的光程差不得过 40 nm/mm。

【砷、锑、铅、镉浸出量】* 取本品适量，照砷、锑、铅、镉浸出量测定法（YBB00372004—2015）测定，每升浸出液中砷不得过 0.2 mg、锑不得过 0.7 mg、铅不得过 1.0 mg、镉不得过 0.25 mg。

【垂直轴偏差】 取本品适量，照垂直轴偏差测定法（YBB00192003—2015）测定，应符合表 1 规定。

表 1 垂直轴偏差允许的最大值

规格（ml）	5		7		8	10	12	15	20	25	30	50	100
瓶型	A	B	A	B	A		B			A			
垂直轴偏差 a_{max}（mm）	1.1				1.2	1.4		1.5			1.6	1.9	2.4

附件一 检验规则

1. 产品检验分为全项检验和部分检验。

2. 下列情况之一时，应按标准的要求进行全项检验。

（1）产品注册。

（2）产品出现重大质量事故后重新生产。

（3）监督抽验。

（4）产品停产后重新恢复生产。

3. 产品批准注册后，药包材生产、使用企业在原料产地、添加剂、生产工艺等没有变更的情形下，可按标准的要求，进行除"*"外项目检验。

4. 外观、合缝线、耐热冲击、耐内压力、内应力、垂直轴偏差的检验，按《计数抽样检验程序 第1部分：按接收质量限（AQL）检索的逐批检验抽样计划》（GB/T 2828.1—2012）规定进行。检验项目、检验水平及接收质量限见表2。

表2 检验项目、检验水平及接收质量限

检验项目		检验水平	接收质量限（AQL）
外观	裂纹	I	0.65
	其他		4.0
合缝线		S-4	4.0
耐热冲击		S-3	1.0
耐内压力		S-3	2.5
内应力		S-2	1.0
垂直轴偏差		S-2	2.5

附件二 规格尺寸（参考尺寸）

规格尺寸可参考图1、图2、图3、表3及表4。

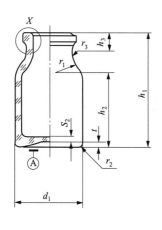 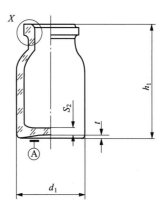

图1 A型瓶　　　　　　　图2 B型瓶

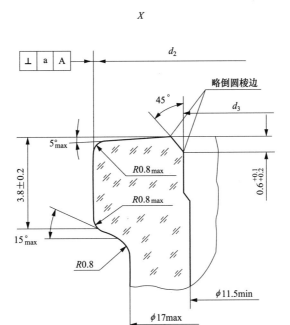

图3　瓶口图

表3　主要规格尺寸

单位：mm

规格（ml）	型	垂直轴偏差 a_{max}	瓶全高 h_1 尺寸	瓶全高 h_1 偏差	瓶身外径 d_1 尺寸	瓶身外径 d_1 偏差	瓶口外径 d_2 尺寸	瓶口外径 d_2 偏差	瓶口内径 d_3 尺寸	瓶口内径 d_3 偏差	瓶口边厚 S_1 尺寸	瓶口边厚 S_1 偏差	瓶底厚 S_2 尺寸	瓶底厚 S_2 偏差	瓶颈外径 d_4 max	瓶颈内径 d_5 min
5	A 型	1.1	41.3	±0.5	20.8	±0.5										
5	B 型		38.7		22.0											
7	A 型		40.8		22.1	±0.4										
7	B 型		38.7		24.5											
8	A 型	1.2	46.8	±0.6	23.0	±0.6										
10	A 型	1.4	53.5		25.4											
12	B 型	1.5	56.8		27.0		20.0	$^{+0.2}_{-0.3}$	12.6	±0.2	3.8	±0.3	3.0	±1.2	17.0	11.5
15	A 型		58.8		26.5	±0.5										
20	A 型		58.0		32.0											
25	A 型		58.0		36.0											
30	A 型	1.6	62.8	±0.7	36.0											
50	A 型	1.9	73.0	±0.8	42.5	±0.8										
100	A 型	2.4	94.5	±0.9	51.6											

表4 附加规格尺寸

单位：mm

规格（ml）		满口容量（ml）	质量（g）	凹底 t	h_2	h_3	r_1	r_2	r_3
		≈	≈	≈	min	min	≈	≈	≈
5	A 型	7.0	14.0		26.2	5.5	8.4	1.5	10.0
	B 型	7.3	14.5						
7	A 型	9.0	13.0		26.7	6.0	5.0	2.0	4.4
	B 型		14.5						
8	A 型	10.0	16.0	1.0	29.5	6.0	9.5	1.5	7.0
10		15.0	21.0		35.3	5.7	10.0	2.0	5.1
12	B 型	16.0	25.0						
15		17.0	24.0		36.5	5.8	15.0	2.5	9.5
20		26.0	29.0		36.1	5.5			6.1
25	A 型	32.0	30.0	1.5	34.0	6.5	12.0	3.0	5.0
30		38.0	35.0		40.8	5.5			4.3
50		60.0	50.0		46.0	6.0	12.5		8.5
100		119.0	89.0	2.0	58.0	5.8	25.6	4.0	7.0

钠钙玻璃管制口服液体瓶

Nagaiboli Guanzhi Koufuyeti Ping

Oral Liquid Bottles Made of Soda Lime Glass Tubing

本标准适用于盛装口服液体的经中性化处理或未经中性化处理的钠钙玻璃管制口服液体瓶。

【外观】 取本品适量，在自然光线明亮处，正视目测。应无色透明或棕色透明；表面应光洁、平整，不应有明显的玻璃缺陷；任何部位不得有裂纹。

【鉴别】* 线热膨胀系数 取本品适量，照平均线热膨胀系数测定法（YBB00202003—2015）或线热膨胀系数测定法（YBB00212003—2015）测定，应为（7.6～9.0）×10^{-6} K^{-1}（20～300 ℃）。

【121 ℃颗粒耐水性】 取本品适量，照玻璃颗粒在 121 ℃耐水性测定法和分级（YBB00252003—2015）测定，应符合 2 级。

【内表面耐水性】取本品适量，照 121 ℃内表面耐水性测定法和分级（YBB00242003—2015）测定，应符合 HC3 级、内表面经中性化处理的应符合 HC2 级。

【内应力】 取本品适量，照内应力测定法（YBB00162003—2015）测定，退火后的最大永久应力造成的光程差不得过 40 nm/mm。

【砷、锑、铅、镉浸出量】* 取本品适量，照砷、锑、铅、镉浸出量测定法（YBB00372004—2015）测定，每升浸出液中砷不得过 0.2 mg、锑不得过 0.7 mg、铅不得过 1.0 mg、镉不得过 0.25 mg。

【垂直轴偏差】 取本品适量，照垂直轴偏差测定法（YBB00192003—2015）测定，应符合表 1 规定。

表 1 垂直轴偏差允许的最大值

瓶 型	A			B				C				
规格（ml）	10	12	20	10	12	15	20	5	10	12	15	20
垂直轴偏差 a_{max}（mm）	1.5	2.0		1.5	2.0			1.2	2.0			

附件一 检验规则

1. 产品检验分为全项检验和部分检验。

2. 下列情况之一时，应按标准的要求进行全项检验。

（1）产品注册。

（2）产品出现重大质量事故后重新生产。

（3）监督抽验。

（4）产品停产后重新恢复生产。

3. 产品批准注册后，药包材生产、使用企业在原料产地、添加剂、生产工艺等没有变更的情形下，可按标准的要求，进行除"*"外项目检验。

4. 外观、内应力、垂直轴偏差的检验，按《计数抽样检验程序 第 1 部分：按接收质量限（AQL）检索的逐批检验抽样计划》（GB/T 2828.1—2012）规定进行。检验项目、检验水平及接收质量限见表 2。

表 2　检验项目、检验水平及接收质量限

检验项目		检验水平	接收质量限（AQL）
外观	裂纹	I	2.5
	其他		4.0
内应力		S-3	2.5
垂直轴偏差		S-3	2.5

附件二　规格尺寸（参考尺寸）

规格尺寸可参考图 1、图 2、表 3、表 4、表 5 及表 6。

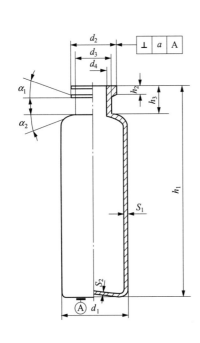

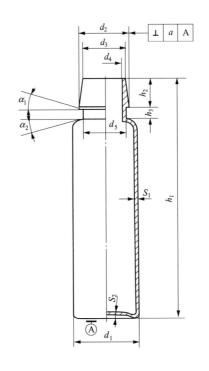

图 1　A、B 型瓶

d_1. 瓶身外径；d_2. 瓶口外径；d_3. 瓶颈外径；
d_4. 瓶口内径；h_1. 瓶全高；h_2. 瓶口高度；
h_3. 瓶颈高度；S_1. 瓶壁厚度；S_2. 瓶底厚度；
a. 垂直轴偏差

图 2　C 型瓶

d_1. 瓶身外径；d_2. 下口外径；d_3. 上口外径；
d_4. 瓶口内径；d_5. 瓶颈外径；h_1. 瓶全高；
h_2. 瓶口高度；h_3. 瓶颈高度；S_1. 瓶壁厚度；
S_2. 瓶底厚度；a. 垂直轴偏差

表 3　A、B 型瓶规格尺寸

单位：mm

瓶型		A			B			
规格（ml）		10	12	20	10	12	15	20
垂直轴偏差 a_{max}		1.5	2.0		1.5	2.0		
瓶身外径 d_1	尺寸	18.40		22.00	18.00	18.40	21.00	22.00
	偏差	±0.35						
瓶口外径 d_2	尺寸	13.00	11.00	15.40	15.10	13.50	17.90	16.00
	偏差	±0.20			±0.25			
瓶口内径 d_4	尺寸	7.70	7.00	12.50	9.90	10.00	11.70	12.50
	偏差	±0.30						
瓶全高 h_1	尺寸	61.50	70.00	83.00	68.00	70.00	72.50	83.00
	偏差	±0.40		±0.60	±0.40			±0.60
瓶口高度 h_2	尺寸	2.70		3.00	4.20	5.70	4.20	7.30
	偏差	±0.20						
瓶底厚度 S_{2min}		≥0.40		≥0.45	≥0.40		≥0.45	
瓶壁厚 S_{1min}		＞0.70	＞0.80	＞0.95	＞0.70	＞0.80	＞0.91	＞0.95

表4　A、B型瓶规格尺寸

单位：mm

瓶型	规格（ml）	瓶颈外径 d_3	瓶颈高度 h_3	瓶重 W（g）	满口容量 V（ml）	a_1	a_2
A	10	10.5	8.0	7.4	13.5	20°	20°
	12	10.5	8.0	9.0	15.5	20°	20°
	20	14.5	8.5	17.0	23.5	20°	20°
B	10	10.5	8.0	7.6	13.5	20°	20°
	12	10.5	11.0	9.3	15.5	20°	20°
	15	14.5	11.0	12.7	18.5	20°	20°
	20	14.5	11.0	17.6	23.5	20°	20°

表5　C型瓶规格尺寸

单位：mm

瓶型		C				
规格（ml）		5	10	12	15	20
垂直轴偏差 a_{max}		1.2	2.0			
瓶身外径 d_1	尺寸	18.00	18.40		21.00	22.50
	偏差	±0.35				
瓶下口外径 d_2	尺寸	15.00			17.00	17.05
	偏差	±0.30				
瓶上口外径 d_3	尺寸	14.10			16.20	16.25
	偏差	±0.30				
瓶口内径 d_4	尺寸	10.70		9.50	10.70	12.30
	偏差	±0.30				
瓶子全高 h_1	尺寸	43.00	70.00	72.00	81.00	84.50
	偏差	±0.40			±0.60	
瓶口高度 h_2	尺寸	8.70				
	偏差	±0.25				
瓶底厚度 S_{2min}		≥0.40			≥0.45	
瓶壁厚 S_{1min}		>0.85			>0.90	>0.95

表6　C型瓶规格尺寸

单位：mm

瓶型	规格（ml）	瓶颈外径 d_{5max}	瓶颈高度 h_3	瓶重 W（g）	满口容量 V（ml）	a_1	a_2
C	5	12.5	2.3	6.3	7.0	20°	20°
	10	12.5	2.3	9.9	12.3	20°	20°
	12	12.0	3.0	10.0	14.3	20°	20°
	15	14.5	2.3	12.5	17.5	20°	20°
	20	14.5	2.3	14.2	22.5	20°	20°

低硼硅玻璃管制口服液体瓶

Dipengguiboli Guanzhi Koufuyeti Ping

Oral Liquid Bottles Made of Low Borosilicate Glass Tubing

本标准适用于盛装口服液的低硼硅玻璃管制口服液体瓶。

【外观】 取本品适量，在自然光线明亮处，正视目测。应无色透明或棕色透明；表面应光洁、平整，不应有明显的玻璃缺陷；任何部位不得有裂纹。

【鉴别】*（1）线热膨胀系数 取本品适量，照平均线热膨胀系数测定法（YBB00202003—2015）或线热膨胀系数测定法（YBB00212003—2015）测定，应为（6.2～7.5）×10⁻⁶ K⁻¹（20～300 ℃）。

（2）三氧化二硼含量 取本品适量，照三氧化二硼测定法（YBB00232003—2015）测定，含三氧化二硼应不得小于 5%。

【121 ℃颗粒耐水性】 取本品适量，照玻璃颗粒在 121 ℃耐水性测定法和分级（YBB00252003—2015）测定，应符合 1 级。

【内表面耐水性】取本品适量，照 121 ℃内表面耐水性测定法和分级（YBB00242003—2015）测定，应符合 HC3 级。

【内应力】 取本品适量，照内应力测定法（YBB00162003—2015）测定，退火后的最大永久应力造成的光程差不得过 40 nm/mm。

【砷、锑、铅、镉浸出量】* 取本品适量，照砷、锑、铅、镉浸出量测定法（YBB00372004—2015）测定，每升浸出液中砷不得过 0.2 mg、锑不得过 0.7 mg、铅不得过 1.0 mg、镉不得过 0.25 mg。

【垂直轴偏差】 取本品适量，照垂直轴偏差测定法（YBB00192003—2015）测定，应符合表 1 规定。

表 1 垂直轴偏差允许的最大值

瓶 型	A			B				C				
规格（ml）	10	12	20	10	12	15	20	5	10	12	15	20
垂直轴偏差 a_{max}（mm）	1.5	2.0		1.5	2.0			1.2	2.0			

附件一 检验规则

1. 产品检验分为全项检验和部分检验。

2. 下列情况之一时，应按标准的要求进行全项检验。

（1）产品注册。

（2）产品出现重大质量事故后重新生产。

（3）监督抽验。

（4）产品停产后重新恢复生产。

3. 产品批准注册后，药包材生产、使用企业在原料产地、添加剂、生产工艺等没有变更的情形下，可按标准的要求，进行除"*"外项目检验。

4. 外观、内应力、垂直轴偏差的检验，按《计数抽样检验程序 第 1 部分：按接收质量限（AQL）检索的逐批检验抽样计划》（GB/T 2828.1—2012）规定进行。检验项目、检验水平及接收质量限见表 2。

表 2 检验项目、检验水平及接收质量限

检验项目		检验水平	接收质量限（AQL）
外观	裂纹	I	2.5
	其他		4.0
内应力		S-3	2.5
垂直轴偏差		S-3	2.5

附件二 规格尺寸（参考尺寸）

规格尺寸可参考图 1、图 2、表 3、表 4、表 5 及表 6。

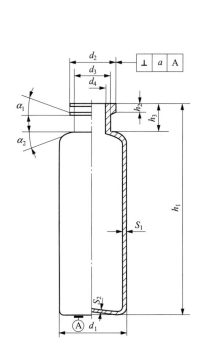

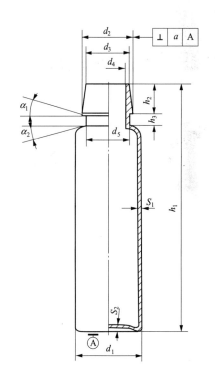

图 1 A、B 型瓶

d_1. 瓶身外径；d_2. 瓶口外径；d_3. 瓶颈外径；
d_4. 瓶口内径；h_1. 瓶全高；h_2. 瓶口高度；
h_3. 瓶颈高度；S_1. 瓶身厚度；S_2. 瓶底厚度；
a. 垂直轴偏差

图 2 C 型瓶

d_1. 瓶身外径；d_2. 下口外径；d_3. 上口外径；
d_4. 瓶口内径；d_5. 瓶颈外径；h_1. 瓶全高；
h_2. 瓶口高度；h_3. 瓶颈高度；S_1. 瓶身厚度；
S_2. 瓶底厚度；a. 垂直轴偏差

表3　A、B型瓶规格尺寸

单位：mm

瓶型		A			B			
规格（ml）		10	12	20	10	12	15	20
垂直轴偏差 a_{max}		1.5	2.0		1.5	2.0		
瓶身外径 d_1	尺寸	18.40		22.00	18.00	18.40	21.00	22.00
	偏差	±0.35						
瓶口外径 d_2	尺寸	13.00	11.00	15.40	15.10	13.50	17.90	16.00
	偏差	±0.20			±0.25			
瓶口内径 d_4	尺寸	7.70	7.00	12.50	9.90	10.00	11.70	12.50
	偏差	±0.30						
瓶全高 h_1	尺寸	61.50	70.00	83.00	68.00	70.00	72.50	83.00
	偏差	±0.40		±0.60	±0.40		±0.60	
瓶口高度 h_2	尺寸	2.70		3.00	4.20	5.70	4.20	7.30
	偏差	±0.20						
瓶底厚度 S_{2min}		≥0.40		≥0.45	≥0.40		≥0.45	
瓶壁厚 S_{1min}		>0.70	>0.80	>0.95	>0.70	>0.80	>0.91	>0.95

表4　A、B型瓶规格尺寸

单位：mm

瓶型	规格（ml）	瓶颈外径 d_3	瓶颈高度 h_3	瓶重 W（g）	满口容量 V（ml）	a_1	a_2
A	10	10.5	8.0	7.4	13.5	20°	20°
	12	10.5	8.0	9.0	15.5	20°	20°
	20	14.5	8.5	17.0	23.5	20°	20°
B	10	10.5	8.0	7.6	13.5	20°	20°
	12	10.5	11.0	9.3	15.5	20°	20°
	15	14.5	11.0	12.7	18.5	20°	20°
	20	14.5	11.0	17.6	23.5	20°	20°

表5　C型瓶规格尺寸

单位：mm

瓶型		C				
规格（ml）		5	10	12	15	20
垂直轴偏差 a_{max}		1.2	2.0			
瓶身外径 d_1	尺寸	18.00		18.40	21.00	22.50
	偏差	±0.35				
瓶下口外径 d_2	尺寸	15.00			17.00	17.05
	偏差	±0.30				
瓶上口外径 d_3	尺寸	14.10			16.20	16.25
	偏差	±0.30				
瓶口内径 d_4	尺寸	10.70		9.50	10.70	12.30
	偏差	±0.30				
瓶子全高 h_1	尺寸	43.00	70.00	72.00	81.00	84.50
	偏差	±0.40			±0.60	
瓶口高度 h_2	尺寸	8.70				
	偏差	±0.25				
瓶底厚度 S_{2min}		≥0.40			≥0.45	
瓶壁厚 S_{1min}		>0.85			>0.90	>0.95

表6　C型瓶规格尺寸

单位：mm

瓶型	规格（ml）	瓶颈外径 d_{5max}	瓶颈高度 h_3	瓶重 W（g）	满口容量 V（ml）	a_1	a_2
C	5	12.5	2.3	6.3	7.0	20°	20°
	10	12.5	2.3	9.9	12.3	20°	20°
	12	12.0	3.0	10.0	14.3	20°	20°
	15	14.5	2.3	12.5	17.5	20°	20°
	20	14.5	2.3	14.2	22.5	20°	20°

硼硅玻璃管制口服液体瓶

Pengguiboli Guanzhi Koufuyeti Ping

Oral Liquid Bottles Made of Borosilicate Glass Tubing

本标准适用于盛装口服液体的硼硅玻璃管制口服液体瓶。

【外观】 取本品适量，在自然光线明亮处，正视目测。应无色透明或棕色透明；表面应光洁、平整，不应有明显的玻璃缺陷；任何部位不得有裂纹。

【鉴别】*（1）线热膨胀系数 取本品适量，照平均线热膨胀系数测定法（YBB00202003—2015）或线热膨胀系数测定法（YBB00212003—2015）测定，中硼硅玻璃的线热膨胀系数应为（3.5～6.1）×10^{-6} K^{-1}（20～300 ℃）；高硼硅玻璃的线热膨胀系数应为（3.2～3.4）×10^{-6} K^{-1}（20～300 ℃）。

（2）三氧化二硼含量 取本品适量，照三氧化二硼测定法（YBB00232003—2015）测定，中硼硅玻璃含三氧化二硼应不得小于 8%；高硼硅玻璃含三氧化二硼应不得小于 12%。

【121 ℃颗粒耐水性】 取本品适量，照玻璃颗粒在 121 ℃耐水性测定法和分级（YBB00252003—2015）测定，应符合 1 级。

【内表面耐水性】 取本品适量，照 121 ℃内表面耐水性测定法和分级（YBB00242003—2015）测定，应符合 HC1 级。

【内应力】 取本品适量，照内应力测定法（YBB00162003—2015）测定，退火后的最大永久应力造成的光程差不得过 40 nm/mm。

【砷、锑、铅、镉浸出量】* 取本品适量，照砷、锑、铅、镉浸出量测定法（YBB00372004—2015）测定，每升浸出液中砷不得过 0.2 mg、锑不得过 0.7 mg、铅不得过 1.0 mg、镉不得过 0.25 mg。

【垂直轴偏差】 取本品适量，照垂直轴偏差测定法（YBB00192003—2015）测定，应符合表 1 规定。

表 1 垂直轴偏差允许的最大值

瓶　　型	A			B				C				
规格（ml）	10	12	20	10	12	15	20	5	10	12	15	20
垂直轴偏差 a_{max}（mm）	1.5	2.0		1.5	2.0			1.2	2.0			

附件一 检验规则

1. 产品检验分为全项检验和部分检验。

2. 下列情况之一时，应按标准的要求进行全项检验。

（1）产品注册。

（2）产品出现重大质量事故后重新生产。

（3）监督抽验。

（4）产品停产后重新恢复生产。

3. 产品批准注册后，药包材生产、使用企业在原料产地、添加剂、生产工艺等没有变更的情形下，可按标准的要求，进行除"*"外项目检验。

4. 外观、内应力、垂直轴偏差的检验，按《计数抽样检验程序 第1部分：按接收质量限（AQL）检索的逐批检验抽样计划》（GB/T 2828.1—2012）规定进行。检验项目、检验水平及接收质量限见表2。

表 2 检验项目、检验水平及接收质量限

检 验 项 目		检 验 水 平	接收质量限（AQL）
外观	裂纹	I	2.5
	其他		4.0
内应力		S-3	2.5
垂直轴偏差		S-3	2.5

附件二 规格尺寸（参考尺寸）

规格尺寸可参考图1、图2、表3、表4及表5。

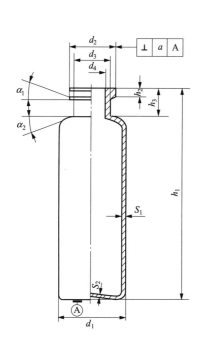 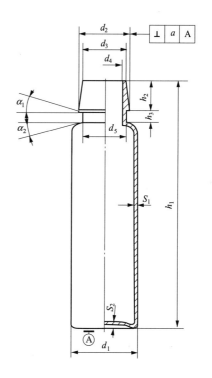

图 1 A、B 型瓶   图 2 C 型瓶

d_1. 瓶身外径；d_2. 瓶口外径；d_3. 瓶颈外径；

d_4. 瓶口内径；h_1. 瓶全高；h_2. 瓶口高度；

h_3. 瓶颈高度；S_1. 瓶壁厚度；S_2. 瓶底厚度；

a. 垂直轴偏差

d_1. 瓶身外径；d_2. 下口外径；d_3. 上口外径；

d_4. 瓶口内径；d_5. 瓶颈外径；h_1. 瓶全高；

h_2. 瓶口高度；h_3. 瓶颈高度；S_1. 瓶壁厚度；

S_2. 瓶底厚度；a. 垂直轴偏差

表3 A、B型瓶规格尺寸

单位：mm

瓶型		A			B			
规格（ml）		10	12	20	10	12	15	20
垂直轴偏差 a_{max}		1.5	2.0		1.5	2.0		
瓶身外径 d_1	尺寸	18.40		22.00	18.00	18.40	21.00	22.00
	偏差	±0.35						
瓶口外径 d_2	尺寸	13.00	11.00	15.40	15.10	13.50	17.90	16.00
	偏差	±0.20			±0.25			
瓶口内径 d_4	尺寸	7.70	7.00	12.50	9.90	10.00	11.70	12.50
	偏差	±0.30						
瓶全高 h_1	尺寸	61.50	70.00	83.00	68.00	70.00	72.50	83.00
	偏差	±0.40		±0.60	±0.40		±0.60	
瓶口高度 h_2	尺寸	2.70		3.00	4.20	5.70	4.20	7.30
	偏差	±0.20						
瓶底厚度 S_{2min}		≥0.40		≥0.45	≥0.40		≥0.45	
瓶壁厚 S_{1min}		>0.70	>0.80	>0.95	>0.70	>0.80	>0.91	>0.95

表4 A、B型瓶规格尺寸

单位：mm

瓶型	规格（ml）	瓶颈外径 d_3	瓶颈高度 h_3	瓶重 W（g）	满口容量 V（ml）	a_1	a_2
A	10	10.5	8.0	7.4	13.5	20°	20°
	12	10.5	8.0	9.0	15.5	20°	20°
	20	14.5	8.5	17.0	23.5	20°	20°
B	10	10.5	8.0	7.6	13.5	20°	20°
	12	10.5	11.0	9.3	15.5	20°	20°
	15	14.5	11.0	12.7	18.5	20°	20°
	20	14.5	11.0	17.6	23.5	20°	20°

表5 C型瓶规格尺寸

单位：mm

瓶型		C				
规格（ml）		5	10	12	15	20
垂直轴偏差 a_{max}		1.2	2.0			
瓶身外径 d_1	尺寸	18.00		18.40	21.00	22.50
	偏差	±0.35				
瓶下口外径 d_2	尺寸	15.00			17.00	17.05
	偏差	±0.30				
瓶上口外径 d_3	尺寸	14.10			16.20	16.25
	偏差	±0.30				
瓶口内径 d_4	尺寸	10.70		9.50	10.70	12.30
	偏差	±0.30				
瓶全高 h_1	尺寸	43.00	70.00	72.00	81.00	84.50
	偏差	±0.40			±0.60	
瓶口高度 h_2	尺寸	8.70				
	偏差	±0.25				
瓶底厚度 S_{2min}		≥0.40				≥0.45
瓶壁厚 S_{1min}		>0.85			>0.90	>0.95

表6　C型瓶规格尺寸

单位：mm

瓶型	规格（ml）	瓶颈外径 d_{5max}	瓶颈高度 h_3	瓶重 W（g）	满口容量 V（ml）	a_1	a_2
C	5	12.5	2.3	6.3	7.0	20°	20°
	10	12.5	2.3	9.9	12.3	20°	20°
	12	12.0	3.0	10.0	14.3	20°	20°
	15	14.5	2.3	12.5	17.5	20°	20°
	20	14.5	2.3	14.2	22.5	20°	20°

钠钙玻璃模制药瓶

Nagaiboli Mozhi Yaoping

Medicinal Bottles Made of Moulded Soda Lime Glass

本标准适用于盛装口服或外用药品的钠钙玻璃模制药瓶。

【外观】 取本品适量，在自然光线明亮处，正视目测。应无色透明或棕色透明；表面应光洁、平整，不应有明显的玻璃缺陷；任何部位不得有裂纹。

【鉴别】* 线热膨胀系数 取本品适量，照平均线热膨胀系数测定法（YBB00202003—2015）或线热膨胀系数测定法（YBB00212003—2015）测定，应为（7.6～9.0）×10^{-6} K^{-1}（20～300 ℃）。

【合缝线】 取本品适量，用游标卡尺检测，瓶口合缝线按凸出测量不得过 0.3 mm，其他部位合缝线按凸出测量不得过 0.5 mm。

【121 ℃颗粒耐水性】 取本品适量，照玻璃颗粒在 121 ℃耐水性测定法和分级（YBB00252003—2015）测定，应符合 2 级。

【内表面耐水性】 取本品适量，照 121 ℃内表面耐水性测定法和分级（YBB00242003—2015）测定，应符合 HC3 级。

【耐热冲击】 取本品适量，照热冲击和热冲击强度测定法（YBB00182003—2015）第一法测定，经受 42 ℃温差的热震试验后不得破裂。

【内应力】 取本品适量，照内应力测定法（YBB00162003—2015）测定，退火后的最大永久应力造成的光程差不得过 40 nm/mm。

【砷、锑、铅、镉浸出量】* 取本品适量，照砷、锑、铅、镉浸出量测定法（YBB00372004—2015）测定，每升浸出液中砷不得过 0.2 mg、锑不得过 0.7 mg、铅不得过 1.0 mg、镉不得过 0.25 mg。

【垂直轴偏差】 取本品适量，照垂直轴偏差测定法（YBB00192003—2015）测定，应符合表 1 规定。

表 1 垂直轴偏差允许的最大值

规格（ml）	100 及以下	120～350	400～950	1000
垂直轴偏差 a_{max}（mm）	1.5	2.0	2.5	3.2

【满口容量】 取本品适量，用精度为 1 g 的天平称取空瓶，再加室温的水至满口，称重，两次重量之差即为满口容量值（1 g 室温的水可近似为 1 ml）。大口药瓶的容量应符合表 2 的规定，小口药瓶的容量应符合表 3 的规定。

表 2 大口药瓶的容量偏差

单位：ml

规格	满口容量	偏差	规格	满口容量	偏差
10	13	±3	250	285	±11
20	23		300	335	
30	35	±4	350	385	±12
40	45		400	435	
50	55	±5	450	485	
60	65		500	535	
80	90	±7	550	600	±13
100	110		600	650	
120	130		650	700	
140	160	±9	750	800	±15
170	190		850	900	
200	220		950	1000	

表 3 小口药瓶的容量偏差

单位：ml

规格	满口容量	偏差	规格	满口容量	偏差
25	30	±3	200	240	±11
50	60	±5	500	600	±13
100	120	±7	1000	1200	±15

附件一 检验规则

1. 产品检验分为全项检验和部分检验。

2. 下列情况之一时，应按标准的要求进行全项检验。

（1）产品注册。

（2）产品出现重大质量事故后重新生产。

（3）监督检验。

（4）产品停产后重新恢复生产。

3. 产品批准注册后，药包材生产、使用企业在原料产地、添加剂、生产工艺等没有变更的情形下，可按标准的要求，进行除"*"外项目检验。

4. 外观、合缝线、耐热冲击、内应力、垂直轴偏差、满口容量的检验，按《计数抽样检验程序 第1部分：按接收质量限（AQL）检索的逐批检验抽样计划》（GB/T 2828.1—2012）规定进行。检验项目、检验水平及接收质量限见表4。

表 4 检验项目、检验水平及接收质量限

检验项目		检验水平	接收质量限（AQL）
外观	裂纹	I	1.5
	其他		4.0
合缝线		I	4.0
耐热冲击		S-2	1.0
内应力		S-2	0.65
垂直轴偏差		S-3	2.5
满口容量		S-3	1.5

附件二 规格尺寸（参考尺寸）

规格尺寸可参考图 1、图 2 及表 5，图 3、图 4、表 6、表 7 及表 8。

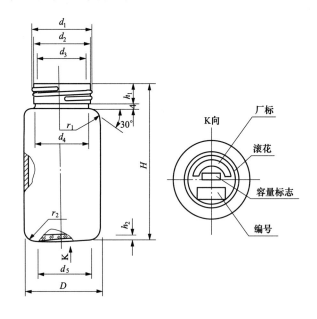

图 1 大口药瓶

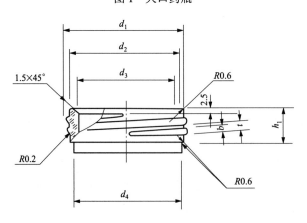

图 2 大口药瓶的瓶头

表5　大口玻璃药瓶的主要规格尺寸

单位：mm

规格（ml）	瓶身外径 D		瓶子全高 H		螺纹外径 d1		瓶口外径 d2		瓶口内径 d3		瓶颈外径 d4	瓶底直径 d5	肩角半径 r1	底角半径 r2	瓶头高度 h1	底弧深度 h2	螺纹宽度 b	螺纹间距 t
	尺寸	偏差	尺寸	偏差	尺寸	偏差	尺寸	偏差	尺寸	偏差	尺寸	尺寸	尺寸	尺寸	尺寸	尺寸	尺寸	尺寸
10	32	±1.0	43	±1.0	25		22.6	+0.0 −0.6	16		19.6	22	4	5	12	1.5	2.0	3.5
20			62															
30	38		64		32	+0.0 −0.6	29.2		22		26	24	6					
40			76															
50	43		73									29		7				
60			83															
80	51	±1.2	75	±1.2	40	+0.0 −0.8	37.2	+0.0 −0.8	30	+0.0 −1.0	34	37	8					
100			88															
120			100															
140			88															
170	59		101		50		47.2		40		44	41	7	9				
200			111															
250	70		107												14	2.0	2.5	4.0
300			122									48	6					
350			137															
400	76		130		63		60.2		53		57	54		11				
450			143															
500			156			+0.0 −1.0		+0.0 −1.0		+0.0 −1.0			9					
550	84	±1.5	141	±1.5	70		67.2		60			58						
600			151															
650			161															
750			155								64			13				
850	94		171									68	14					
950			187															

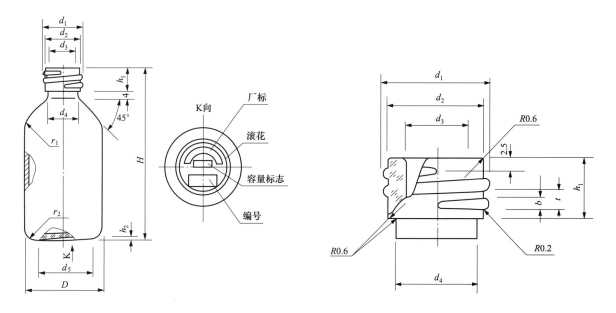

图3　小口药瓶　　　　　　　　　　　图4　小口药瓶的瓶头

表6 小口玻璃药瓶的主要规格尺寸

单位：mm

规格（ml）	瓶身外径 D		瓶子全高 H		螺纹外径 d_1		瓶口外径 d_2		瓶口内径 d_3		瓶颈外径 d_4	瓶底直径 d_5	肩角半径 r_1	底角半径 r_2	瓶头高度 h_1	底弧深度 h_2	螺纹宽度 b	螺纹间距 t
	尺寸	偏差	尺寸	偏差	尺寸	偏差	尺寸	偏差	尺寸	偏差	尺寸	尺寸	尺寸	尺寸	尺寸	尺寸	尺寸	尺寸
25	34	±1.0	71	±1.0	22		19.6		13		16.6	24	3	5	12	1.5	2.0	3.5
50	42		89									30		6				
100	50	±1.2	107	±1.2	25	+0.0 −0.6	22.6	+0.0 −0.6	16	+0.0 −1.0	19.6	36		7		2.0		
200	61		128									44	4	10				
500	83	±1.5	168	±1.5	32		29.2		22		26.0	59		12	14	2.5	2.5	4.0
1000	103		210									75		14				

表7 大口药瓶的重量

规格（ml）	重量（g）	规格（ml）	重量（g）	规格（ml）	重量（g）
10	23	120	116	450	266
20	38	140	125	500	280
30	50	170	140	550	294
40	58	200	155	600	310
50	70	250	180	650	326
60	77	300	198	750	358
80	90	350	216	850	390
100	103	400	252	950	422

表8 小口药瓶的重量

规格（ml）	重量（g）	规格（ml）	重量（g）	规格（ml）	重量（g）
25	47	100	105	500	312
50	78	200	180	1000	500

低硼硅玻璃模制药瓶

Dipengguiboli Mozhi Yaoping

Medicinal Bottles Made of Moulded Low Borosilicate Glass

本标准适用于盛装口服或外用药品的低硼硅玻璃模制药瓶。

【**外观**】 取本品适量，在自然光线明亮处，正视目测。应无色透明或棕色透明；表面应光洁、平整，不应有明显的玻璃缺陷；任何部位不得有裂纹。

【**鉴别**】*（1）线热膨胀系数　取本品适量，照平均线热膨胀系数测定法（YBB00202003—2015）或线热膨胀系数测定法（YBB00212003—2015）测定，应为（6.2～7.5）×10⁻⁶ K⁻¹（20～300 ℃）。

（2）三氧化二硼含量　取本品适量，照三氧化二硼测定法（YBB00232003—2015）测定，含三氧化二硼应不得小于5%。

【**合缝线**】 取本品适量，用游标卡尺检测，瓶口合缝线按凸出测量不得过0.3 mm，其他部位合缝线按凸出测量不得过0.5 mm。

【**121 ℃颗粒耐水性**】 取本品适量，照玻璃颗粒在121 ℃耐水性测定法和分级（YBB00252003—2015）测定，应符合1级。

【**内表面耐水性**】 取本品适量，照121 ℃内表面耐水性测定法和分级（YBB00242003—2015）测定，应符合HCB级。

【**耐热冲击**】 取本品适量，照热冲击和热冲击强度测定法（YBB00182003—2015）第一法测定，经受42 ℃温差的热震试验后不得破裂。

【**内应力**】 取本品适量，照内应力测定法（YBB00162003—2015）测定，退火后的最大永久应力造成的光程差不得过40 nm/mm。

【**砷、锑、铅、镉浸出量**】* 取本品适量，照砷、锑、铅、镉浸出量测定法（YBB00372004—2015）测定，每升浸出液中砷不得过0.2 mg、锑不得过0.7 mg、铅不得过1.0 mg、镉不得过0.25 mg。

【**垂直轴偏差**】 取本品适量，照垂直轴偏差测定法（YBB00192003—2015）测定，应符合表1规定。

表1　垂直轴偏差允许的最大值

规格（ml）	100 及以下	120～350	400～950	1000
垂直轴偏差 a_{max}（mm）	1.5	2.0	2.5	3.2

【**满口容量**】 取本品适量，用精度为1 g的天平称取空瓶，再加室温的水至满口，称重，两次重量之差即为满口容量值（1 g室温的水可近似为1 ml）。大口药瓶的容量应符合表2的规定，小口药瓶的容量应符合表3的规定。

表2 大口药瓶的容量偏差

单位：ml

规格	满口容量	偏差	规格	满口容量	偏差
10	13	±3	250	285	±11
20	23		300	335	
30	35	±4	350	385	
40	45	±4	400	435	±12
50	55	±5	450	485	
60	65		500	535	
80	90	±7	550	600	±13
100	110		600	650	
120	130		650	700	
140	160	±9	750	800	±15
170	190		850	900	
200	220		950	1000	

表3 小口药瓶的容量偏差

单位：ml

规格	满口容量	偏差	规格	满口容量	偏差
25	30	±3	200	240	±11
50	60	±5	500	600	±13
100	120	±7	1000	1200	±15

附件一 检验规则

1. 产品检验分为全项检验和部分检验。

2. 下列情况之一时，应按标准的要求进行全项检验。

（1）产品注册。

（2）产品出现重大质量事故后重新生产。

（3）监督检验。

（4）产品停产后重新恢复生产。

3. 产品批准注册后，药包材生产、使用企业在原料产地、添加剂、生产工艺等没有变更的情形下，可按标准的要求，进行除"*"外项目检验。

注：带"*"的项目半年内至少检验一次。

4. 外观、合缝线、耐热冲击、内应力、垂直轴偏差、满口容量的检验，按《计数抽样检验程序 第1部分：按接收质量限（AQL）检索的逐批检验抽样计划》（GB/T 2828.1—2012）规定进行。检验项目、检验水平及接收质量限见表4。

表4 检验项目、检验水平及接收质量限

检验项目		检验水平	接收质量限（AQL）
外观	裂纹	I	1.5
	其他		4.0
合缝线		I	4.0
耐热冲击		S-2	1.0
内应力		S-2	0.65
垂直轴偏差		S-3	2.5
满口容量		S-3	1.5

附件二　规格尺寸（参考尺寸）

规格尺寸可参考图1、图2及表5，图3、图4、表6、表7及表8。

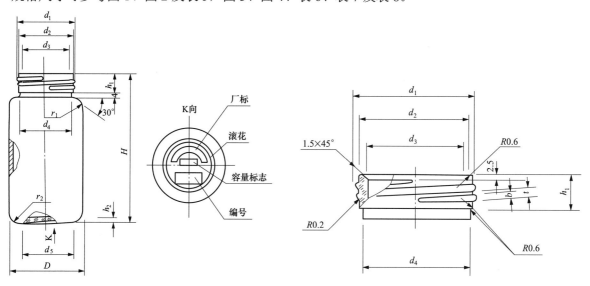

图1　大口药瓶　　　　　　　　　　　　　　图2　大口药瓶的瓶头

表5　大口玻璃药瓶的主要规格尺寸

单位：mm

规格(ml)	瓶身外径 D		瓶子全高 H		螺纹外径 d1		瓶口外径 d2		瓶口内径 d3		瓶颈外径 d4	瓶底直径 d5	肩角半径 r1	底角半径 r2	瓶头高度 h1	底弧深度 h2	螺纹宽度 b	螺纹间距 t
	尺寸	偏差	尺寸	偏差	尺寸	偏差	尺寸	偏差	尺寸	偏差	尺寸	尺寸	尺寸	尺寸	尺寸	尺寸	尺寸	尺寸
10	32	±1.0	43	±1.0	25		22.6		16		19.6	22	4	5	12	1.5	2.0	3.5
20			62															
30	38		64		32	+0.0 −0.6	29.2	+0.0 −0.6	22		26	24	6					
40			76															
50	43		73							+0.0 −1.0		29		7				
60			83															
80			75										8					
100	51	±1.2	88	±1.2	40	+0.0 −0.8	37.2	+0.0 −0.8	30		34	37						
120			100															
140			88															
170	59		101		50		47.2		40		44	41	7	9				
200			111															
250			107												14	2.0	2.5	4.0
300	70	±1.2	122	±1.2	63		60.2		53		57	48	6	11				
350			137															
400			130															
450	76		143									54						
500			156															
550	84	±1.5	141	±1.5	70	+0.0 −1.0	67.2	+0.0 −1.0	60	+0.0 −1.0	64		9					
600			151									58						
650			161											13				
750			155															
850	94		171									68	14					
950			187															

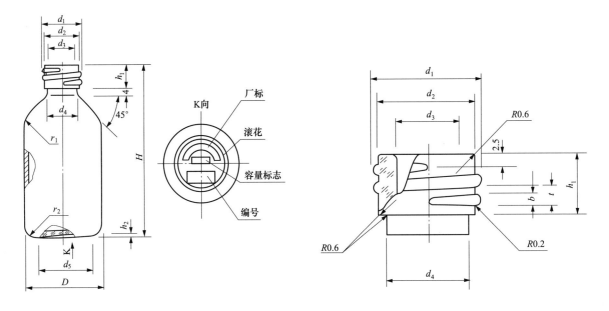

图 3　小口药瓶　　　　　　　　　　　　　图 4　小口药瓶的瓶头

表 6　小口玻璃药瓶的主要规格尺寸

单位：mm

规格（ml）	瓶身外径 D 尺寸	偏差	瓶子全高 H 尺寸	偏差	螺纹外径 d1 尺寸	偏差	瓶口外径 d2 尺寸	偏差	瓶口内径 d3 尺寸	偏差	瓶颈外径 d4 尺寸	瓶底直径 d5 尺寸	肩角半径 r1 尺寸	底角半径 r2 尺寸	瓶头高度 h1 尺寸	底弧深度 h2 尺寸	螺纹宽度 b 尺寸	螺纹间距 t 尺寸
25	34	±1.0	71	±1.0	22		19.6		13		16.6	24	3	5	12	1.5	2.0	3.5
50	42		89									30		6				
100	50	±1.2	107	±1.2	25	+0.0 −0.6	22.6	+0.0 −0.6	16	+0.0 −1.0	19.6	36	4	7		2.0		
200	61		128									44		10				
500	83	±1.5	168	±1.5	32		29.2		22		26.0	59		12	14	2.5	2.5	4.0
1000	103		210									75		14				

表 7　大口药瓶的重量

规格（ml）	重量（g）	规格（ml）	重量（g）	规格（ml）	重量（g）
10	23	120	116	450	266
20	38	140	125	500	280
30	50	170	140	550	294
40	58	200	155	600	310
50	70	250	180	650	326
60	77	300	198	750	358
80	90	350	216	850	390
100	103	400	252	950	422

表 8　小口药瓶的重量

规格（ml）	重量（g）	规格（ml）	重量（g）	规格（ml）	重量（g）
25	47	100	105	500	312
50	78	200	180	1000	500

硼硅玻璃模制药瓶

Pengguiboli Mozhi Yaoping

Medicinal Bottles Made of Moulded Borosilicate Glass

本标准适用于盛装口服或外用药品的硼硅玻璃模制药瓶。

【外观】 取本品适量,在自然光线明亮处,正视目测。应无色透明或棕色透明;表面应光洁、平整,不应有明显的玻璃缺陷;任何部位不得有裂纹。

【鉴别】*（1）线热膨胀系数 取本品适量,照平均线热膨胀系数测定法（YBB00202003—2015）或线热膨胀系数测定法（YBB00212003—2015）测定,中硼硅玻璃的线热膨胀系数应为（3.5～6.1）×10^{-6} K^{-1}（20～300 ℃）;高硼硅玻璃的线热膨胀系数应为（3.2～3.4）×10^{-6} K^{-1}（20～300 ℃）。

（2）三氧化二硼含量 取本品适量,照三氧化二硼测定法（YBB00232003—2015）测定,中硼硅玻璃含三氧化二硼应不得小于8%;高硼硅玻璃含三氧化二硼应不得小于12%。

【合缝线】 取本品适量,用游标卡尺进行检测,瓶口合缝线按凸出测量不得过0.3 mm,其他部位合缝线按凸出测量不得过0.5 mm。

【121 ℃颗粒耐水性】 取本品适量,照玻璃颗粒在121 ℃耐水性测定法和分级（YBB00252003—2015）测定,应符合1级。

【内表面耐水性】 取本品适量,照121 ℃内表面耐水性测定法和分级（YBB00242003—2015）测定,应符合HC1级。

【耐热冲击】 取本品适量,照热冲击和热冲击强度测定法（YBB00182003—2015）第一法测定,经受60 ℃温差的热冲击试验后不得破裂。

【内应力】 取本品适量,照内应力测定法（YBB00162003—2015）测定,退火后的最大永久应力造成的光程差不得过40 nm/mm。

【砷、锑、铅、镉浸出量】* 取本品适量,照砷、锑、铅、镉浸出量测定法（YBB00372004—2015）测定,每升浸出液中砷不得过0.2 mg、锑不得过0.7 mg、铅不得过1.0 mg、镉不得过0.25 mg。

【垂直轴偏差】 取本品适量,照垂直轴偏差测定法（YBB00192003—2015）测定,应符合表1规定。

表1 垂直轴偏差允许的最大值

规格（ml）	100 及以下	120～350	400～950	1000
垂直轴偏差 a_{max}（mm）	1.5	2.0	2.5	3.2

【满口容量】 取本品适量,用精度为1 g的天平称取空瓶,再加室温的水至满口,称重,两次重量之差即为满口容量值（1 g室温的水可近似为1 ml）。大口药瓶的容量应符合表2的规定,小口药瓶的容量应符合表3的规定。

表2 大口药瓶的容量偏差

单位：ml

规格	满口容量	偏差	规格	满口容量	偏差
10	13	±3	250	285	±11
20	23		300	335	
30	35	±4	350	385	
40	45		400	435	
50	55	±5	450	485	±12
60	65		500	535	
80	90	±7	550	600	±13
100	110		600	650	
120	130		650	700	
140	160	±9	750	800	±15
170	190		850	900	
200	220		950	1000	

表3 小口药瓶的容量偏差

单位：ml

规格	满口容量	偏差	规格	满口容量	偏差
25	30	±3	200	240	±11
50	60	±5	500	600	±13
100	120	±7	1000	1200	±15

附件一　检验规则

1. 产品检验分为全项检验和部分检验。

2. 下列情况之一时，应按标准的要求进行全项检验。

（1）产品注册。

（2）产品出现重大质量事故后重新生产。

（3）监督检验。

（4）产品停产后重新恢复生产。

3. 产品批准注册后，药包材生产、使用企业在原料产地、添加剂、生产工艺等没有变更的情形下，可按标准的要求，进行除"*"外项目检验。

4. 外观、合缝线、耐热冲击、内应力、垂直轴偏差、满口容量的检验，按《计数抽样检验程序　第1部分：按接收质量限（AQL）检索的逐批检验抽样计划》（GB/T 2828.1—2012）规定进行。检验项目、检验水平及接收质量限见表4。

表4 检验项目、检验水平及接收质量限

检验项目		检验水平	接收质量限（AQL）
外观	裂纹	I	1.5
	其他		4.0
合缝线		I	4.0
耐热冲击		S-2	1.0
内应力		S-2	0.65
垂直轴偏差		S-3	2.5
满口容量		S-3	1.5

附件二　规格尺寸（参考尺寸）

规格尺寸可参考图1、图2及表5，图3、图4、表6、表7及表8。

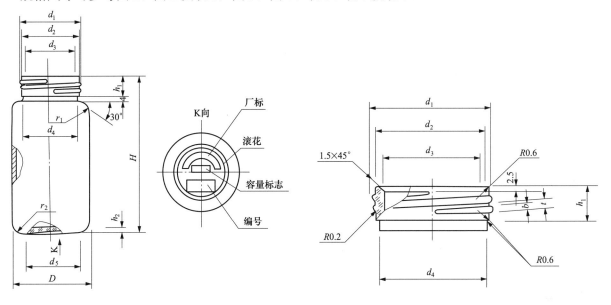

图1　大口药瓶　　　　　　　　　　　　图2　大口药瓶的瓶头

表5　大口玻璃药瓶的主要规格尺寸

单位：mm

规格（ml）	瓶身外径 D		瓶子全高 H		螺纹外径 d_1		瓶口外径 d_2		瓶口内径 d_3		瓶颈外径 d_4	瓶底直径 d_5	肩角半径 r_1	底角半径 r_2	瓶头高度 h_1	底弧深度 h_2	螺纹宽度 b	螺纹间距 t
	尺寸	偏差	尺寸	偏差	尺寸	偏差	尺寸	偏差	尺寸	偏差	尺寸	尺寸	尺寸	尺寸	尺寸	尺寸	尺寸	尺寸
10	32		43		25		22.6		16		19.6	22	4	5			2.0	3.5
20			62												12	1.5		
30	38	±1.0	64	±1.0	32	+0.0 −0.6	29.2	+0.0 −0.6	22		26	24	6					
40			76															
50	43		73									29		7				
60			83							+0.0 −1.0								
80	51		75		40		37.2		30		34	37	8					
100			88															
120		±1.2	100	±1.2		+0.0 −0.8		+0.0 −0.8										
140			88															
170	59		101		50		47.2		40		44	41	7	9				
200			111															
250			107															
300	70	±1.2	122	±1.2								48	6		14	2.0	2.5	4.0
350			137		63		60.2		53		57			11				
400			130									54						
450	76		143															
500			156			+0.0 −1.0		+0.0 −1.0		+0.0 −1.0			9					
550			141															
600	84	±1.5	151	±1.5								58						
650			161															
750			155		70		67.2		60		64			13				
850	94		171									68	14					
950			187															

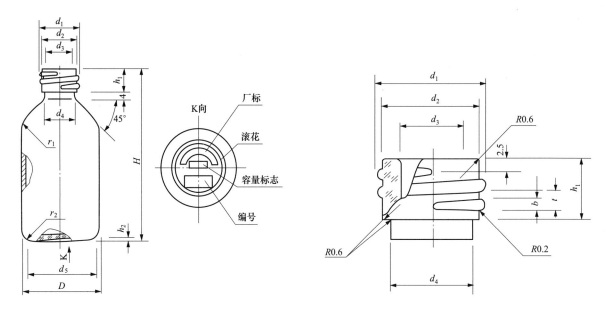

图 3　小口药瓶　　　　　　　　　图 4　小口药瓶的瓶头

表 6　小口玻璃药瓶的主要规格尺寸

单位：mm

规格 （ml）	瓶身外径 D		瓶子全高 H		螺纹外径 d_1		瓶口外径 d_2		瓶口内径 d_3		瓶颈外径 d_4	瓶底直径 d_5	肩角半径 r_1	底角半径 r_2	瓶头高度 h_1	底弧深度 h_2	螺纹宽度 b	螺纹间距 t
	尺寸	偏差	尺寸	偏差	尺寸	偏差	尺寸	偏差	尺寸	偏差	尺寸	尺寸	尺寸	尺寸	尺寸	尺寸	尺寸	尺寸
25	34	±1.0	71	±1.0	22		19.6		13		16.6	24	3	5	12	1.5	2.0	3.5
50	42		89									30		6				
100	50	±1.2	107	±1.2	25	+0.0 −0.6	22.6	+0.0 −0.6	16	+0.0 −1.0	19.6	36	4	7		2.0		
200	61		128									44		10				
500	83	±1.5	168	±1.5	32		29.2		22		26.0	59		12	14	2.5	2.5	4.0
1000	103		210									75		14				

表 7　大口药瓶的重量

规格 （ml）	重量 （g）	规格 （ml）	重量 （g）	规格 （ml）	重量 （g）
10	23	120	116	450	266
20	38	140	125	500	280
30	50	170	140	550	294
40	58	200	155	600	310
50	70	250	180	650	326
60	77	300	198	750	358
80	90	350	216	850	390
100	103	400	252	950	422

表 8　小口药瓶的重量

规格 （ml）	重量 （g）	规格 （ml）	重量 （g）	规格 （ml）	重量 （g）
25	47	100	105	500	312
50	78	200	180	1000	500

钠钙玻璃管制药瓶

Nagaiboli Guanzhi Yaoping

Medicinal Bottles Made of Soda Lime Glass Tubing

本标准适用于盛装口服固体制剂的钠钙玻璃管制螺纹口瓶。

【外观】 取本品适量，在自然光线明亮处，正视目测。应无色透明或棕色透明；表面应光洁、平整，不应有明显的玻璃缺陷；任何部位不得有裂纹。

【鉴别】* 线热膨胀系数 取本品适量，照平均线热膨胀系数测定法（YBB00202003—2015）或线热膨胀系数测定法（YBB00212003—2015）测定，应为（7.6～9.0）×10⁻⁶ K⁻¹（20～300 ℃）。

【121 ℃颗粒耐水性】 取本品适量，照玻璃颗粒在 121 ℃耐水性测定法和分级（YBB00252003—2015）测定，应符合 2 级。

【内表面耐水性】 取本品适量，照 121 ℃内表面耐水性测定法和分级（YBB00242003—2015）测定，应不低于 HC2 级。

【耐热冲击】 取本品适量，照热冲击和热冲击强度测定法（YBB00182003—2015）第一法测定，经受 42 ℃温差的热震试验后不得破裂。

【内应力】 取本品适量，照内应力测定法（YBB00162003—2015）测定，退火后的最大永久应力造成的光程差不得过 40 nm/mm。

【砷、锑、铅、镉浸出量】* 取本品适量，照砷、锑、铅、镉浸出量测定法（YBB00372004—2015）测定，每升浸出液中砷不得过 0.2 mg、锑不得过 0.7 mg、铅不得过 1.0 mg、镉不得过 0.25 mg。

【垂直轴偏差】 取本品适量，照垂直轴偏差测定法（YBB00192003—2015）测定，应符合表 1 规定。

表 1 垂直轴偏差允许的最大值

规格（ml）	2	3	5	7	10	15	20	25	30
垂直轴偏差 a_{max}（mm）	1.0				1.2		1.5		

附件一 检验规则

1. 产品检验分为全项检验和部分检验。

2. 下列情况之一时，应按标准的要求进行全项检验。

（1）产品注册。

（2）产品出现重大质量事故后重新生产。

（3）监督抽验。

（4）产品停产后重新恢复生产。

3. 产品批准注册后，药包材生产、使用企业在原料产地、添加剂、生产工艺等没有变更的情形下，可按标准的要求，进行除"*"外项目检验。

注：带"*"的项目半年内至少检验一次。

4. 外观、耐热冲击、内应力、垂直轴偏差的检验，按《计数抽样检验程序 第 1 部分：按接收质量限（AQL）检索的逐批检验抽样计划》（GB/T 2828.1—2012）规定进行。检验项目、检验水平及接收质量限见表 2。

表 2　检验项目、检验水平及接收质量限

检验项目		检验水平	接收质量限（AQL）
外观	裂纹	I	1.0
	其他		4.0
耐热冲击		S-3	1.0
内应力		S-1	1.5
垂直轴偏差		S-3	2.5

附件二　规格尺寸（参考尺寸）

规格尺寸可参考图 1 及表 3。

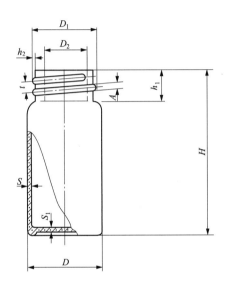

图 1　管制螺纹口瓶

表 3　管制螺纹口瓶的规格尺寸

单位：mm

规格（ml）	瓶子全高 H 尺寸	偏差	瓶身外径 D 尺寸	偏差	螺纹外径 D_1 尺寸	偏差	瓶口内径 D_2 尺寸	偏差	瓶底厚度 S_1 尺寸	瓶头高度 h_1 尺寸	螺纹高度 h_2 尺寸	瓶壁厚度 S 尺寸	螺距尺寸 t 尺寸	螺纹宽度 A 尺寸	满口容量（ml）
2	28.00	±0.70	16.50	±0.40	13.00	±0.40	8.00	±0.35		8.00	>0.50				2.50
3	34.00														4.50
5	40.00	±0.80	18.00		14.00		9.00		>0.40	8.50		0.90	2.50	1.20	6.50
7	50.00														8.50
10	64.00														11.50
5	30.00	±0.70	22.00	±0.50	19.00	±0.50	14.00	±0.40		9.00	>0.60	1.10			7.50
7	37.00														9.50
10	46.00														12.50
15	46.00	±0.80	27.50		23.00		17.50		>0.50	10.00		1.15	3.00	1.50	20.00
20	55.00														24.00
25	58.00		29.50		25.00		19.50		>0.60						29.00
30	66.00														34.00

低硼硅玻璃管制药瓶

Dipengguiboli Guanzhi Yaoping

Medicinal Bottles Made of Low Borosilicate Glass Tubing

本标准适用于盛装口服固体制剂的低硼硅玻璃管制螺纹口瓶。

【外观】 取本品适量，在自然光线明亮处，正视目测。应无色透明或棕色透明；表面应光洁、平整，不应有明显的玻璃缺陷；任何部位不得有裂纹。

【鉴别】*（1）线热膨胀系数 取本品适量，照平均线热膨胀系数测定法（YBB00202003—2015）或线热膨胀系数测定法（YBB00212003—2015）测定，应为（6.2～7.5）×10^{-6} K^{-1}（20～300 ℃）。

（2）三氧化二硼含量 取本品适量，照三氧化二硼测定法（YBB00232003—2015）测定，含三氧化二硼应不得小于5%。

【121 ℃颗粒耐水性】 取本品适量，照玻璃颗粒在121 ℃耐水性测定法和分级（YBB00252003—2015）测定，应符合1级。

【内表面耐水性】 取本品适量，照121 ℃内表面耐水性测定法和分级（YBB00242003—2015）测定，应符合HCB级。

【耐热冲击】 取本品适量，照热冲击和热冲击强度测定法（YBB00182003—2015）第一法测定，经受42 ℃温差的热震试验后不得破裂。

【内应力】 取本品适量，照内应力测定法（YBB00162003—2015）测定，退火后的最大永久应力造成的光程差不得过40 nm/mm。

【砷、锑、铅、镉浸出量】* 取本品适量，照砷、锑、铅、镉浸出量测定法（YBB00372004—2015）测定，每升浸出液中砷不得过0.2 mg、锑不得过0.7 mg、铅不得过1.0 mg、镉不得过0.25 mg。

【垂直轴偏差】 取本品适量，照垂直轴偏差测定法（YBB00192003—2015）测定，应符合表1规定。

表1 垂直轴偏差允许的最大值

规格（ml）	2	3	5	7	10	15	20	25	30
垂直轴偏差 a_{max}（mm）	1.0				1.2		1.5		

附件一 检验规则

1. 产品检验分为全项检验和部分检验。

2. 下列情况之一时，应按标准的要求进行全项检验。

（1）产品注册。

（2）产品出现重大质量事故后重新生产。

（3）监督抽验。

（4）产品停产后重新恢复生产。

3. 产品批准注册后，药包材生产、使用企业在原料产地、添加剂、生产工艺等没有变更的情形下，可按标准的要求，进行除"*"外项目检验。

注：带"*"的项目半年内至少检验一次。

4. 外观、耐热冲击、内应力、垂直轴偏差的检验，按《计数抽样检验程序 第1部分：按接收质量限（AQL）检索的逐批检验抽样计划》（GB/T 2828.1—2012）规定进行。检验项目、检验水平及接收质量限见表2。

表2 检验项目、检验水平及接收质量限

检验项目		检验水平	接收质量限（AQL）
外观	裂纹	I	1.0
	其他		4.0
耐热冲击		S-3	1.0
内应力		S-1	1.5
垂直轴偏差		S-3	2.5

附件二 规格尺寸（参考尺寸）

规格尺寸可参考图1及表3。

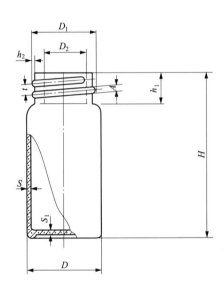

图1 管制螺纹口瓶

表3 管制螺纹口瓶的规格尺寸

单位：mm

规格（ml）	瓶子全高 H		瓶身外径 D		螺纹外径 D_1		瓶口内径 D_2		瓶底厚度 S_1	瓶头高度 h_1	螺纹高度 h_2	瓶壁厚度 S	螺距尺寸 t	螺纹宽度 A	满口容量（ml）
	尺寸	偏差	尺寸	偏差	尺寸	偏差	尺寸	偏差	尺寸	尺寸	尺寸	尺寸	尺寸	尺寸	
2	28.00	±0.70	16.50	±0.40	13.00	±0.40	8.00	±0.35	>0.40	8.00	>0.50	0.90	2.50	1.20	2.50
3	34.00														4.50
5	40.00														6.50
7	50.00	±0.80	18.00		14.00		9.00			8.50					8.50
10	64.00														11.50
5	30.00	±0.70	22.00	±0.50	19.00	±0.50	14.00	±0.40		9.00	>0.60	1.10	3.00	1.50	7.50
7	37.00														9.50
10	46.00														12.50
15	46.00	±0.80	27.50		23.00		17.50		>0.50	10.00		1.15			20.00
20	55.00														24.00
25	58.00		29.50		25.00		19.50		>0.60						29.00
30	66.00														34.00

硼硅玻璃管制药瓶

Pengguiboli Guanzhi Yaoping

Medicinal Bottles Made of Borosilicate Glass Tubing

本标准适用于盛装口服固体制剂的硼硅玻璃管制螺纹口瓶。

【外观】 取本品适量，在自然光线明亮处，正视目测。应无色透明或棕色透明；表面应光洁、平整，不应有明显的玻璃缺陷；任何部位不得有裂纹。

【鉴别】*（1）线热膨胀系数 取本品适量，照平均线热膨胀系数测定法（YBB00202003—2015）或线热膨胀系数测定法（YBB00212003—2015）测定，中硼硅玻璃的线热膨胀系数应为（3.5～6.1）×10^{-6} K^{-1}（20～300 ℃）；高硼硅玻璃的线热膨胀系数应为（3.2～3.4）×10^{-6} K^{-1}（20～300 ℃）。

（2）三氧化二硼含量 取本品适量，照三氧化二硼测定法（YBB00232003—2015）测定，中硼硅玻璃含三氧化二硼应不得小于 8%；高硼硅玻璃含三氧化二硼应不得小于 12%。

【121 ℃颗粒耐水性】 取本品适量，照玻璃颗粒在 121 ℃耐水性测定法和分级（YBB00252003—2015）测定，应符合 1 级。

【内表面耐水性】 取本品适量，照 121 ℃内表面耐水性测定法和分级（YBB00242003—2015）测定，应符合 HC1 级。

【耐热冲击】 取本品适量，照热冲击和热冲击强度测定法（YBB00182003—2015）第一法测定，经受 60 ℃温差的热震试验后不得破裂。

【内应力】 取本品适量，照内应力测定法（YBB00162003—2015）测定，退火后的最大永久应力造成的光程差不得过 40 nm/mm。

【砷、锑、铅、镉浸出量】* 取本品适量，照砷、锑、铅、镉浸出量测定法（YBB00372004—2015）测定，每升浸出液中砷不得过 0.2 mg、锑不得过 0.7 mg、铅不得过 1.0 mg、镉不得过 0.25 mg。

【垂直轴偏差】 取本品适量，照垂直轴偏差测定法（YBB00192003—2015）测定，应符合表 1 规定。

表 1 垂直轴偏差允许的最大值

规格（ml）	2	3	5	7	10	15	20	25	30
垂直轴偏差 a_{max}（mm）	1.0			1.2			1.5		

附件一 检验规则

1. 产品检验分为全项检验和部分检验。

2. 下列情况之一时，应按标准的要求进行全项检验。

（1）产品注册。

（2）产品出现重大质量事故后重新生产。

（3）监督抽验。

（4）产品停产后重新恢复生产。

3. 产品批准注册后，药包材生产、使用企业在原料产地、添加剂、生产工艺等没有变更的情形下，可按标准的要求，进行除"*"外项目检验。

4. 外观、耐热冲击、内应力、垂直轴偏差的检验，按《计数抽样检验程序　第1部分：按接收质量限（AQL）检索的逐批检验抽样计划》（GB/T 2828.1—2012）规定进行。检验项目、检验水平及接收质量限见表2。

表2　检验项目、检验水平及接收质量限

检验项目		检验水平	接收质量限（AQL）
外观	裂纹	I	1.0
	其他		4.0
耐热冲击		S-3	1.0
内应力		S-1	1.5
垂直轴偏差		S-3	2.5

附件二　规格尺寸（参考尺寸）

规格尺寸可参考图1及表3。

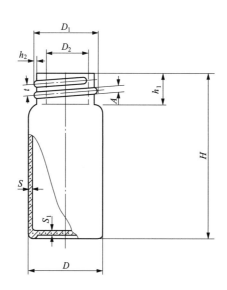

图1　管制螺纹口瓶

表3　管制螺纹口瓶的规格尺寸

单位：mm

规格（ml）	瓶子全高 H		瓶身外径 D		螺纹外径 D₁		瓶口内径 D₂		瓶底厚度 S₁	瓶头高度 h₁	螺纹高度 h₂	瓶壁厚度 S	螺距尺寸 t	螺纹宽度 A	满口容量（ml）
	尺寸	偏差	尺寸	偏差	尺寸	偏差	尺寸	偏差	尺寸	尺寸	尺寸	尺寸	尺寸	尺寸	
2	28.00	±0.70	16.50		13.00	±0.40	8.00	±0.35	8.00	>0.50					2.50
3	34.00														4.50
5	40.00			±0.40								0.90	2.50	1.20	6.50
7	50.00	±0.80	18.00		14.00		9.00		>0.40	8.50					8.50
10	64.00														11.50
5	30.00	±0.70	22.00		19.00	±0.50	14.00	±0.40		9.00	>0.60	1.10			7.50
7	37.00														9.50
10	46.00			±0.50											12.50
15	46.00	±0.80	27.50		23.00		17.50		>0.50				3.00	1.50	20.00
20	55.00									10.00		1.15			24.00
25	58.00		29.50		25.00		19.50		>0.60						29.00
30	66.00														34.00

药用钠钙玻璃管

Yaoyong Nagai Boliguan

Pharmaceutical Tube Made of Soda Lime Glass

本标准适用于制造钠钙玻璃管制注射剂瓶、管制口服液体瓶等药用容器的钠钙玻璃管。

【外观】 取本品适量，在自然光线明亮处，正视目测。应无色透明或棕色透明；表面应光洁平整；不应有明显的玻璃缺陷。

裂纹 任何部位不得有裂纹。

气泡线 用游标卡尺检测，管制注射剂瓶、管制口服液瓶用管均不应有宽度大于 0.20 mm 的气泡线。

结石 用游标卡尺检测，管制注射剂瓶用管不得有直径大于 1.00 mm 结石；管制口服液体瓶用管不得有直径大于 2.00 mm 结石。

节瘤 用游标卡尺检测，管制注射剂瓶及管制口服液体瓶用管均不得有直径大于 2.00 mm 节瘤。

管端精切、圆口 玻管两端应经过精切、圆口或一端精切、圆口，另一端封口。不得有毛口和豁口。

【鉴别】* 线热膨胀系数 取本品适量，照平均线热膨胀系数测定法（YBB00202003—2015）或线热膨胀系数测定法（YBB00212003—2015）测定，应为（7.6～9.0）×10^{-6} K^{-1}（20～300 ℃）。

【尺寸偏差】 取本品适量，测量以下项目。

外径偏差 用游标卡尺，在距离玻管两端 250 mm 处同一截面上测量两次（旋转90°），其偏差应符合表 2、表 3 的规定。

壁厚偏差、壁厚偏度 用精度为 0.01 mm 的测厚仪在同一截面上作旋转测量。壁厚偏度指玻管同一截面最厚与最薄之差。其壁厚偏差和壁厚偏度应符合表 2、表 3 的规定。

直线度 照直线度测定法（YBB00392004—2015）测定玻璃管的最大不直度，应不得过 2.50‰ 。

【121 ℃颗粒耐水性】 取本品适量，照玻璃颗粒在 121 ℃耐水性测定法和分级（YBB00252003—2015）测定，应符合 2 级。

【砷、锑、铅、镉浸出量】* 取本品适量，照砷、锑、铅、镉浸出量测定法（YBB00372004—2015）测定，供试品每平方分米浸出液中砷不得过 0.07 mg、锑不得过 0.7 mg、铅不得过 0.8 mg、镉不得过 0.07 mg。

附件一 检验规则

1. 产品检验分为全项检验和部分检验。

2. 下列情况之一时，应按标准的要求进行全项检验。

（1）产品注册。

（2）产品出现重大质量事故后重新生产。

（3）监督检验。

（4）产品停产后重新恢复生产。

3. 产品批准注册后，药包材生产、使用企业在原料产地、添加剂、生产工艺等没有变更的情形下，可按标准的要求，进行除"*"外项目检验。

注：带"*"的项目半年内至少检验一次。

4. 裂纹、气泡线、结石、节瘤、管端精切、圆口、外径偏差、壁厚偏差、壁厚偏度、直线度的检验，按《计数抽样检验程序 第1部分：按接收质量限（AQL）检索的逐批检验抽样计划》（GB/T 2828.1—2012）规定进行。检验项目、检验水平及接收质量限见表1。

表1 检验项目、检验水平及接收质量限

	检验项目	检验水平	接收质量限（AQL）
外观	裂纹	S-4	0.65
	气泡线		6.5
	结石		
	节瘤		
	管端精切、圆口		
尺寸偏差	外径偏差		2.5
	壁厚偏差		2.5
	壁厚偏度		
	直线度	S-2	4.0

附件二 规格尺寸（参考尺寸）

玻管的规格尺寸应符合图1及表2或表3的规定。

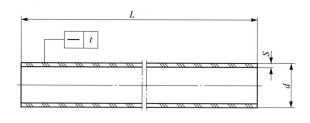

图1

表2 管制注射剂瓶用玻璃管规格尺寸

单位：mm

规格（ml）	玻管外径 d		玻管壁厚 S			玻管长度 L		直线度 t	
	尺寸	偏差	尺寸	偏差	壁厚偏度	尺寸	偏差	测定距离	$t \leq$
5	18.40	±0.30	0.80	±0.07	≤0.06	1000～2000	±6	1000	2.50‰
7	22.00	±0.35	0.90		≤0.07				
10			1.00						
25	28.00		1.20		≤0.08				

表3 管制口服液体瓶用玻璃管规格尺寸

单位：mm

规格（ml）	玻管外径 d		玻管壁厚 S			玻管长度 L		直线度 t	
	尺寸	偏差	尺寸	偏差	壁厚偏度	尺寸	偏差	测定距离	$t \leq$
10	18.00	±0.35	0.90	±0.06	≤0.06	1000～2000	±6	1000	2.50‰
	18.40								
20	22.00		1.10	±0.07	≤0.07				
25	28.00								

药用低硼硅玻璃管

Yaoyong Dipenggui Boliguan

Pharmaceutical Tube Made of Low Borosilicate Glass

本标准适用于制造低硼硅玻璃安瓿、管制注射剂瓶、管制口服液体瓶等药用容器的低硼硅玻璃管。

【外观】 取本品适量，在自然光线明亮处，正视目测。应无色透明或棕色透明；表面应光洁平整；不应有明显的玻璃缺陷。

裂纹 任何部位不得有裂纹。

气泡线 用游标卡尺检测，安瓿用管不得有宽度大于 0.10 mm 的气泡线；管制注射剂瓶、管制口服液体瓶用管不应有宽度大于 0.20 mm 的气泡线。

结石 用游标卡尺检测，安瓿用管不得有直径大于 0.50 mm 结石；管制注射剂瓶用管不得有直径大于 1.00 mm 结石；管制口服液体瓶用管不得有直径大于 2.00 mm 结石。

节瘤 用游标卡尺检测，安瓿用管不得有直径大于 1.00 mm 节瘤；管制注射剂瓶和管制口服液体瓶用管不得有直径大于 2.00 mm 节瘤。

管端精切、圆口 玻管两端应经过精切、圆口或一端精切、圆口，另一端封口。不得有毛口和豁口。

【鉴别】*（1）**线热膨胀系数** 取本品适量，照平均线热膨胀系数测定法（YBB00202003—2015）或线热膨胀系数测定法（YBB00212003—2015）测定，应为（6.2～7.5）×10^{-6} K^{-1}（20～300 ℃）。

（2）**三氧化二硼含量** 取本品适量，照三氧化二硼测定法（YBB00232003—2015）测定，含三氧化二硼应不得小于 5%。

【尺寸偏差】 取本品适量，测量以下项目。

外径偏差 用游标卡尺，在距离玻管两端 250 mm 处同一截面上测量两次（旋转90°），其偏差应符合表 2、表 3 或表 4 的规定。

壁厚偏差、壁厚偏度 用精度为 0.01 mm 的测厚仪在同一截面上作旋转测量。壁厚偏度指玻管同一截面最厚与最薄之差。其壁厚偏差和壁厚偏度应符合表 2、表 3 或表 4 的规定。

直线度 照直线度测定法（YBB00392004—2015）测定玻璃管的最大不直度，应不得过 2.50‰。

【121 ℃颗粒耐水性】 取本品适量，照玻璃颗粒在 121 ℃耐水性测定法和分级（YBB00252003—2015）测定，应符合 1 级。

【砷、锑、铅、镉浸出量】* 取本品适量，照砷、锑、铅、镉浸出量测定法（YBB00372004—2015）测定，供试品每平方分米浸出液中砷不得过 0.07 mg、锑不得过 0.7 mg、铅不得过 0.8 mg、镉不得过 0.07 mg。

附件一　检验规则

1. 产品检验分为全项检验和部分检验。

2. 下列情况之一时，应按标准的要求进行全项检验。

（1）产品注册。

（2）产品出现重大质量事故后重新生产。

（3）监督检验。

（4）产品停产后重新恢复生产。

3. 产品批准注册后，药包材生产、使用企业在原料产地、添加剂、生产工艺等没有变更的情形下，可按标准的要求，进行除"*"外项目检验。

注：带"*"的项目半年内至少检验一次。

4. 裂纹、气泡线、结石、节瘤、管端精切、圆口、外径偏差、壁厚偏差、壁厚偏度、直线度的检验，按《计数抽样检验程序 第1部分：按接收质量限（AQL）检索的逐批检验抽样计划》（GB/T 2828.1—2012）规定进行。检验项目、检验水平及接收质量限见表1。

表1 检验项目、检验水平及接收质量限

检验项目		检验水平	接收质量限（AQL）
外观	裂纹	S-4	0.65
	气泡线		6.5
	结石		
	节瘤		
	管端精切、圆口		
尺寸偏差	外径偏差		2.5
	壁厚偏差		2.5
	壁厚偏度		
	直线度	S-2	4.0

附件二 规格尺寸（参考尺寸）

玻管的规格尺寸应符合图1及表2、表3或表4的规定。

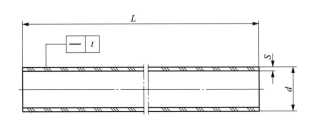

图1

表2 安瓿用玻璃管规格尺寸

单位：mm

规格（ml）	玻管外径 d		玻管壁厚 S			玻管长度 L		直线度 t	
	尺寸	偏差	尺寸	偏差	壁厚偏度	尺寸	偏差	测定距离	t≤
1	10.00	±0.26	0.50	±0.04	≤0.04	700～2000	±6	1000	2.50‰
2	11.50		0.50						
5	16.00	±0.30	0.55	±0.05	≤0.05				
10	18.40	±0.35	0.60						
20	22.00		0.70						

表3　管制注射剂瓶用玻璃管规格尺寸

单位：mm

规格（ml）	玻管外径 d		玻管壁厚 S			玻管长度 L		直线度 t	
	尺寸	偏差	尺寸	偏差	壁厚偏度	尺寸	偏差	测定距离	t≤
5	18.40	±0.30	0.80	±0.07	≤0.06	1000～2000	±6	1000	2.50‰
7	22.00	±0.35	0.90		≤0.07				
10			1.00						
25	28.00		1.20		≤0.08				

表4　管制口服液体瓶用玻璃管规格尺寸

单位：mm

规格（ml）	玻管外径 d		玻管壁厚 S			玻管长度 L		直线度 t	
	尺寸	偏差	尺寸	偏差	壁厚偏度	尺寸	偏差	测定距离	t≤
10	18.00	±0.35	0.90	±0.06	≤0.06	1000～2000	±6	1000	2.50‰
	18.40								
20	22.00		1.10	±0.07	≤0.07				
25	28.00								

药用中硼硅玻璃管

Yaoyong Zhongpenggui Boliguan

Pharmaceutical Tube Made of Middle Borosilicate Glass

本标准适用于制造中硼硅玻璃安瓿、管制注射剂瓶、管制口服液体瓶等药用容器的中硼硅玻璃管。

【外观】 取本品适量，在自然光线明亮处，正视目测。应无色透明或棕色透明；表面应光洁平整；不应有明显的玻璃缺陷。

裂纹 任何部位不得有裂纹。

气泡线 用游标卡尺检测，安瓿用管不得有宽度大于 0.10 mm 的气泡线；管制注射剂瓶、管制口服液体瓶用管不应有宽度大于 0.20 mm 的气泡线。

结石 用游标卡尺检测，安瓿用管不得有直径大于 0.50 mm 结石；管制注射剂瓶用管不得有直径大于 1.00mm 结石；管制口服液体瓶用管不得有直径大于 2.00 mm 结石。

节瘤 用游标卡尺检测，安瓿用管不得有直径大于 1.00 mm 节瘤；管制注射剂瓶和管制口服液体瓶用管不得有直径大于 2.00 mm 节瘤。

管端精切、圆口 玻管两端应经过精切、圆口或一端精切、圆口，另一端封口。不得有毛口和豁口。

【鉴别】*（1）线热膨胀系数 取本品适量，照平均线热膨胀系数测定法（YBB00202003—2015）或线热膨胀系数测定法（YBB00212003—2015）测定，应为（3.5～6.1）×10⁻⁶ K⁻¹（20～300 ℃）。

（2）三氧化二硼含量 取本品适量，照三氧化二硼测定法（YBB00232003—2015）测定，含三氧化二硼应不得小于 8%。

【尺寸偏差】 取本品适量，测量以下项目。

外径偏差 用游标卡尺，在距离玻管两端 250 mm 处同一截面上测量两次（旋转 90°），其偏差应符合表 2、表 3 或表 4 的规定。

壁厚偏差、壁厚偏度 用精度为 0.01 mm 的测厚仪在同一截面上作旋转测量。壁厚偏度指玻管同一截面最厚与最薄之差。其壁厚偏差和壁厚偏度应符合表 2、表 3 或表 4 的规定。

直线度 照直线度测定法（YBB00392004—2015）测定玻璃管的最大不直度，应不得过 2.50‰ 。

【121 ℃颗粒耐水性】 取本品适量，照玻璃颗粒在 121 ℃耐水性测定法和分级（YBB00252003—2015）测定，应符合 1 级。

【98 ℃颗粒耐水性】 取本品适量，照玻璃颗粒在 98 ℃耐水性测定法和分级（YBB00362004—2015）测定，应符合 HGB1 级。

【耐酸性】* 取本品适量，照玻璃耐沸腾盐酸浸蚀性测定法（YBB00342004—2015）第一法测定，应符合 1 级；或照玻璃耐沸腾盐酸浸蚀性测定法（YBB00342004—2015）第二法测定，碱性氧化物的浸出量不得过 100 μg/dm²。

【耐碱性】* 取本品适量，照玻璃耐沸腾混合碱水溶液浸蚀性测定法（YBB00352004—2015）测定，应不低于 2 级。

【砷、锑、铅、镉浸出量】* 取本品适量，照砷、锑、铅、镉浸出量测定法（YBB00372004—2015）

测定，供试品每平方分米浸出液中砷不得过 0.07 mg、锑不得过 0.7 mg、铅不得过 0.8 mg、镉不得过 0.07 mg。

附件一　检验规则

1. 产品检验分为全项检验和部分检验。

2. 下列情况之一时，应按标准的要求进行全项检验。

（1）产品注册。

（2）产品出现重大质量事故后重新生产。

（3）监督检验。

（4）产品停产后重新恢复生产。

3. 产品批准注册后，药包材生产、使用企业在原料产地、添加剂、生产工艺等没有变更的情形下，可按标准的要求，进行除"*"外项目检验。

4. 裂纹、气泡线、结石、节瘤、管端精切、圆口、外径偏差、壁厚偏差、壁厚偏度、直线度的检验，按《计数抽样检验程序　第 1 部分：按接收质量限（AQL）检索的逐批检验抽样计划》（GB/T 2828.1—2012）规定进行。检验项目、检验水平及接收质量限见表 1。

表 1　检验项目、检验水平及接收质量限

检验项目		检验水平	接收质量限（AQL）
外观	裂纹	S-4	0.65
	气泡线		6.5
	结石		
	节瘤		
	管端精切、圆口		
尺寸偏差	外径偏差		2.5
	壁厚偏差		2.5
	壁厚偏度		
	直线度	S-2	4.0

附件二　规格尺寸（参考尺寸）

玻管的规格尺寸应符合图 1 及表 2、表 3 或表 4 的规定。

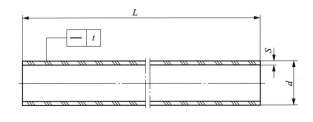

图 1

表2 安瓿用玻璃管规格尺寸

单位：mm

规格 （ml）	玻管外径 d		玻管壁厚 S			玻管长度 L		直线度 t	
	尺寸	偏差	尺寸	偏差	壁厚偏度	尺寸	偏差	测定距离	$t\leqslant$
1	10.00	±0.26	0.50	±0.04	≤0.04	700～ 2000	±6	1000	2.50‰
2	11.50								
5	16.00	±0.30	0.55	±0.05	≤0.05				
10	18.40	±0.35	0.60						
20	22.00		0.70						

表3 管制注射剂瓶用玻璃管规格尺寸

单位：mm

规格 （ml）	玻管外径 d		玻管壁厚 S			玻管长度 L		直线度 t	
	尺寸	偏差	尺寸	偏差	壁厚偏度	尺寸	偏差	测定距离	$t\leqslant$
5	18.40	±0.30	0.80	±0.07	≤0.06	1000～ 2000	±6	1000	2.50‰
7	22.00	±0.35	0.90		≤0.07				
10			1.00						
25	28.00		1.20		≤0.08				

表4 管制口服液体瓶用玻璃管规格尺寸

单位：mm

规格 （ml）	玻管外径 d		玻管壁厚 S			玻管长度 L		直线度 t	
	尺寸	偏差	尺寸	偏差	壁厚偏度	尺寸	偏差	测定距离	$t\leqslant$
10	18.00	±0.35	0.90	±0.06	≤0.06	1000～ 2000	±6	1000	2.50‰
	18.40								
20	22.00		1.10	±0.07	≤0.07				
25	28.00								

药用高硼硅玻璃管

Yaoyong Gaopenggui Boliguan

Pharmaceutical Tube Made of High Borosilicate Glass

本标准适用于制造高硼硅玻璃安瓿、管制注射剂瓶、管制口服液体瓶等药用容器的高硼硅玻璃管。

【**外观**】 取本品适量，在自然光线明亮处，正视目测。应无色透明；表面应光洁平整；不应有明显的玻璃缺陷。

裂纹 任何部位不得有裂纹。

气泡线 用游标卡尺检测，安瓿用管不得有宽度大于 0.10 mm 的气泡线；管制注射剂瓶、管制口服液体瓶用管不应有宽度大于 0.20 mm 的气泡线。

结石 用游标卡尺检测，安瓿用管不得有直径大于 0.50 mm 结石；管制注射剂瓶用管不得有直径大于 1.00 mm 结石；管制口服液体瓶用管不得有直径大于 2.00 mm 结石。

节瘤 用游标卡尺检测，安瓿用管不得有直径大于 1.00 mm 节瘤；管制注射剂瓶和管制口服液体瓶用管不得有直径大于 2.00 mm 节瘤。

管端精切、圆口 玻管两端应经过精切、圆口或一端精切、圆口，另一端封口。不得有毛口和豁口。

【**鉴别**】*（1）**线热膨胀系数** 取本品适量，照平均线热膨胀系数测定法（YBB00202003—2015）或线热膨胀系数测定法（YBB00212003—2015）测定，应为（3.2～3.4）×10⁻⁶ K⁻¹（20～300 ℃）。

（2）**三氧化二硼含量** 取本品适量，照三氧化二硼测定法（YBB00232003—2015）测定，含三氧化二硼应不得小于 12%。

【**尺寸偏差**】 取本品适量，测量以下项目。

外径偏差 用游标卡尺，在距离玻管两端 250 mm 处同一截面上测量两次（旋转 90°），其偏差应符合表 2、表 3 或表 4 的规定。

壁厚偏差、壁厚偏度 用精度为 0.01 mm 的测厚仪在同一截面上作旋转测量。壁厚偏度指玻管同一截面最厚与最薄之差。其壁厚偏差和壁厚偏度应符合表 2、表 3 或表 4 的规定。

直线度 照直线度测定法（YBB00392004—2015）测定玻璃管的最大不直度，应不得过 2.50‰。

【**121 ℃颗粒耐水性**】 取本品适量，照玻璃颗粒在 121 ℃耐水性测定法和分级（YBB00252003—2015）测定，应符合 1 级。

【**98 ℃颗粒耐水性**】 取本品适量，照玻璃颗粒在 98 ℃耐水性测定法和分级（YBB00362004—2015）测定，应符合 HGB1 级。

【**耐酸性**】* 取本品适量，照玻璃耐沸腾盐酸浸蚀性测定法（YBB00342004—2015）第一法测定，应符合 1 级；或照玻璃耐沸腾盐酸浸蚀性测定法（YBB00342004—2015）第二法测定，碱性氧化物的浸出量不得过 100 μg/dm²。

【**耐碱性**】* 取本品适量，照玻璃耐沸腾混合碱水溶液浸蚀性测定法（YBB00352004—2015）测定，应不低于 2 级。

【**砷、锑、铅、镉浸出量**】* 取本品适量，照砷、锑、铅、镉浸出量测定法（YBB00372004—2015）

测定，供试品每平方分米浸出液中砷不得过 0.07 mg、锑不得过 0.7 mg、铅不得过 0.8 mg、镉不得过 0.07 mg。

附件一　检验规则

1. 产品检验分为全项检验和部分检验。

2. 下列情况之一时，应按标准的要求进行全项检验。

（1）产品注册。

（2）产品出现重大质量事故后重新生产。

（3）监督检验。

（4）产品停产后重新恢复生产。

3. 产品批准注册后，药包材生产、使用企业在原料产地、添加剂、生产工艺等没有变更的情形下，可按标准的要求，进行除"*"外项目检验。

4. 裂纹、气泡线、结石、节瘤、管端精切、圆口、外径偏差、壁厚偏差、壁厚偏度、直线度的检验，按《计数抽样检验程序　第1部分：按接收质量限（AQL）检索的逐批检验抽样计划》（GB/T 2828.1—2012）规定进行。检验项目、检验水平及接收质量限见表1。

表 1　检验项目、检验水平及接收质量限

检验项目		检验水平	接收质量限（AQL）
外观	裂纹	S-4	0.65
	气泡线		6.5
	结石		
	节瘤		
	管端精切、圆口		
尺寸偏差	外径偏差		2.5
	壁厚偏差		2.5
	壁厚偏度		
	直线度	S-2	4.0

附件二　规格尺寸（参考尺寸）

玻管的规格尺寸应符合图1及表2、表3或表4的规定。

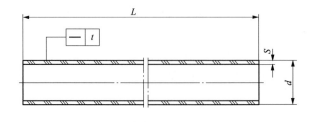

图 1

表2 安瓿用玻璃管规格尺寸

单位：mm

规格（ml）	玻管外径 d		玻管壁厚 S			玻管长度 L		直线度 t	
	尺寸	偏差	尺寸	偏差	壁厚偏度	尺寸	偏差	测定距离	t≤
1	10.00	±0.26	0.50	±0.04	≤0.04	700~2000	±6	1000	2.50‰
2	11.50								
5	16.00	±0.30	0.55	±0.05	≤0.05				
10	18.40	±0.35	0.60						
20	22.00		0.70						

表3 管制注射剂瓶用玻璃管规格尺寸

单位：mm

规格（ml）	玻管外径 d		玻管壁厚 S			玻管长度 L		直线度 t	
	尺寸	偏差	尺寸	偏差	壁厚偏度	尺寸	偏差	测定距离	t≤
5	18.40	±0.30	0.80	±0.07	≤0.06	1000~2000	±6	1000	2.50‰
7	22.00	±0.35	0.90		≤0.07				
10			1.00						
25	28.00		1.20		≤0.08				

表4 管制口服液体瓶用玻璃管规格尺寸

单位：mm

规格（ml）	玻管外径 d		玻管壁厚 S			玻管长度 L		直线度 t	
	尺寸	偏差	尺寸	偏差	壁厚偏度	尺寸	偏差	测定距离	t≤
10	18.00	±0.35	0.90	±0.06	≤0.06	1000~2000	±6	1000	2.50‰
	18.40								
20	22.00		1.10	±0.07	≤0.07				
25	28.00								

口服固体药用陶瓷瓶

Koufu Guti Yaoyong Taociping

Ceramic Bottles for Oral Solid Preparation

本标准适用于口服固体药用陶瓷瓶。

【外观】 取本品适量，在自然光线明亮处，正视目测。表面应光洁、无裂纹、无破损、无麻点及瘤状突起；瓶壁厚薄应均匀、内外有釉；文字清晰端正；口应平整光滑；瓶放在平面上应基本端正、平稳；瓶壁内外应洁净，不得有异物。

【吸水率】 取本品适量，照药用陶瓷吸水率测定法（YBB00402004—2015）第二法测定，不得过 1.0%。

【铅、镉浸出量】* 取本品适量，照药用陶瓷容器铅、镉浸出量测定法（YBB00192005—2015）测定。每升浸出液中铅不得过 2.0 mg，镉不得过 0.30 mg。

【微生物限度】 取本品适量，分别加入标称容量 1/2 量的 pH7.0 的无菌氯化钠–蛋白胨缓冲液，将盖旋紧，振摇 1 分钟，即得供试品溶液。供试品溶液进行薄膜过滤后，依法检查（《中国药典》2015 年版四部通则 1105、1106）。细菌数每瓶不得过 1000 cfu，霉菌和酵母菌数每瓶不得过 100 cfu，大肠埃希菌每瓶不得检出。

附件一 检验规则

1. 产品检验分为全项检验和部分检验。

2. 下列情况之一时，应按标准的要求进行全项检验。

（1）产品注册。

（2）产品出现重大质量事故后重新生产。

（3）监督检验。

（4）产品停产后重新恢复生产。

3. 产品批准注册后，药包材生产、使用企业在原料产地、添加剂、生产工艺等没有变更的情形下，可按标准的要求，进行除"*"外项目检验。

4. 外观、微生物限度的检验，按《计数抽样检验程序　第 1 部分：按接收质量限（AQL）检索的逐批检验抽样计划》（GB/T 2828.1—2012）规定进行。检验项目、检验水平及接收质量限见表 1。

表 1　检验项目、检验水平及接收质量限

检验项目	检验水平	接收质量限（AQL）
外观	I	2.5
微生物限度	S-2	1.5

附件二　规格尺寸及重量（参考尺寸及重量）

规格尺寸及重量可参考图 1 及表 2。

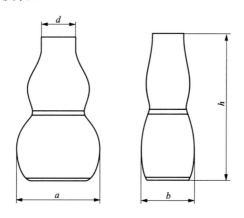

图 1　口服固体药用陶瓷瓶

表 2　规格尺寸及重量

单位：mm

规格（ml）	瓶口内径 d		瓶子全高 h		瓶身宽 a		瓶身厚 b		重量（g）
	尺寸	偏差	尺寸	偏差	尺寸	偏差	尺寸	偏差	
3	7.80	±0.40	33.50	±0.50	22.00	±0.50	14.50	±0.40	5.0～7.2
4	7.80	±0.40	39.50	±1.00	26.00	±0.50	15.00	±0.40	7.2～9.0
5	7.80	±0.40	40.00	±1.00	26.00	±0.50	15.00	±0.40	7.4～9.2

第二部分
金属类药包材标准

药用铝箔

Yaoyong Lübo

Aluminium Foil for Medicine

本标准适用于与聚氯乙烯（PVC）、聚偏二氯乙烯（PVDC）等硬片粘合，用于固体药品（片剂、胶囊剂等）包装用的铝箔。本品涂有保护层和黏合层。

【外观】 取本品适量（每卷取 2 m），在自然光线明亮处，正视目测。表面应洁净、平整、涂层均匀；文字、图案印刷应正确、清晰、牢固。

【针孔度】 取长 400 mm、宽 250 mm（当宽小于 250 mm 时，取卷幅宽）试样 10 片，逐张置于针孔检查台（800 mm×600 mm×300 mm 或适当体积的木箱，木箱内安装 30 W 日光灯，木箱上面放一块玻璃板，玻璃板衬黑纸并留有 400 mm×250 mm 空间以检查试样的针孔）上，在暗处检查其针孔，不应有密集的、连续性的、周期性的针孔；每一平方米中，不得有直径大于 0.3 mm 的针孔；直径为 0.1～0.3 mm 的针孔数不得过 1 个。

【阻隔性能】 水蒸气透过量 照水蒸气透过量测定法（YBB00092003—2015）第一法试验条件 B 或第二法试验条件 B 或第四法试验条件 2 测定，试验时热封面向低湿度侧，不得过 0.5 g/（m² · 24 h）。

【黏合层热合强度】 取 100 mm×100 mm 的本品 2 片，另取 100 mm×100 mm 的聚氯乙烯固体药用硬片（符合 YBB00212005—2015）或聚氯乙烯/聚偏二氯乙烯固体药用复合硬片（符合 YBB00222005—2015）2 片，将试样的黏合层面向 PVC 面（或 PVC/PVDC 复合硬片的 PVDC 面）进行叠合，置于热封仪进行热合，热合条件为：温度 155 ℃±5 ℃，压力 0.2 MPa，时间 1 秒，热合后取出放冷，裁取成 15 mm 宽的试样，取中间 3 条试样，照热合强度测定法（YBB00122003—2015）测定，试验速度为 200 mm/min±20 mm/min，将 PVC（或 PVDC）片夹在试验机的上夹，铝箔夹在试验机的下夹，开动拉力试验机进行 180° 角方向剥离，热合强度平均值不得低于 7.0 N/15 mm（PVC）、6.0 N/15 mm（PVDC）。

【保护层黏合性】 取一张纵向长 90 mm，宽为全幅的试样（注意试样不应有皱折），将试样平放在玻璃板上，保护层向上，取聚酯胶黏带（与铝箔的剥离力不小于 2.94 N/20 mm）1 片，横向均匀地贴压试样表面，以 160～180° 方向迅速地剥离（图 1），保护层表面应无明显脱落。

【保护层耐热性】 取 100 mm×100 mm 本品 3 片，分别将试样的保护层面与铝箔原材叠合，置热封仪上，进行热封，热封条件：温度 200 ℃，压力 0.2 MPa，时间 1 秒，取出放冷至室温，将试样与铝箔原材分开，观察保护层的耐热情况，保护层表面应无明显黏落。

【黏合剂涂布量差异】 取 100 mm×100 mm 本品 5 片，分别精密称定（m_1），用乙酸乙酯或其他溶剂擦去黏合剂，再精密称定（m_2），m_1 与 m_2 之差即为黏合剂的涂布量，同时计算 5 片涂布量的平均值，各片涂布量与平均值之间的差异均应在 ±10.0% 以内。

【开卷性能】 取 100 mm×100 mm 本品 4 片，将试样黏合层与保护层叠合，置于一块大小适宜的平板上，依次在试样上放置 20 mm×20 mm 的小平板与 1.0 kg 砝码（图 2），于 40 ℃烘箱中 2 小时后，取出，观察，黏合层面与保护层面不得粘合。

【破裂强度】 取 40 mm×40 mm 本品 3 片，分别置破裂强度测定仪上测定，均不得低于 98 kPa。

【荧光物质】 取 100 mm×100 mm 本品 5 片，分别置于紫外灯下，在 254 nm 和 365 nm 波长处观察，其保护层及黏合层均不得有片状荧光。

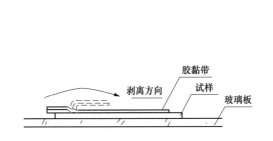
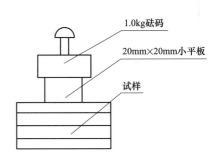

图 1　保护层黏合性　　　　　　图 2　开卷性能示意图

【挥发物】　取 100 mm×100 mm 本品 2 片，精密称定（m_a），130 ℃干燥 20 分钟后，置于干燥器中，放置 30 分钟，再精密称定（m_b），干燥前后试样质量之差（m_a-m_b）不得过 4 mg。

【溶出物试验】　供试液的制备：取本品内表面积 300 cm²，切成 3 cm×0.3 cm 的小片，水洗，室温干燥后，置于 500 ml 的锥形瓶中，加水 200 ml，以适当的方法封口后，置高压蒸汽灭菌器内，110 ℃±2 ℃维持 30 分钟，放冷至室温，作为供试液；另取水同法操作，作为空白液，进行下列试验。

易氧化物　精密量取供试液 20 ml，精密加入高锰酸钾滴定液（0.002 mol/L）20 ml 与稀硫酸 1 ml，煮沸 3 分钟，迅速冷却，加入碘化钾 0.1 g，在暗处放置 5 分钟，用硫代硫酸钠滴定液（0.01 mol/L）滴定至近终点时，加入淀粉指示液 5 滴，继续滴定至无色，另取空白液同法操作，二者消耗硫代硫酸钠滴定液（0.01 mol/L）之差不得过 1.5 ml。

重金属　精密量取供试液 40 ml，加醋酸盐缓冲液（pH3.5）2 ml，依法检查（《中国药典》2015 年版四部通则 0821 第一法），含重金属不得过百万分之零点二五。

【微生物限度】　取本品用开孔面积为 20 cm² 的无菌的金属模板压在内层面上，将无菌棉签用氯化钠注射液稍沾湿，在板孔范围内擦抹 5 次，换 1 支棉签再擦抹 5 次，每个位置用 2 支棉签共擦抹 10 次，共擦抹 5 个位置 100 cm²，每支棉签抹完后立即剪断（或烧断），投入盛有 30 ml 氯化钠注射液的锥型瓶（或大试管）中，全部擦抹棉签投入瓶中后，将瓶迅速摇晃 1 分钟，即得供试品溶液。供试品溶液进行薄膜过滤后，依法检查（《中国药典》2015 年版四部通则 1105、1106），细菌数不得过 1000 cfu/100 cm²，霉菌和酵母菌数不得过 100 cfu/100 cm²，大肠埃希菌不得检出。

【异常毒性】*　取本品内表面积 500 cm²，剪成 3 cm×0.3 cm 的小片，加入氯化钠注射液 50 ml，置高压蒸汽灭菌器中，采用 110 ℃保持 30 分钟后取出，冷却备用，静脉注射，依法检查（《中国药典》2015 年版四部通则 1141），应符合规定。

【贮藏】　内包装用药用低密度聚乙烯袋密封，清洁、通风处保存。

附件　检验规则

1. 产品检验分为全项检验和部分检验。

2. 有下列情况之一时，应按标准的要求进行全项检验。

（1）产品注册。

（2）产品出现重大质量事故后重新生产。

（3）监督抽验。

（4）产品停产后重新恢复生产。

3. 产品批准注册后，药包材生产、使用企业在原料产地、添加剂、生产工艺等没有变更的情形下，可按标准的要求，进行除"*"外所有项目的检验。

注：带*的项目半年内至少检验一次。

4. 规格尺寸及允许偏差见表1。

表 1　规格尺寸及允许偏差

单位：mm

厚度		宽度		长度	
尺寸	偏差	尺寸	偏差	尺寸	偏差
0.024	±0.003	50～800	±0.5	1000	±20

铝质药用软膏管

Lüzhi Yaoyong Ruangaoguan

Aluminum Tube for Ointment

本标准适用于盛放软膏剂的铝管。

【外观】 取本品适量，在自然光线明亮处，正视目测。印刷内容应清晰完整，位置正确；印刷表面应平整光洁，用蘸 50%乙醇的脱脂棉轻擦铝管印刷表面 30 次，应无脱色；铝管应清洁，管内应无加工残屑及其他异物；将管帽与管嘴反复旋上旋下 10 次，在放大两倍的条件下观察，均不应有金属碎屑。

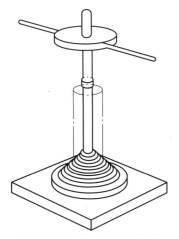

图1 涂层柔性和黏附力试验装置示意图

【涂层柔性和黏附力】 取本品适量，套在图 1 所示的棒上，管子尾部套在与铝管规格相应的一级阶梯上，棒从管嘴伸出，铝管在整个试验过程中应与底座一直处于垂直状态，把顶部压板套在伸出的棒上并让它轻轻搁置在管嘴顶端上，在压板上施加均匀的压力，迅速向下挤压铝管，铝管应呈现均匀折叠的"手风琴"外表，把压过的铝管从棒上取下，尽可能把它伸展到接近原来的长度，将其纵向剖开，观察内、外涂层的表面，内、外涂层应无裂纹和脱落。

【管帽配合】 取本品适量，把管帽与管嘴旋上旋下 2 次，螺纹配合应适宜。

【尾涂均匀性】 取本品适量，在自然光线明亮处，正视目测。铝管尾涂表面应均匀、无流挂。

【封闭性】 取本品适量，装好管帽，浸入 10～30 ℃的水中，管尾端距水面 10 mm 左右，然后用锥形加注器在管尾的开口端施加 0.2 MPa 的空气压力，浸入水中 5 秒内应无气泡产生。

【内涂层连续性】 接通内涂层连续性试验用仪器电源，如图 2 所示，面板上红色指示灯亮，按校验按钮校验电路：将校验按钮持续按下，同时将量程选择开关分别置于 5 mA，50 mA 或 500 mA，调节仪表使指针偏转分别在 1.8 mA，18 mA 或 180 mA 的 10%以内，松开校验按钮，仪器校验完成。为了保护仪表，避免过载，在开始读数时把量程选择开关置于 500 mA。取本品适量，拧上管帽，并向铝管内注入试验液（称取硫酸铜 10 g，丁二酸二辛酯磺酸钠 0.05 g，加入冰醋酸 0.5 ml，加水至 1000 ml）至离开口 10 mm 处，把铝管的管嘴、管肩部分装到底座电极的 V 型槽内，并将滑动电极向下滑动到铝管内，调整滑动锥形的高度，使铝管与摆动电极保持同轴，按下试验按钮并尽快确定适当的试验量程，5 秒后读取数据，同一份试验液使用不超过 8 次，电流显示不得过 40 mA。

【内涂层化学稳定性】 取本品适量，沿管身纵向割开整平，用蘸取丙酮的脱脂棉球轻擦内涂层 30 次，涂层应无脱落。

【韧性】 取本品适量，置于韧性试验装置（图3）的定位槽中（铝管如管身直径小于 16 mm，则将其放在附加板上），使铝管尾端与止动器接触，松开闸板，让闸板落到管身上，读取闸板顶部在标尺上的刻度数，应符合表 1 规定。

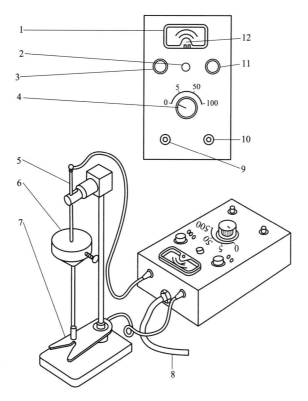

图2　内涂层连续性试验仪器示意图

1. 电流表（2.5 级）；2. 电源接通指示灯（红色）；3. 熔断器（60mA）；4. 通断与量程选择开关；

5. 摆动电极；6. 滑动电极；7. V 型槽底座电极；8. 电源线；9. 校验按钮；10. 试验按钮；

11. 熔断器（500mA）；12. 仪表调节螺丝

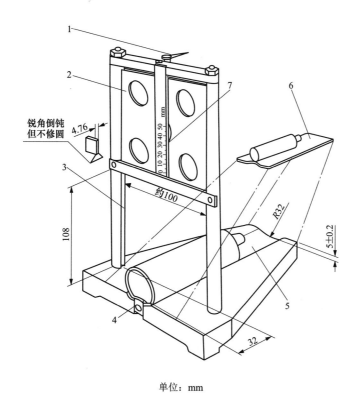

单位：mm

图3　韧性试验装置示意图

1. 闸板揳子；2. 可滑动闸板（70.0g±1g）；3. 闸板滑槽；4. 止动器；5. 定位槽；

6. 附加底板；7. 毫米标尺（闸板接触基面时读数为0）

表 1 韧性试验极限　　单位：mm

外径	不大于下列数值
10	8（有附加板）
13.5	11（有附加板）
16	6
19	8
22	10
25	15
28	19
30	20
32	22
35	25
38	27
40	28
45	35

【微生物限度】　取本品 10 支，分别加入标示容量 2/3 的氯化钠注射液，振荡 1 分钟后，即得供试品溶液，供试品溶液进行薄膜过滤后，依法检查（《中国药典》2015 年版四部通则 1105、1106），细菌数每支不得过 100cfu，霉菌和酵母菌数每支不得过 100 cfu，不得检出金黄色葡萄球菌、铜绿假单胞菌。

【无菌】（适用于手术、烧伤及严重创伤用软膏管）　取本品 11 支，分别加入标示容量 1/2 的氯化钠注射液，振摇 1 分钟，合并提取液，依法检查（《中国药典》2015 年版四部通则 1101），应符合规定。

【异常毒性】*　取本品 5 支，分别加入标示容量的氯化钠注射液，振荡 5 分钟后，合并提取液备用，静脉注射，依法检查（《中国药典》2015 年版四部通则 1141），应符合规定。

【原发性皮肤刺激】*　取本品 5 支，分别加入标示容量的氯化钠注射液，振荡 5 分钟后，合并提取液备用，照原发性皮肤刺激检查法（YBB00072003—2015）检查，应无刺激反应。

【贮藏】　避免挤压变形，应贮存于清洁、通风、干燥、无腐蚀性气体处。

附件　检验规则

1. 产品检验分为全项检验和部分检验。

2. 有下列情况之一时，应按标准的要求进行全项检验。

（1）产品注册。

（2）产品出现重大质量事故后重新生产。

（3）监督抽验。

（4）产品停产后重新恢复生产。

3. 产品批准注册后，药包材生产、使用企业在原料产地、添加剂、生产工艺等没有变更的情形下，可按标准的要求，进行除"*"外项目检验。

4. 外观、管帽配合、尾涂均匀性、涂层柔性和黏附力、封闭性、内涂层连续性、内涂层化学稳定性、韧性的检验，按《计数抽样检验程序　第 1 部分：按接收质量限（AQL）检索的逐批检验抽样计划》（GB/T 2828.1—2012）的规定进行，检验项目、检验水平、接收质量限见表 2。

注：带"*"的项目半年内至少检验一次。

表 2　检验项目、检验水平及接收质量限

检验项目	检验水平	接收质量限（AQL）
外观	I	4.0
管帽配合	S-3	4.0
尾涂均匀性	S-3	4.0
涂层柔性和黏附力	S-2	1.5
封闭性	S-2	1.5
内涂层连续性	S-2	1.0
内涂层化学稳定性	S-2	1.0
韧性	S-2	2.5

表3　铝管规格尺寸

单位：mm

规格	d	$l^{①}$	S	S_1	S_2	d_1	d_2	h	t	α
10	10±0.1	±0.5	0.14±0.04	0.09±0.02	0.40±0.10	M6×1	3.5±0.3	5.3±0.2	0.5+0.3	30或27
13.5	13.5±0.1					M7×1.25	4.5±0.3	5.5±0.2	0.5+0.5	
16	16±0.1			0.10±0.02	0.50±0.15	M9×1.25	5.5±0.3	5.7±0.2	1.0+0.5	
19	19±0.1			0.11$^{+0.02}_{-0.01}$						
22	22±0.1			0.12±0.02						
25	25±0.1				0.55±0.15					
28	28±0.1	±0.1	0.15±0.05	0.13±0.02	0.60±0.15	—	—	—	—	—
30	30±0.1			0.14$^{+0.02}_{-0.03}$						
32	32±0.1									
35	35±0.1									
38	38±0.1									
40	40±0.1									
45	45±0.1			0.15±0.03	0.70±0.20					

①管身长度的公称尺寸由供需双方商定。

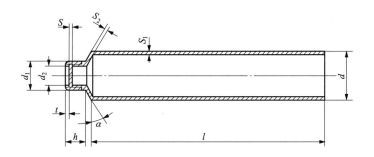

图4　铝管主要部位图示

d. 直径；d_1. 口外径；d_2. 口内径；S. 薄顶厚度；S_1. 壁厚；

S_2. 肩厚；l. 长度；h. 管口长度；t. 螺距；a. 肩角

注射剂瓶用铝盖

Zhushejipingyong Lügai

Aluminium Caps for Injection Bottles

本标准适用于未经灭菌的注射剂瓶用铝盖。

【外观】 取本品适量，在自然光线明亮处，正视目测。应清洁，无残留润滑剂、毛刺和损伤。

【铝件材料机械性能】* 材料的抗拉强度应为 130～180 N/mm²，延伸率不得小于 2.0%。

抗拉强度系指在拉伸试验中，试验直至断裂为止，单位初始横截面上承受的最大拉伸负荷。延伸率系指在拉伸试验中，试样断裂时，标线间距离的增加量与初始标距之比，以百分率表示。

取同批号铝件片材适量，用宽度（b）为 12.5 mm，原始标距（L_0）为 50 mm，平行长度（L_c）为 75 mm，过渡弧半径（r）至少为 20 mm 的刀具裁成图 1 所示试样，在拉伸装置上进行试验，试验速度为 10 mm/min±2 mm/min。试样应在 23 ℃±2 ℃、50%±5% 相对湿度放置 4 小时以上，并在此条件下进行试验。

延伸率按下式计算：

$$\varepsilon_t = \frac{L - L_0}{L_0} \times 100\%$$

式中 ε_t 为延伸率，%；

L_0 为试样原始标线距离，mm；

L 为试样断裂时标线间距离，mm。

【凸边】 取本品适量，用游标卡尺测量，精确至 0.1 mm。凸边应不大于 3%（图 2）。

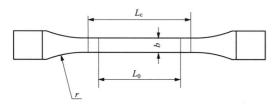

图 1 机械性能试验用试样图   图 2 凸边示意图

铝件边缘的凸边以百分率表示，按下式计算

$$凸边 = \frac{h_{max} - h_{min}}{h_{min}} \times 100\%$$

式中 h_{max} 为铝盖外侧最大高度，mm；

h_{min} 为铝盖外侧最小高度，mm。

【开启力】（1）两接桥和三接桥开花（B 型和 C 型）铝盖：取本品适量，放入套筒（图 3），以 100 mm/min±10 mm/min 的速度推进压头，使压头推动撕片，记录第一接桥断裂时所需的最大轴向力。两接桥（B 型）和三接桥（C 型）开花盖的接桥断裂力应符合表 1 规定。

表 1 开花铝盖（B 型、C 型）接桥断裂力

规格（mm）	B 型撕片（N）		C 型撕片（N）	
	min	max	min	max
13、20	25	60	46	76

（2）撕开式（D型）铝盖：取本品适量，在同一径向平面内打两个孔（图4），固定一端，另一端与测力计连接，以 100 mm/min±10 mm/min 的速度进行试验，接桥断裂力（第一接桥断裂所需的最大力值）和全开力（沿刻线全部撕开所需的最大力值）应符合表2中的规定，且应沿铝盖刻线撕下。

表2　撕开式铝盖（D型）接桥断裂力和全开力

规格（mm）	接桥断裂力（N）		全开力（N）	
	min	max	min	max
13、20	30①	50	5	25

①接桥数量多时，应有足够的耐压性，但每个接桥的断裂力应相应减少。

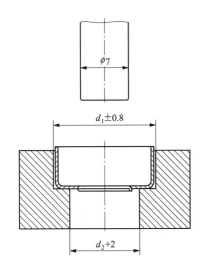

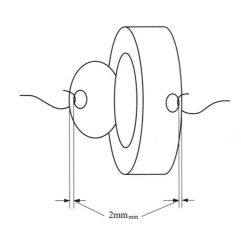

图3　试验接桥强度的套筒和压头示意图　　图4　撕开式铝盖接桥断裂力和全开力试验装置图

【耐灭菌】 取本品适量，用水冲洗干净，经 180 ℃烘箱烘烤 1 小时后，表面应无明显变化，表面层应无隆起或脱离。

【配合性】 取经 180 ℃烘箱烘烤 1 小时后的本品适量，盖在相适宜的装有标示容量水的瓶上（加胶塞），用封盖装置封盖，应配合适宜，不得出现断裂和异常变形。

【涂层牢固度】（适用于外表面有涂层铝盖） 取本品适量，经 180 ℃烘箱烘烤 1 小时后，用浸有 80%乙醇溶液的脱脂棉擦拭表面 30 秒，再用浸有 70%异丙醇溶液的脱脂棉擦拭表面 30 秒，涂层应无任何磨损。

附件一　检验规则

1. 产品检验分为全项检验和部分检验。

2. 有下列情况之一时，应按标准的要求进行全项检验。

（1）产品注册。

（2）产品出现重大质量事故后重新生产。

（3）监督抽验。

（4）产品停产后重新恢复生产。

3. 产品批准注册后，药包材生产、使用企业在原料产地、生产工艺等没有变更的情形下，可按标准的要求，进行除"*"外项目检验。

4. 外观、凸边、开启力、耐灭菌、配合性及涂层牢固度的检验，按《计数抽样检验程序　第1部分：按接收质量限（AQL）检索的逐批检验抽样计划》（GB/T 2828.1—2012）的规定进行。检验项目、检验水平及接收质量限见表3。

表3 检验项目、检验水平及接收质量限

检验项目	检验水平	接收质量限（AQL）
外观	I	4.0
凸边	S-3	2.5
开启力	S-2	4.0
耐灭菌	S-2	4.0
配合性	S-2	4.0
涂层牢固度	S-2	4.0

附件二 规格尺寸（参考尺寸）

规格尺寸可参考图5、图6、图7、图8、图9及表4。

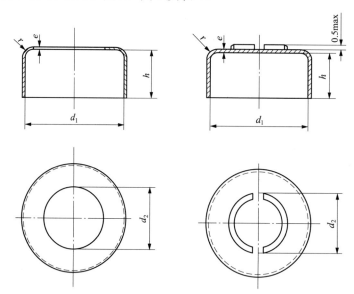

图5 A型：有中心孔铝盖   图6 B型：两接桥开花铝盖

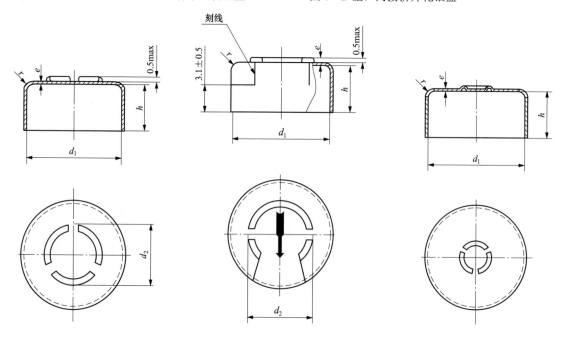

图7 C型：三接桥开花铝盖   图8 D型：撕开式铝盖   图9 E型：不开花铝盖

颜色　取供试液，依法检查（《中国药典》2015 年版四部通则 0901），溶液应无色。

pH 值　取供试液 20 ml，加入氯化钾溶液（1→1000）1 ml，依法测定（《中国药典》2015 年版四部通则 0631），应为 5.0～7.0。

吸光度　取供试液适量，照紫外-可见分光光度法（《中国药典》2015 年版四部通则 0401）测定，在 220～350 nm 的波长范围内进行扫描。220～240 nm 间的最大吸收度不得过 0.08；241～350 nm 间的最大吸收度不得过 0.05。

易氧化物　精密量取供试液 20 ml，精密加入高锰酸钾滴定液（0.002 mol/L）10 ml 和 2 mol/L 硫酸 10 ml，加热微沸 3 分钟，冷却至室温。加碘化钾 0.1 g 至供试液中，在暗处放置 5 分钟，用硫代硫酸钠滴定液（0.01 mol/L）滴定至浅棕色，再加入 5 滴淀粉指示液后滴定至无色。同时做空白试验。供试液与空白液所消耗硫代硫酸钠滴定液（0.01 mol/L）之差不得过 1.5 ml。

不挥发物　取供试液与空白液各 250 ml，分别置于已恒重的蒸发皿中，水浴蒸干，105 ℃干燥至恒重，两者之差不得过 12.5 mg。

重金属　精密量取供试液 20 ml，加醋酸盐缓冲液（pH 3.5）2 ml，依法检查（《中国药典》2015 年版四部通则 0821 第一法），重金属不得过百万分之一。

铵离子　精密量取供试液 50 ml，加碱性碘化汞钾试液 2 ml，放置 15 分钟；如显色，与氯化铵溶液（取氯化铵 31.5 mg 加无氨水适量使溶解并稀释至 1000 ml）4.0 ml，加空白液 46 ml 与碱性碘化汞钾试液 2 ml 制成的对照液比较，不得更深（0.000 08%）。

钡离子　取供试液适量，可通过蒸发供试液，使其浓缩来提高检测范围，照金属元素项下测定，不得过百万分之一。

铜离子　取供试液适量，可通过蒸发供试液，使其浓缩来提高检测范围，照金属元素项下测定，不得过百万分之一。

镉离子　取供试液适量，可通过蒸发供试液，使其浓缩来提高检测范围，照金属元素项下测定，不得过千万分之一。

铅离子　取供试液适量，可通过蒸发供试液，使其浓缩来提高检测范围，照金属元素项下测定，不得过百万分之一。

锡离子　取供试液适量，可通过蒸发供试液，使其浓缩来提高检测范围，照金属元素项下测定，不得过千万分之一。

铬离子　取供试液适量，可通过蒸发供试液，使其浓缩来提高检测范围，照金属元素项下测定，不得过百万分之一。

铝离子　取供试液适量，可通过蒸发供试液，使其浓缩来提高检测范围，照原子吸收分光光度法（《中国药典》2015 年版四部通则 0406）在 309.3 nm 的波长处测定，不得过百万分之零点零五。

【细菌内毒素】　取输液容器剪成 0.5 cm×3 cm 小条，按内表面积（cm²）与水（6:1）混和，经 121 ℃±2 ℃ 60 分钟灭菌，放冷，备用，作为试验液，并用同批水作为空白液，依法检查（《中国药典》2015 年版四部通则 1143），每 1 ml 供试液中含内毒素不得过 0.25 EU。

【生物试验】**　**细胞毒性**　照细胞毒性检查法（YBB00012003—2015）第四法测定，应符合规定。

皮肤致敏　取本品适量，照皮肤致敏检查法（YBB00052003—2015）测定，致敏反应不得过 I 度。

皮内刺激　取本品适量，照皮内刺激检查法（YBB00062003—2015）测定，应无刺激反应。

急性全身毒性　取本品适量，样品表面积与浸提介质的比例为 6 cm²/ml，浸提温度为 37 ℃±1 ℃，浸提时间为 24 h±2 h，照急性全身毒性检查法（YBB00042003—2015）测定，应无急性全身毒性反应。

溶血　取本品适量，照溶血检查法（YBB00032003—2015）测定，溶血率应符合规定。

【贮藏】　内包装用药用低密度聚乙烯袋密封，保持于清洁、通风处。

附件　检验规则

1. 产品检验分为全项检验和部分检验。

2. 有下列情况之一时，应按标准的要求进行全项检验。

（1）产品注册。

（2）产品出现重大质量事故后重新生产。

3. 有下列情况之一时，应按标准的要求进行除"**"外项目检验。

（1）监督抽验。

（2）产品停产后重新恢复生产。

4. 产品批准注册后，药包材生产、使用企业在原料产地、添加剂、生产工艺等没有变更的情形下，可按标准的要求，进行除"**"外项目检验。

5. 外观、温度适应性、抗跌落、透明度、不溶性微粒、穿刺力、穿刺部位不渗透性、悬挂力、水蒸气透过量的检验，按《计数抽样检验程序　第1部分：按接收质量限（AQL）检索的逐批检验抽样计划》（GB/T 2828.1—2012）的规定进行，检验项目、检验水平及接收质量限见表3。

表3　检验项目、检验水平及接收质量限

检验项目	检验水平	接收质量限（AQL）
外观	I	4.0
温度适应性	S-2	2.5
抗跌落	S-4	2.5
透明度	S-4	2.5
不溶性微粒	S-1	1.5
穿刺力	S-2	2.5
穿刺部位不渗透性	S-2	2.5
悬挂力	S-2	2.5
水蒸气透过量	S-1	1.5

塑料输液容器用聚丙烯组合盖（拉环式）

Suliaoshuyerongqiyong Jubingxi Zuhegai (Lahuanshi)

Combinational Closures of PP for Plastic Infusion Containers (with ring-pull)

本标准适用于塑料输液容器用聚丙烯组合盖，组合盖由拉环式外盖（以聚丙烯为主要原料）、内盖（以聚丙烯为主要原料）以及垫片组成。

组合盖中的聚异戊二烯垫片应符合药用合成聚异戊二烯垫片（YBB00232004—2015）的要求。

第1部分 外盖

【外观】 取本品 125 个，在自然光线明亮处，正视目测。不得有伤痕、割裂、气泡、异物混入、毛刺附着等现象。不符合上述要求的样品不得过 10 个。

【拉环开启力】 取本品 10 个，置高压蒸汽灭菌器中加热至 121 ℃±2 ℃，保持 30 分钟，冷却至室温后，固定在拉伸仪的夹具上，将拉环固定在另一移动夹具上。沿与垂直呈 23°斜角的方向，以 200 mm/min±20 mm/min 的速度对拉环施加拉力，记录拉环被启破的力值，开启力不得过 80 N，试验过程中，不应撕裂穿刺区周围的其他区域，且拉环不得断裂（试验过程中，若拉环断裂在夹具内，则另取样品重新试验）。

【拉环切痕处密封性】 取本品 10 个，置高压蒸汽灭菌器中加热至 121 ℃±2 ℃，保持 30 分钟，冷却至室温后，用渗透剂（65%乙醇:10 g/L 亚甲蓝溶液为 100:5）填充至 2/3 高度，放置于滤纸上保持 60 分钟，切痕处不得泄漏。

【溶出物试验】 供试液的制备：取外盖 40.0 g，水洗，室温干燥后，置 500 ml 锥形瓶中，加水 200 ml，密封，置高压蒸汽灭菌器中，加热至 121 ℃±2 ℃，保持 30 分钟，冷却至室温，为供试液；另取水同法操作，作为空白液，进行下列试验。

易氧化物 精密量取供试液 20 ml，精密加入高锰酸钾液滴定液（0.002 mol/L）20 ml 与稀硫酸 2 ml，煮沸 3 分钟，迅速冷却，加碘化钾 0.1 g，在暗处放置 5 分钟，用硫代硫酸钠滴定液（0.01 mol/L）滴定至浅棕色，再加入 5 滴淀粉指示液后滴定至无色。另取空白液同法操作，二者消耗硫代硫酸钠滴定液（0.01 mol/L）之差不得过 3.0 ml。

不挥发物 精密量取供试液和空白溶液各 50 ml，置已恒重的蒸发皿中，水浴蒸干，并在 105 ℃干燥至恒重，两者之差不得过 12.5 mg。

重金属 精密量取供试液 10 ml，加醋酸盐缓冲液（pH 3.5）2 ml，照重金属检查法（《中国药典》2015 年版四部通则 0821 第一法）测定，含重金属不得过百万分之一。

第2部分 内盖

【外观】 取本品 125 个，在自然光线明亮处，正视目测。不得有伤痕、割裂、气泡、异物混入、毛刺附着等现象。不符合上述要求的样品不得过 10 个。

【鉴别】*（1）红外光谱 取本品适量，照包装材料红外光谱测定法（YBB00262004—2015）第一法或第四法测定，应与对照图谱基本一致。

（2）密度 取本品 2 g，加水 100 ml，回流 2 小时，放冷，80 ℃干燥 2 小时后，照密度测定法

（YBB00132003—2015）测定，应为 0.890～0.915 g/cm³。

【不溶性微粒】 照包装材料不溶性微粒测定法（YBB00272004—2015）塑料输液容器用内盖项下测定，每 1 ml 中含 5 μm 及 5 μm 以上的微粒数不得过 100 粒；每 1 ml 中含 10 μm 及 10 μm 以上的微粒数不得过 20 粒；每 1 ml 中含 25 μm 及 25 μm 以上的微粒数不得过 2 粒。

【炽灼残渣】 取内盖 5.0 g 精密称定，置于已恒重的坩埚，缓缓炽灼至完全炭化，再于 550 ℃灼烧至恒重，遗留残渣不得过 0.10%。

【金属元素】* 取内盖炽灼残渣项下残渣，加盐酸溶液（1→2）5 ml 溶解后，蒸干，残渣加 5%硝酸溶液 25 ml 使溶解，照原子吸收分光光度法（《中国药典》2015 年版四部通则 0406）测定，应符合以下规定。

    铜　在 324.8 nm 波长处测定，不得过百万分之三。

    镉　在 228.8 nm 波长处测定，不得过百万分之三。

    铬　在 357.9 nm 波长处测定，不得过百万分之三。

    铅　在 217.0 nm 波长处测定，不得过百万分之三。

    锡　在 286.3 nm 波长处测定，不得过百万分之三。

    钡　在 553.6 nm 波长处测定，不得过百万分之三。

【溶出物试验】 供试液的制备：取相当于表面积 1200 cm² 的本品若干个，切成约 0.5 cm 宽的小块，放在烧杯中，加入 400 ml 水洗，室温干燥后。移至锥形瓶中，加水 400 ml，置高压蒸汽灭菌器中，加热至 121 ℃±2 ℃，保持 30 分钟，冷却至室温，移出，即得供试液。同时制备空白溶液，进行下列试验。

    澄清度与颜色　取供试液 10 ml，依法检查（《中国药典》2015 年版四部通则 0902、0901），应澄清无色。如显浑浊，与 2 号浊度标准液（《中国药典》2015 年版四部通则 0902、0901）比较，不得更浓。

    pH 值　取供试液 20 ml，加入氯化钾溶液（1→1000）1 ml，依法测定（《中国药典》2015 年版四部通则 0631），pH 值应为 5.0～7.0。

    吸光度　取供试液适量，照紫外-可见分光光度法（《中国药典》2015 年版四部通则 0401）测定，在波长 220～350 nm 范围内进行扫描测定。220～240 nm 范围内最大吸收值不得过 0.08；241～350 nm 范围内最大吸收值不得过 0.05。

    易氧化物　精密量取供试液 20 ml，精密加入高锰酸钾滴定液（0.002 mol/L）20 ml 与稀硫酸 2 ml，煮沸 3 分钟，迅速冷却，加碘化钾 0.1 g，在暗处放置 5 分钟，用硫代硫酸钠滴定液（0.01 mol/L）滴定至浅棕色，再加入 5 滴淀粉指示液后滴定至无色。另取空白液同法操作，二者硫代硫酸钠消耗滴定液（0.01 mol/L）之差不得过 1.5 ml。

    不挥发物　精密量取供试液和空白液各 100 ml，置已恒重的蒸发皿中，水浴蒸干，并在 105 ℃干燥至恒重，两者之差不得过 5.0 mg。

    重金属　精密量取供试液 20 ml，加醋酸盐缓冲液（pH 3.5）2 ml，依法检查（《中国药典》2015 年版四部通则 0821 第一法），含重金属不得过百万分之一。

    铵离子　取供试液 50 ml，加碱性碘化汞钾试液 2 ml，放置 15 分钟；如显色，与氯化铵溶液（取氯化铵 31.5 mg 加无氨水适量使溶解并稀释至 1000.0 ml）4.0 ml，加空白液 46 ml 与碱性碘化汞钾试液 2 ml 制成的对照液比较，不得更深（0.000 08%）。

    钡离子*　取供试液适量，必要时可浓缩，照金属元素项下测定，不得过百万分之一。

    铜离子*　取供试液适量，必要时可浓缩，照金属元素项下测定，不得过百万分之一。

    镉离子*　取供试液适量，必要时可浓缩，照金属元素项下测定，不得过千万分之一。

    铅离子*　取供试液适量，必要时可浓缩，照金属元素项下测定，不得过百万分之一。

    锡离子*　取供试液适量，必要时可浓缩，照金属元素项下测定，不得过千万分之一。

    铬离子*　取供试液适量，必要时可浓缩，照金属元素项下测定，不得过百万分之一。

    铝离子*　取供试液适量，必要时可浓缩，照原子吸收分光光度法（《中国药典》2015 年版四部通则 0406）在 309.3 nm 的波长处测定，不得过百万分之零点零五。

【生物试验】** **细胞毒性**　按样品表面积与浸提介质的比例为 6 cm²/ml，浸提温度为 37 ℃±1 ℃，浸提时间为 24 h±2 h，以含血清培养基为浸提介质。照细胞毒性检查法（YBB00012003—2015）第一法测定，应符合规定。

皮肤致敏　照皮肤致敏检查法（YBB00052003—2015）测定，致敏反应不得过Ⅰ度。

皮内刺激　照皮内刺激检查法（YBB00062003—2015）测定，应无刺激反应。

急性全身毒性　样品表面积与浸提介质的比例为 6 cm²/ml，浸提温度为 37 ℃±1 ℃，浸提时间为 24 h±2 h，照急性全身毒性检查法（YBB00042003—2015）测定，应无急性全身毒性反应。

溶血　取本品适量，照溶血检查法（YBB00032003—2015）测定，溶血率应符合规定。

第3部分　组合盖

【外观】　取本品 125 个，在自然光线明亮处，正视目测。不得有伤痕、割裂、气泡、异物混入、毛刺附着等现象。不符合上述要求的样品不得过 10 个。

【使用适应性试验】　取装配垫片的组合盖样品数个，采用湿热灭菌法加热至 121 ℃±2 ℃，保持 30 分钟后，进行下列试验。

温度适应性　取上述样品 5 个，于–25 ℃±2 ℃条件下，放置 24 小时，然后在 50 ℃±2 ℃条件下，继续放置 24 小时，再在 23 ℃±2 ℃条件下，放置 24 小时，样品均不得变形。

穿刺力　取上述样品 10 个，用符合图 1 的塑料穿刺器以 200 mm/min±20 mm/min 的速度对组合盖垫片的标记部位进行垂直穿刺（刺透内盖）。记录穿刺组合盖所施加的力，重复穿刺步骤，直至所有样品被穿刺一次。其平均值不得过 75 N，最大值不得过 80 N。

穿刺落屑　取上述样品 10 个分别装配在配套的容器上，在容器内注入约一半体积的水。分成两组，开启拉环，分别用符合图 1 和图 2 的塑料及金属穿刺器（尾部连接一段软管）垂直穿刺组合盖垫片的标记部位 3 次（需刺透内盖），拔出穿刺器前通过软管向穿刺器内注入 5 ml 的水。重复上述步骤直至所有的组合盖被穿刺。取下组合盖，将容器内的水全部通过快速滤纸过滤，确保容器中无落屑残留。在自然光线下，肉眼观察（保持眼与滤纸之间的距离约为 25 cm）快速滤纸上的落屑数（直径等于或大于 50 μm），塑料及金属穿刺器的穿刺落屑数均不得过 20 粒。

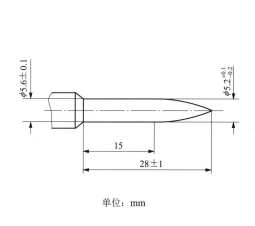

单位：mm

图 1　塑料穿刺器尺寸

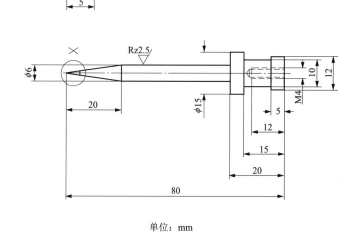

单位：mm

图 2　金属穿刺器尺寸

注：金属穿刺器材质为不锈钢，如 1Cr18Ni9Ti。

穿刺器动态保持力　取上述样品 10 个，分别装配在配套使用的塑料输液容器上，在容器中灌入标示容量的注射用水后封口。先用符合图 1 和图 2 的穿刺器穿刺组合盖的垫片标记部位，然后以 200 mm/min±20 mm/min 的速度拔下穿刺器，塑料穿刺器分离力不得低于 5.0 N；金属穿刺器分离力不得低于 1.0 N。

穿刺器静态保持力 取上述样品 10 个，分别装配在配套使用的塑料输液容器上，在容器中灌入标示容量的注射用水后封口。先用符合图 1 的塑料穿刺器，向垫片穿刺标记部位垂直穿刺，穿刺器刺穿胶垫、内盖，倒挂容器，在穿刺器上垂直悬挂 0.3 kg 重物，穿刺器应保持 4 小时不被拔出，且穿刺部位不得有液体泄漏。

注药点密封性 取上述样品 10 个，分别装配在配套使用的塑料输液容器上，在容器中灌入标示容量的注射用水后封口，用外径为 0.8 mm 注射针在组合盖垫片注药点不同点垂直穿刺 3 次，拔出注射针后，将塑料输液容器置于两个平行平板之间，施加 20 kPa 内压，维持 15 秒，注药点不得有液体泄漏。

【细菌内毒素】 取本品适量，按每个样品加 50 ml 细菌内毒素检查用水的比例混合，振摇 1 分钟，采用湿热灭菌法加热至 121 ℃±2 ℃，保持 30 分钟，冷却至室温，即为供试液，依法检查（《中国药典》2015 年版四部通则 1143），每 1 ml 供试液中含内毒素的量不得过 0.25 EU。

【贮藏】 内包装用药用低密度聚乙烯袋密封，保持于清洁、通风处。

附件　检验规则

1. 产品检验分为全项检验和部分检验。

2. 有下列情况之一时，应按标准的要求进行全项检验。

（1）产品注册。

（2）产品出现重大质量事故后重新生产。

3. 有下列情况之一时，应按标准的要求进行除"**"外项目检验。

（1）监督抽验。

（2）产品停产后重新恢复生产。

4. 产品批准注册后，药包材生产、使用企业在原料产地、添加剂、生产工艺等没有变更的情形下，可按标准的要求，进行除"*"、"**"外项目检验。

多层共挤输液用膜、袋通则

Duoceng Gongji Shuyeyong Mo、Dai Tongze

General Requirement for Multi-layer Co-extrusion Film and Bag for Infusion

多层共挤膜是指采用共挤出工艺，不使用黏合剂所形成的两层以上的膜。多层共挤输液用袋是指多层共挤膜通过热合方法制成的袋。

本标准适用于 50 ml 及以上输液用多层共挤膜、袋。

【外观】 取本品适量，在自然光线明亮处，正视目测。应透明、光洁、无肉眼可见的异物。

【鉴别】 取本品适量，照包装材料红外光谱测定法（YBB00262004—2015）第五法测定，每一层应分别与对照图谱基本一致。

【灭菌适应性试验】（袋） 取本品数个，加经 0.45 μm 孔径滤膜过滤的注射用水至标示容量，并封口。采用湿热灭菌法（标准灭菌 F_0 值≥8，如湿热灭菌 121 ℃，15 分钟）灭菌后，进行下列试验。

温度适应性 取上述样品数个，于–25 ℃±2 ℃条件下，放置 24 小时，然后在 50 ℃±2 ℃条件下，继续放置 24 小时，再在 23 ℃±2 ℃条件下，放置 24 小时，将样品分别置于两个平板之间，承受 67 kPa 的内压，维持 10 分钟，应无液体漏出。

抗跌落 取上述样品数个，于–25 ℃±2 ℃条件下，放置 24 小时，然后在 50 ℃±2 ℃条件下，继续放置 24 小时，再在 23 ℃±2 ℃条件下放置 24 小时，按表 1 的跌落高度，分别跌落于一硬质刚性的光滑表面上，不得有破裂和泄漏。

表 1 跌落高度

标示容量（ml）	跌落高度（m）
50～749	1.00
750～1000	0.75

透明度 取上述样品数个，另取空袋一个，装入级号为 4 级的浊度标准液，作为对照袋；在黑色背景下，用照度为 2000～3000 lx 的光照射（避免照射试验人员的眼睛），观察，应能与对照袋区分。

不溶性微粒 取上述样品数个，照包装材料不溶性微粒测定法（YBB00272004—2015）测定，每 1 ml 中含 5 μm 及 5 μm 以上的微粒数不得过 100 粒；每 1 ml 中含 10 μm 及 10 μm 以上的微粒数不得过 20 粒；每 1 ml 中含 25 μm 及 25 μm 以上的微粒数不得过 2 粒。

【使用适应性试验】（袋）**穿刺力** 取本品数个，用符合图 1 和图 2 的穿刺器，在 200 mm/min±20 mm/min 的速度下，穿刺袋的穿刺部位，塑料穿刺器穿刺力不得过 100 N，金属穿刺器穿刺力不得过 80 N。

穿刺器保持性和插入点不渗透性 取数个充液至标示容量的装液袋，先用符合图 1 和图 2 的穿刺器穿刺袋的插入点，然后以 200 mm/min±20 mm/min 的速度拔下穿刺器，塑料穿刺器分离力不得低于 5.0 N，金属穿刺器分离力不得低于 1.0 N。拔出穿刺器后，再将袋分别置于两个平行平板之间，施加 20 kPa 内压，维持 15 秒，插入点不得有液体泄漏。

注药点密封性 取数个充液至标示容量的装液袋，用外径为 0.6 mm 的注射针穿刺注药点并维持 15 秒，拔出注射针后，将袋分别置于两个平行平板之间，施加 20 kPa 内压，维持 15 秒，注药点不得有泄漏。

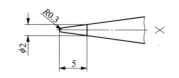

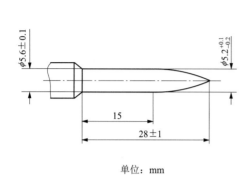

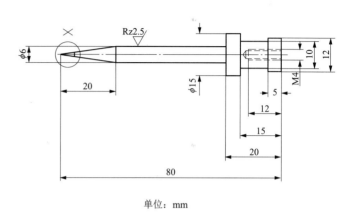

单位：mm

图 1　塑料穿刺器尺寸

单位：mm

图 2　金属穿刺器尺寸

注：金属穿刺器材质为不锈钢，如 1Cr18Ni9Ti。

悬挂力　取数个充液至标示容量的装液袋，按表 2 对吊环施加拉力，60 分钟内不得断裂。

表 2　拉力

标示容量（ml）	拉力（N）
≤250	7
>250	15

【物理性能】　水蒸气透过量（膜）　取本品适量，照水蒸气透过量测定法（YBB00092003—2015）第一法实验条件 B 测定，不得过 5.0 g/（$m^2 \cdot 24$ h）。

（袋）取装液袋数个，照水蒸气透过量测定法（YBB00092003—2015）第三法（3）在温度 20 ℃±5 ℃，相对湿度 60%±5% 的条件下，放置 14 天，每个袋减少的重量均不得过 0.2%。

氧气透过量（膜）　取本品适量，照气体透过量测定法（YBB00082003—2015）第一法或第二法测定，不得过 1200 cm^3/（$m^2 \cdot 24$ h $\cdot$ 0.1 MPa）。

氮气透过量（膜）　取本品适量，照气体透过量测定法（YBB00082003—2015）第一法测定，不得过 600 cm^3/（$m^2 \cdot 24$ h $\cdot$ 0.1 MPa）。

拉伸强度（膜）　取本品适量，照拉伸性能测定法（YBB00112003—2015）测定，试样为Ⅱ型，试验速度(空载)100 mm/min±10 mm/min 或 500 mm/min±10 mm/min，纵向、横向拉伸强度平均值均不得低于 20 MPa。

热合强度（袋）　取本品适量，照热合强度测定法（YBB00122003—2015）测定，均不得低于 20 N/15 mm。

【透光率】　取本品平整部位，切成 5 个 0.9 cm×4 cm 的切片，分别沿入射光垂直方向放入吸收池中，加满水，并以水作为空白，照紫外-可见分光光度法（《中国药典》2015 年版四部通则 0401），在 450 nm 处测定透光率，均不得低于 75%。

【炽灼残渣】　取本品 5.0 g，依法检查（《中国药典》2015 年版四部通则 0841），遗留残渣不得过 0.05%。

【金属元素】　取炽灼残渣项下残渣，加盐酸溶液（1→2）5 ml 溶解后，蒸干，残渣加 5% 硝酸溶液 25 ml 使溶解，照原子吸收分光光度法（《中国药典》2015 年版四部通则 0406）测定，应符合以下规定。

铜　在 324.8 nm 波长处测定，不得过百万分之三。

镉　在 228.8 nm 波长处测定，不得过百万分之三。

铬 在 357.9 nm 波长处测定，不得过百万分之三。

铅 在 217.0 nm 波长处测定，不得过百万分之三。

锡 在 286.3 nm 波长处测定，不得过百万分之三。

钡 在 553.6 nm 波长处测定，不得过百万分之三。

【溶出物试验】 供试液的制备：取本品平整部分内表面积 600 cm²，切成 5 cm×0.5 cm 的小片，置具塞锥形瓶中，加水适量，振摇洗涤，弃去水，重复操作两次后，加水 200 ml，密封，置高压蒸汽灭菌器中，121 ℃加热 30 分钟，放冷至室温，作为供试液；另取水同法操作，作为空白液，进行下列试验。

澄清度 取供试液适量，照澄清度检查法（《中国药典》2015 年版四部通则 0902）测定，溶液应澄清；如显浑浊，与 2 号浊度标准液比较，不得更浓。

颜色 取供试液适量，依法检查（《中国药典》2015 年版四部通则 0901），溶液应无色。

pH 值 取供试液 20 ml，加入氯化钾溶液（1→1000）1 ml，依法测定（《中国药典》2015 年版四部通则 0631）测定，pH 值应为 5.0～7.0。

吸光度 取供试液适量，照紫外-可见分光光度法（《中国药典》2015 年版四部通则 0401）测定，在波长 220～350 nm 范围内进行扫描。220～240 nm 范围内最大吸收值不得过 0.08；241～350 nm 范围内最大吸收值不得过 0.05。

易氧化物 精密量取供试液 20 ml，精密加入高锰酸钾滴定液（0.002 mol/L）10 ml 和稀硫酸 10 ml，加热微沸 3 分钟，冷却至室温。加碘化钾 0.1 g，在暗处放置 5 分钟，用硫代硫酸钠滴定液（0.01 mol/L）滴定至浅棕色，再加入 5 滴淀粉指示液后继续滴定至无色。同时进行空白试验，供试液与空白液消耗硫代硫酸钠滴定液（0.01 mol/L）之差不得过 1.5 ml。

不挥发物 取供试液和空白液各 50 ml，置已恒重的蒸发皿中，水浴蒸干，并在 105 ℃干燥至恒重，两者之差不得过 2.5 mg。

重金属 量取供试液 20 ml，加醋酸盐缓冲液（pH 3.5）2 ml，依法检查（《中国药典》2015 年版四部通则 0821 第一法），含重金属不得过百万分之一。

铵离子 取供试液 50 ml，加碱性碘化汞钾试液 2 ml，放置 15 分钟；如显色，与氯化铵溶液（取氯化铵 31.5 mg 加无氨水适量使溶解并稀释至 1000 ml）4.0 ml，加空白液 46 ml 与碱性碘化汞钾试液 2 ml 制成的对照液比较，不得更深（0.000 08%）。

钡离子 取供试液适量，必要时可浓缩，照金属元素项下测定，不得过百万分之一。

铜离子 取供试液适量，必要时可浓缩，照金属元素项下测定，不得过百万分之一。

镉离子 取供试液适量，必要时可浓缩，照金属元素项下测定，不得过千万分之一。

铅离子 取供试液适量，必要时可浓缩，照金属元素项下测定，不得过百万分之一。

锡离子 取供试液适量，必要时可浓缩，照金属元素项下测定，不得过千万分之一。

铬离子 取供试液适量，必要时可浓缩，照金属元素项下测定，不得过百万分之一。

铝离子 取供试液适量，必要时可浓缩，照原子吸收分光光度法（《中国药典》2015 年版四部通则 0406）在 309.3 nm 的波长处测定，不得过百万分之零点零五。

【细菌内毒素】 供试液的制备：取空袋，加入标示容量的灭菌注射用水封袋后，经 121 ℃±2 ℃，30 分钟提取，放冷，备用，作为供试液，依法检查（《中国药典》2015 年版四部通则 1143），每 1 ml 供试液中含内毒素不得过 0.25 EU。

【生物试验】** 细胞毒性 取本品，照细胞毒性检查法（YBB00012003—2015）第一法测定，以含血清培养基为浸提介质；样品表面积与浸提介质的比例为 6 cm²/ml，应符合规定。

皮肤致敏 取本品，照皮肤致敏检查法（YBB00052003—2015）测定，致敏反应不得过 I 度。

皮内刺激 取本品，照皮内刺激检查法（YBB00062003—2015）测定，应无刺激作用。

急性全身毒性 取本品，照急性全身毒性检查法（YBB00042003—2015）测定，样品表面积与浸提介质的比例为 6 cm²/ml，浸提温度为 37 ℃±1 ℃，浸提时间为 24 h±2 h，应无急性全身毒性反应。

溶血 取本品,照溶血检查法(YBB00032003—2015)测定,溶血率应符合规定。

【贮藏】 内包装用药用低密度聚乙烯袋密封,保持于清洁、通风处。

附件 检验规则

1. 产品检验分为全项检验和部分检验。

2. 有下列情况之一时,应按标准的要求进行全项检验。

(1)产品注册。

(2)产品出现重大质量事故后重新生产。

3. 有下列情况之一时,应按标准的要求进行除"**"外项目检验。

(1)监督抽验。

(2)产品停产后重新恢复生产。

4. 产品批准注册后,药包材生产、使用企业在原料产地、添加剂、生产工艺等没有变更的情形下,可按标准的要求进行除"**"外项目检验。

5. 膜每卷抽取 2 m;外观、温度适应性、抗跌落、透明度、不溶性微粒、穿刺力、穿刺器保持性和插入点不渗透性、注药点密封性、悬挂力、水蒸气透过量(袋适用)的检验,按《计数抽样检验程序 第 1 部分:按接收质量限(AQL)检索的逐批检验抽样计划》(GB/T 2828.1—2012)规定进行,检验项目、检验水平及接收质量限见表 3。

表3 检验项目、检验水平及接收质量限

检验项目	检验水平	接收质量限(AQL)
外观	I	4.0
温度适应性	S-2	2.5
抗跌落	S-4	2.5
透明度	S-4	2.5
不溶性微粒	S-1	1.5
穿刺力	S-2	2.5
穿刺器保持性和插入点不渗透性	S-2	2.5
注药点密封性	S-2	2.5
悬挂力	S-2	2.5
水蒸气透过量(袋适用)	S-1	1.5

三层共挤输液用膜（Ⅰ）、袋

Sanceng Gongji Shuyeyong Mo（Ⅰ）、Dai

3-layer Co-extrusion Film（Ⅰ）and Bag for Infusion

聚丙烯/聚丙烯/聚丙烯三层共挤膜是指以聚丙烯为主体，采用共挤出工艺，不使用黏合剂所形成的三层输液用膜。

袋是指由聚丙烯/聚丙烯/聚丙烯三层共挤输液用膜通过热合方法制成的输液袋。

【外观】 取本品适量，在自然光线明亮处，正视目测。应透明、光洁、无肉眼可见的异物。

【鉴别】*（1）显微特征 取本品适量，切成适宜厚度，置显微镜下观察。横截面应显示清晰的三层。

（2）红外光谱 取本品适量，用切片器切成厚度适宜（小于 50 μm）的薄片，置于显微红外仪上观察样品横截面。照包装材料红外光谱测定法（YBB00262004—2015）第五法测定，每一层应分别与对照图谱基本一致。

【灭菌适应性试验】（袋） 取本品数个，加经 0.45 μm 孔径滤膜过滤的注射用水至标示容量，并封口。采用湿热灭菌法（标准灭菌 F_0 值≥8，如湿热灭菌 121 ℃，15 分钟）灭菌后，进行下列试验。

温度适应性 取上述样品数个，于–25 ℃±2 ℃条件下，放置 24 小时，然后在 50 ℃±2 ℃条件下，继续放置 24 小时，再在 23 ℃±2 ℃条件下，放置 24 小时，将样品分别置于两个平行平板之间，承受 67 kPa 的内压，维持 10 分钟，应无液体漏出。

抗跌落 取上述样品数个，于–25 ℃±2 ℃条件下，放置 24 小时，然后在 50 ℃±2 ℃条件下，继续放置 24 小时，再在 23 ℃±2 ℃条件下放置 24 小时，按表 1 的跌落高度，分别跌落于一硬质刚性的光滑表面上，不得有破裂和泄漏。

表 1 跌落高度

标示容量（ml）	跌落高度（m）
50～749	1.00
750～1000	0.75

透明度 取上述样品数个，另取空袋一个，装入级号为 4 号的浊度标准液，作为对照袋；在黑色背景下，用照度为 2000～3000 lx 的光照射（避免照射试验人员的眼睛），观察，应能与对照袋区分。

不溶性微粒 取上述样品数个，照包装材料不溶性微粒测定法（YBB00272004—2015）测定，每 1 ml 中含 5 μm 及 5 μm 以上的微粒数不得过 100 粒；每 1 ml 中含 10 μm 及 10 μm 以上的微粒数不得过 20 粒；每 1 ml 中含 25 μm 及 25 μm 以上的微粒数不得过 2 粒。

【使用适应性试验】（袋）穿刺力 取本品数个，用符合图 1 和图 2 的穿刺器，在 200 mm/min±20 mm/min 的速度下，穿刺袋的穿刺部位，塑料穿刺器穿刺力不得过 100 N，金属穿刺器穿刺力不得过 80 N。

穿刺器保持性和插入点不渗透性 取数个充液至标示容量的装液袋，先用符合图 1 和图 2 的穿刺器穿刺袋的插入点，然后以 200 mm/min±20 mm/min 的速度拔下穿刺器，塑料穿刺器分离力不得低于 5.0 N，金属穿刺器分离力不得低于 1.0 N。拔出穿刺器后，再将袋分别置于两个平行平板之间，施加 20 kPa 内压，维持 15 秒，插入点不得有液体泄漏。

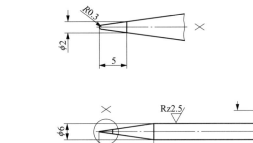

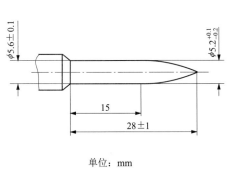

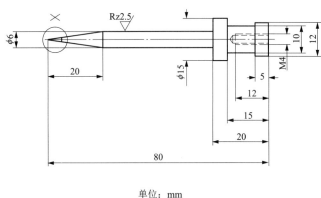

单位：mm

单位：mm

图 1　塑料穿刺器尺寸

图 2　金属穿刺器尺寸

注：金属穿刺器材质为不锈钢，如 1Cr18Ni9Ti。

注药点密封性　取数个充液至标示容量的装液袋，用外径为 0.6 mm 的注射针穿刺注药点并维持 15 秒，拔出注射针后，将袋分别置于两个平行平板之间，施加 20 kPa 内压，维持 15 秒，注药点不得有泄漏。

悬挂力　取数个充液至标示容量的装液袋，按表 2 对吊环施加拉力，60 分钟内不得断裂。

表 2　拉力

标示容量（ml）	拉力（N）
≤250	7
>250	15

【物理性能】　**水蒸气透过量**（膜）　取本品适量，照水蒸气透过量测定法（YBB00092003—2015）第一法实验条件 B 测定，不得过 5.0 g/（m² · 24 h）。

（袋）　取装液袋数个，照水蒸气透过量测定法（YBB00092003—2015）第三法（3）在温度 20 ℃±5 ℃，相对湿度 60%±5% 的条件下，放置 14 天，每个袋减少的重量均不得过 0.2%。

氧气透过量（膜）　取本品适量，照气体透过量测定法（YBB00082003—2015）第一法或第二法测定，不得过 1200 cm³/（m² · 24 h · 0.1 MPa）。

氮气透过量（膜）　取本品适量，照气体透过量测定法（YBB00082003—2015）第一法测定，不得过 600 cm³/（m² · 24 h · 0.1 MPa）。

拉伸强度（膜）　取本品适量，照拉伸性能测定法（YBB00112003—2015）测定，试样选择 Ⅱ 型，试验速度（空载）选择 500 mm/min±50 mm/min，纵向、横向拉伸强度平均值均不得低于 20 MPa。

热合强度（袋）　取本品数个，照热合强度测定法（YBB00122003—2015）中复合袋的方法测定，热合部位的平均值均不得低于 20 N/15 mm。

【透光率】　取本品平整部位，切成 5 个 0.9 cm×4 cm 的切片，分别沿入射光垂直方向放入吸收池中，加满水，并以水作为空白，照紫外-可见分光光度法（《中国药典》2015 年版四部通则 0401），在 450 nm 处测定透光率，均不得低于 75%。

【炽灼残渣】　取本品适量，剪碎，精密称定 5.0 g，置于已恒重的坩埚。加热至 100 ℃ 干燥 1 小时后缓缓炽灼至完全炭化，放冷，在 550 ℃ 炽灼使完全灰化，移至干燥器内，放冷，精密称定后，再在 550 ℃ 炽灼至恒重，遗留残渣不得过 0.05%。

【金属元素】* 取炽灼残渣项下残渣，加盐酸溶液（1→2）5 ml 溶解后，蒸干，残渣加 5%硝酸溶液 25 ml 使溶解，照原子吸收分光光度法（《中国药典》2015 年版四部通则 0406）测定，应符合以下规定。

铜　在 324.8 nm 波长处测定，不得过百万分之三。

镉　在 228.8 nm 波长处测定，不得过百万分之三。

铬　在 357.9 nm 波长处测定，不得过百万分之三。

铅　在 217.0 nm 波长处测定，不得过百万分之三。

锡　在 286.3 nm 波长处测定，不得过百万分之三。

钡　在 553.6 nm 波长处测定，不得过百万分之三。

【溶出物试验】　供试液的制备：取本品平整部分内表面积 600 cm^2，切成 5 cm×0.5 cm 的小片，置具塞锥形瓶中，加水适量，振摇洗涤，弃去水，重复操作两次，室温干燥后，加水 200 ml，密封，置高压蒸汽灭菌器中，121 ℃加热 30 分钟，放冷至室温，作为供试液；另取水同法操作，作为空白液，进行下列试验。

澄清度　取供试液适量，依法检查（《中国药典》2015 年版四部通则 0902），溶液应澄清；如显浑浊，与 2 号浊度标准液比较，不得更浓。

颜色　取供试液适量，依法检查（《中国药典》2015 年版四部通则 0901），溶液应无色。

pH 值　取供试液 20 ml，加入氯化钾溶液（1→1000）1 ml，依法测定（《中国药典》2015 年版四部通则 0631），pH 值应为 5.0～7.0。

吸光度　取供试液适量，照紫外-可见分光光度法（《中国药典》2015 年版四部通则 0401）测定，在波长 220～350 nm 范围内进行扫描，220～240 nm 范围内最大吸收值不得过 0.08；241～350 nm 范围内最大吸收值不得过 0.05。

易氧化物　精密量取供试液 20 ml，精密加入高锰酸钾滴定液（0.002 mol/L）10 ml 和稀硫酸 10 ml，加热微沸 3 分钟，冷却至室温。加碘化钾 0.1 g，在暗处放置 5 分钟，用硫代硫酸钠滴定液（0.01 mol/L）滴定至浅棕色，再加入 5 滴淀粉指示液后继续滴定至无色。同时进行空白试验，供试液与空白液消耗硫代硫酸钠滴定液（0.01 mol/L）之差不得过 1.5 ml。

不挥发物　取供试液和空白溶液各 50 ml，置已恒重的蒸发皿中，水浴蒸干，并在 105 ℃干燥至恒重，两者之差不得过 2.5 mg。

重金属　精密量取供试液 20 ml，加醋酸盐缓冲液（pH 3.5）2 ml，依法检查（《中国药典》2015 年版四部通则 0821 第一法），含重金属不得过百万分之一。

铵离子　取供试液 50 ml，加碱性碘化汞钾试液 2 ml，放置 15 分钟；如显色，与氯化铵溶液（取氯化铵 31.5 mg 加无氨水适量使溶解并稀释至 1000 ml）4.0 ml，加空白液 46 ml 与碱性碘化汞钾试液 2 ml 制成的对照液比较，不得更深（0.000 08%）。

钡离子*　取供试液适量，必要时可浓缩，照金属元素项下测定，不得过百万分之一。

铜离子*　取供试液适量，必要时可浓缩，照金属元素项下测定，不得过百万分之一。

镉离子*　取供试液适量，必要时可浓缩，照金属元素项下测定，不得过千万分之一。

铅离子*　取供试液适量，必要时可浓缩，照金属元素项下测定，不得过百万分之一。

锡离子*　取供试液适量，必要时可浓缩，照金属元素项下测定，不得过千万分之一。

铬离子*　取供试液适量，必要时可浓缩，照金属元素项下测定，不得过百万分之一。

铝离子*　取供试液适量，必要时可浓缩，照原子吸收分光光度法（《中国药典》2015 年版四部通则 0406）在 309.3 nm 的波长处测定，不得过百万分之零点零五。

泡沫试验　取供试液 5 ml，置于具塞试管（内径 15 mm，高度约 200 mm）中，剧烈振摇 3 min，产生的泡沫应在 3 min 内消失。

【细菌内毒素】（袋）　取空袋，加入标示容量的灭菌注射用水，封袋后，置于高压蒸汽灭菌器中，121 ℃±2 ℃保持 30 分钟，放冷，备用，作为供试液，依法检查（《中国药典》2015 年版四部通则 1143），每 1 ml 供试液中含内毒素不得过 0.25 EU。

【生物试验】 ** **细胞毒性**　取本品，照细胞毒性检查法（YBB00012003—2015）第一法测定，以含血清培养基为浸提介质；样品表面积与浸提介质的比例为 6 cm²/ml，应符合规定。

皮肤致敏　取本品，照皮肤致敏检查法（YBB00052003—2015）测定，致敏反应不得过Ⅰ度。

皮内刺激　取本品，照皮内刺激检查法（YBB00062003—2015）测定，应无刺激反应。

急性全身毒性　取本品，照急性全身毒性检查法（YBB00042003—2015）测定，样品表面积与浸提介质的比例为 6 cm²/ml，浸提温度为 37 ℃±1 ℃，浸提时间为 24 h±2 h，应无急性全身毒性反应。

溶血　取本品，照溶血检查法（YBB00032003—2015）测定，溶血率应符合规定。

【贮藏】　内包装用药用低密度聚乙烯袋密封，保持于清洁、通风处。

附件　检验规则

1. 产品检验分为全项检验和部分检验。

2. 有下列情况之一时，应按标准的要求进行全项检验。

（1）产品注册。

（2）产品出现重大质量事故后重新生产。

3. 有下列情况之一时，应按标准的要求进行除"**"外项目检验。

（1）监督抽验。

（2）产品停产后重新恢复生产。

4. 产品批准注册后，药包材生产、使用企业在原料产地、添加剂、生产工艺等没有变更的情形下，可按标准的要求，进行除"*"、"**"外项目检验。

5. 膜外观每卷抽取 2 m 检验；袋外观、温度适应性、抗跌落、透明度、不溶性微粒、穿刺力、穿刺器保持性和插入点不渗透性、注药点密封性、悬挂力、水蒸气透过量（袋）的检验，按《计数抽样检验程序第 1 部分：按接收质量限（AQL）检索的逐批检验抽样计划》（GB/T 2828.1—2012）的规定进行，检验项目、检验水平及接收质量限见表 3。

表 3　检验项目、检验水平及接收质量限

检验项目	检验水平	接收质量限（AQL）
外观（袋）	Ⅰ	4.0
温度适应性	S-2	2.5
抗跌落	S-4	2.5
透明度	S-4	2.5
不溶性微粒	S-1	1.5
穿刺力	S-2	2.5
穿刺器保持性和插入点不渗透性	S-2	2.5
注药点密封性	S-2	2.5
悬挂力	S-2	2.5
水蒸气透过量（袋）	S-1	1.5

五层共挤输液用膜（Ⅰ）、袋

Wuceng Gongji Shuyeyong Mo（Ⅰ）、Dai

5-layer Co-extrusion Film（Ⅰ）and Bag for Infusion

酯类共聚物/乙烯甲基丙烯酸酯聚合物/聚乙烯/聚乙烯/改性乙烯-丙烯聚合物五层共挤膜是指采用共挤出工艺，不使用黏合剂所形成的五层输液用膜。

袋是指由酯类共聚物/乙烯甲基丙烯酸酯聚合物/聚乙烯/聚乙烯/改性乙烯-丙烯聚合物五层共挤输液用膜通过热合方法制成的输液袋。

【外观】 取本品适量，在自然光线明亮处，正视目测。应透明、光洁、无肉眼可见的异物。

【鉴别】*（1）显微特征 取本品适量，切成适宜厚度，置显微镜下观察。横截面应显示清晰的五层。

（2）红外光谱 取本品适量，用切片器切成厚度适宜（小于 50 μm）的薄片，置于显微红外仪上观察样品横截面。照包装材料红外光谱测定法（YBB00262004—2015）第五法测定，每一层应分别与对照图谱基本一致。

【灭菌适应性试验】（袋） 取本品数个，加经 0.45 μm 孔径滤膜过滤的注射用水至标示容量，并封口。采用湿热灭菌法（标准灭菌 F_0 值≥8，如湿热灭菌 121 ℃，15 分钟）灭菌后，进行下列试验。

温度适应性 取上述样品数个，于−25 ℃±2 ℃条件下，放置 24 小时，然后在 50 ℃±2 ℃条件下，继续放置 24 小时，再在 23 ℃±2 ℃条件下，放置 24 小时，将样品分别置于两个平行平板之间，承受 67 kPa 的内压，维持 10 分钟，应无液体漏出。

抗跌落 取上述样品数个，于−25 ℃±2 ℃条件下，放置 24 小时，然后在 50 ℃±2 ℃条件下，继续放置 24 小时，再在 23 ℃±2 ℃条件下放置 24 小时，按表 1 的跌落高度，分别跌落于一硬质刚性的光滑表面上，不得有破裂和泄漏。

表 1 跌落高度

标示容量（ml）	跌落高度（m）
50～749	1.00
750～1000	0.75

透明度 取上述样品数个，另取空袋一个，装入级号为 4 号的浊度标准液，作为对照液；在黑色背景下，用照度为 2000～3000 lx 的光照射（避免照射试验人员的眼睛），观察，应能与对照袋区分。

不溶性微粒 取上述样品数个，照包装材料不溶性微粒测定法（YBB00272004—2015）测定，每 1 ml 中含 5 μm 及 5 μm 以上的微粒数不得过 100 粒；每 1 ml 中含 10 μm 及 10 μm 以上的微粒数不得过 20 粒；每 1 ml 中含 25 μm 及 25 μm 以上的微粒数不得过 2 粒。

【使用适应性试验】（袋）穿刺力 取本品数个，用符合图 1 和图 2 的穿刺器，在 200 mm/min±20 mm/min 的速度下，穿刺袋的穿刺部位，塑料穿刺器穿刺力不得过 100 N，金属穿刺器穿刺力不得过 80 N。

穿刺器保持性和插入点不渗透性 取数个充液至标示容量的装液袋，先用符合图 1 和图 2 的穿刺器穿刺袋的插入点，然后以 200 mm/min±20 mm/min 的速度拔下穿刺器，塑料穿刺器分离力不得低于 5.0 N，金属穿刺器分离力不得低于 1.0 N。拔出穿刺器后，再将袋分别置于两个平行平板之间，施加 20 kPa 内压，维持 15 秒，插入点不得有液体泄漏。

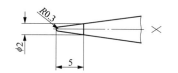

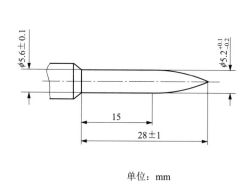

单位：mm

图 1　塑料穿刺器尺寸

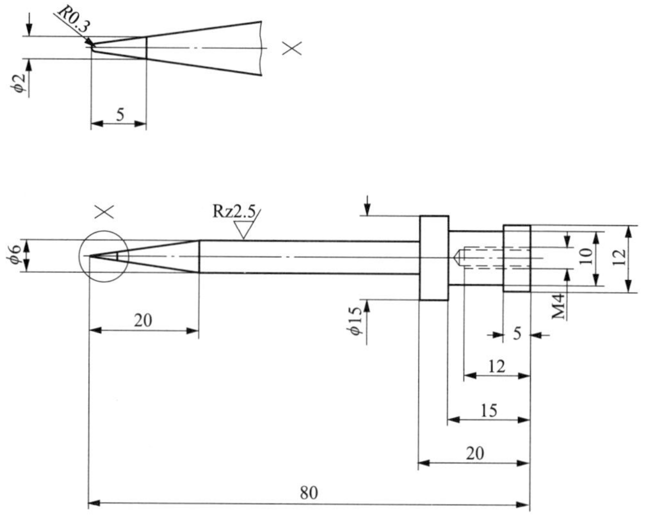

图 2　金属穿刺器尺寸

注：金属穿刺器材质为不锈钢，如 1Cr18Ni9Ti。

注药点密封性　取数个充液至标示容量的装液袋，用外径为 0.6 mm 的注射针穿刺注药点并维持 15 秒，拔出注射针后，将袋分别置于两个平行平板之间，施加 20 kPa 内压，维持 15 秒，注药点不得有泄漏。

悬挂力　取数个充液至标示容量的装液袋，按表 2 对吊环施加拉力，60 分钟内不得断裂。

表 2　拉力

标示容量（ml）	拉力（N）
≤250	7
>250	15

【**物理性能**】　水蒸气透过量（膜）　取本品适量，照水蒸气透过量测定法（YBB00092003—2015）第一法实验条件 B 测定，不得过 5.0 g/（m² · 24 h）。

（袋）取装液袋数个，照水蒸气透过量测定法（YBB00092003—2015）第三法（3）在温度 20 ℃±5 ℃，相对湿度 60%±5% 的条件下，放置 14 天，每个袋减少的重量均不得过 0.2%。

氧气透过量（膜）　取本品适量，照气体透过量测定法（YBB00082003—2015）第一法或第二法测定，不得过 1200 cm³/（m² · 24 h · 0.1 MPa）。

氮气透过量（膜）　取本品适量，照气体透过量测定法（YBB00082003—2015）第一法测定，不得过 600 cm³/（m² · 24 h · 0.1 MPa）。

拉伸强度（膜）　取本品适量，照拉伸性能测定法（YBB00112003—2015）测定，试样选择 Ⅱ 型，试验速度（空载）选择 500 mm/min±50 mm/min，纵向、横向拉伸强度平均值均不得低于 20 MPa。

热合强度（袋）　取本品数个，照热合强度测定法（YBB00122003—2015）中复合袋的方法测定，每个热合部位的平均值均不得低于 20 N/15 mm。

【**透光率**】　取本品平整部位，切成 5 个 0.9 cm×4 cm 的切片，分别沿入射光垂直方向放入吸收池中，加满水，并以水作为空白，照紫外-可见分光光度法（《中国药典》2015 年版四部通则 0401），在 450 nm 处测定透光率，均不得低于 75%。

【炽灼残渣】　取本品适量，剪碎，精密称定 5.0 g，置于已恒重的坩埚。加热至 100 ℃干燥 1 小时后缓缓炽灼至完全炭化，放冷，在 550 ℃炽灼使完全灰化，移至干燥器内，放冷，精密称定后，再在 550 ℃炽灼至恒重，遗留残渣不得过 0.05%。

【金属元素】*　取炽灼残渣项下残渣，加盐酸溶液（1→2）5 ml 溶解后，蒸干，残渣加 5%硝酸溶液 25 ml 使溶解，照原子吸收分光光度法（《中国药典》2015 年版四部通则 0406）测定，应符合以下规定。

　　铜　在 324.8 nm 波长处测定，不得过百万分之三。

　　镉　在 228.8 nm 波长处测定，不得过百万分之三。

　　铬　在 357.9 nm 波长处测定，不得过百万分之三。

　　铅　在 217.0 nm 波长处测定，不得过百万分之三。

　　锡　在 286.3 nm 波长处测定，不得过百万分之三。

　　钡　在 553.6 nm 波长处测定，不得过百万分之三。

【溶出物试验】　供试液的制备：取本品平整部分内表面积 600 cm^2，切成 5 cm×0.5 cm 的小片，置具塞锥形瓶中，加水适量，振摇洗涤，弃去水，重复操作两次后，加水 200 ml，密封，置高压蒸汽灭菌器中，121 ℃加热 30 分钟，放冷至室温，作为供试液；另取水同法操作，作为空白液，进行下列试验。

　　澄清度　取供试液适量，依法检查（《中国药典》2015 年版四部通则 0902），溶液应澄清；如显浑浊，与 2 号浊度标准液比较，不得更浓。

　　颜色　取供试液适量，依法检查（《中国药典》2015 年版四部通则 0901），溶液应无色。

　　pH 值　取供试液 20 ml，加入氯化钾溶液（1→1000）1 ml，依法测定（《中国药典》2015 年版四部通则 0631），pH 值应为 5.0～7.0。

　　吸光度　取供试液适量，照紫外-可见分光光度法（《中国药典》2015 年版四部通则 0401）测定，在波长 220～350 nm 范围内进行扫描，220～240 nm 范围内最大吸收值不得过 0.08；241～350 nm 范围内最大吸收值不得过 0.05。

　　易氧化物　精密量取供试液 20 ml，精密加入高锰酸钾滴定液（0.002 mol/L）10 ml 和稀硫酸 10 ml，加热微沸 3 分钟，冷却至室温。加碘化钾 0.1 g，在暗处放置 5 分钟，用硫代硫酸钠滴定液（0.01 mol/L）滴定至浅棕色，再加入 5 滴淀粉指示液后继续滴定至无色。同时进行空白试验，供试液与空白液消耗硫代硫酸钠滴定液（0.01 mol/L）之差不得过 1.5 ml。

　　不挥发物　取供试液和空白溶液各 50 ml，置已恒重的蒸发皿中，水浴蒸干，并在 105 ℃干燥至恒重，两者之差不得过 2.5 mg。

　　重金属　精密量取供试液 20 ml，加醋酸盐缓冲液（pH 3.5）2 ml，依法检查（《中国药典》2015 年版四部通则 0821 第一法），含重金属不得过百万分之一。

　　铵离子　取供试液 50 ml，加碱性碘化汞钾试液 2 ml，放置 15 分钟；如显色，与氯化铵溶液（取氯化铵 31.5 mg 加无氨水适量使溶解并稀释至 1000 ml）4.0 ml，加空白液 46 ml 与碱性碘化汞钾试液 2 ml 制成的对照液比较，不得更深（0.000 08%）。

　　钡离子*　取供试液适量，必要时可浓缩，照金属元素项下测定，不得过百万分之一。

　　铜离子*　取供试液适量，必要时可浓缩，照金属元素项下测定，不得过百万分之一。

　　镉离子*　取供试液适量，必要时可浓缩，照金属元素项下测定，不得过千万分之一。

　　铅离子*　取供试液适量，必要时可浓缩，照金属元素项下测定，不得过百万分之一。

　　锡离子*　取供试液适量，必要时可浓缩，照金属元素项下测定，不得过千万分之一。

　　铬离子*　取供试液适量，必要时可浓缩，照金属元素项下测定，不得过百万分之一。

　　铝离子*　取供试液适量，必要时可浓缩，照原子吸收分光光度法（《中国药典》2015 年版四部通则 0406）在 309.3 nm 的波长处测定，不得过百万分之零点零五。

　　泡沫试验　取供试液 5 ml，置于具塞试管（内径 15 mm，高度约 200 mm）中，剧烈振摇 3 分钟，产生的泡沫应在 3 分钟内消失。

【细菌内毒素】（袋）　取空袋，加入标示容量的灭菌注射用水，封袋后，置于高压蒸汽灭菌器中，121 ℃±2 ℃保持 30 分钟，放冷，备用，作为供试液，依法检查（《中国药典》2015 年版四部通则 1143），每 1 ml 供试液中含内毒素不得过 0.25 EU。

【生物试验】**　细胞毒性试验　取本品，照细胞毒性检查法（YBB00012003—2015）第一法测定，以含血清培养基为浸提介质；样品表面积与浸提介质的比例为 6 cm²/ml，应符合规定。

皮肤致敏　取本品，照皮肤致敏检查法（YBB00052003—2015）测定，致敏反应不得过Ⅰ度。

皮内刺激　取本品，照皮内刺激检查法（YBB00062003—2015）测定，应无刺激反应。

急性全身毒性　取本品，照急性全身毒性检查法（YBB00042003—2015）测定，样品表面积与浸提介质的比例为 6 cm²/ml，浸提温度为 37 ℃±1 ℃，浸提时间为 24 h±2 h，应无急性全身毒性反应。

溶血　取本品，照溶血检查法（YBB00032003—2015）测定，溶血率应符合规定。

【贮藏】　内包装用药用低密度聚乙烯袋密封，保持于清洁、通风处。

附件　检验规则

1. 产品检验分为全项检验和部分检验。

2. 有下列情况之一时，应按标准的要求进行全项检验。

（1）产品注册。

（2）产品出现重大质量事故后重新生产。

3. 有下列情况之一时，应按标准的要求进行除"**"外项目检验。

（1）监督抽验。

（2）产品停产后重新恢复生产。

4. 产品批准注册后，药包材生产、使用企业在原料产地、添加剂、生产工艺等没有变更的情形下，可按标准的要求，进行除"*"、"**"外项目检验。

5. 膜外观每卷抽取 2 m 检验；袋外观、温度适应性、抗跌落、透明度、不溶性微粒、穿刺力、穿刺器保持性和插入点不渗透性、注药点密封性、悬挂力、水蒸气透过量（袋）的检验，按《计数抽样检验程序第 1 部分：按接收质量限（AQL）检索的逐批检验抽样计划》（GB/T 2828.1—2012）的规定进行，检验项目、检验水平及接收质量限见表 3。

表 3　检验项目、检验水平及接收质量限

检验项目	检验水平	接收质量限（AQL）
外观（袋）	Ⅰ	4.0
温度适应性	S-2	2.5
抗跌落	S-4	2.5
透明度	S-4	2.5
不溶性微粒	S-1	1.5
穿刺力	S-2	2.5
穿刺器保持性和插入点不渗透性	S-2	2.5
注药点密封性	S-2	2.5
悬挂力	S-2	2.5
水蒸气透过量（袋）	S-1	1.5

低密度聚乙烯药用滴眼剂瓶

Dimidujuyixi Yaoyong Diyanji Ping

LDPE Bottles for Eye Drops

本标准适用于以低密度聚乙烯（LDPE）为主要原料，采用注吹成型工艺生产的多剂量滴眼剂用内包装容器。本标准不适用于单剂量滴眼剂用内包装容器。

【外观】 取本品适量，在自然光线明亮处，正视目测。应厚薄均匀，表面光洁，色泽均匀，无凹凸点，瓶体内壁光洁，无易脱落物。瓶口、瓶盖螺纹清晰、光滑。

【鉴别】（1）红外光谱 取本品适量，照包装材料红外光谱测定法（YBB00262004—2015）第四法测定，应与对照图谱基本一致。

（2）密度 取本品 2 g，加水 100 ml，回流 2 小时，放冷，置 80 ℃干燥 2 小时。照密度测定法（YBB00132003—2015）测定，应为 0.910～0.935 g/cm^3。

【密封性】（1）取本品数个，在扭矩 55～80 N·cm 条件下，瓶口与瓶盖均应配合适宜，不得滑牙。

（2）取本品数个，先打开瓶子，然后旋紧瓶盖（用测力扳手将瓶与盖旋紧，扭矩为 55～80 N·cm），置于带有抽气装置的容器内，加挡板，用水浸没，抽真空到真空度为 20 kPa，维持 2 分钟，瓶内不得有进水或冒泡现象。

【滴出量】 取本品数个，吸入标示容量的氯化钠注射液，擦干瓶口，先弃去前 10 滴，然后均匀收集（每分钟 10 滴）50 滴，测定体积。计算平均滴出量，应为 0.05 ml±0.01 ml。

【可见异物】 取本品数个，加氯化钠溶液至标示容量，旋紧，振摇 1 分钟，依法检查（《中国药典》2015 年版四部通则 0904），应符合规定。

【溶出物试验】供试液的制备：取本品平整部分内表面积 600 cm^2，剪成 3 cm×0.3 cm 的小块，置 500 ml 具塞锥形瓶中，用水 150 ml 振荡洗涤后，弃去洗液。在 30～40 ℃干燥后，再加入 200 ml 注射用水，密塞，于 70 ℃±2 ℃保持 24 小时，取出，放冷至室温，即得供试液。以同批水为空白溶液，依法进行下列试验。

澄清度 取供试液适量，依法检查（《中国药典》2015 年版四部通则 0902），溶液应澄清；如显浑浊，与 2 号浊度标准液比较，不得更浓。

pH 变化值 取供试液及空白溶液各 20 ml 分别加入氯化钾溶液（1→1000）1 ml，依法测定（《中国药典》2015 年版四部通则 0631），二者之差不得过 1.0。

吸光度 取供试液适量，照紫外-可见分光光度法（《中国药典》2015 年版四部通则 0401）测定，220～360 nm 波长间，最大吸收度不得过 0.10。

易氧化物 精密量取供试液 20 ml，精密加入高锰酸钾滴定液（0.002 mol/L）20 ml 与稀硫酸 1 ml，煮沸 3 分钟，迅速冷却，加入碘化钾 0.1 g 至供试液中，在暗处放置 5 分钟，用硫代硫酸钠滴定液（0.01 mol/L）滴定至浅棕色，再加入淀粉指示液 5 滴，滴定至无色。同时做空白试验。二者消耗硫代硫酸钠滴定液（0.01 mol/L）之差不得过 1.5 ml。

不挥发物 精密量取供试液和空白溶液各 50.0 ml，置已恒重的蒸发皿中，水浴蒸干后，105 ℃干燥至恒重，两者之差不得过 5.0 mg。

重金属 精密量取供试液 20 ml，加醋酸盐缓冲液（pH 3.5）2 ml，依法检查（《中国药典》2015 年版四部通则 0821 第一法），含重金属不得过百万分之一。

【炽灼残渣】 取本品 2.0 g，精密称定，依法检查（《中国药典》2015 年版四部通则 0841），遗留残渣不得过 0.1%（含遮光剂的瓶遗留残渣不得过 3.0%）。

【正己烷不挥发物】 取本品 5.0 g，剪成约 3 cm×0.3 cm 小块，置于圆底烧瓶中，精密加入正己烷 50 ml，加热回流 4 小时，放冷，过滤，取滤液转移至已恒重的蒸发皿中，在水浴上蒸干后，置 105 ℃ 干燥 2 小时，并用空白溶液校正，不得过 60.0 mg。

【脱色试验】（着色瓶） 各取本品平整部分内表面积 50 cm² 剪成 2 cm×0.3 cm 小片，分别置 3 个具塞锥形瓶中，分别加入 4%醋酸溶液（60 ℃±2 ℃），65%乙醇溶液（25 ℃±2 ℃），正己烷（25 ℃±2 ℃）50 ml 浸泡 2 小时，以同批 4%醋酸溶液、65%乙醇溶液、正己烷为空白液，浸泡液颜色不得深于空白液。

【微生物限度】 取本品数个，加入 1/2 标示容量的氯化钠注射液，将盖旋紧，振摇 1 分钟，即得供试液。供试液进行薄膜过滤后，依法检查（《中国药典》2015 年版四部通则 1105、1106），每瓶中细菌数不得过 100 cfu，霉菌和酵母菌不得检出，金黄色葡萄球菌不得检出，铜绿假单胞菌不得检出。

【无菌】（创伤或手术滴眼剂瓶） 取本品 11 个，加入 1/2 标示容量的氯化钠注射液，将盖旋紧，振摇 1 分钟，合并提取液，照无菌检查法（《中国药典》2015 年版四部通则 1101）检查，应符合规定。

【生物试验】* 取本品内表面积 120 cm²，剪成长度适宜，宽 0.3 cm 的小块，用注射用水荡洗两次，每次 50 ml，低温烘干。移至玻璃容器内，加入氯化钠注射液 20 ml，密封后，置高压蒸汽灭菌器内，在 110 ℃ 保持 30 分钟后，放冷至室温，作为供试液。同时以同批氯化钠注射液作为空白溶液，进行下列试验：

异常毒性 取供试液，静脉注射，依法检查（《中国药典》2015 年版四部通则 1141），应符合规定。

眼刺激试验 选取未做过眼刺激试验和没有眼病的 2～3 kg 健康家兔，3 只为 1 组，轻轻拉开下眼睑使之离开眼球形成一小窝，注入约 200 µl 空白溶液，合拢眼睑 30 秒，在另一只眼内注入供试液 200 µl，合拢眼睑 30 秒。记录观察 4，24，48，72 小时的结果，在观察期间如果在任何一只眼睛中显刺激反应，即取 3 只家兔重复试验，均不得出现刺激反应。

【贮藏】 滴眼剂瓶的内包装用药用聚乙烯塑料袋密封，保存于干燥、清洁处。

附件 检验规则

1. 产品检验分为全项检验和部分检验。

2. 有下列情况之一时，应按标准的要求进行全项检验。

（1）产品注册。

（2）产品出现重大质量事故后重新生产。

（3）监督抽验。

（4）产品停产后重新恢复生产。

3. 产品批准注册后，药包材生产、使用企业在原料产地、添加剂、生产工艺等没有变更的情形下，可按标准的要求，进行除"*"外项目检验。

4. 外观、滴出量、可见异物、密封性、微生物限度的检验，按《计数抽样检验程序 第 1 部分：按接收质量限（AQL）检索的逐批检验抽样计划》（GB/T 2828.1—2012）规定进行，检验项目、检验水平及接收质量限见表 1。

注：1. 带*的项目半年内至少检验一次。

2. 与瓶身配套的瓶盖、嘴可根据需要选择不同的材料，按标准中的溶出物试验、异常毒性项目进行试验，应符合有关项下的规定。

表 1　检验项目、检验水平及接收质量限

检验项目	检验水平	接收质量限（AQL）
外观	I	4.0
滴出量	S-3	4.0
可见异物	S-3	4.0
密封性	S-3	4.0
微生物限度	S-1	1.5

表 1　检验项目、检验水平及接收质量限

检验项目	检验水平	接收质量限（AQL）

聚丙烯药用滴眼剂瓶

Jubingxi Yaoyong Diyanji Ping

PP Bottles for Eye Drops

本标准适用于以聚丙烯（PP）为主要原料，采用注吹成型工艺生产的多剂量滴眼剂用内包装容器。本标准不适用于单剂量滴眼剂用内包装容器。

【外观】 取本品适量，在自然光线明亮处，正视目测。应厚薄均匀、表面光洁，色泽均匀，无凹凸点，瓶体内壁光洁，无易脱落物。瓶口、瓶盖螺纹清晰、光滑。

【鉴别】（1）红外光谱 取本品适量，照包装材料红外光谱测定法（YBB00262004—2015）第四法测定，应与对照图谱基本一致。

（2）密度 取本品 2 g，加 100 ml 水回流 2 小时，放冷，置 80 ℃干燥 2 小时，照密度测定法（YBB00132003—2015）测定，应为 0.900～0.915 g/cm³。

【密封性】（1）取本品数个，在扭矩 55～80 N·cm 条件下，瓶口与瓶盖均应配合适宜，不得滑牙。

（2）取本品数个，先打开瓶子，然后旋紧瓶盖（用测力扳手将瓶与盖旋紧，扭矩为 55～80 N·cm），置于带有抽气装置的容器内，加挡板，用水浸没，抽真空到真空度为 20 kPa，维持 2 分钟，瓶内不得有进水或冒泡现象。

【滴出量】 取本品数个，吸入标示容量的氯化钠注射液，擦干瓶口，先弃去前 10 滴，然后均匀收集 50 滴（10 滴/分钟），测定体积。计算平均滴出量，应为 0.05 ml±0.01 ml。

【可见异物】 取本品数个，加氯化钠溶液至标示容量，旋紧，振摇 1 分钟，依法检查（《中国药典》2015 年版四部通则 0904），应符合规定。

【溶出物试验】供试液的制备：取本品平整部分内表面积 600 cm²，剪成 3 cm×0.3 cm 的小块，置 500 ml 具塞锥形瓶中，用水 150 ml 振荡洗涤后，弃去洗液。在 30～40 ℃干燥后，再加入 200 ml 注射用水，密塞，于 70 ℃±2 ℃保持 24 小时，取出，放冷至室温，即得供试液。以同批水为空白溶液，依法进行下列试验。

澄清度 取供试液适量，依法检查（《中国药典》2015 年版四部通则 0902），溶液应澄清；如显浑浊，与 2 号浊度标准液比较，不得更浓。

pH 变化值 取供试液及空白溶液各 20 ml，分别加氯化钾溶液（1→1000）1 ml，依法测定（《中国药典》2015 年版四部通则 0631），二者之差不得过 1.0。

吸光度 取供试液适量，照紫外-可见分光光度法（《中国药典》2015 年版四部通则 0401）测定，220～360 nm 波长间，最大吸收度不得过 0.10。

易氧化物 精密量取供试液 20 ml，精密加入高锰酸钾滴定液（0.002 mol/L）20 ml 与稀硫酸 1 ml，煮沸 3 分钟，迅速冷却，加碘化钾 0.1 g，在暗处放置 5 分钟，用硫代硫酸钠滴定液（0.01 mol/L）滴定至浅棕色，再加入淀粉指示液 5 滴，滴定至无色。同时做空白试验。二者消耗硫代硫酸钠滴定液（0.01 mol/L）之差不得过 1.5 ml。

不挥发物 精密量取供试液和空白溶液各 50 ml，置已恒重的蒸发皿中，在水浴中蒸干后，105 ℃干燥 2 小时，二者之差不得过 5.0 mg。

重金属 精密量取供试液 20 ml，加醋酸盐缓冲液（pH 3.5）2 ml，依法检查（《中国药典》2015 年版四部通则 0821 第一法），含重金属不得过百万分之一。

【炽灼残渣】 取本品 2.0 g，精密称定，依法检查（《中国药典》2015 年版四部通则 0841），遗留残渣不得过 0.1%（含遮光剂的瓶遗留残渣不得过 3.0%）。

【正己烷不挥发物】 取本品 5.0 g（剪成约 3 cm×0.3 cm 小块）置圆底烧瓶，精密加入正己烷 50 ml，加热回流 4 小时，放冷，过滤，取滤液转移至已恒重的蒸发皿中，在水浴上蒸干后，置 105 ℃ 干燥 2 小时，称重，并用空白溶液校正，不得过 60.0 mg。

【脱色试验】（着色瓶） 各取本品内表面积 50 cm²，剪成 2 cm×0.3 cm 小片，分置 3 个具塞锥形瓶中，分别加入 4% 醋酸溶液（60 ℃±2 ℃），65% 乙醇溶液（25 ℃±2 ℃），正己烷（25 ℃±2 ℃）50 ml 浸泡 2 小时，以同批 4% 醋酸溶液、65% 乙醇溶液、正己烷为空白液，浸泡液颜色不得深于空白液。

【微生物限度】 取本品数个，加入 1/2 标示容量的氯化钠注射液，将盖旋紧，振摇 1 分钟，即得供试液。供试液进行薄膜过滤后，依法检查（《中国药典》2015 年版四部通则 1105、1106），每瓶中细菌数不得过 100 cfu，霉菌和酵母菌不得检出，金黄色葡萄球菌不得检出，铜绿假单胞菌不得检出。

【无菌】（创伤或手术滴眼剂瓶） 取本品 11 个，加入 1/2 标示容量的氯化钠注射液，将盖旋紧，振摇 1 分钟，合并提取液，照无菌检查法（《中国药典》2015 年版四部通则 1101）检查，应符合规定。

【生物试验】* 取本品内表面积 120 cm²，剪成长度适宜，宽 0.3 cm 的小块，用注射用水荡洗两次，每次 50 ml，低温烘干。移至玻璃容器内，加入氯化钠注射液 20 ml，密封后，置高压蒸汽灭菌器内，在 110 ℃ 保持 30 分钟后，放冷至室温，作为供试液。以同批氯化钠注射液作为空白溶液，进行下列试验。

异常毒性 取供试液，静脉注射，依法检查（《中国药典》2015 年版四部通则 1141），应符合规定。

眼刺激试验 选取未做过眼刺激试验和没有眼病的 2～3 kg 健康家兔 3 只为 1 组，轻轻拉开下眼睑使之离开眼球形成一小窝，注入约 200 μl 空白溶液，合拢眼睑 30 秒，在另一只眼内注入供试液 200 μl，合拢眼睑 30 秒。记录观察 4，24，48，72 小时结果，在观察期间如果在任何一只眼睛中显刺激反应，即取 3 只家兔重复试验，均不得出现刺激反应。

【贮藏】 滴眼剂瓶的内包装用药用聚乙烯塑料袋密封，保存于干燥、清洁处。

附件　检验规则

1. 产品检验分为全项检验和部分检验。

2. 有下列情况之一时，应按标准的要求进行全项检验。

（1）产品注册。

（2）产品出现重大质量事故后重新生产。

（3）监督抽验。

（4）产品停产后重新恢复生产。

3. 产品批准注册后，药包材生产、使用企业在原料产地、添加剂、生产工艺等没有变更的情形下，可按标准的要求，进行除"*"外项目检验。

4. 外观、滴出量、可见异物、密封性、微生物限度的检验，按《计数抽样检验程序 第 1 部分：按接收质量限（AQL）检索的逐批检验抽样计划》（GB/T 2828.1—2012）规定进行，检验项目、检验水平及接收质量限见表 1。

注：1. 带*的项目半年内至少检验一次。

2. 与瓶身配套的瓶盖、嘴可根据需要选择不同的材料，按标准中的溶出物试验、异常毒性项目进行试验，应符合有关项下的规定。

表1 检验项目、检验水平及接收质量限

检验项目	检验水平	接收质量限（AQL）
外观	I	4.0
滴出量	S-3	4.0
可见异物	S-3	4.0
密封性	S-3	4.0
微生物限度	S-1	1.5

口服液体药用聚丙烯瓶

Koufuyeti Yaoyong Jubingxi Ping

PP Bottles for Oral Liquid Preparation

本标准适用于以聚丙烯（PP）为主要原料，采用注吹成型工艺生产的口服液体制剂用塑料瓶。

【外观】 取本品适量，在自然光线明亮处，正视目测。应具有均匀一致的色泽，不得有明显色差。瓶的表面应光洁、平整，不得有变形和明显的擦痕。不得有砂眼、油污、气泡。瓶口应平整、光滑。

【鉴别】（1）红外光谱 取本品适量，照包装材料红外光谱测定法（YBB00262004—2015）第四法测定，应与对照图谱基本一致。

（2）密度 取本品 2 g，加水 100 ml，回流 2 小时，放冷，80 ℃干燥 2 小时后，照密度测定法（YBB00132003—2015）测定，应为 0.900～0.915 g/cm³。

【密封性】（1）取本品适量，用测力扳手（扭矩见表1）将瓶与盖旋紧，瓶口与瓶盖应配合适宜，不得滑牙。

（2）取本品适量，分别在瓶内装入适量玻璃珠，旋紧瓶盖（带有螺旋盖的试瓶用测力扳手将瓶与盖旋紧，扭矩见表1），置于带抽气装置的容器中，用水浸没，抽真空至真空度为 27 kPa，维持 2 分钟，瓶内均不得有进水或冒泡现象。

表1 瓶与盖的扭矩

盖直径（mm）	扭矩（N·cm）
15～20	25～110
21～30	25～145
31～40	25～180

【抗跌落】 取本品适量，加入水溶液至标示容量，从规定高度（表2）自然跌落至水平刚性光滑表面，应不得破裂。

表2 跌落高度

规格（ml）	跌落高度（m）
<120	1.2
≥120	1.0

【水蒸气透过量】 取本品适量，照水蒸气透过量测定法（YBB00092003—2015）第三法（1）在温度 20 ℃±2 ℃，相对湿度 65%±5% 的条件下，放置 14 天，重量损失不得过 0.2%。

【炽灼残渣】 取本品 2.0 g，依法测定（《中国药典》2015 年版四部通则 0841），遗留残渣不得过 0.1%（含遮光剂的瓶遗留残渣不得过 3.0%）。

【溶出物试验】 供试液的制备：分别取本品平整部分内表面积 600 cm²（分割成长 5 cm，宽 0.3 cm 的小片）3 份，分置具塞锥形瓶中，加水适量，振摇洗涤小片，弃去水，重复操作一次。在 30～40 ℃干燥后，分别用水（70 ℃±2 ℃）、65%乙醇（70 ℃±2 ℃）、正己烷（58 ℃±2 ℃）200 ml 浸泡 24 小时后，取出放冷至室温，用同批试验用溶剂补充至原体积作为供试液，以同批水、65%乙醇、正己烷为空白液，进行下列试验。

澄清度 取水供试液适量，依法检查（《中国药典》2015 年版四部通则 0902），溶液应澄清；如显浑浊，与 2 号浊度标准液比较，不得更浓。

pH 变化值 取水供试液与水空白液各 20 ml，分别加入氯化钾溶液（1→1000）1 ml，依法测定（《中国药典》2015 年版四部通则 0631），二者 pH 值之差不得过 1.0。

吸光度 取水供试液适量，照紫外-可见分光光度法（《中国药典》2015 年版四部通则 0401）测定，在 220～360 nm 波长范围内的最大吸收度不得过 0.10。

易氧化物 精密量取水供试液 20 ml，精密加入高锰酸钾滴定液（0.002 mol/L）20 ml 与稀硫酸 1 ml，煮沸 3 分钟，迅速冷却，加入碘化钾 0.1 g，在暗处放置 5 分钟，用硫代硫酸钠滴定液（0.01 mol/L）滴定，滴定至近终点时，加入淀粉指示液 5 滴，继续滴定至无色，另取水空白液同法操作，二者消耗硫代硫酸钠滴定液（0.01 mol/L）之差不得过 1.5 ml。

不挥发物 分别精密量取水、65%乙醇、正己烷供试液与空白液各 50 ml 置于已恒重的蒸发皿中，水浴蒸干，105 ℃干燥 2 小时，冷却后，精密称定，水不挥发物残渣与其空白液残渣之差不得过 12.0 mg；65%乙醇不挥发物残渣与其空白液残渣之差不得过 50.0 mg；正己烷不挥发物残渣与其空白液残渣之差不得过 75.0 mg。

重金属 精密量取水供试液 20 ml，加醋酸盐缓冲液（pH 3.5）2 ml，依法检查（《中国药典》2015 年版四部通则 0821 第一法），含重金属不得过百万分之一。

【脱色试验】（着色瓶） 分别取本品表面积约 50 cm² （以内表面计）3 份，剪成 2 cm×0.3 cm 小片，分置 3 个具塞锥形瓶中，分别加入 4%醋酸溶液（60 ℃±2 ℃），65%乙醇溶液（25 ℃±2 ℃），正己烷（25 ℃±2 ℃）50 ml 浸泡 2 小时，以同批 4%醋酸溶液、65%乙醇溶液、正己烷为空白液，浸泡液颜色不得深于空白液。

【微生物限度】 取本品数只，加入 1/2 标示容量的氯化钠注射液，将盖旋紧，振摇 1 分钟，即得供试液。供试液进行薄膜过滤后，依法检查（《中国药典》2015 年版四部通则 1105、1106）。细菌总数每瓶不得过 100 cfu，霉菌和酵母菌数每瓶不得过 100 cfu，大肠埃希菌每瓶不得检出。

【异常毒性】* 将本品数只，用水清洗干净干燥后，取约 500 cm² （以内表面积计），剪碎，加入氯化钠注射液 50 ml，置高压蒸汽灭菌器 110℃保持 30 分钟后取出，冷却后，作为供试液备用，以同批氯化钠注射液做空白，静脉注射，依法检查（《中国药典》2015 年版四部通则 1141），应符合规定。

【贮藏】 液体瓶的内包装用药用聚乙烯塑料袋密封，保存于干燥、清洁处。

附件 检验规则

1. 产品检验分为全项检验和部分检验。

2. 有下列情况之一时，应按标准的要求进行全项检验。

（1）产品注册。

（2）产品出现重大质量事故后重新生产。

（3）监督抽验。

（4）产品停产后，重新恢复生产。

3. 产品批准注册后，药包材生产、使用企业在原料产地、添加剂、生产工艺等没有变更的情形下，可按标准的要求，进行除"*"外项目检验。

4. 外观、密封性、抗跌落、水蒸气透过量、微生物限度的检验，按《计数抽样检验程序 第 1 部分：按接收质量限（AQL）检索的逐批检验抽样计划》（GB/T 2828.1—2012）规定进行，检验项目、检验水平及接收质量限见表 3。

注：1. 带*的项目半年内至少检验一次。

2. 与瓶身配套的瓶盖可根据需要选择不同的材料，按标准中的溶出物试验、异常毒性项目进行试验，应符合有关项下的规定。

表 3　检验项目、检验水平及接收质量限

检验项目	检验水平	接收质量限（AQL）
外观	I	4.0
密封性	S-3	4.0
抗跌落	S-3	4.0
水蒸气透过量	S-2	4.0
微生物限度	S-1	1.5

口服液体药用高密度聚乙烯瓶

Koufuyeti Yaoyong Gaomidujuyixi Ping

HDPE Bottles for Oral Liquid Preparation

本标准适用于以高密度聚乙烯（HDPE）为主要原料，采用注吹成型工艺生产的口服液体制剂用塑料瓶。

【外观】 取本品适量，在自然光线明亮处，正视目测。应具有均匀一致的色泽，不得有明显色差。瓶的表面应光洁、平整，不得有变形和明显的擦痕。不得有砂眼、油污、气泡。瓶口应平整、光滑。

【鉴别】 （1）红外光谱 取本品适量，照包装材料红外光谱测定法（YBB00262004—2015）第四法测定，应与对照图谱基本一致。

（2）密度 取本品 2 g，加水 100 ml，回流 2 小时，放冷，80 ℃干燥 2 小时后，照密度测定法（YBB00132003—2015）测定，应为 0.935～0.965 g/cm³。

【密封性】（1）取本品适量，用测力扳手（扭矩见表1）将瓶与盖旋紧，瓶口与瓶盖应配合适宜，不得滑牙。

（2）取本品适量，分别在瓶内装入适量玻璃珠，旋紧瓶盖（带有螺旋盖的试瓶用测力扳手将瓶与盖旋紧，扭矩见表1），置于带抽气装置的容器中，用水浸没，抽真空至真空度为 27 kPa，维持 2 分钟，瓶内均不得有进水或冒泡现象。

表1　瓶与盖的扭矩

盖直径（mm）	扭矩（N·cm）
15～20	25～110
21～30	25～145
31～40	25～180

【抗跌落】 取本品适量，加入水溶液至标示容量，从规定高度（表2）自然跌落至水平刚性光滑表面，应不得破裂。

表2　跌落高度

规格（ml）	跌落高度（m）
<120	1.2
≥120	1.0

【水蒸气透过量】 取本品适量，照水蒸气透过量测定法（YBB00092003—2015）第三法（1）在温度 20 ℃±2 ℃，相对湿度 65%±5% 的条件下，放置 14 天，重量损失不得过 0.2%。

【炽灼残渣】 取本品 2.0 g，依法测定（《中国药典》2015 年版四部通则 0841），遗留残渣不得过 0.1%（含遮光剂的瓶遗留残渣不得过 3.0%）。

【溶出物试验】 供试液的制备：分别取本品平整部分内表面积 600 cm²（分割成长 5 cm，宽 0.3 cm 的小片）3 份，分置具塞锥形瓶中，加水适量，振摇洗涤小片，弃去水，重复操作一次。在 30～40 ℃干燥后，分别用水（70 ℃±2 ℃）、65%乙醇（70 ℃±2 ℃）、正己烷（58 ℃±2 ℃）200 ml 浸泡 24 小时后，取出放冷至室温，用同批试验用溶剂补充至原体积作为供试液，以同批水、65%乙醇、正己烷为空白液，进行下列试验。

澄清度　取水供试液，依法检查（《中国药典》2015 年版四部通则 0902），溶液应澄清；如显浑浊，与 2 号浊度标准液比较，不得更浓。

pH 变化值　取水供试液与水空白液各 20 ml，分别加入氯化钾溶液（1→1000）1 ml，依法测定（《中国药典》2015 年版四部通则 0631），二者 pH 值之差不得过 1.0。

吸光度　取水供试液适量，照紫外-可见分光光度法（《中国药典》2015 年版四部通则 0401）测定，在 220～360 nm 波长范围内的最大吸收度不得过 0.10。

易氧化物　精密量取水供试液 20 ml，精密加入高锰酸钾滴定液（0.002 mol/L）20 ml 与稀硫酸 1 ml，煮沸 3 分钟，迅速冷却，加入碘化钾 0.1 g，在暗处放置 5 分钟，用硫代硫酸钠滴定液（0.01 mol/L）滴定，滴定至近终点时，加入淀粉指示液 5 滴，继续滴定至无色，另取水空白液同法操作，二者消耗硫代硫酸钠滴定液（0.01 mol/L）之差不得过 1.5 ml。

不挥发物　分别精密量取水、65%乙醇、正己烷供试液与空白液各 50 ml 置于已恒重的蒸发皿中，水浴蒸干，105 ℃干燥 2 小时，冷却后，精密称定，水不挥发物残渣与其空白液残渣之差不得过 12.0 mg；65%乙醇不挥发物残渣与其空白液残渣之差不得过 50.0 mg；正己烷不挥发物残渣与其空白液残渣之差不得过 75.0 mg。

重金属　精密量取水供试液 20 ml，加醋酸盐缓冲液（pH 3.5）2 ml，依法测定（《中国药典》2015 年版四部通则 0821 第一法），含重金属不得过百万分之一。

【脱色试验】（着色瓶）取本品数只，截取表面积 50 cm² （以内表面计）3 份，剪成 2 cm×0.3 cm 小片，分置 3 个具塞锥形瓶中，分别加入 4%醋酸溶液（60 ℃±2 ℃）、65%乙醇溶液（25 ℃±2 ℃）、正己烷（25 ℃±2 ℃）50 ml 浸泡 2 小时，以同批 4%醋酸溶液、65%乙醇溶液、正己烷为空白液，浸泡液颜色不得深于空白液。

【微生物限度】　取本品数只，加入 1/2 标示容量的氯化钠注射液，将盖旋紧，振摇 1 分钟，即得供试液。供试液进行薄膜过滤后，依法检查（《中国药典》2015 年版四部通则 1105、1106），细菌数每瓶不得过 100 cfu，霉菌和酵母菌数每瓶不得过 100 cfu，大肠埃希菌每瓶不得检出。

【异常毒性】*　将本品数只，用水清洗干净后，取 500 cm²（以内表面积计），剪碎，加入氯化钠注射液 50 ml，置高压蒸汽灭菌器 110 ℃保持 30 分钟后取出，冷却后备用，以同批无菌氯化钠注射溶液做空白，静脉注射，依法检查（《中国药典》2015 年版四部通则 1141），应符合规定。

【贮藏】　液体瓶的内包装用药用聚乙烯塑料袋密封，保存于干燥、清洁处。

附件　检验规则

1. 产品检验分为全项检验和部分检验。

2. 有下列情况之一时，应按标准的要求进行全项检验。

（1）产品注册。

（2）产品出现重大质量事故后重新生产。

（3）监督抽验。

（4）产品停产后重新恢复生产。

3. 产品批准注册后，药包材生产、使用企业在原料产地、添加剂、生产工艺等没有变更的情形下，可按标准的要求，进行除"*"外项目检验。

4. 外观、密封性、抗跌落、水蒸气透过量、微生物限度的检验，按《计数抽样检验程序　第 1 部分：按接收质量限（AQL）检索的逐批检验抽样计划》（GB/T 2828.1—2012）规定进行，检验项目、检验水平及接收质量限见表 3。

注：1. 带*的项目半年内至少检验一次。

2. 与瓶身配套的瓶盖可根据需要选择不同的材料，按标准中的溶出物试验、异常毒性项目进行试验，应符合有关项下的规定。

表3　检验项目、检验水平及接收质量限

检验项目	检验水平	接收质量限（AQL）
外观	I	4.0
密封性	S-3	4.0
抗跌落	S-3	4.0
水蒸气透过量	S-2	4.0
微生物限度	S-1	1.5

口服液体药用聚酯瓶

Koufuyeti Yaoyong Juzhi Ping

PET Bottles for Oral Liquid Preparation

本标准适用于以聚对苯二甲酸乙二醇酯（PET）为主要原料，采用注吹成型工艺生产的口服液体制剂用塑料瓶。

【外观】 取本品适量，在自然光线明亮处，正视目测。应具有均匀一致的色泽，不得有明显色差。瓶的表面应光洁、平整，不得有变形和明显的擦痕。不得有砂眼、油污、气泡。瓶口应平整、光滑。

【鉴别】（1）红外光谱 取本品适量，照包装材料红外光谱测定法（YBB00262004—2015）第四法测定，应与对照图谱基本一致。

（2）密度 取本品 2 g，加水 100 ml，回流 2 小时，放冷，80 ℃ 干燥 2 小时后，照密度测定法（YBB00132003—2015）测定，应为 $1.31\sim1.38$ g/cm³。

【密封性】（1）取本品适量，用测力扳手（扭矩见表 1）将瓶与盖旋紧，瓶口与瓶盖应配合适宜，不得滑牙。

（2）取本品适量，分别在瓶内装入适量玻璃珠，旋紧瓶盖（带有螺旋盖的试瓶用测力扳手将瓶与盖旋紧，扭矩见表 1），置于带抽气装置的容器中，用水浸没，抽真空至真空度为 27 kPa，维持 2 分钟，瓶内均不得有进水或冒泡现象。

表 1 瓶与盖的扭矩

盖直径（mm）	扭矩（N·cm）
15～20	25～110
21～30	25～145
31～40	25～180

【抗跌落】 取本品适量，加入水溶液至标示容量，从规定高度（表 2）自然跌落至水平刚性光滑表面，应不得破裂。

表 2 跌落高度

规格（ml）	跌落高度（m）
<120	1.2
≥120	1.0

【水蒸气透过量】 取本品适量，照水蒸气透过量测定法（YBB00092003—2015）第三法（1）在温度 20 ℃±2 ℃，相对湿度 65%±5% 的条件下，放置 14 天，重量损失不得过 0.2%。

【乙醛】 照乙醛测定法（YBB00282004—2015）第一法测定，不得过千万分之二。

【炽灼残渣】 取本品 2.0 g，依法测定（《中国药典》2015 年版四部通则 0841），遗留残渣不得过 0.1%。

【溶出物试验】 供试液的制备：分别取本品平整部分内表面积 600 cm²（分割成长 5 cm，宽 0.3 cm 的小片）3 份，分置具塞锥形瓶中，加水适量，振摇洗涤小片，弃去水，重复操作一次。在 30～40 ℃ 干燥后，分别用水（70 ℃±2 ℃）、65%乙醇（70 ℃±2 ℃）、正己烷（58 ℃±2 ℃）200 ml 浸泡 24 小时后，取出放冷至室温，用同批试验用溶剂补充至原体积作为供试液，以同批水、65%乙醇、正己烷为空白液，进行下列试验。

澄清度　取水供试液，依法检查（《中国药典》2015 年版四部通则 0902），溶液应澄清；如显浑浊，与 2 号浊度标准液比较，不得更浓。

pH 变化值　取水供试液与水空白液各 20 ml，分别加入氯化钾溶液（1→1000）1 ml，依法测定（《中国药典》2015 年版四部通则 0631），二者 pH 值之差不得过 1.0。

吸光度　取水供试液适量，照紫外-可见分光光度法（《中国药典》2015 年版四部通则 0401）测定，在 220～360 nm 波长范围内的最大吸收度不得过 0.10。

易氧化物　精密量取水供试液 20 ml，精密加入高锰酸钾滴定液（0.002 mol/L）20 ml 与稀硫酸 1 ml，煮沸 3 分钟，迅速冷却，加入碘化钾 0.1 g，在暗处放置 5 分钟，用硫代硫酸钠滴定液（0.01 mol/L）滴定，滴定至近终点时，加入淀粉指示液 5 滴，继续滴定至无色，另取水空白液同法操作，二者消耗硫代硫酸钠滴定液（0.01 mol/L）之差不得过 1.5 ml。

不挥发物　分别精密量取水、65%乙醇、正己烷供试液与空白液各 50 ml 置于已恒重的蒸发皿中，水浴蒸干，105 ℃干燥 2 小时，冷却后，精密称定，水不挥发物残渣与其空白液残渣之差不得过 12.0 mg；65%乙醇不挥发物残渣与其空白液残渣之差不得过 50.0 mg；正己烷不挥发物残渣与其空白液残渣之差不得过 75.0 mg。

重金属　精密量取水供试液 20 ml，加醋酸盐缓冲液（pH 3.5）2 ml，依法测定（《中国药典》2015 年版四部通则 0821 第一法），含重金属不得过百万分之一。

【脱色试验】（着色瓶）　取本品数只，截取表面积 50 cm²（以内表面计）3 份，剪成 2 cm×0.3 cm 小片，分置 3 个具塞锥形瓶中，分别加入 4%醋酸溶液（60 ℃±2 ℃）、65%乙醇溶液（25 ℃±2 ℃）、正己烷（25 ℃±2 ℃）50 ml 浸泡 2 小时后取出放冷至室温，以同批 4%醋酸溶液、65%乙醇溶液、正己烷为空白液，浸泡液颜色不得深于空白液。

【微生物限度】　取本品数只，加入 1/2 标示容量的氯化钠注射液，将盖盖紧，振摇 1 分钟，即得供试液。供试液进行薄膜过滤后，依法检查（《中国药典》2015 年版四部通则 1105、1106），细菌数每瓶不得过 100 cfu，霉菌和酵母菌数每瓶不得过 100 cfu，大肠埃希菌每瓶不得检出。

【异常毒性】*　取本品数只用水清洗干净后，取 500 cm²（以内表面积计），剪碎，加入氯化钠注射液 50 ml，置高压蒸汽灭菌器 110 ℃保持 30 分钟后取出，冷却后，作为供试液备用，以同批氯化钠注射液做空白，静脉注射，依法检查（《中国药典》2015 年版四部通则 1141），应符合规定。

【贮藏】　液体瓶的内包装用药用聚乙烯塑料袋密封，保存于干燥、清洁处。

附件　检验规则

1. 产品检验分为全项检验和部分检验。

2. 有下列情况之一时，应按标准的要求进行全项检验。

（1）产品注册。

（2）产品出现重大质量事故后重新生产。

（3）监督抽验。

（4）产品停产后重新恢复生产。

3. 产品批准注册后，药包材生产、使用企业在原料产地、添加剂、生产工艺等没有变更的情形下，可按标准的要求，进行除"*"外项目检验。

4. 外观、密封性、抗跌落、水蒸气透过量、微生物限度的检验，按《计数抽样检验程序　第 1 部分：按接收质量限（AQL）检索的逐批检验抽样计划》（GB/T 2828.1—2012）规定进行，检验项目、检验水平及接收质量限见表 3。

注：1. 带*的项目半年内至少检验一次。

2. 与瓶身配套的瓶盖可根据需要选择不同的材料，按标准中的溶出物试验、异常毒性项目进行试验，应符合有关项下的规定。

表3　检验项目、检验水平及接收质量限

检验项目	检验水平	接收质量限（AQL）
外观	I	4.0
密封性	S-3	4.0
抗跌落	S-3	4.0
水蒸气透过量	S-2	4.0
微生物限度	S-1	1.5

外用液体药用高密度聚乙烯瓶

Waiyongyeti Yaoyong Gaomidujuyixi Ping

HDPE Bottles for Topical Liquid Preparation

本标准适用于以高密度聚乙烯（HDPE）为主要原料，采用注吹成型工艺生产的外用液体制剂用塑料瓶。

【外观】 取本品适量，在自然光线明亮处，正视目测。应具有均匀一致的色泽，不得有明显色差。瓶的表面应光洁、平整，不得有变形和明显的擦痕。不得有砂眼、油污、气泡。瓶口应平整、光滑。

【鉴别】 （1）红外光谱* 取本品适量，照包装材料红外光谱测定法（YBB00262004—2015）第四法测定，应与对照图谱基本一致。

（2）密度 取本品 2 g，加水 100 ml，回流 2 小时，放冷，80 ℃干燥 2 小时后，照密度测定法（YBB00132003—2015）测定，密度应为 0.935～0.965 g/cm³。

【密封性】（1）取本品适量，旋紧瓶盖，瓶口与瓶盖应配合适宜；带螺旋盖的试瓶，用扭矩扳手将瓶与盖旋紧（扭矩见表 1），瓶口与瓶盖应配合适宜，不得滑牙。

（2）取本品适量，分别在瓶内装入适量玻璃珠，盖紧瓶盖（带螺旋盖的试瓶，用扭矩扳手将瓶与盖旋紧，扭矩见表 1），置于带抽气装置的容器中，用水浸没，抽真空至真空度为 27 kPa，维持 2 分钟，瓶内不得有进水或冒泡现象。

表 1 瓶与盖的扭矩

盖直径（mm）	扭矩（N·cm）
15～20	25～110
21～30	25～145
31～40	25～180

【抗跌落】 取本品适量，加水至标示容量，从规定高度（表 2）自然跌落至水平刚性光滑表面，不得破裂。

表 2 跌落高度

规格（ml）	跌落高度（m）
<120	1.2
≥120	1.0

【阻隔性能】 水蒸气透过量 照水蒸气透过量测定法（YBB00092003—2015）第三法（1）在温度 20 ℃±2 ℃，相对湿度 65%±5% 的条件下，放置 14 天，重量损失不得过 0.2%。

乙醇透过量 取本品适量，在瓶中加入 50% 乙醇至标示容量，旋紧瓶盖，精密称重。在温度 40 ℃±2 ℃ 条件下，放置 7 天，取出后，再精密称重。按下式计算，重量损失不得过 0.5%。

$$乙醇透过量 = \frac{W_1 - W_2}{W_1 - W_0} \times 100\%$$

式中　W_1：试验前液体瓶及溶剂的重量，g；

　　　W_0：空液体瓶重量，g；

　　　W_2：实验后液体瓶及溶剂的重量，g。

透油性（以油为溶剂的瓶适用）　取本品适量，在瓶中加入液状石蜡至标示容量，旋紧瓶盖，在温度 60 ℃±2 ℃ 条件下，放置 72 小时，取出，用滤纸擦拭瓶身外壁，不得有油渍。

【炽灼残渣】　取本品 2.0 g，依法检查（《中国药典》2015 年版四部通则 0841），遗留残渣不得过 0.1%（含遮光剂的瓶遗留残渣不得过 3.0%）。

【溶出物试验】　供试液的制备：分别取本品平整部分内表面积 600 cm^2（分割成长 5 cm，宽 0.3 cm 的小片）4 份，分置具塞锥形瓶中，加水适量，振摇洗涤小片，弃去水，重复操作一次。在 30～40 ℃ 干燥后，分别用水（70 ℃±2 ℃）、65%乙醇（70 ℃±2 ℃）、50%乙醇（70 ℃±2 ℃）、正己烷（58 ℃±2 ℃）200 ml 浸泡 24 小时后，取出放冷至室温，用同批试验用溶剂补充至原体积作为供试液，以同批水、65%乙醇、50%乙醇、正己烷为空白液，进行下列试验。

澄清度　取水供试液，依法检查（《中国药典》2015 年版四部通则 0902），溶液应澄清；如显浑浊，与 2 号浊度标准液比较，不得更浓。

水供试液吸光度　取水供试液适量，照紫外-可见分光光度法（《中国药典》2015 年版四部通则 0401）测定，220～360 nm 波长间的最大吸收度不得过 0.1。

乙醇供试液吸光度　取 50%乙醇供试液适量，照紫外-可见分光光度法（《中国药典》2015 年版四部通则 0401）测定，220～360 nm 波长间的最大吸收度不得过 0.1。

pH 变化值　取水供试液与水空白液各 20 ml，分别加入氯化钾溶液（1→1000）1 ml，依法测定（《中国药典》2015 年版四部通则 0631），二者 pH 值之差不得过 1.0。

易氧化物　精密量取水供试液 20 ml，精密加入高锰酸钾滴定液（0.002 mol/L）20 ml 与稀硫酸 1 ml，煮沸 3 分钟，迅速冷却，加入碘化钾 0.1 g，在暗处放置 5 分钟，用硫代硫酸钠滴定液（0.01 mol/L）滴定，滴定至近终点时，加入淀粉指示液 5 滴，继续滴定至无色，另取水空白液同法操作，二者消耗硫代硫酸钠滴定液（0.01 mol/L）之差不得过 1.5 ml。

不挥发物　分别精密量取水、65%乙醇、正己烷供试液与空白液各 50 ml 置于已恒重的蒸发皿中，水浴蒸干，105 ℃ 干燥 2 小时，冷却后精密称定，水供试液不挥发物残渣与其空白液残渣之差不得过 12.0 mg；65%乙醇供试液不挥发物残渣与其空白液残渣之差不得过 50.0 mg；正己烷不挥发物残渣与其空白液残渣之差不得过 75.0 mg。

重金属　精密量取水供试液 20 ml，加醋酸盐缓冲液（pH 3.5）2 ml，依法检查（《中国药典》2015 年版四部通则 0821 第一法），含重金属不得过百万分之一。

【脱色试验】（着色瓶）取本品数只，截取试瓶表面积 50 cm^2（以内表面计）3 份，剪成 2 cm×0.3 cm 小片，分置 3 个具塞锥形瓶中，分别加入 4%醋酸溶液（60 ℃±2 ℃）、65%乙醇溶液（25 ℃±2 ℃）、正己烷（25 ℃±2 ℃）50 ml 浸泡 2 小时后取出放冷至室温，以同批 4%醋酸溶液、65%乙醇溶液、正己烷为空白液，浸泡液颜色不得深于空白液。

【微生物限度】　取本品数只，加入 1/2 标示容量的氯化钠注射液，将盖旋紧，振摇 1 分钟，即得供试液。供试液进行薄膜过滤后，依法检查（《中国药典》2015 年版四部通则 1105、1106）。细菌数每瓶不得过 100 cfu，霉菌和酵母菌数每瓶不得过 100 cfu，金黄色葡萄球菌、铜绿假单胞菌每瓶不得检出。

【无菌】（大面积烧伤及严重损伤皮肤用）取本品 11 个，加入 1/2 标示容量的氯化钠注射液，振摇 5 分钟，合并提取液，依法检查（《中国药典》2015 年版四部通则 1101），应符合规定。

【皮肤刺激】*　取本品数只，用水清洗干净，干燥后，取平整部位表面积 600 cm^2，剪碎，加入氯化钠注射液 100 ml，70 ℃ 放置 24 小时后取出，冷却备用。照原发性皮肤刺激检查法（YBB00072003—2015）检查，应符合规定。

【异常毒性】*　取本品数只，用水清洗干净，干燥后，取 500 cm^2（以内表面积计），剪碎，加入氯化钠注射液 50 ml，置高压蒸汽灭菌器 110 ℃保持 30 分钟后取出，冷却后，作为供试液备用，静脉注射，依法检查（《中国药典》2015 年版四部通则 1141），应符合规定。

【贮藏】 外用液体瓶的内包装用药用聚乙烯塑料袋密封，保存于干燥、清洁处。

附件　检验规则

1. 产品检验分为全项检验和部分检验。

2. 有下列情况之一时，应按标准的要求进行全项检验。

（1）产品注册。

（2）产品出现重大质量事故后重新生产。

（3）监督抽验。

（4）产品停产后重新恢复生产。

3. 产品批准注册后，药包材生产、使用企业在原料产地、添加剂、生产工艺等没有变更的情形下，可按标准的要求，进行除"*"外项目检验。

4. 外观、密封性、抗跌落、水蒸气透过量、乙醇透过量、透油性、微生物限度的检验，按《计数抽样检验程序　第 1 部分：按接收质量限（AQL）检索的逐批抽样计划》（GB/T 2828.1—2012）规定进行，检验项目、检验水平及接收质量限见表 3。

注：1. 带*的项目半年内至少检验一次。

2. 与瓶身配套的瓶盖可根据需要选择不同的材料，按标准中的溶出物试验、异常毒性项目进行试验，应符合有关项下的规定。

表 3　检验项目、检验水平及接收质量限

检验项目	检验水平	接收质量限（AQL）
外观	I	4.0
密封性	S-3	4.0
抗跌落	S-3	4.0
水蒸气透过量	S-2	4.0
乙醇透过量	S-2	4.0
透油性	S-2	4.0
微生物限度	S-1	1.5

口服固体药用聚丙烯瓶

Koufuguti Yaoyong Jubingxi Ping

PP Bottles for Oral Solid Preparation

本标准适用于以聚丙烯（PP）为主要原料，采用注吹成型工艺生产的口服固体制剂用塑料瓶。

【外观】 取本品适量，在自然光线明亮处，正视目测。应具有均匀一致的色泽，不得有明显色差。瓶的表面应光洁、平整，不得有变形和明显的擦痕。不得有砂眼、油污、气泡。瓶口应平整、光滑。

【鉴别】 （1）红外光谱 取本品适量，照包装材料红外光谱测定法（YBB00262004—2015）第四法测定，应与对照图谱基本一致。

（2）密度 取本品 2 g，加 100 ml 水，回流 2 小时，放冷，80 ℃干燥 2 小时后，照密度测定法（YBB00132003—2015）测定，应为 0.900～0.915 g/cm³。

【密封性】 取本品适量，于每个瓶内装入适量玻璃球，盖紧瓶盖（带有螺旋盖的试瓶用测力扳手将瓶与盖旋紧，扭矩见表1），置于带抽气装置的容器中，用水浸没，抽真空至真空度为 27 kPa，维持 2 分钟，瓶内不得有进水或冒泡现象。

表1 瓶与盖的扭矩

盖直径（mm）	扭矩（N·cm）
15～22	59～78
23～48	98～118
49～70	147～176

【振荡试验】 取本品适量，于每个瓶内装入酸性水为标示剂，盖紧瓶盖（带有螺旋盖的试瓶用测力扳手将瓶与盖旋紧，扭矩见表1，用溴酚蓝试纸（将滤纸浸入稀释5倍的溴酚蓝试液，浸透后取出干燥）紧包瓶的颈部，置振荡器（振荡频率为每分钟 200 次±10 次）振荡 30 分钟后，溴酚蓝试纸应不得变色。

【水蒸气透过量】 取本品适量，照水蒸气透过量测定法（YBB00092003—2015）第三法（2）在温度 25 ℃±2 ℃，相对湿度95%±5%的条件下测定，不得过 100 mg/（24 h·L）。

【炽灼残渣】 取本品 2.0 g，依法检查（《中国药典》2015 年版四部通则 0841），遗留残渣不得过 0.1%（含遮光剂的瓶遗留残渣不得过 3.0%）。

【溶出物试验】 供试液的制备：分别取本品内表面积 600 cm²（分割成长 5 cm，宽 0.3 cm 的小片）3份，分别置具塞锥形瓶中，加水适量，振摇洗涤小片，弃去水，重复操作两次。在 30～40 ℃干燥后，分别用水（70 ℃±2 ℃）、65%乙醇（70 ℃±2 ℃）、正己烷（58 ℃±2 ℃）200 ml 浸泡 24 小时后，取出放冷至室温，用同批试验用溶剂补充至原体积作为供试液，以同批水、65%乙醇、正己烷为空白液，进行下列试验。

易氧化物 精密量取水供试液 20 ml，精密加入高锰酸钾滴定液（0.002 mol/L）20 ml 与稀硫酸 1 ml，煮沸 3 分钟，迅速冷却，加入碘化钾 0.1 g，在暗处放置 5 分钟，用硫代硫酸钠滴定液（0.01 mol/L）滴定，滴定至近终点时，加入淀粉指示液 5 滴，继续滴定至无色，另取水空白液同法操作，二者消耗硫代硫酸钠滴定液（0.01 mol/L）之差不得过 1.5 ml。

不挥发物 分别精密量取水、65%乙醇、正己烷供试液与空白液各 50 ml 置于已恒重的蒸发皿中，水浴蒸干，105 ℃干燥 2 小时，冷却后精密称定，水供试液不挥发物残渣与其空白液残渣之差不得过 12.0 mg；65%乙醇供试液不挥发物残渣与其空白液残渣之差不得过 50.0 mg；正己烷不挥发物残渣与其空白液残渣之差不得过 75.0 mg。

重金属 精密量取水供试液 20 ml，加醋酸盐缓冲液（pH 3.5）2 ml，依法检查（《中国药典》2015 年版四部通则 0821 第一法），含重金属不得过百万分之一。

【微生物限度】 取本品数只，加入标示容量 1/3 的氯化钠注射液，将盖盖紧，振摇 1 分钟，即得供试液。供试液进行薄膜过滤后，依法检查（《中国药典》2015 年版四部通则 1105、1106），细菌数每瓶不得过 1000 cfu，霉菌和酵母菌数每瓶不得过 100 cfu，大肠埃希菌每瓶不得检出。

【异常毒性】* 取本品数只，用水清洗干净后，剪碎，取 500 cm² （以内表面积计），加入氯化钠注射液 50 ml，置高压蒸汽灭菌器 110 ℃保持 30 分钟后取出，冷却后备用，以同批氯化钠注射液做空白，静脉注射，依法检查（《中国药典》2015 年版四部通则 1141），应符合规定。

【贮藏】 固体瓶的内包装用药用聚乙烯塑料袋密封，保存于干燥、清洁处。

附件　检验规则

1. 产品检验分为全项检验和部分检验。

2. 有下列情况之一时，应按标准的要求进行全项检验。

（1）产品注册。

（2）产品出现重大质量事故后重新生产。

（3）监督抽验。

（4）产品停产后重新恢复生产。

3. 产品批准注册后，药包材生产、使用企业在原料产地、添加剂、生产工艺等没有变更的情形下，可按标准的要求，进行除"*"外项目检验。

4. 外观、密封性、振荡试验、水蒸气透过量、微生物限度的检验，按《计数抽样检验程序　第 1 部分：按接收质量限（AQL）检索的逐批检验抽样计划》（GB/T 2828.1—2012）规定进行，检验项目、检验水平及接收质量限见表 2。

注：1. 带*的项目半年内至少检验一次。

2. 与瓶身配套的瓶盖可根据需要选择不同的材料，按标准中的溶出物试验、异常毒性项目进行试验，应符合有关项下的规定。

表 2　检验项目、检验水平及接收质量限

检验项目	检验水平	接收质量限（AQL）
外观	I	4.0
密封性	S-3	4.0
振荡试验	S-3	2.5
水蒸气透过量	S-2	4.0
微生物限度	S-1	1.5

口服固体药用高密度聚乙烯瓶

Koufuguti Yaoyong Gaomidujuyixi Ping

HDPE Bottles for Oral Solid Preparation

本标准适用于以高密度聚乙烯（HDPE）为主要原料，采用注吹成型工艺生产的口服固体制剂用塑料瓶。

【外观】 取本品适量，在自然光线明亮处，正视目测。应具有均匀一致的色泽，不得有明显色差。瓶的表面应光洁、平整，不得有变形和明显的擦痕。不得有砂眼、油污、气泡。瓶口应平整、光滑。

【鉴别】 （1）红外光谱 取本品适量，照包装材料红外光谱测定法（YBB00262004—2015）第四法测定，应与对照图谱基本一致。

（2）密度 取本品 2 g，加水 100 ml，回流 2 小时，放冷，80 ℃干燥 2 小时后，照密度测定法（YBB00132003—2015）测定，应为 0.935～0.965 g/cm³。

【密封性】 取本品适量，于每个瓶内装入适量玻璃球，盖紧瓶盖（带有螺旋盖的试瓶用测力扳手将瓶与盖旋紧，扭矩见表 1），置于带抽气装置的容器中，用水浸没，抽真空至真空度为 27 kPa，维持 2 分钟，瓶内不得有进水或冒泡现象。

表1 瓶与盖的扭矩

盖直径（mm）	扭矩（N·cm）
15～22	59～78
23～48	98～118
49～70	147～176

【振荡试验】 取本品适量，于每个瓶内装入酸性水为标示剂，盖紧瓶盖（带有螺旋盖的试瓶用测力扳手将瓶与盖旋紧，扭矩见表 1）用溴酚蓝试纸（将滤纸浸入稀释 5 倍的溴酚蓝试液，浸透后取出干燥）紧包瓶的颈部，置振荡器（振荡频率为每分钟 200 次±10 次）振荡 30 分钟后，溴酚蓝试纸应不变色。

【水蒸气透过量】 取本品适量，照水蒸气透过量测定法（YBB00092003—2015）第三法（2）在温度 25 ℃±2 ℃，相对湿度 95%±5% 的条件下测定，不得过 100 mg/（24 h·L）。

【炽灼残渣】 取本品 2.0 g，依法检查（《中国药典》2015 年版四部通则 0841），遗留残渣不得过 0.1%（含遮光剂的瓶遗留残渣不得过 3.0%）。

【溶出物试验】 供试液的制备：分别取本品内表面积 600 cm²（分割成长 5 cm，宽 0.3 cm 的小片）3 份，分别置具塞锥形瓶中，加水适量，振摇洗涤小片，弃去水，重复操作两次。在 30～40 ℃干燥后，分别用水（70 ℃±2 ℃）、65%乙醇（70 ℃±2 ℃）、正己烷（58 ℃±2 ℃）200 ml 浸泡 24 小时后，取出放冷至室温，用同批试验用溶剂补充至原体积作为供试液，以同批水、65%乙醇、正己烷为空白液，进行下列试验。

易氧化物 精密量取水供试液 20 ml，精密加入高锰酸钾滴定液（0.002 mol/L）20 ml 与稀硫酸 1 ml，煮沸 3 分钟，迅速冷却，加入碘化钾 0.1 g，在暗处放置 5 分钟，用硫代硫酸钠滴定液（0.01 mol/L）滴定，滴定至近终点时，加入淀粉指示液 5 滴，继续滴定至无色，另取水空白液同法操作，二者消耗硫代硫酸钠滴定液（0.01 mol/L）之差不得过 1.5 ml。

不挥发物 分别精密量取水、65%乙醇、正己烷供试液与空白液各 50 ml 置于已恒重的蒸发皿中，水浴蒸干，105 ℃干燥 2 小时，冷却后精密称定，水供试液不挥发物残渣与其空白液残渣之差不得过 12.0 mg；65%乙醇供试液不挥发物残渣与其空白液残渣之差不得过 50.0 mg；正己烷供试液不挥发物残渣与其空白液残渣之差不得过 75.0 mg。

重金属 精密量取水供试液 20 ml，加醋酸盐缓冲液（pH 3.5）2 ml，依法检查（《中国药典》2015 年版四部通则 0821 第一法），含重金属不得过百万分之一。

【微生物限度】 取本品数只，加入标示容量 1/2 的氯化钠注射液，将盖盖紧，振摇 1 分钟，即得供试液。供试液进行薄膜过滤后，依法检查（《中国药典》2015 年版四部通则 1105、1106），细菌数每瓶不得过 1000 cfu，霉菌和酵母菌数每瓶不得过 100 cfu，大肠埃希菌每瓶不得检出。

【异常毒性】* 取本品数只，用水清洗干净后，剪碎，取 500 cm² （以内表面积计），加入氯化钠注射液 50 ml，置高压蒸气灭菌器 110 ℃保持 30 分钟后取出，冷却后备用，以同批氯化钠注射液做空白，静脉注射，依法检查（《中国药典》2015 年版四部通则 1141），应符合规定。

【贮藏】 固体瓶的内包装用药用聚乙烯塑料袋密封，保存于干燥、清洁处。

附件 检验规则

1. 产品检验分为全项检验和部分检验。

2. 有下列情况之一时，应按标准的要求进行全项检验。

（1）产品注册。

（2）产品出现重大质量事故后重新生产。

（3）监督抽验。

（4）产品停产后重新恢复生产。

3. 产品批准注册后，药包材生产、使用企业在原料产地、添加剂、生产工艺等没有变更的情形下，可按标准的要求，进行除"*"外项目检验。

4. 外观、密封性、振荡试验、水蒸气透过量、微生物限度的检验，按《计数抽样检验程序 第 1 部分：按接收质量限（AQL）检索的逐批检验抽样计划》（GB/T 2828.1—2012）规定进行，检验项目、检验水平及接收质量限见表 2。

注：1. 带*的项目半年内至少检验一次。

2. 与瓶身配套的瓶盖可根据需要选择不同的材料，按标准中的溶出物试验、异常毒性项目进行试验，应符合有关项下的规定。

表 2 检验项目、检验水平及接收质量限

检验项目	检验水平	接收质量限（AQL）
外观	I	4.0
密封性	S-3	4.0
振荡试验	S-3	2.5
水蒸气透过量	S-2	4.0
微生物限度	S-1	1.5

口服固体药用聚酯瓶

Koufuguti Yaoyong Juzhi Ping

PET Bottles for Oral Solid Preparation

本标准适用于以聚对苯二甲酸乙二醇酯（PET）为主要原料，采用注吹成型工艺生产的口服固体制剂用塑料瓶。

【外观】 取本品适量，在自然光线明亮处，正视目测。应具有均匀一致的色泽，不得有明显色差。瓶的表面应光洁、平整，不得有变形和明显的擦痕。不得有砂眼、油污、气泡。瓶口应平整、光滑。

【鉴别】（1）红外光谱 取本品适量，照包装材料红外光谱测定法（YBB00262004—2015）第四法测定，应与对照图谱基本一致。

（2）密度 取本品 2 g，加水 100 ml，回流 2 小时，放冷，80 ℃干燥 2 小时后，照密度测定法（YBB00132003—2015）测定，应为 1.31～1.38 g/cm³。

【密封性】 取本品适量，于每个瓶内装入适量玻璃球，盖紧瓶盖（带有螺旋盖的试瓶用测力扳手将瓶与盖旋紧，扭矩见表1），置于带抽气装置的容器中，用水浸没，抽真空至真空度 27 kPa，维持 2 分钟，瓶内不得有进水或冒泡现象。

表1 瓶与盖的扭矩

盖直径（mm）	扭矩（N·cm）
15～22	59～78
23～48	98～118
49～70	147～176

【振荡试验】 取本品适量，于每个瓶内装入酸性水为标示剂，盖紧瓶盖（带有螺旋盖的试瓶用测力扳手将瓶与盖旋紧，扭矩见表1），用溴酚蓝试纸（将滤纸浸入稀释 5 倍的溴酚蓝试液，浸透后取出干燥）紧包瓶的颈部，置振荡器（振荡频率为每分钟 200 次±10 次）振荡 30 分钟后，溴酚蓝试纸应不得变色。

【水蒸气透过量】 取本品适量，照水蒸气透过量测定法（YBB00092003—2015）第三法（2）在温度 25 ℃±2 ℃，相对湿度 95%±5% 的条件下测定，不得过 100 mg/（24 h·L）。

【乙醛】 照乙醛测定法（YBB00282004—2015）第一法测定，不得过千万分之二。

【炽灼残渣】 取本品 2.0 g，依法检查（《中国药典》2015 年版四部通则 0841），遗留残渣不得过 0.1%。

【溶出物试验】 供试液的制备：分别取本品内表面积 600 cm²（分割成长 5 cm，宽 0.3 cm 的小片）3 份，分置具塞锥形瓶中，加水适量，振摇洗涤小片，弃去水，重复操作两次。在 30～40 ℃干燥后，分别用水（70 ℃±2 ℃）、65%乙醇（70 ℃±2 ℃）、正己烷（58 ℃±2 ℃）200 ml 浸泡 24 小时后，取出放冷至室温，用同批试验用溶剂补充至原体积作为供试液，以同批水、65%乙醇、正己烷为空白液，进行下列试验。

易氧化物 精密量取水供试液 20 ml，精密加入高锰酸钾滴定液（0.002 mol/L）20 ml 与稀硫酸 1 ml，煮沸 3 分钟，迅速冷却，加入碘化钾 0.1 g，在暗处放置 5 分钟，用硫代硫酸钠滴定液（0.01 mol/L）滴定，滴定至近终点时，加入淀粉指示液 5 滴，继续滴定至无色，另取水空白液同法操作，二者消耗硫代硫酸钠滴定液（0.01 mol/L）之差不得过 1.5 ml。

不挥发物 分别精密量取水、65%乙醇、正己烷供试液与空白液各 50 ml 置于已恒重的蒸发皿中，水浴蒸干，105 ℃干燥 2 小时，冷却后精密称定，水供试液不挥发物残渣与其空白液残渣之差不得过 12.0 mg；65%乙醇供试液不挥发物残渣与其空白液残渣之差不得过 50.0 mg；正己烷不挥发物残渣与其空白液残渣之差不得过 75.0 mg。

重金属 精密量取水供试液 20 ml，加醋酸盐缓冲液（pH 3.5）2 ml，依法（《中国药典》2015 年版四部通则 0821 第一法）测定，含重金属不得过百万分之一。

【微生物限度】 取本品数只，加入标示容量 1/2 的氯化钠注射液，将盖盖紧，振摇 1 分钟，即得供试液。供试液进行薄膜过滤后，依法检查（《中国药典》2015 年版四部通则 1105、1106），细菌数每瓶不得过 1000 cfu，霉菌和酵母菌数每瓶不得过 100 cfu，大肠埃希菌每瓶不得检出。

【异常毒性】* 取本品数只，用水清洗干净后，取 500 cm^2（以内表面积计），剪碎，加入氯化钠注射液 50 ml，置高压蒸汽灭菌器 110 ℃保持 30 分钟后取出，冷却后备用，以同批氯化钠注射液做空白，静脉注射，依法检查（《中国药典》2015 年版四部通则 1141），应符合规定。

【贮藏】 固体瓶的内包装用药用聚乙烯塑料袋密封，保存于干燥、清洁处。

附件 检验规则

1. 产品检验分为全项检验和部分检验。

2. 有下列情况之一时，应按标准的要求进行全项检验。

（1）产品注册。

（2）产品出现重大质量事故后重新生产。

（3）监督抽验。

（4）产品停产后重新恢复生产。

3. 产品批准注册后，药包材生产、使用企业在原料产地、添加剂、生产工艺等没有变更的情形下，可按标准的要求，进行除"*"外项目检验。

4. 外观、密封性、振荡试验、水蒸气透过量、微生物限度的检验，按《计数抽样检验程序 第 1 部分：按接收质量限（AQL）检索的逐批检验抽样计划》（GB/T 2828.1—2012）规定进行，检验项目、检验水平及接收质量限见表 2。

注：1. 带*的项目半年内至少检验一次。

2. 与瓶身配套的瓶盖可根据需要选择不同的材料，按标准中的溶出物试验、异常毒性项目进行试验，应符合有关项下的规定。

表 2 检验项目、检验水平及接收质量限

检验项目	检验水平	接收质量限（AQL）
外观	I	4.0
密封性	S-3	4.0
振荡试验	S-3	2.5
水蒸气透过量	S-2	4.0
微生物限度	S-1	1.5

口服固体药用低密度聚乙烯防潮组合瓶盖

Koufuguti Yaoyong Dimidujuyixi Fangchao Zuhe Pinggai

Moistureproof Combinational Closures of LDPE for Oral Solid Preparation

本标准适用于以低密度聚乙烯（LDPE）为主要原料生产的口服固体药用塑料瓶盖，并带有硅胶、大分子筛或混合干燥剂（如硅胶:大分子筛4:6），以纸板为阻隔材料的防潮组合瓶盖。

【外观】 取本品适量，在自然光线明亮处，正视目测。应具有均匀一致的色泽，不得有明显色差。瓶盖的表面应光洁、平整，不得有变形和明显的擦痕。不得有砂眼、油污、气泡。防伪圈连接桥无损坏；透析纸板表面无污物，应平整，与瓶盖配合适宜；干燥剂色泽正常，无污物。

【鉴别】（1）红外光谱* 取瓶盖适量，照包装材料红外光谱测定法（YBB00262004—2015）第四法测定，应与对照图谱基本一致。

（2）密度 取外盖2 g，照密度测定法（YBB00132003—2015）测定，应为0.910～0.935 g/cm^3。

【炽灼残渣】 取外盖2.0 g，依法检查（《中国药典》2015年版四部通则0841），遗留残渣不得过0.1%（含遮光剂的瓶盖炽灼残渣不得过3.0%）。

【干燥剂含水率】 硅胶 在相对湿度不超过75%的环境中，从封闭的包装袋中迅速取出瓶盖，并从瓶盖中取出干燥剂5～7 g，置于已恒重的称量瓶（W_1）中，称重（W_2），置180 ℃±10 ℃烘箱中（从打开瓶盖包装到干燥剂放入烘箱中的总时间不得超过5分钟）至恒重（称重为W_3），按下式计算，含水率不得过4.8%。

$$干燥剂含水率 = \frac{W_2 - W_3}{W_2 - W_1} \times 100\%$$

大分子筛 在相对湿度不超过75%的环境中，从封闭的包装中迅速取出瓶盖适量，用镊子取出瓶盖中的干燥剂，置于已恒重坩埚W_0中（每个坩埚加入8～10 g），精密称定W_1，置于950 ℃高温炉中（从打开瓶盖包装袋到干燥剂放入高温炉中的总时间不得超过5分钟），烘干一小时，取出坩埚，冷却后精密称定W_2，按下式计算，含水率不得过4.8%。

$$干燥剂含水率 = \frac{W_1 - W_2}{W_1 - W_0} \times 100\%$$

硅胶:大分子筛（4:6）混合物 参照大分子筛检验项下方法操作，按下式计算，含水率不得过4.8%。

$$干燥剂含水率 = \frac{W_1 - W_2}{W_1 - W_0} \times 100\% - A \times 5\%$$

（A为硅胶在干燥剂中的百分含量）

【干燥剂饱和吸湿率】 在相对湿度小于75%的环境中，从同一包装袋中取5个成品瓶盖，精密称量W_0，把瓶盖放入温度为23 ℃±2 ℃，相对湿度为75%±5%的恒温恒湿箱中，第8天后取出，称量W_1，小心取下纸板，取出已吸潮的干燥剂；把纸板和瓶盖擦拭干净，合并称量W_2。按下式计算，硅胶、大分子筛、硅胶:大分子筛（4:6）混合干燥剂的饱和吸湿率分别不得低于30%、19%、24%。

$$饱和吸湿率 = \frac{W_1 - W_0}{W_0 - W_2} \times 100\%$$

【干燥剂短期吸湿率】 在相对湿度小于60%的环境中，从同一包装袋中取5个成品瓶盖，精密称量W_0，把瓶盖放入温度为 25 ℃±2 ℃，相对湿度为 60%±5%的恒温恒湿箱中，1 小时后取出，称量 W_1，小心取下纸板，取出已吸潮的干燥剂；把纸板和瓶盖擦拭干净，合并称量 W_2。按下式计算，硅胶、大分子筛、硅胶:大分子筛（4:6）混合干燥剂的短期吸湿率分别不得超过 3%、4.5%、3.5%。

$$短期吸湿率 = \frac{W_1 - W_0}{W_0 - W_2} \times 100\%$$

【抗跌落】 取瓶盖适量，置 1 m 高度处跌落，瓶盖不得破裂、干燥剂不得漏出。

【纸板含水率】 在相对湿度不超过 75%的环境中，从包装袋中取出瓶盖，并从瓶盖中取出纸板 5～7 g，置于已恒重的称量瓶（W_1）中，称重（W_2），置 105 ℃±2 ℃烘箱中，至恒重（称重为 W_3），按下式计算，含水率不得过 6.0%。

$$纸板含水率 = \frac{W_2 - W_3}{W_2 - W_1} \times 100\%$$

【纸板的理化指标】 砷（以 As 计） 取纸板剪碎后称取 2.00 g 置于坩埚中，加氧化镁 1 g 及 15%的硝酸镁溶液 10 ml，混匀，浸泡 4 小时。于低温或置水浴锅上蒸干，用小火炭化至无烟后移入高温炉中加热至 550 ℃，灼烧 3～4 小时，冷却后取出。加 5 ml 水润湿后，用细玻璃棒搅拌，再用少量水洗下玻棒上附着的灰分至坩埚内。放水浴上蒸干后移入高温炉 550 ℃炽灼 2 小时，冷却后取出。加 2 ml 水润湿灰分，再慢慢加入 5 ml 盐酸溶液（1→2），然后将溶液移入测砷装置的锥形瓶中，坩埚用盐酸溶液（1→2）洗涤 3 次，每次 2 ml，再用水洗 3 次，每次 5 ml，洗液均并入锥形瓶中，照砷盐检查法测定（《中国药典》2015 年版四部通则 0822 第一法），含砷不得过 0.0001%。

铅（以 Pb 计） 取纸板剪碎后称取 1.00 g 置于坩埚中，小心炭化，然后移入高温炉中 550 ℃炽灼后，取出坩埚，放冷后再加少量硝酸-高氯酸溶液（4:1），小火加热，不使干涸，必要时再加少许硝酸-高氯酸溶液（4:1），如此反复处理，直至残渣中无炭粒，待坩埚稍冷，加 50 ml 盐酸溶液（1→12）溶解残渣后，照原子吸收分光光度法（《中国药典》2015 年版四部通则 0406）测定，含铅不得过 0.0005%。

荧光检查 取纸板 100 cm²，将接触药物面置于波长 365 nm 和 254 nm 紫外灯下检查，不得有片状荧光。

脱色试验 各取纸片 5 片，分别加入水（60 ℃±2 ℃），正己烷（25 ℃±2 ℃）50 ml 浸泡 2 小时，另取两种同批溶剂作为空白对照液，供试品液颜色不得深于空白对照液。

【溶出物试验】 供试液的制备：分别取瓶盖盖体（分割成长 1 cm，宽 1 cm 的小片）3 份，分置具塞锥形瓶中，加水适量，振摇洗涤小片，弃去水，重复操作两次。分别用水（70 ℃±2 ℃）、65%乙醇（70 ℃±2 ℃）、正己烷（58 ℃±2 ℃）按重量与浸提液体积（0.2 g/ml）的比例浸泡 24 小时后，取出放冷至室温，用同批试验用溶剂补充至原体积，即得供试液，同时以同批水、65%乙醇、正己烷制备空白液。做以下试验。

易氧化物 精密量取水供试液 20 ml，精密加入高锰酸钾滴定液（0.002 mol/L）20 ml 与稀硫酸 1 ml，煮沸 3 分钟，迅速冷却，加入碘化钾 0.1 g，在暗处放置 5 分钟，用硫代硫酸钠滴定液（0.01 mol/L）滴定，滴定至近终点时，加入 5 滴淀粉指示液，继续滴定至无色，另取水空白液同法操作，二者消耗硫代硫酸钠滴定液（0.01 mol/L）之差不得过 1.5 ml。

不挥发物 分别精密量取水、65%乙醇、正己烷供试液与空白液各 50 ml 置于已恒重的蒸发皿中，水浴蒸干，105 ℃干燥 2 小时，冷却后精密称定，水供试液不挥发物残渣与其空白液残渣之差不得过 12.0 mg；65%乙醇不挥发物残渣与其空白液残渣之差不得过 50.0 mg；正己烷不挥发物残渣与其空白液残渣之差不得过 200.0 mg。

重金属 精密量取水供试液 20 ml，加醋酸盐缓冲液（pH 3.5）2 ml，依法检查（《中国药典》2015 年版四部通则 0821 第一法），含重金属不得过百万分之一。

【微生物限度】 取本品数只，在无菌环境下，将无菌棉签用氯化钠注射液稍蘸湿，擦拭瓶盖，每个瓶盖用 2 支棉签擦拭，每支棉签擦拭完后立即剪断（或烧断），投入盛有 10 ml 氯化钠注射液的试管中，振荡混匀，即得供试液。取供试液薄膜过滤，依法检查（《中国药典》2015 年版四部通则 1105、1106），细菌数每个瓶盖不得过 1000 cfu，霉菌和酵母菌数每个瓶盖不得过 100 cfu，大肠埃希菌每个瓶盖不得检出。

【异常毒性】** 取本品数只，将外盖用水清洗干净后，按重量与浸提液体积（0.2 g/ml）的比例，分割成长 1 cm，宽 1 cm 的小片，加入氯化钠注射液 50 ml，置高压蒸汽灭菌器 110 ℃保持 30 分钟后取出，冷却，采用静脉注射，依法检查（《中国药典》2015 年版四部通则 1141），应无异常毒性。

【贮藏】 内包装用符合药用要求的含铝箔复合膜袋密封，保存于干燥、清洁处。

附件 检验规则

1. 产品检验分为全项检验和部分检验。

2. 有下列情况之一时，应按标准的要求进行全项检验。

（1）产品注册。

（2）产品出现重大质量事故后重新生产。

3. 有下列情况之一时，应按标准的要求进行除"**"外项目检验。

（1）监督抽验。

（2）产品停产后重新恢复生产。

4. 产品批准注册后，药包材生产、使用企业在原料产地、添加剂、生产工艺等没有变更的情形下，可按标准的要求，进行除"*"外项目检验。

5. 外观、抗跌落、微生物限度的检验，按《计数抽样检验程序 第 1 部分：按接收质量限（AQL）检索的逐批抽样计划》（GB/T 2828.1—2012）规定进行，检验水平及接收质量限见表 1。

表 1 检验项目、检验水平及接收质量限

检验项目	检验水平	接收质量限（AQL）
外观	I	4.0
微生物限度	S-1	1.5
抗跌落	S-3	2.5

药用复合膜、袋通则

Yaoyong Fuhemo、Dai Tongze

General Requirement for Laminated Films and Pouches for Pharmaceutical Packaging

复合膜系指各种塑料与纸、金属或其他塑料通过黏合剂组合而形成的膜,其厚度一般不大于 0.25 mm。

复合袋系将复合膜通过热合的方法而制成的袋,按制袋形式可分为三边封袋、中封袋、风琴袋、自立袋、拉链袋等。

本标准适用于非注射剂用的药用复合膜、袋。

药用复合膜按材料组合分类,如表 1 所示。

表1 复合膜分类

种类	材质	典型示例
I	纸、塑料	纸或 PT/黏合层/PE 或 EVA、CPP
II	塑料	BOPET 或 BOPP、BOPA/黏合层/PE 或 EVA、CPP
III	塑料、镀铝膜	BOPET 或 BOPP/黏合层/镀铝 CPP BOPET 或 BOPP/黏合层/镀铝 BOPET/黏合层/PE 或 EVA、CPP、EMA、EAA、离子型聚合物
IV	纸、铝箔、塑料	纸或 PT/黏合层/铝箔/黏合层/PE 或 EVA、CPP、EMA、EAA、离子型聚合物 涂层/铝箔/黏合层/PE 或 CPP、EVA、EMA、EAA、离子型聚合物
V	塑料(非单层)、铝箔	BOPET 或 BOPP、BOPA/黏合层/铝箔/黏合层/PE 或 CPP、 EVA、EMA、EAA、离子型聚合物

注:① 玻璃纸简称 PT;双向拉伸聚丙烯简称 BOPP;双向拉伸聚酯简称 BOPET;双向拉伸尼龙简称 BOPA;聚乙烯简称 PE;流延聚丙烯简称 CPP;乙烯与醋酸乙烯酯共聚物简称 EVA;乙烯与丙烯酸共聚物简称 EAA;乙烯与甲基丙烯酸共聚物简称 EMA。

② 复合时可用干法复合或无溶剂复合,这时黏合层为一般的黏合剂。也可用挤出复合,这时黏合层为 PE 或 EVA、EMA、EAA 等树脂。

【外观】 取本品适量,在自然光线明亮处,正视目测。不得有穿孔、异物、异味、粘连、复合层间分离及明显损伤、气泡、皱纹、脏污等缺陷。复合袋的热封部位应平整、无虚封。

【鉴别】 红外光谱 取本品适量,照包装材料红外光谱测定法(YBB00262004—2015)第四法测定,每层应分别与对照图谱基本一致(铝、纸成分可不做)。

【阻隔性能】 水蒸气透过量 选用适宜方法。试验时热封面向低湿度侧,试验温度 38 ℃±0.5 ℃,相对湿度 90%±2%,应符合表 2 的规定。

氧气透过量 选用适宜方法,试验时热封面向氧气低压侧,试验温度 23 ℃±2 ℃。应符合表 2 的规定。

表 2　阻隔性能

种类	水蒸气透过量 [g/（m²·24 h）]	氧气透过量 [cm³/（m²·24 h·0.1 MPa）]
Ⅰ	≤15	≤4000
Ⅱ	≤5.5	≤1500
Ⅲ	≤2.0	≤10
Ⅳ	≤1.5	≤3.0
Ⅴ	≤0.5	≤0.5

【机械性能】　内层与次内层剥离强度　取膜、袋适量，照剥离强度测定法（YBB00102003—2015）测定，纵、横向剥离强度平均值应符合表 3 规定。

【复合袋的热合强度】　照热合强度测定法（YBB00122003—2015）测定。测得值应符合表 3 规定。

表 3　机械性能　　　　　　　　　　　　　　　　单位：mm

项　　目		指标
内层与次内层剥离强度	Ⅰ、Ⅱ、Ⅲ类（双层复合）	≥1.0
	Ⅲ（多层复合）、Ⅳ、Ⅴ类	≥2.5
热合强度	Ⅰ、Ⅱ、Ⅲ类（双层复合）	≥7.0
	Ⅲ（多层复合）、Ⅳ、Ⅴ类	≥12

【溶剂残留量】　取样品适量，裁取内表面积 0.02 m²，将其迅速裁成 10 mm×30 mm 碎片，照包装材料溶剂残留量（YBB00312004—2015）测定法测定，溶剂残留总量不得过 5.0 mg/m²，其中苯及苯类每个溶剂残留量均不得检出。

【袋的耐压性能】　取 5 个袋，袋内填充约二分之一袋容量的水，并热合封口（参照生产工艺采用的热合条件）。将试样逐个放在上、下板之间，试验中上、下板应保持水平，不变形，与袋的接触面必须光滑，上、下板的面积应大于试验袋。根据表 4 规定加砝码保持 1 分钟（负荷为上加压板与砝码重量之和），目视，不得破裂或泄漏。

表 4　袋的耐压性能

袋与内装物总质量（g）	负荷（N）	
	三边封袋	其他袋
<30	100	80
31～100	200	120
101～400	400	200
401～1000	600	300

【袋的跌落性能】　取 5 个袋，袋内填充约二分之一袋容量的水，并热合封口（参照生产工艺采用的热合条件）。将试样按表 5 高度逐个自由落于光滑、坚硬的水平面（如水泥地面）。目视，不得破裂。

表 5　袋的抗跌落

袋与内装物总质量（g）	跌落高度（mm）
＜100	800
101～400	500
401～1000	300

【溶出物试验】　供试液的制备：取本品适量，分别取内表面积 600 cm²（分割成长 3 cm，宽 0.3 cm 的小片）三份置具塞锥形瓶中，加水（70 ℃±2 ℃）、65%乙醇（70 ℃±2 ℃）、正己烷（58 ℃±2 ℃）200 ml 浸泡 2 小时后取出放冷至室温，用同批试验用溶剂补充至原体积作为供试液，以同批水、65%乙醇、正己烷为空白液，进行下列试验。

易氧化物　精密量取水供试液 20 ml，精密加入高锰酸钾滴定液（0.002 mol/L）20 ml 与稀硫酸 1 ml，煮沸 3 分钟，迅速冷却，加入碘化钾 0.1 g，在暗处放置 5 分钟，用硫代硫酸钠滴定液（0.01 mol/L）滴定，滴定至近终点时，加入淀粉指示液 5 滴，继续滴定至无色，另取水空白液同法操作，二者消耗硫代硫酸钠滴定液（0.01 mol/L）之差不得过 1.5 ml。

不挥发物　分别精密量取水、65%乙醇、正己烷供试液与空白液各 100 ml 置于已恒重的蒸发皿中，水浴蒸干，105 ℃干燥 2 小时，冷却后精密称定，水不挥发物残渣与空白液之差不得过 30.0 mg；65%乙醇不挥发物残渣与空白液残渣之差不得过 30.0 mg；正己烷不挥发物残渣与空白液残渣之差不得过 30.0 mg。

重金属　精密量取水供试液 20 ml，加醋酸盐缓冲液（pH 3.5）2 ml，依法检查（《中国药典》2015 年版四部通则 0821 第一法），含重金属不得过百万分之一。

【微生物限度】　取本品用开孔面积为 20 cm² 的消毒过的金属模板压在内层面上，将无菌棉签用氯化钠注射液稍蘸湿，在板孔范围内擦抹 5 次，换 1 支棉签再擦抹 5 次，每个位置用 2 支棉签共擦抹 10 次，共擦抹 5 个位置 100 cm²。每支棉签抹完后立即剪断（或烧断），投入盛有 30 ml 氯化钠注射液的锥形瓶（或大试管）中，全部擦抹棉签投入瓶中后，将瓶迅速摇晃 1 分钟，静置 10 分钟，即得供试品溶液。供试品溶液进行薄膜过滤后，依法检查（《中国药典》2015 年版四部通则 1105、1106）。应符合表 6 的规定。

表 6　微生物限度

项　　　目	一般复合膜、袋	外用药复合膜、袋	栓剂用复合膜、袋
细菌数（cfu/100 cm²）	≤1000	≤100	≤100
霉菌和酵母菌数（cfu/100 cm²）	≤100	≤100	≤10
大肠埃希菌	不得检出	—	—
金黄色葡萄球菌	—	不得检出	不得检出
铜绿假单胞菌	—	不得检出	不得检出

注："—"为每 100 cm² 中不得检出。

【异常毒性】　取本品 500 cm²，剪碎（长 3 cm，宽 0.3 cm）。加入氯化钠注射液 50 ml，置高压蒸汽灭菌器 110 ℃保持 30 分钟后取出，冷却后备用，以同批氯化钠注射液做空白，静脉注射，依法检查（《中国药典》2015 年版四部通则 1141），应符合规定。

附件　检验规则

1. 产品检验分为全项检验和部分检验。

2. 有下列情况之一时，应按标准的要求进行全项检验。

（1）产品注册。

（2）产品出现重大质量事故后重新生产。

（3）监督抽验。

（4）产品停产后重新恢复生产。

3. 外观检验：复合膜按每卷取 2 m 进行检验；复合袋按《计数抽样检验程序　第 1 部分：按接收质量限（AQL）检索的逐批检验抽样计划》（GB/T 2828.1—2012）规定进行，检验水平为Ⅱ，接收质量限为 6.5。

4. 尺寸偏差见表 7。

表 7　尺寸偏差

项　　目	膜	袋
厚度偏差（%）	±10	—
平均厚度偏差（%）	±10	±10
热封宽度偏差（%）	—	±20
热合边与袋边的距离（mm）	—	≤4

聚酯/铝/聚乙烯药用复合膜、袋

Juzhi/Lü/Juyixi Yaoyong Fuhemo、Dai

Laminated Film and Pouches (PET/Al/PE) for Pharmaceutical Packaging

本品系指聚酯（PET）与铝（Al）及聚乙烯（PE）通过黏合剂复合而成的膜以及用上述膜通过热合的方法而制成的袋。

本标准适用于固体药品包装用的复合膜、袋。

【外观】 取本品适量，照药用复合膜、袋通则（YBB00132002—2015）外观项下的方法检查，应符合规定。

【鉴别】 红外光谱 取本品适量，照包装材料红外光谱测定法（YBB00262004—2015）第四法测定，PET 及 PE 层应分别与对照图谱基本一致。

【阻隔性能】 水蒸气透过量 取本品适量，照水蒸气透过量测定法（YBB00092003—2015）第一法或第二法或第四法测定，试验时 PE 层面向低湿度侧，试验温度 38 ℃±2 ℃，相对湿度 90%±5%，不得过 0.5 g/（m^2·24 h）。

氧气透过量 取本品适量，照气体透过量测定法（YBB00082003—2015）第一法或第二法测定，试验时 PE 层面向氧气低压侧，不得过 0.5 cm^3/（m^2·24 h·0.1 MPa）。

【机械性能】 **PE 层与 Al 层剥离强度** 照药用复合膜、袋通则（YBB00132002—2015）中内层与次内层剥离强度项下的方法测定，纵、横向剥离强度平均值均不得低于 2.5 N/15 mm。

【热合强度】（膜） 裁取 100 mm×100 mm 试片 4 片，将任意两个试片 PE 面叠合，置热封仪上进行热合，热合温度 150～170 ℃，压力 0.2～0.3 MPa，时间 1 秒。照热合强度测定法（YBB00122003—2015）测定，平均值不得低于 12 N/15 mm。

（袋） 照热合强度测定法（YBB00122003—2015）测定，平均值不得低于 12 N/15 mm。

【溶剂残留量】【袋的耐压性能】【袋的跌落性能】【溶出物试验】【微生物限度】【异常毒性】*照药用复合膜、袋通则（YBB00132002—2015）标准项下检查，均应符合规定。

【贮藏】 内包装用药用低密度聚乙烯袋密封，保持于清洁、通风处。

附件 检验规则

1. 产品检验分为全项检验和部分检验。

2. 有下列情况之一时，应按标准的要求进行全项检验。

（1）产品注册。

（2）产品出现重大质量事故后重新生产。

（3）监督抽验。

（4）产品停产后重新恢复生产。

3. 产品批准注册后，药包材生产、使用企业在原料产地、添加剂、生产工艺等没有变更的情形下，可按标准的要求，进行除"*"外项目检验。

注：带*的项目半年内至少检验一次。

4. 尺寸偏差见表1。

表 1　尺寸偏差

项　　目	膜	袋
厚度偏差（%）	±10	—
平均厚度偏差（%）	±10	±10
热封宽度偏差（%）	—	±20
热合边与袋边的距离（mm）	—	≤4

聚酯/低密度聚乙烯药用复合膜、袋

Juzhi/Dimidujuyixi Yaoyong Fuhemo、Dai

Laminated Film and Pouches (PET/LDPE) for Pharmaceutical Packaging

本品系指聚酯（PET）与低密度聚乙烯（LDPE）通过黏合剂复合而成的膜以及用上述膜通过热合方法制成的袋。

本标准适用于固体药品包装用的复合膜、袋。

【外观】 取本品适量，照药用复合膜、袋通则（YBB00132002—2015）外观项下的方法检查，应符合规定。

【鉴别】 红外光谱 取本品适量，照包装材料红外光谱测定法（YBB00262004—2015）第四法测定，PET 及 LDPE 层应分别与对照图谱基本一致。

【阻隔性能】 水蒸气透过量 取本品适量，照水蒸气透过量测定法（YBB00092003—2015）第一法或第二法或第四法测定，试验时 PE 层面向低湿度侧，试验温度 38 ℃±2 ℃，相对湿度 90%±5%，不得过 5.5 g/（m^2·24 h）。

氧气透过量 取本品适量，照气体透过量测定法（YBB00082003—2015）第一法测定，试验时 PE 层面向氧气低压侧，不得过 1500 cm^3/（m^2·24 h·0.1 MPa）。

【机械性能】 PET 层与 LDPE 层剥离强度 照药用复合膜、袋通则（YBB00132002—2015）内层与次内层剥离强度项下的方法测定，纵、横向剥离强度平均值均不得低于 1.0 N/15 mm。

【热合强度】（膜） 裁取 100 mm×100 mm 试片 4 片，将任意两个试片 LDPE 面叠合，置热封仪上进行热合，热合温度 145～160 ℃，压力 0.2～0.3 MPa，时间 1 秒。照热合强度测定法（YBB00122003—2015）测定，平均值不得低于 7.0 N/15 mm。

（袋） 照热合强度测定法（YBB00122003—2015）测定，平均值不得低于 7.0 N/15 mm。

【溶剂残留量】【袋的耐压性能】【袋的跌落性能】【溶出物试验】【微生物限度】【异常毒性】*照药用复合膜、袋通则（YBB00132002—2015）标准项下检查，均应符合规定。

【贮藏】 内包装用药用低密度聚乙烯袋密封，保持于清洁、通风处。

附件 检验规则

1. 产品检验分为全项检验和部分检验。

2. 有下列情况之一时，应按标准的要求进行全项检验。

（1）产品注册。

（2）产品出现重大质量事故后重新生产。

（3）监督抽验。

（4）产品停产后重新恢复生产。

3. 产品批准注册后，药包材生产、使用企业在原料产地、添加剂、生产工艺等没有变更的情形下，可按标准的要求，进行除"*"外项目检验。

注：带*的项目半年内至少检验一次。

4. 尺寸偏差见表 1。

表 1　尺寸偏差

项　目	膜	袋
厚度偏差（%）	±10	—
平均厚度偏差（%）	±10	±10
热封宽度偏差（%）	—	±20
热合边与袋边的距离（mm）	—	≤4

双向拉伸聚丙烯/低密度聚乙烯药用复合膜、袋

Shuangxianglashen Jubingxi/Dimidujuyixi Yaoyong Fuhemo、Dai

Laminated Film and Pouches (BOPP/LDPE) for Pharmaceutical Packaging

本品系指双向拉伸聚丙烯（BOPP）与低密度聚乙烯（LDPE）通过黏合剂复合而成的膜以及用上述膜通过热合的方法制成的袋。

本标准适用于固体药品包装用的复合膜、袋。

【外观】 取本品适量，照药用复合膜、袋通则（YBB00132002—2015）外观项下的方法检查，应符合规定。

【鉴别】 红外光谱 取本品适量，照包装材料红外光谱测定法（YBB00262004—2015）第四法测定，BOPP 及 LDPE 层应分别与对照图谱基本一致。

【阻隔性能】 水蒸气透过量 取本品适量，照水蒸气透过量测定法（YBB00092003—2015）第一法或第二法或第四法测定，试验时 LDPE 层面向低湿度侧，试验温度 38 ℃±2 ℃，相对湿度 90%±5%，不得过 5.5 g/（m² · 24 h）。

氧气透过量 取本品适量，照气体透过量测定法（YBB00082003—2015）第一法测定，试验时 LDPE 层面向氧气低压侧，不得过 1500 cm³/（m² · 24 h · 0.1 MPa）。

【机械性能】 BOPP 层与 LDPE 层剥离强度 照药用复合膜、袋通则（YBB00132002—2015）内层与次内层剥离强度项下的方法测定，纵、横向剥离强度平均值均不得低于 1.0 N/15 mm。

【热合强度】（膜） 裁取 100 mm×100 mm 试片 4 片，将任意两个试片 LDPE 面叠合，置热封仪上进行热合，热合温度 145～160 ℃，压力 0.2～0.3 MPa，时间 1 秒。照热合强度测定法（YBB00122003—2015）测定，平均值不得低于 7.0 N/15 mm。

（袋） 照热合强度测定法（YBB00122003—2015）测定，平均值不得低于 7.0 N/15 mm。

【溶剂残留量】【袋的耐压性能】【袋的跌落性能】【溶出物试验】【微生物限度】【异常毒性】*
照药用复合膜、袋通则（YBB00132002—2015）标准项下的方法检查，均应符合规定。

【贮藏】 内包装用药用低密度聚乙烯袋密封，保持于清洁、通风处。

附件 检验规则

1. 产品检验分为全项检验和部分检验。

2. 有下列情况之一时，应按标准的要求进行全项检验。

（1）产品注册。

（2）产品出现重大质量事故后重新生产。

（3）监督抽验。

（4）产品停产后重新恢复生产。

3. 产品批准注册后，药包材生产、使用企业在原料产地、添加剂、生产工艺等没有变更的情形下，可按标准的要求，进行除"*"外项目的检验。

注：带*的项目半年内至少检验一次。

4. 尺寸偏差见表1。

表 1　尺寸偏差

项　　目	膜	袋
厚度偏差（%）	±10	—
平均厚度偏差（%）	±10	±10
热封宽度偏差（%）	—	±20
热合边与袋边的距离（mm）	—	≤4

双向拉伸聚丙烯/真空镀铝流延聚丙烯药用复合膜、袋

Shuangxianglashenjubingxi/Zhenkongdulüliuyanjubingxi Yaoyong Fuhemo、Dai

Laminated Film and Pouches (BOPP/VMCPP) for Pharmaceutical Packaging

本品的复合膜系指双向拉伸聚丙烯（BOPP）与真空镀铝流延聚丙烯（VMCPP）通过黏合剂复合而成的膜以及用上述膜通过热合的方法制成的袋。

本标准适用于固体药品包装用的复合膜、袋。

【外观】 取本品适量，照药用复合膜、袋通则（YBB00132002—2015）外观项下的方法检查，应符合规定。

【鉴别】 红外光谱* 取本品适量，照包装材料红外光谱测定法（YBB00262004—2015）第四法测定，BOPP 层及 VMCPP 层应分别与对照图谱基本一致。

【阻隔性能】 水蒸气透过量 取本品适量，照水蒸气透过量测定法（YBB00092003—2015）第二法或第四法测定，试验时 VMCPP 层面向低湿度侧，试验温度 38 ℃±2 ℃，相对湿度 90%±5%，不得过 2.0 g/（m²·24 h）。

氧气透过量 取本品适量，照气体透过量测定法（YBB00082003—2015）第一法测定，试验时 VMCPP 层面向氧气低压侧，不得过 10 cm³/（m²·24 h·0.1 MPa）。

【机械性能】 BOPP 层与 VMCPP 层剥离强度 取本品适量，照剥离强度测定法（YBB00102003—2015）测定，纵、横向剥离强度平均值均不得低于 1.0 N/15 mm。

【热合强度】（膜） 裁取 100 mm×100 mm 试片 4 片，将任意两个试片 VMCPP 面叠合，置热封仪上进行热合，热合温度 120～160 ℃，压力 0.2～0.3 MPa，时间 1 秒。照热合强度测定法（YBB00122003—2015）测定，平均值不得低于 7.0 N/15 mm。

（袋） 取本品适量，照热合强度测定法（YBB00122003—2015）测定，平均值不得低于 7.0 N/15 mm。

【溶剂残留量】【袋的耐压性能】【袋的跌落性能】【溶出物试验】【微生物限度】【异常毒性】** 照药用复合膜、袋通则（YBB00132002—2015）标准项下检查，均应符合规定。

【贮藏】 内包装用药用低密度聚乙烯袋密封，保持于清洁、通风处。

附件 检验规则

1. 产品检验分为全项检验和部分检验。

2. 有下列情况之一时，应按标准的要求进行全项检验。

（1）产品注册。

（2）产品出现重大质量事故后重新生产。

3. 有下列情况之一时应按标准的要求，进行除"**"外项目检验。

（1）监督抽验。

（2）产品停产后重新恢复生产。

4. 产品批准注册后，药包材生产、使用企业在原料产地、添加剂、生产工艺等没有变更的情形下，可按标准的要求，进行除"*"、"**"外项目检验。

5. 尺寸偏差见表1。

表1　尺寸偏差

项　　目	膜	袋
厚度偏差（%）	±10	—
平均厚度偏差（%）	±10	±10
热封宽度偏差（%）	—	±20
热合边与袋边的距离（mm）	—	≤4

玻璃纸/铝/聚乙烯药用复合膜、袋

Bolizhi/Lü/Juyixi Yaoyong Fuhemo、Dai

Laminated Film and Pouches (PT/Al/PE) for Pharmaceutical Packaging

　　玻璃纸是一种再生纤维素加工的透明纸，英文名称为 plane transparent cellophane，简称 PT，又称为赛璐玢（cellophane）。

　　本品的膜系指玻璃纸（PT）、铝（Al）与聚乙烯（PE）复合而成的膜。本品的袋系指用上述膜通过热合的方法制成的袋。

　　本标准适用于固体药品包装用的复合膜、袋。

　　【外观】 取本品适量，照药用复合膜、袋通则（YBB00132002—2015）外观项下的方法检查，应符合规定。

　　【鉴别】 红外光谱* 取本品适量，照包装材料红外光谱测定法（YBB00262004—2015）第四法测定，PT 及 PE 层应分别与对照图谱基本一致。

　　【阻隔性能】 水蒸气透过量 取本品适量，照水蒸气透过量测定法（YBB00092003—2015）第二法试验条件 B 或第四法试验条件 2 测定，试验时 PE 层面向低湿度侧，不得过 0.5 g/（$m^2 \cdot 24$ h）。

　　氧气透过量 取本品适量，照气体透过量测定法（YBB00082003—2015）第一法或第二法测定，试验时 PE 层面向氧气低压侧，不得过 0.5 cm^3/（$m^2 \cdot 24$ h $\cdot$ 0.1 MPa）。

　　【机械性能】 Al 层与 PE 层剥离强度 取本品适量，照剥离强度测定法（YBB00102003—2015）测定，纵、横向剥离强度平均值均不得低于 2.5 N/15 mm。

　　【热合强度】（膜） 裁取 100 mm×100 mm 试片 4 片，将任意两个试片 PE 面叠合，置热封仪上进行热合，热合温度 120～160 ℃，压力 0.2～0.3 MPa，时间 1 秒。照热合强度测定法（YBB00122003—2015）测定，平均值不得低于 12 N/15 mm。

　　（袋） 取本品适量，照热合强度测定法（YBB00122003—2015）测定，平均值不得低于 12 N/15 mm。

　　【溶出物试验】 供试液的制备：取本品适量，制成内表面积（不含热封边）约 150 cm^2 的三边封袋 12 个，取 4 个袋分别加水 50 ml，赶走袋内气泡，使袋处于竖直状态，将第四边水平放置于热封仪的热封条上，热合封口，于 70 ℃±2 ℃浸泡 2 小时后取出，放冷至室温，倒出袋内溶液合并得水浸液，即得供试液。另取具塞锥形瓶加水 200 ml，70 ℃±2 ℃放置 2 小时后取出，放冷至室温得空白液。同法制备 65%乙醇（70 ℃±2 ℃）供试液、正己烷（58 ℃±2 ℃）供试液及其空白液，进行下列试验。

　　易氧化物 精密量取水供试液 20 ml，精密加入高锰酸钾滴定液（0.002 mol/L）20 ml 与稀硫酸 1 ml，煮沸 3 分钟，迅速冷却，加入碘化钾 0.1 g，在暗处放置 5 分钟，用硫代硫酸钠滴定液（0.01 mol/L）滴定，滴定至近终点时，加入淀粉指示液 5 滴，继续滴定至无色，另取水空白液同法操作，二者消耗硫代硫酸钠滴定液（0.01 mol/L）之差不得过 1.5 ml。

　　不挥发物 分别精密量取水、65%乙醇、正己烷供试液与空白液各 100 ml 置于已恒重的蒸发皿中，水浴蒸干，105 ℃干燥 2 小时，冷却后精密称定，水不挥发物残渣与其空白液残渣之差不得过 30.0 mg；65%乙醇不挥发物残渣与其空白液残渣之差不得过 30.0 mg；正己烷不挥发物残渣与其空白液残渣之差不得过 30.0 mg。

　　重金属 精密量取水供试液 20 ml，加醋酸盐缓冲液（pH 3.5）2 ml，依法检查（《中国药典》2015 年版四部通则 0821 第一法），含重金属不得过百万分之一。

【溶剂残留量】【袋的耐压性能】【袋的跌落性能】【微生物限度】【异常毒性】** 照药用复合膜、袋通则（YBB00132002—2015）标准项下检查，均应符合规定。

【贮藏】 内包装用药用低密度聚乙烯袋密封，保持于清洁、通风处。

附件　检验规则

1. 产品检验分为全项检验和部分检验。

2. 有下列情况之一时，应按标准的要求进行全项检验。

（1）产品注册。

（2）产品出现重大质量事故后重新生产。

3. 有下列情况之一时应按标准的要求，进行除"**"外项目检验。

（1）监督抽验。

（2）产品停产后重新恢复生产。

4. 产品批准注册后，药包材生产、使用企业在原料产地、添加剂、生产工艺等没有变更的情形下，可按标准的要求，进行除"*"、"**"项目外项目检验。

5. 尺寸偏差见表1。

表1　尺寸偏差

项　　目	膜	袋
厚度偏差（%）	±10	—
平均厚度偏差（%）	±10	±10
热封宽度偏差（%）	—	±20
热合边与袋边的距离（mm）	—	≤4

聚氯乙烯固体药用硬片

Julüyixi Guti Yaoyong Yingpian

PVC Sheet for Solid Preparation

本标准适用于以聚氯乙烯（PVC）树脂为主要原料制成的硬片，用于固体药品（片剂、胶囊剂等）泡罩包装。

【外观】 取本品适量，在自然光线明亮处，正视目测。应色泽均匀，不允许有凹凸发皱、油污、异物、穿孔、杂质。每 100 cm² 中，1.3 mm 及 1.3 mm 以下的晶点不得过 3 颗，不得有 1.3 mm 以上的晶点。

【鉴别】（1）红外光谱* 取本品适量，照包装材料红外光谱测定法（YBB00262004—2015）第四法测定，应与对照图谱基本一致。

（2）密度 取本品约 2 g，照密度测定法（YBB00132003—2015）测定，应为 1.35～1.45 g/cm³。

【物理性能】 水蒸气透过量 取本品适量，照水蒸气透过量测定法（YBB00092003—2015）第一法试验条件 A 或第二法（试验温度 23 ℃±0.5 ℃，相对湿度 90%±2%）或第四法（试验温度 23 ℃±0.5 ℃，相对湿度 90%±2%）测定，不得过 2.5 g/（m²·24 h）。

氧气透过量 取本品适量，照气体透过量测定法（YBB00082003—2015）第一法测定，不得过 30 cm³/（m²·24 h·0.1 MPa）。

拉伸强度 取本品适量，照拉伸性能测定法（YBB00112003—2015）测定，试验速度（空载）100 mm/min± 10 mm/min，试样为 I 型。纵向、横向拉伸强度平均值均不得低于 44 MPa。

耐冲击 取本品适量，裁取 150 mm×50 mm 试片，纵、横向各 5 片。试样在温度 23 ℃±2 ℃，相对湿度 50%±5% 的环境中，放置 4 小时以上，并在上述条件下进行试验。将试样固定在落球冲击试验机上，跨距为 100 mm。按表 1 选取钢球和落球高度，使钢球自由落下于跨距中央部位，纵、横向均不得有 2 片以上破损。

表 1 钢球和落球高度的选择

单位：mm

样品厚度	落球高度	钢球直径
0.20～0.30	600	25（60 g±6 g）
0.31～0.40	600	28.6（100 g±10 g）

加热伸缩率 取本品适量，照加热伸缩率测定法（YBB00292004—2015）测定，伸缩率应在±6%以内。

热合强度 取本品适量，裁取 100 mm×100 mm 试样 2 片，与同样尺寸的药用铝箔（YBB00152002—2015）叠合，在热封仪上进行热合，热合温度 150 ℃±5 ℃，压力 0.4 MPa，时间 1 秒。照热合强度测定法（YBB00122003—2015）测定，不得低于 7.0 N/15 mm。

【氯乙烯单体】 取本品适量，照氯乙烯单体测定法（YBB00142003—2015）测定，不得过百万分之一。

【溶出物试验】 供试液的制备：取本品适量，分别裁取内表面积 300 cm²（分割成长 3 cm，宽 0.3 cm 的小片）3 份，用适量水清洗，一份置 500 ml 具塞锥形瓶中，加水 200 ml，密闭，置高压蒸汽灭菌器内，121 ℃±2 ℃加热 30 分钟取出，放冷至室温；另两份分别置具塞锥形瓶中，一份加 65%乙醇 200 ml，置 70 ℃±2 ℃恒温水浴保持 2 小时，另一份加正己烷 200 ml，置 58 ℃±2 ℃恒温水浴保持 2 小时，取出，放冷至室温，即得供试液。同时以同批水、65%乙醇、正己烷制备空白液，进行下列试验。

澄清度　取水供试液 10 ml，依法检查（《中国药典》2015 年版四部通则 0902），溶液应澄清。如显浑浊，与 2 号浊度标准液比较，不得更浓。

易氧化物　精密量取水供试液 20 ml，精密加入高锰酸钾滴定液（0.002 mol/L）20 ml 与稀硫酸 1 ml，煮沸 3 分钟，迅速冷却，加碘化钾 0.1 g，在暗处放置 5 分钟，用硫代硫酸钠滴定液（0.01 mol/L）滴定，滴定至近终点时，加入淀粉指示液 5 滴，继续滴定至无色。另取水空白液同法操作，二者消耗硫代硫酸钠滴定液（0.01 mol/L）之差不得过 1.5 ml。

不挥发物　分别精密量取水、65%乙醇、正己烷供试液与对应空白液各 100 ml，分别置于已恒重的蒸发皿中，水浴蒸干，在 105 ℃干燥至恒重，水不挥发物与其空白液残渣之差不得过 30.0 mg；65%乙醇不挥发物与其空白液残渣之差不得过 30.0 mg；正己烷不挥发物与其空白液残渣之差不得过 30.0 mg。

重金属　精密量取水供试液 20 ml，加醋酸盐缓冲液（pH 3.5）2 ml，依法检查（《中国药典》2015 年版四部通则 0821 第一法），含重金属不得过百万分之一。

【钡】*　称取本品 2 g，置坩埚中，缓缓炽灼至炭化。放冷，加盐酸 1 ml 溶解后，蒸干，在 800 ℃炽灼使完全灰化。放冷，残渣用 1 mol/L 盐酸 10 ml 溶解，过滤，滤液中加稀硫酸 1 ml，摇匀，不得发生浑浊。

【微生物限度】　取本品用开孔面积为 20 cm^2 的消毒过的金属模板压在内层面上，将无菌棉签用氯化钠注射液稍蘸湿，在板孔范围内擦抹 5 次，换 1 支棉签再擦抹 5 次，每个位置用 2 支棉签共擦抹 10 次，共擦抹 5 个位置 100 cm^2。每支棉签抹完后立即剪断（或烧断），投入盛有 30 ml 氯化钠注射液的锥型瓶（或大试管）中。全部擦抹棉签投入瓶中后，将瓶迅速摇晃 1 分钟，即得供试液，供试液进行薄膜过滤后，依法检查（《中国药典》2015 年版四部通则 1105、1106）。细菌数不得过 1000 cfu/100 cm^2，霉菌和酵母菌数不得过 100 cfu/100 cm^2，大肠埃希菌不得检出。

【异常毒性】**　取本品 500 cm^2（以内表面积计），剪碎（长 3 cm，宽 0.3 cm 的小片），加入氯化钠注射液 50 ml，置高压蒸汽灭菌器 110 ℃保持 30 分钟后取出，冷却备用，采用静脉注射，依法检查（《中国药典》2015 年版四部通则 1141），应符合规定。

【贮藏】　内包装用药用低密度聚乙烯袋密封，保存于清洁、通风处。

附件　检验规则

1. 产品检验分为全项检验和部分检验。

2. 有下列情况之一时，应按标准的要求进行全项检验。

（1）产品注册。

（2）产品出现重大质量事故后重新生产。

3. 有下列情况之一时，应按标准的要求进行除"**"外项目检验。

（1）监督抽验。

（2）产品停产后重新恢复生产。

4. 产品批准注册后，药包材生产、使用企业在原料产地、添加剂、生产工艺等没有变更的情形下，可按标准的要求，进行除"*"、"**"外项目检验。

5. 外观检验：硬片按每卷取 2 m 进行检验。应符合表 2 规定。

表 2　尺寸偏差

单位：mm

项　目	规格尺寸	偏差
宽　度	≥300	±2
	<300	±1
厚　度	0.20～0.40	±0.02

聚氯乙烯/低密度聚乙烯固体药用复合硬片

Julüyixi/Dimidujuyixi Guti Yaoyong Fuhe Yingpian

PVC/LDPE Composite Sheet for Solid Preparation

本标准适用于以聚氯乙烯（PVC）硬片为基材，复合低密度聚乙烯（LDPE）而制成的复合硬片。适用于固体药品（片剂、胶囊剂等）泡罩包装。

【外观】 取本品适量，在自然光线明亮处，正视目测。应色泽均匀，不允许有凹凸发皱、油污、异物、穿孔、杂质。每 100 cm² 中，1.3 mm 及 1.3 mm 以下的晶点，不得过 3 颗，不得有 1.3 mm 以上的晶点。

【鉴别】 红外光谱* 取本品适量，照包装材料红外光谱测定法（YBB00262004—2015）第四法测定，PVC 与 LDPE 应分别与对照图谱基本一致。

【物理性能】 水蒸气透过量 取本品适量，照水蒸气透过量测定法（YBB00092003—2015）第一法试验条件 A 测定或第二法（试验温度 23 ℃±0.5 ℃，相对湿度 90%±2%）或第四法（试验温度 23 ℃±0.5 ℃，相对湿度 90%±2%）测定，试验时 LDPE 面向低湿度侧，应符合表 1 的规定。

氧气透过量 取本品适量，照气体透过量测定法（YBB00082003—2015）第一法测定，试验时 LDPE 面向氧气低压侧，应符合表 1 的规定。

表 1 物理性能

规格（mm）	水蒸气透过量 [g/（m²·24 h）]	氧气透过量 [cm³/（m²·24 h·0.1 MPa）]
0.15	≤2.8	≤20
0.30	≤2.5	

拉伸强度 取本品适量，照拉伸性能测定法（YBB00112003—2015）测定，试验速度（空载）100 mm/min± 10 mm/min，试样为Ⅰ型。纵向、横向拉伸强度平均值均不得低于 40 MPa。

耐冲击 取本品适量，裁取 150 mm×50 mm 试片，纵、横向各 5 片。试样应在温度 23 ℃±2 ℃，相对湿度 50%±5%的环境中，放置 4 小时以上，并在上述条件下进行试验。将试样（LDPE 面向上）固定于落球冲击试验机上，跨距 100 mm，按表 2 选用钢球和落球高度，使钢球自由落下于跨距中央部位，纵、横向均不得有两片以上破损。

表 2 钢球和落球高度的选择

单位：mm

样品厚度	落球高度	钢球直径
0.10～0.20	300	25（60 g±6 g）
0.21～0.30	600	28.6（100 g±10 g）

加热伸缩率 取本品适量，照加热伸缩率测定法（YBB00292004—2015）测定，伸缩率应在±6%以内。

热合强度 取本品适量，裁取 100 mm×100 mm 试片 2 片，将复合硬片的 LDPE 面与同样尺寸复合硬片的 LDPE 面自身叠合，在热封仪上进行热合，热合温度 150 ℃±5 ℃，压力 0.2 MPa，时间 1 秒。照热合强度测定法（YBB00122003—2015）测定，不得低于 6.0 N/15 mm。

【溶剂残留量】 取本品适量，裁取内表面积 0.02 m²，照包装材料溶剂残留量测定法（YBB00312004—2015）测定，溶剂残留总量不得过 5.0 mg/m²，其中苯及苯类每个溶剂残留量均不得检出。

【氯乙烯单体】 取本品适量，照氯乙烯单体测定法（YBB00142003—2015）测定，不得过百万分之一。

【溶出物试验】 供试液的制备：取本品适量，分别裁取内表面积 300 cm²（分割成长 3 cm，宽 0.3 cm 的小片），用适量水清洗，一份置 500 ml 具塞锥形瓶中，加水 200 ml，密闭，置高压蒸汽灭菌器内，121 ℃±2 ℃保持 30 分钟取出，放冷至室温；另两份分别置具塞锥形瓶中，一份加 65%乙醇 200 ml，置 70 ℃±2 ℃恒温水浴 2 小时；另一份加正己烷 200 ml，置 58 ℃±2 ℃恒温水浴 2 小时，取出，放冷至室温，即得供试液；并同时以同批水、65%乙醇、正己烷制备空白液，进行下列试验。

澄清度 取水供试液 10 ml，依法检查（《中国药典》2015 年版四部通则 0902），溶液应澄清。如显浑浊，与 2 号浊度标准液比较，不得更浓。

易氧化物 分别精密量取水供试液 20 ml，精密加入高锰酸钾滴定液（0.002 mol/L）20 ml 与稀硫酸 1 ml，煮沸 3 分钟，迅速冷却，加入碘化钾 0.1 g，在暗处放置 5 分钟，用硫代硫酸钠滴定液（0.01 mol/L）滴定，滴定至近终点时，加入 5 滴淀粉指示液，继续滴定至无色。另取水空白液同法操作，两者消耗硫代硫酸钠滴定液（0.01 mol/L）的体积之差不得过 1.5 ml。

不挥发物 精密量取水、65%乙醇、正己烷供试液与对应空白液各 100 ml，分别置于已恒重的蒸发皿中，水浴蒸干，在 105 ℃干燥至恒重，水不挥发物残渣与其空白液残渣之差不得过 30.0 mg；65%乙醇不挥发物残渣与其空白液残渣之差不得过 30.0 mg；正己烷不挥发物残渣与其空白液残渣之差不得过 30.0 mg。

重金属 精密量取水供试液 20 ml，加醋酸盐缓冲液（pH 3.5）2 ml，依法检查（《中国药典》2015 年版四部通则 0821 第一法），含重金属不得过百万分之一。

【微生物限度】 取本品用开孔面积为 20 cm² 的无菌的金属模板压在内层面上，将无菌棉签用氯化钠注射液稍蘸湿，在板孔范围内擦抹 5 次，换 1 支棉签再擦抹 5 次，每个位置用 2 支棉签共擦抹 10 次，共擦抹 5 个位置 100 cm²。每支棉签抹完后立即剪断（或烧断），投入盛有 30 ml 氯化钠注射液的锥形瓶（或大试管）中。全部擦抹棉签投入瓶中后，将瓶迅速摇晃 1 分钟，即得供试品溶液。供试品溶液进行薄膜过滤后，依法检查（《中国药典》2015 年版四部通则 1105、1106），细菌数不得过 1000 cfu/100 cm²，霉菌和酵母菌数不得过 100 cfu/100 cm²，大肠埃希菌不得检出。

【异常毒性】** 取本品 500 cm²（以内表面积计），剪碎（长 3 cm，宽 0.3 cm 的小片），加入氯化钠注射液 50 ml，置高压蒸汽灭菌器 110 ℃保持 30 分钟后取出，冷却，采用静脉注射，依法检查（《中国药典》2015 年版四部通则 1141），应符合规定。

【贮藏】 内包装用药用低密度聚乙烯袋密封，保持于清洁、通风处。

附件 检验规则

1. 产品检验分为全项检验和部分检验。

2. 有下列情况之一时，应按标准的要求进行全项检验。

（1）产品注册。

（2）产品出现重大质量事故后重新生产。

3. 有下列情况之一时，应按标准的要求进行除"**"外项目检验。

（1）监督抽验。

（2）产品停产后重新恢复生产。

4. 产品批准注册后，药包材生产、使用企业在原料产地、添加剂、生产工艺等没有变更的情形下，可按标准的要求，进行除"*"、"**"外项目检验。

5. 外观检验：每卷硬片取 2 m 进行检验。应符合表 3 规定。

表3 规格尺寸偏差

单位：mm

项　目		规　格	极限偏差
总厚度	其中 PE0.05	0.15	±0.015
		0.30	±0.025
宽　度		400	±1

聚氯乙烯/聚偏二氯乙烯固体药用复合硬片

Julüyixi/Jupianerlüyixi Gutiyaoyong Fuhe Yingpian

PVC/PVDC Composite Sheet for Solid Preparation

本标准适用于以聚氯乙烯（PVC）树脂、聚偏二氯乙烯（PVDC）为主要原料，制成的复合硬片，用于固体药品（片剂、胶囊剂等）泡罩包装。

【外观】 取本品适量，在自然光线明亮处，正视目测。应色泽均匀，不允许有凹凸发皱、油污、异物、穿孔、杂质。每 100 cm² 中，1.3 mm 及 1.3 mm 以下的晶点，不得过 3 颗，不得有 1.3 mm 以上的晶点。

【鉴别】（1）红外光谱* 取本品适量，照包装材料红外光谱测定法（YBB00262004—2015）第四法测定，PVC、PVDC 层，应分别与对照图谱基本一致。

（2）颜色反应 在复合硬片上滴一滴吗啉液，PVDC 面呈橘黄色，PVC 面不变色。

【PVDC 涂布量】 取本品适量，裁取 100 mm×100 mm 的样片 5 片，将样片放在丙酮（或适当溶剂）中浸泡数分钟，取出样片，小心分离 PVDC 层，在 80 ℃±2 ℃ 中将 PVDC 层干燥 2 小时，在室温 23 ℃±2 ℃ 条件下，放置 30 分钟，精密称定每片 PVDC 层重量，计算，以 g/m² 表示 PVDC 的涂布量，PVDC 涂布量偏差不得过 ±7%。

【物理性能】 水蒸气透过量 取本品适量，照水蒸气透过量测定法（YBB00092003—2015）第一法试验条件 A 或第二法（试验温度 23 ℃±0.5 ℃，相对湿度 90%±2%）或第四法（试验温度 23 ℃±0.5 ℃，相对湿度 90%±2%）测定，试验时 PVDC 面向湿度低的一侧，应符合表 1 的规定。

氧气透过量 取本品适量，照气体透过量测定法（YBB00082003—2015）第一法测定，试验时 PVDC 面向氧气低压侧，应符合表 1 的规定。

表 1 气体物理性能

PVDC 涂布量 （g/m²）	水蒸气透过量 ［g/（m²·24 h）］	氧气透过量 ［cm³/（m²·24 h·0.1 MPa）］
40	≤0.8	
60	≤0.6	≤3.0
90	≤0.4	

拉伸强度 取本品适量，照拉伸性能测定法（YBB00112003—2015）测定，试验速度（空载）100 mm/min±10 mm/min，试样为 I 型。纵向、横向拉伸强度平均值均不得低于 40 MPa。

耐冲击 取本品适量，裁取 150 mm×50 mm 试样，纵、横向各 5 片。试样应在温度 23 ℃±2 ℃，相对湿度 50%±5% 的环境中，放置 4 小时以上，并在上述条件下进行试验，将试样（PVDC 面向上）固定于落球冲击试验机夹具上，跨距 100 mm，按表 2 选用钢球和落球高度，使钢球自由落下于跨距中央部位，纵、横向均不得有两片以上破损。

表 2 钢球和落球高度的选择

单位：mm

样品厚度	落球高度	钢球直径
0.20～0.30	600	25（约 60 g）
0.31～0.40	600	28.6（约 100 g）

加热伸缩率 取本品适量,照加热伸缩率测定法(YBB00292004—2015)测定,伸缩率应在±6%以内。

热合强度 取本品适量,均匀裁取 100 mm×100 mm 本品 2 片,将复合硬片的 PVDC 面与同样尺寸的药用铝箔(YBB00152002—2015)叠合,在热封仪上进行热合,热合条件:温度 150 ℃±5 ℃,压力 0.2 MPa,时间 1 秒。照热合强度测定法(YBB00122003—2015)测定,不得低于 6.0 N/15 mm。

【溶剂残留量】 取样品适量,裁取内表面积 0.02 m² ,照包装材料溶剂残留量测定法(YBB00312004—2015)测定,溶剂残留总量不得过 5.0 mg/m²,其中苯及苯类每个溶剂残留量均不得检出。

【氯乙烯单体】 取本品适量,照氯乙烯单体测定法(YBB00142003—2015)测定,不得过百万分之一。

【偏二氯乙烯单体】 取本品适量,照偏二氯乙烯单体测定法(YBB00152003—2015)测定,不得过百万分之三。

【溶出物试验】 供试液的制备:取本品适量,分别裁取本品内表面积 300 cm²(分割成长 3 cm,宽 0.3 cm 的小片)3 份置具塞锥形瓶中,加水(121 ℃±2 ℃)、65%乙醇(70 ℃±2 ℃)、正己烷(58 ℃±2 ℃)200 ml 浸泡 2 小时后取出,放冷至室温,用同批试验用溶剂补充至原体积作为供试液,以同批水、65%乙醇、正己烷为空白液,进行下列试验。

澄清度 取水供试液 10 ml,依法检查(《中国药典》2015 年版四部通则 0902),溶液应澄清。如显浑浊,与 2 号浊度标准液比较,不得更浓。

易氧化物 精密量取水供试液 20 ml,精密加入高锰酸钾滴定液(0.002 mol/L)20 ml 与稀硫酸 1 ml,煮沸 3 分钟,迅速冷却,加碘化钾 0.1 g,在暗处放置 5 分钟,用硫代硫酸钠滴定液(0.01 mol/L)滴定,滴定至近终点时,加入淀粉指示液 5 滴,继续滴定至无色。另取水空白液同法操作,二者消耗硫代硫酸钠滴定液(0.01 mol/L)之差应符合表 3 的规定。

表 3　易氧化物

PVDC 的涂布量(g/m²)	易氧化物(ml)
40	≤2.0
60	
90	≤2.5

不挥发物 分别精密量取水、65%乙醇、正己烷供试液与对应空白液各 100 ml,分别置于已恒重的蒸发皿中,水浴蒸干,在 105 ℃干燥至恒重,水供试液不挥发物残渣与其空白液残渣之差不得过 30.0 mg;65%乙醇供试液不挥发物残渣与其空白液残渣之差不得过 30.0 mg;正己烷供试液不挥发物残渣与其空白液残渣之差不得过 30.0 mg。

重金属 精密量取水供试液 20 ml,加醋酸盐缓冲液(pH 3.5)2 ml,依法检查(《中国药典》2015 年版四部通则 0821 第一法),含重金属不得过百万分之一。

【微生物限度】 取本品适量,用开孔面积为 20 cm² 的无菌的金属模板压在内层面上,将无菌棉签用氯化钠注射液稍蘸湿,在板孔范围内擦抹 5 次,换 1 支棉签再擦抹 5 次,每个位置用 2 支棉签共擦抹 10 次,共擦抹 5 个位置 100 cm²。每支棉签抹完后立即剪断(或烧断),投入盛有 30 ml 氯化钠注射液的锥形瓶(或大试管)中。全部擦抹棉签投入瓶中后,将瓶迅速摇晃 1 分钟,即得供试品溶液。供试品溶液进行薄膜过滤后,依法检查(《中国药典》2015 年版四部通则 1105、1106),细菌数不得过 1000 cfu/100 cm²,霉菌和酵母菌数不得过 100 cfu/100 cm²,大肠埃希菌不得检出。

【异常毒性】** 取本品 500 cm²(以内表面积计),剪碎(长 3 cm,宽 0.3 cm 的小片),加入氯化钠注射液 50 ml,置高压蒸汽灭菌器 110 ℃保持 30 分钟后取出,冷却,采用静脉注射,依法检查(《中国药典》2015 年版四部通则 1141),应符合规定。

【贮藏】 内包装用药用低密度聚乙烯袋密封,保持于清洁、通风处。

附件　检验规则

1. 产品检验分为全项检验和部分检验。

2. 有下列情况之一时，应按标准的要求进行全项检验。

（1）产品注册。

（2）产品出现重大质量事故后重新生产。

3. 有下列情况之一时，应按标准的要求进行除"**"外项目检验。

（1）监督抽验。

（2）产品停产后重新恢复生产。

4. 产品批准注册后，药包材生产、使用企业在原料产地、添加剂、生产工艺等没有变更的情形下，可按标准的要求，进行除"*"、"**"外项目检验。

5. 外观检验：每卷硬片取 2 m 进行检验。应符合表 4 规定。

表 4　尺寸偏差

单位：mm

项　目	规　格	偏　差
总厚度	0.20～0.35	±0.02
宽　度	≤400	±1

铝/聚乙烯冷成型固体药用复合硬片

Lü/Juyixi Lengchengxing Guti Yaoyong Fuhe Yingpian

Al/PE Cold-formed Foil for Solid Preparation

本标准适用于以保护层（印刷层）、铝箔（Al）及聚乙烯（PE）通过黏合剂复合而成的复合硬片。适用于栓剂包装。

【外观】 取本品适量，在自然光线明亮处，正视目测。不得有穿孔、异物、异味、粘连、复合层间分离及明显损伤、气泡、皱纹、脏污等缺陷。

【鉴别】* 取本品适量，照包装材料红外光谱测定法（YBB00262004—2015）第四法测定，PE层应与对照图谱基本一致。

【物理性能】 水蒸气透过量 取本品适量，照水蒸气透过量测定法（YBB00092003—2015）第二法试验条件B或第四法试验条件2测定，试验时PE面向湿度低的一侧，不得过 0.5 g/（m² · 24 h）。

氧气透过量 取本品适量，照气体透过量测定法（YBB00082003—2015）第一法或第二法测定，试验时PE面向氧气低压侧，不得过 0.5 cm³/（m² · 24 h · 0.1 MPa）。

剥离强度 取本品适量，照剥离强度测定法（YBB00102003—2015）检查，Al与PE层间剥离强度不得低于 3.0 N/15 mm。

热合强度 取本品适量，PE层与PE层对封，热合温度155 ℃±5 ℃、压力0.2 MPa、时间1秒，照热合强度测定法（YBB00122003—2015）测定，试样的平均热合强度不得低于 5.0 N/15 mm。

保护层黏合性 取一张纵向长90 mm，宽为全幅的本品（注意试样不应有皱折），将试样平放在玻璃板上，保护层向上，取聚酯胶粘带（与铝箔的剥离力不小于2.94 N/20 mm）一片，横向均匀地贴压在试样表面，以160°～180°方向迅速地剥离，保护层表面应无明显脱落。

保护层耐热性 取100 mm×100 mm本品3片，分别将试样的保护层与铝箔原材叠合，置于热封仪中，进行热封（热封条件：温度200 ℃、压力0.2 MPa、时间1秒），取出放冷，将试样与铝箔原材分开，观察保护层的耐热情况，保护层表面应无明显脱落。

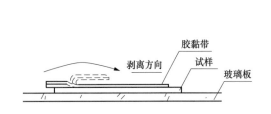

图1 保护层黏合性

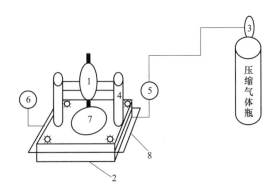

图2 凸顶高度测定仪

1. 数显凸顶高度测量表；2. 成型装置及底座；3. 气体调节阀；
4. 测量表固定支架；5. 进气阀；6. 排气阀；
7. 试样成型区域；8. 试样

凸顶高度 取无折痕和皱纹的本品适量，裁取 130 mm×130 mm 大小的试样 5 张，将试样的 PE 面向下，置于凸顶高度测试仪中间，用螺母将上压板（内圆面积 50 cm²）与试样紧紧固定在测试仪底座上，打开气压调节阀，调节压力至 0.15 MPa，试验在 10～20 秒内完成。当凸顶高度测量表上显示出试样的凸出高度大于 10 mm 时，关闭进气阀，打开排气阀，取出试样，置于针孔度仪检验台（符合 YBB00152002—2015【针孔度】项下规定的要求）上观察，应无针孔。

【溶剂残留量】 取本品适量，裁取内表面积 0.02 m²，照包装材料溶剂残留量测定法（YBB00312004—2015）测定，溶剂残留总量不得过 5.0 mg/m²，其中苯及苯类每个溶剂残留量均不得检出。

【溶出物试验】 供试液的制备：取本品适量，分别取本品内表面积 300 cm²（分割成长 3 cm，宽 0.3 cm 的小片）3 份置具塞锥形瓶中，加水（70 ℃±2 ℃）、65%乙醇（70 ℃±2 ℃）、正己烷（58 ℃±2 ℃）200 ml 浸泡 2 小时后取出，放冷至室温，用同批试验用溶剂补充至原体积作为供试液，以同批水、65%乙醇、正己烷为空白液，进行下列试验。

易氧化物 精密量取水供试液 20 ml，加入高锰酸钾滴定液（0.002 mol/L）20 ml 与稀硫酸 1 ml，煮沸 3 分钟，迅速冷却，加入碘化钾 0.1 g，在暗处放置 5 分钟，用硫代硫酸钠滴定液（0.01 mol/L）滴定，滴定至近终点时，加入淀粉指示液 5 滴，继续滴定至无色，另取水空白液同法操作，二者消耗硫代硫酸钠滴定液（0.01 mol/L）之差不得过 2.0 ml。

不挥发物 分别精密量取水、65%乙醇、正己烷供试液与空白液各 100 ml，置于已恒重的蒸发皿中，水浴蒸干，置 105 ℃干燥 2 小时，冷却后精密称定，水不挥发物残渣与其空白液残渣之差不得过 30.0 mg；65%乙醇不挥发物残渣与其空白液残渣之差不得过 30.0 mg；正己烷不挥发物残渣与其空白液残渣之差不得过 30.0 mg。

重金属 精密量取水供试液 20 ml，加醋酸盐缓冲液（pH 3.5）2 ml，依法检查（《中国药典》2015 年版四部通则 0821 第一法），含重金属不得过百万分之一。

【微生物限度】 取本品用开孔面积为 20 cm² 的无菌的金属模板压在内层面上，将无菌棉签用氯化钠注射液稍蘸湿，在板孔范围内擦抹 5 次，换 1 支棉签再擦抹 5 次，每个位置用 2 支棉签共擦抹 10 次，共擦抹 5 个位置 100 cm²。每支棉签擦抹完后立即剪断（或烧断），投入盛有 30 ml 氯化钠注射液的锥形瓶（或大试管）中。全部擦抹棉签投入瓶中后，将瓶迅速摇晃 1 分钟，即得供试品溶液。取供试液 1 ml，依法检查（《中国药典》2015 年版四部通则 1105、1106），应符合表 1 的规定。

表 1　微生物限度指标

项　　目	栓　剂
细菌数（cfu/100 cm²）	≤100
霉菌和酵母菌数（cfu/100 cm²）	≤10
大肠埃希菌	—
金黄色葡萄球菌	—
铜绿假单胞菌	—

注："—"为每 100 cm² 中不得检出。

【异常毒性】 ** 取本品 500 cm²（以内表面积计），剪成长 3 cm，宽 0.3 cm 的小片，加入氯化钠注射液 50 ml，置高压蒸汽灭菌器中，110 ℃保持 30 分钟后取出，冷却备用，静脉注射，依法检查（《中国药典》2015 年版四部通则 1141），应符合规定。

附件　检验规则

1. 产品检验分为全项检验和部分检验。

2. 有下列情况之一时，应按标准的要求进行全项检验。

（1）产品注册。

（2）产品出现重大质量事故后重新生产。

3. 有下列情况之一时，应按标准的要求进行除"**"外项目检验。

（1）监督抽验。

（2）产品停产后重新恢复生产。

4. 产品批准注册后，药包材生产、使用企业在原料产地、添加剂、生产工艺等没有变更的情形下，可按标准的要求，进行除"*"、"**"外项目检验。

5. 外观检验：复合硬片按每卷取 2 m 进行检验。应符合表 2 规定。

表 2　尺寸偏差

项　　目	指　　标
宽度偏差（mm）	±1.0
厚度偏差（%）	±10

聚氯乙烯/聚乙烯/聚偏二氯乙烯固体药用复合硬片

Julüyixi/Juyixi /Jupianerlüyixi Guti Yaoyong Fuhe Yingpian

PVC/PE/PVDC Composite Sheet for Solid Preparation

本标准适用于以聚氯乙烯（PVC）、聚乙烯（PE）、聚偏二氯乙烯（PVDC）为主要原料制成的复合硬片，用于固体药品（片剂、胶囊剂等）泡罩包装。

【外观】 取本品适量，在自然光线明亮处，正视目测。应色泽均匀，无凹凸发皱、油污、异物、穿孔、杂质。

【鉴别】 （1）红外光谱* 取本品适量，照包装材料红外光谱测定法（YBB00262004—2015）第五法或将本品置于乙酸乙酯（或适当溶剂）中浸泡，使 PVDC 层与 PE/PVC 层分离，照包装材料红外光谱测定法（YBB00262004—2015）第四法测定，PVC、PE 和 PVDC 层，应分别与对照图谱基本一致。

（2）颜色反应 在复合硬片上滴一滴吗啉液，PVDC 面呈橘黄色，PVC 面不变色。

【PVDC 涂布量】 裁取 10 cm×10 cm 的本品 5 片，分别精密称定，将试样置于乙酸乙酯（或适当溶剂）中浸泡，直至 PVDC 层与 PE 层能够剥离，将 PVDC 层于 80 ℃±2 ℃中干燥 2 小时，再于 23 ℃±2 ℃，放置 4 小时，精密称定，计算 PVDC 的涂布量（以 g/m² 表示），应符合表 1 的规定。

表 1 PVDC 的涂布量

PVDC 的涂布量规格（g/m²）	偏差（%）
40	−5～+10
60	
90	−5～+5

【物理性能】 水蒸气透过量 取本品适量，照水蒸气透过量测定法（YBB00092003—2015）第一法试验条件 A 或第二法（试验温度 23 ℃±0.5 ℃，相对湿度 90%±2%）或第四法（试验温度 23 ℃±0.5 ℃，相对湿度 90%±2%）测定，试验时 PVDC 面向低湿度侧，应符合表 2 的规定。

氧气透过量 取本品适量，照气体透过量测定法（YBB00082003—2015）第一法测定，试验时 PVDC 面向氧气低压侧，应符合表 2 的规定。

表 2 气体阻隔性能

PVDC 的涂布量（g/m²）	水蒸气透过量 [g/（m²·24 h）]	氧气透过量 [cm³/（m²·24 h·0.1 MPa）]
40	≤0.8	≤3.0
60	≤0.6	
90	≤0.4	

拉伸强度 取本品适量，照拉伸性能测定法（YBB00112003—2015）测定，试验速度（空载）100 mm/min±10 mm/min，试样为 I 型。纵向、横向拉伸强度平均值均不得低于 40 MPa。

耐冲击 取本品适量，裁取长约 150 mm，宽为 50 mm 试样，纵、横向各 5 个（试样应在温度 23 ℃±

2 ℃，相对湿度 50%±5%的环境中，放置 4 小时以上，并在上述条件下进行试验）。将试样（PVDC 层向上）分别固定在落球冲击试验机上，跨距为 100 mm。按照表 3 选取钢球和落球高度，使钢球自由落下于跨距中央部位，纵、横向均不得有两片以上破损。

表 3　钢球和落球高度的选择
单位：mm

样品厚度	落球高度	钢球直径
0.20～0.30	600	25（约 60 g）
0.31～0.40	600	28.6（约 100 g）

加热伸缩率　取本品适量，照加热伸缩率测定法（YBB00292004—2015）测定，伸缩率应在±6%以内。

热合强度　取本品适量，裁成 100 mm×100 mm 小片 2 片，将 PVDC 面与同样尺寸的药用铝箔（YBB00152002—2015）叠合，在热封仪上进行热合，热合条件：温度 150 ℃±5 ℃，压力 0.2 MPa，时间 1 秒。照热合强度测定法（YBB00122003—2015）测定，不得低于 6.0 N/15 mm。

【溶剂残留量】　取本品适量，裁取内表面积 0.02 m²，照包装材料溶剂残留量测定法（YBB00312004—2015）测定，溶剂残留总量不得过 5.0 mg/m²，其中苯及苯类每个溶剂残留量均不得检出。

【氯乙烯单体】　取本品适量，照氯乙烯单体测定法（YBB00142003—2015）测定，不得过百万分之一。

【偏二氯乙烯单体】　取本品适量，照偏二氯乙烯单体测定法（YBB00152003—2015）测定，不得过百万分之三。

【溶出物试验】　供试液的制备：取本品适量，分别取本品内表面积 300 cm²（分割成长 3 cm，宽 0.3 cm 的小片）3 份置具塞锥形瓶中，加水（温度 70 ℃±2 ℃）、65%乙醇（温度 70 ℃±2 ℃）、正己烷（温度 58 ℃±2 ℃）各 200 ml 浸泡 2 小时后取出，放冷至室温，用同批试验用溶剂补充至原体积作为供试液，以同批水、65%乙醇、正己烷为空白液，进行下列试验。

澄清度　取水供试液 10 ml，依法检查（《中国药典》2015 年版四部通则 0902），溶液应澄清。如显浑浊，与 2 号浊度标准液比较，不得更浓。

易氧化物　精密量取水供试液 20 ml，精密加入高锰酸钾滴定液（0.002 mol/L）20 ml 与稀硫酸 1 ml，煮沸 3 分钟，迅速冷却，加碘化钾 0.1 g，在暗处放置 5 分钟，用硫代硫酸钠滴定液（0.01 mol/L）滴定至浅棕色，再加入 5 滴淀粉指示液后滴定至无色；另取水空白液同法操作，二者消耗硫代硫酸钠滴定液（0.01 mol/L）之差符合表 4 的规定。

表 4　易氧化物

PVDC 的涂布量（g/m²）	易氧化物（ml）
40	≤2.0
60	
90	≤2.5

不挥发物　分别精密量取水、65%乙醇、正己烷供试液与对应空白液各 100 ml 置于已恒重的蒸发皿中，水浴蒸干，在 105 ℃干燥至恒重，水供试液不挥发物残渣与其空白液残渣之差不得过 30.0 mg；65%供试液乙醇不挥发物残渣与其空白液残渣之差不得过 30.0 mg；正己烷供试液不挥发物残渣与其空白液残渣之差不得过 30.0 mg。

重金属　精密量取水供试液 20 ml，加醋酸盐缓冲液（pH 3.5）2 ml，依法检查（《中国药典》2015 年版四部通则 0821 第一法），含重金属不得过百万分之一。

【微生物限度】　取本品用开孔面积为 20 cm² 无菌的金属模板压在内层面上，将无菌棉签用氯化钠注射液稍蘸湿，在板孔范围内擦抹 5 次，换 1 支棉签再擦抹 5 次，每个位置用 2 支棉签共擦抹 10 次，共擦抹 5

个位置 100 cm²。每支棉签擦抹完后立即剪断（或烧断），投入盛有 30 ml 氯化钠注射液的锥形瓶（或大试管）中。全部擦抹棉签投入瓶中后，将瓶迅速摇晃 1 分钟，即得供试品溶液，供试品溶液进行薄膜过滤后，依法检查（《中国药典》2015 年版四部通则 1105、1106），细菌数不得过 1000 cfu/100 cm²，霉菌和酵母菌数不得过 100 cfu/100 cm²，大肠埃希菌不得检出。

【异常毒性】** 取本品 500 cm²（以内表面积计），剪成长 3 cm，宽 0.3 cm 的小片，加入氯化钠注射液 50 ml，置高压蒸汽灭菌器中 110 ℃保持 30 分钟后取出，冷却，采用静脉注射，依法检查（《中国药典》2015 年版四部通则 1141），应符合规定。

【贮藏】 内包装用药用低密度聚乙烯袋密封，保存于清洁、通风处。

附件　检验规则

1. 产品检验分为全项检验和部分检验。

2. 有下列情况之一时，应按标准的要求进行全项检验。

（1）产品注册。

（2）产品出现重大质量事故后重新生产。

3. 有下列情况之一时，应按标准的要求进行除"**"外项目检验。

（1）监督抽验。

（2）产品停产后重新恢复生产。

4. 产品批准注册后，药包材生产、使用企业在原料产地、添加剂、生产工艺等没有变更的情形下，可按标准的要求，进行除"*"、"**"外项目检验。

5. 外观检验：复合硬片按每卷取 2 m 进行检验。应符合表 5 规定。

表 5　尺寸偏差

单位：mm

项　目	规格尺寸	允许最大偏差
宽　度	≥300	±2
	＜300	±1
厚　度	0.20～0.40	±0.02

聚酰胺/铝/聚氯乙烯冷冲压成型固体药用复合硬片

Juxianan/Lü/Julüyixi Lengchongyachengxing Guti Yaoyong Fuhe Yingpian

PA/Al/PVC Cold-formed Foil for Solid Preparation

本标准适用于以聚氯乙烯（PVC）、铝箔（Al）、聚酰胺（PA）通过黏合剂，经复合而成的复合片。适用于固体药品（片剂、胶囊等）用冷冲压成型的泡罩包装。

【外观】 取本品适量，在自然光线明亮处，正视目测。不得有穿孔、异物、异味、粘连、复合层间分离及明显损伤、气泡、皱纹、脏污等缺陷。

【鉴别】 红外光谱 取本品适量，照包装材料红外光谱测定法（YBB00262004—2015）第四法测定，PA 与 PVC 层应分别与对照图谱基本一致。

【物理性能】 水蒸气透过量 取本品适量，照水蒸气透过量测定法（YBB00092003—2015）第一法试验条件 B 或第二法试验条件 B 或第四法试验条件 2 测定，试验时 PVC 面向低湿度侧，不得过 0.5 g/（m²·24 h）。

氧气透过量 取本品适量，照气体透过量测定法（YBB00082003—2015）第一法或第二法测定，试验时 PVC 面向氧气低压侧，不得过 0.5 cm³/（m²·24 h·0.1 MPa）。

剥离强度 取本品适量，照剥离强度测定法（YBB00102003—2015）测定。PA 与 Al 层间剥离强度不得低于 8.0 N/15 mm；Al 与 PVC 层间剥离强度不得低于 7.0 N/15 mm。（若复合层不能剥离或复合层断裂时，其剥离强度为合格）。

热合强度 取本品适量，裁取 100 mm×100 mm 的小片 2 片，将 PVC 面与同样尺寸的药用铝箔（YBB00152002—2015）叠合，在热封仪上进行热合，热合温度 155 ℃±5 ℃，压力 0.2 MPa，时间 1 秒。从热合部位裁取 15 mm 宽的试样，取中间 3 条进行试验。照热合强度测定法（YBB00122003—2015）测定，6 个试样热合强度平均值不得低于 6.0 N/15 mm。

【氯乙烯单体】 取本品适量，照氯乙烯单体测定法（YBB00142003—2015）测定，不得过百万分之一。

【溶出物试验】 供试液的制备：取本品适量，分别取内表面积 300 cm²（分割成长 3 cm，宽 0.3 cm 的小片）3 份置具塞锥形瓶中，加水（70 ℃±2 ℃）、65%乙醇（70 ℃±2 ℃）、正己烷（58 ℃±2 ℃）200 ml 各浸泡 2 小时后取出，放冷至室温，用同批试验用溶剂补充至原体积作为供试液，以同批水、65%乙醇、正己烷为空白液，进行下列试验。

易氧化物 精密量取水供试液 20 ml，高锰酸钾滴定液（0.002 mol/L）20 ml 与稀硫酸 1 ml，煮沸 3 分钟，迅速冷却，加入碘化钾 0.1 g，在暗处放置 5 分钟，用硫代硫酸钠滴定液（0.01 mol/L）滴定，滴定至近终点时，加入淀粉指示液 5 滴，继续滴定至无色，另取水空白液同法操作，二者消耗硫代硫酸钠滴定液（0.01 mol/L）之差不得过 1.5 ml。

不挥发物 分别精密量取水、65%乙醇、正己烷供试液与空白液各 100 ml，置于已恒重的蒸发皿中，水浴蒸干，于 105 ℃干燥 2 小时，冷却后精密称定，水供试液不挥发物残渣与其空白液残渣之差不得过 30.0 mg；65%乙醇供试液不挥发物残渣与其空白液残渣之差不得过 30.0 mg；正己烷供试液不挥发物残渣与其空白液残渣之差不得过 30.0 mg。

重金属 精密量取水供试液 20 ml，加醋酸盐缓冲液（pH 3.5）2 ml，依法检查（《中国药典》2015 年版四部通则 0821 第一法），含重金属不得过百万分之一。

【微生物限度】　取本品，用开孔面积为 20 cm² 无菌的金属模板压在内层面上，将无菌棉签用氯化钠注射液稍蘸湿，在板孔范围内擦抹 5 次，换 1 支棉签再擦抹 5 次，每个位置用 2 支棉签共擦抹 10 次，共擦抹 5 个位置 100 cm²。每支棉签擦抹完后立即剪断（或烧断），投入盛有 30 ml 氯化钠注射液的锥形瓶（或大试管）中。全部擦抹棉签投入瓶中后，将瓶迅速摇晃 1 分钟，即得供试品溶液。供试品溶液进行薄膜过滤后，依法检查（《中国药典》2015 年版四部通则 1105、1106）。应符合表 1 的规定。

表 1　微生物限度指标

项　　目	口服固体复合硬片	外用药用复合硬片
细菌数（cfu/100 cm²）	≤1000	≤100
霉菌和酵母菌数（cfu/100 cm²）	≤100	≤10
大肠埃希菌	—	—
金黄色葡萄球菌		—
铜绿假单胞菌		—

注："—" 为每 100 cm² 中不得检出。

【异常毒性】*　取本品 500 cm²（以内表面积计），剪成长 3 cm，宽 0.3 cm 的小片，加入氯化钠注射液 50 ml，置高压蒸汽灭菌器中，110 ℃保持 30 分钟后取出，冷却备用，静脉注射，依法检查（《中国药典》2015 年版四部通则 1141），应符合规定。

【贮藏】　内包装用药用低密度聚乙烯袋密封，保持于清洁、通风处。

附件　检验规则

1. 产品检验分为全项检验和部分检验。

2. 有下列情况之一时，应按标准的要求进行全项检验。

（1）产品注册。

（2）产品出现重大质量事故后重新生产。

（3）监督抽验。

（4）产品停产后重新恢复生产。

3. 产品批准注册后，药包材生产、使用企业在原料产地、添加剂、生产工艺等没有变更的情形下，可按标准的要求，进行除 "*" 外项目检验。

注：带 "*" 的项目半年内至少检验一次。

4. 外观检验：复合硬片按每卷取 2 m 进行检验。应符合表 2 规定。

表 2　尺寸偏差

项　　目	指　　标
宽度偏差（mm）	±1.0
厚度偏差（%）	±10

抗生素瓶用铝塑组合盖

Kangshengsupingyong Lüsu Zuhegai

Aluminium-plastics Combination Caps for Antibiotics Bottles

本标准适用于未经灭菌的抗生素瓶用铝塑组合盖。

【**外观**】 取本品适量，在自然光线明亮处，正视目测。应清洁，无残留润滑剂、毛刺、损伤和注塑飞边，塑料件应与铝件完整结合。

【**铝件材料机械性能**】* 抗拉强度应为 100～180 N/mm²，延伸率不得小于 2.0%。

抗拉强度系指在拉伸试验中，试验直至断裂为止，单位初始横截面上承受的最大拉伸负荷。延伸率系指在拉伸试验中，试样断裂时，标线间距离的增加量与初始标距之比，以百分率表示。

取同批号铝件片材适量，用宽度（b）为 12.5 mm，原始标距（L_0）为 50 mm，平行长度（L_c）为 75 mm，过渡弧半径（r）至少为 20 mm 的刀具裁成图 1 所示试样，在拉伸装置上进行试验，试验速度为 10 mm/min±2 mm/min。试样应在温度 23 ℃±2 ℃、相对湿度 50%±5% 的条件下放置 4 小时以上，并在此条件下进行试验。

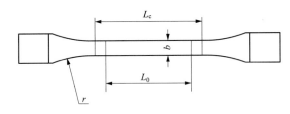

图 1 机械性能试验用试样图

延伸率按下式计算：

$$\varepsilon_t = \frac{L - L_0}{L_0} \times 100\%$$

式中 ε_t 为延伸率，%；

L_0 为试样原始标线距离，mm；

L 为试样断裂时标线间距离，mm。

【**凸边**】 取本品适量，用游标卡尺测量，精确至 0.1 mm。凸边应不大于 3%。（图 2）

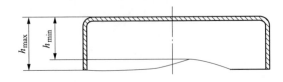

图 2 凸边示意图

铝件边缘的凸边以百分率表示，按下式计算：

$$凸边 = \frac{h_{max} - h_{min}}{h_{min}} \times 100\%$$

式中　h_{max} 为铝件外侧最大高度，mm；

　　　h_{min} 为铝件外侧最小高度，mm。

【开启力】　**塑料件去除力**　取本品适量，在拉伸装置（图 3）上进行试验，试验速度为 100 mm/min±10 mm/min。应符合表 1 中的规定。

撕片撕开力（ZD 或 OD 型铝件撕片）　取瓶盖适量，拉钩挂于外露的撕片上，在拉伸装置上进行试验，图 4 所示，试验速度为 100 mm/min±10 mm/min，直至完全撕开瓶盖，应符合表 1 中的规定。

表 1　开启力

规格（mm）	塑料件去除力最小值（N）	塑料件去除力最大值（N）	撕片撕开力最大值（N）
13	6	25	30
20	6	35	40

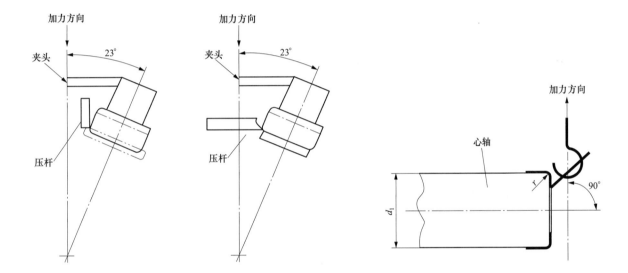

图 3　开启力示意图　　　　　　　　图 4　ZD 型或 OD 型铝件撕片撕开力测试装置图

【开口质量】　取经开启力试验，去除塑料件的本品适量，目视观察，铝件上的开口处不应受到损坏。

【配合性】　取本品适量，盖在相适宜的装有标示容量水的瓶上（加胶塞），用封盖装置封盖，应配合适宜。

【耐灭菌】　取本品适量，盖在相适宜的装有标示容量水的瓶上（加胶塞），用封盖装置封盖，封盖后置蒸汽灭菌器中，121 ℃±2 ℃保持 30 分钟，包含 130 ℃±2 ℃保持 5 分钟。瓶盖经灭菌后塑料件能经受 130 ℃的蒸汽灭菌温度，无变形变色，铝件表面不应有任何明显变化。瓶盖应不出现断裂和异常变形。

【涂层牢固度】　取本品适量（外表面有涂层），经 121 ℃±2 ℃　30 分钟，包含 130 ℃±2 ℃　5 分钟蒸汽灭菌后，去除塑料件，用浸有 80%乙醇溶液的脱脂棉擦拭表面 30 秒，再用浸有 70%异丙醇溶液的脱脂棉擦拭表面 30 秒，涂层应无任何磨损。

附件一　检验规则

1. 产品检验分为全项检验和部分检验。

2. 有下列情况之一时，应按标准的要求进行全项检验。

（1）产品注册。

（2）产品出现重大质量事故后重新生产。

（3）监督抽验。

（4）产品停产后重新恢复生产。

3. 产品批准注册后，药包材生产、使用企业在原料产地、添加剂、生产工艺等没有变更的情形下，可按标准的要求，进行除"*"外项目检验。

4. 外观、凸边、开启力、开口质量、配合性、耐灭菌及涂层牢固度的检验，按《计数抽样检验程序 第1部分：按接收质量限（AQL）检索的逐批抽样计划》（GB/T 2828.1—2012）规定进行，检验项目、检验水平及接收质量限见表2。

注：带"*"的项目半年内至少检验一次。

表2 检验项目、检验水平及接收质量限

检验项目	检验水平	接收质量限（AQL）
外观	I	4.0
凸边	S-3	2.5
开启力	S-2	4.0
开口质量	S-2	4.0
配合性	S-2	4.0
耐灭菌	S-2	4.0
涂层牢固度	S-2	4.0

附件二 规格尺寸

规格尺寸可参考图5及表3。

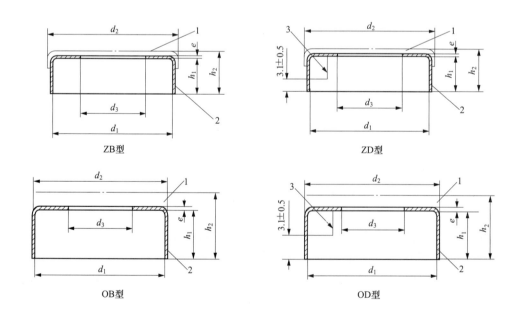

ZB型

ZD型

OB型

OD型

图5 瓶盖结构图

1. 塑料件；2. 铝件；3. 刻线

ZB 型：由带中心孔铝件和有凸缘塑料件组成；ZD 型：由带撕开式撕片的铝件和有凸缘塑料件组成；

OB 型：由带中心孔铝件和无凸缘塑料件组成；OD 型：由带撕开式撕片的铝件和无凸缘塑料件组成

表 3 规格尺寸表

单位：mm

公称尺寸	型式	d_1 +0.100	d_2		d_3（去除塑料件后的孔径）		e		h_1 ±0.25	h_2	
			min	max	min	max	min	max		min	max
13	ZB、ZD	13.3	15	16	3	8	0.168	0.242	6.3	7.3	8.4
	OB、OD		13	13.8							
20 b	ZB、ZD	20.0	22.0	23.0	6	10			7.3/6.9	8.7	9.8
	OB、OD		19.7	20.6							
20 a	ZB、ZD	20.3	22.2	23.2	6	10	0.168	0.242	7.3	8.7	9.8
	OB、OD		20.0	20.9							

注：d_2 由供需双方协商确定，公差不应超出公称值的 ±0.25 mm；

e 由供需双方协商确定，公差不应超出公称值的 ±0.022 mm；

h_2 由供需双方协商确定，公差不应超出公称值的 ±0.4 mm；

20 a 瓶盖适用于 A 型模制瓶和 A 型塞，h_1 为 7.3 mm 的 20 b 瓶盖适用于 B 型模制瓶和 B1 型塞，h_1 为 6.9 mm 的 20 b 瓶盖适用于管制瓶和 A 型塞，如用于其他瓶与塞的配合型式，h_1 的公称尺寸由供需双方在 6.4～7.8 mm 之间协商确定。

输液瓶用铝塑组合盖

Shuyepingyong Lüsu Zuhegai

Aluminium-plastics Combination Caps for Infusion Bottles

本标准适用于未经灭菌的玻璃输液瓶用铝塑组合盖。

【外观】 取本品适量，在自然光线明亮处，正视目测。应清洁，无残留润滑剂、毛刺、损伤和注塑飞边，塑料件应与铝件完整结合。

【铝件材料机械性能】* 抗拉强度应为 $100\sim180$ N/mm^2，延伸率不得小于 2.0%。

抗拉强度系指在拉伸试验中，试验直至断裂为止，单位初始横截面上承受的最大拉伸负荷。延伸率系指在拉伸试验中，试样断裂时，标线间距离的增加量与初始标距之比，以百分率表示。

取同批号铝件片材适量，用宽度（b）为 12.5 mm，原始标距（L_0）为 50 mm，平行长度（L_c）为 75 mm，过渡弧半径（r）至少为 20 mm 的刀具裁成图 1 所示试样，在拉伸装置上进行试验，试验速度为 10 mm/min±2 mm/min。试样应在温度 23 ℃±2 ℃、相对湿度 50%±5%的条件下放置 4 小时以上，并在此条件下进行试验。

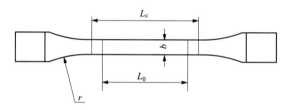

图 1　机械性能试验用试样图

延伸率按下式计算：

$$\varepsilon_t = \frac{L - L_0}{L_0} \times 100\%$$

式中　ε_t 为延伸率，%；

L_0 为试样原始标线距离，mm；

L 为试样断裂时标线间距离，mm。

【凸边】 取本品适量，用游标卡尺测量，精确至 0.1 mm。凸边应不大于 3%。（图 2）

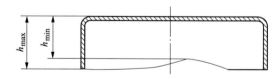

图 2　凸边示意图

铝件边缘的凸边以百分率表示，按下式计算：

$$凸边 = \frac{h_{max} - h_{min}}{h_{min}} \times 100\%$$

式中　$h_{\max}$ 为铝件外侧最大高度，mm；

　　　　$h_{\min}$ 为铝件外侧最小高度，mm。

【开启力】　**塑料件去除力**　取本品适量，在拉伸装置上进行试验，如图 3，试验速度为 100 mm/min±10 mm/min。应符合表 1 中的规定。

撕片撕开力（ZD 型铝件撕片）　取本品适量，拉钩挂于外露的撕片上，在拉伸装置（图 4）上进行试验，试验速度为 100 mm/min±10 mm/min，直至完全撕开瓶盖。应符合表 1 中的规定。

表 1　开启力

公称尺寸（mm）	塑料件去除力最小值（N）	塑料件去除力最大值（N）	撕片撕开力最大值（N）
28	10	40	30
32	10	60	40

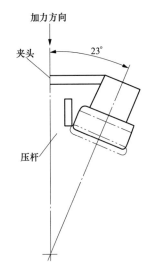

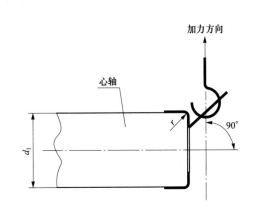

图 3　开启力示意图　　　　　图 4　ZD 型铝件撕片撕开力测试装置图

【开口质量】　取经开启力试验，去除塑料件的本品适量，目视观察，铝件上的开口处不应受到损坏。

【配合性】　取本品适量，盖在相适宜的装有标示容量水的瓶上（加胶塞），用封盖装置封盖，应配合适宜。

【耐灭菌】　取本品适量，盖在相适宜的装有标示容量水的瓶上（加胶塞），用封盖装置封盖，封盖后置蒸汽灭菌器中，121 ℃±2 ℃保持 30 分钟，包含 130 ℃±2 ℃保持 5 分钟。瓶盖经灭菌后塑料件能经受 130 ℃的蒸汽灭菌温度，无变形变色，铝件表面不应有任何明显变化。瓶盖应不出现断裂和异常变形。

【涂层牢固度】（适用于外表面有涂层铝盖）取本品适量，经 121 ℃±2 ℃ 30 分钟，包含 130 ℃±2 ℃ 5 分钟蒸汽灭菌后，去除塑料件，用浸有 80%乙醇溶液的脱脂棉擦拭表面 30 秒，再用浸有 70%异丙醇溶液的脱脂棉擦拭表面 30 秒，涂层应无任何磨损。

附件一　检验规则

1. 产品检验分为全项检验和部分检验。

2. 有下列情况之一时，应按标准的要求进行全项检验。

（1）产品注册。

（2）产品出现重大质量事故后重新生产。

（3）监督抽验。

（4）产品停产后重新恢复生产。

3. 产品批准注册后，药包材生产、使用企业在原料产地、添加剂、生产工艺等没有变更的情形下，可按标准的要求，进行除"*"外所有项目的检验。

4. 外观、凸边、开启力、开口质量、配合性、耐灭菌、涂层牢固度的检验，按《计数抽样检验程序　第1部分：按接收质量限（AQL）检索的逐批抽样计划》（GB/T 2828.1—2012）规定进行，检验项目、检验水平及接收质量限见表2。

注：带"*"的项目半年内至少检验一次。

表2　检验项目、检验水平及接收质量限

检验项目	检验水平	接收质量限（AQL）
外观	I	4.0
凸边	S-3	2.5
开启力	S-2	4.0
开口质量	S-2	4.0
配合性	S-2	4.0
耐灭菌	S-2	4.0
涂层牢固度	S-2	4.0

附件二　规格尺寸

规格尺寸可参考图5及表3。

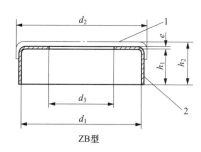 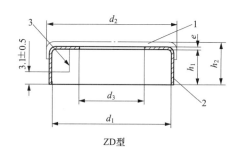

ZB型　　　　　　　　　　　　ZD型

图5　瓶盖结构图

1. 塑料件；2. 铝件；3. 刻线

ZB 型：由带中心孔铝件和有凸缘塑料件组成

ZD 型：由带撕开式撕片的铝件和有凸缘塑料件组成

表3　规格尺寸表

单位：mm

公称尺寸	型式	d_1 +0.100	d_2		d_3（去除塑料件后的孔径）		e		h_1 ±0.25	h_2	
			min	max	min	max	min	max		min	max
28	ZB、ZD	28.6	31.2	32.2	12	17	0.168	0.242	9.6	10.5	12
32	ZB、ZD	32.6	35.5	37	15	20			12.1	13	16

注：d_2 由供需双方协商确定，公差不应超出公称值的±0.25 mm；

e 由供需双方协商确定，公差不应超出公称值的±0.022 mm；

h_2 由供需双方协商确定，公差不应超出公称值的±0.4 mm。

药用铝塑封口垫片通则

Yaoyong Lüsu Fengkou Dianpian Tongze

General Requirement for Aluminium-plastics Foil Laminated Closure Liners for Pharmaceutical Packaging

本标准适用于由铝塑复合膜与纸板通过黏合剂制成的铝塑封口垫片,通过将其热合在药品包装容器的瓶口上达到密封的目的。

一般用于 PE 瓶的封口垫片中的铝塑复合膜材质为 PET/Al/PE,用于 PP 瓶的铝塑复合膜材质为 PET/Al/PP,用于 PET 瓶的铝塑复合膜材质为 PET/Al/PET 等。

用于药品包装用铝塑封口垫片的铝塑复合膜应符合药用复合膜、袋通则(YBB00132002—2015)的各项规定。

【外观】 取本品适量,在自然光线明亮处,正视目测。表面应平整、洁净,不得有穿孔、异物、皱纹及污渍等;纸板表面应为白色或类白色;铝塑复合膜与纸板不得分离。

【热合强度】 取本品 6 片,在垫片中部各裁切出 1 条 15 mm 宽的试片,分别热封在与之配套使用的容器上(如与 PP 瓶配套使用的封口膜与 PP 瓶热封)。冷却后,确认试片的两端与容器封合完好,将其中一端裁开并夹持在拉力试验机的夹具上,同时固定对应的容器,以 200 mm/min±20 mm/min 的速度进行剥离。分别测定 6 次,计算 6 次测定值的算术平均值,不得低于 7.0 N/15 mm。

【高温分离性能】 取本品 5 片,在温度为 145～165 ℃,压力为 $1×10^5$ Pa,接触时间为 1～2 秒的条件下测定,铝塑复合膜层应与纸板完全分离。

【纸板荧光】 取本品表面积 100 cm²,将纸板一面朝上置于紫外灯下,在波长 254 nm 和 365 nm 观察,不得有片状荧光。

【砷】 取本品经高温分离后的纸板,剪碎后称取 2.00 g 置于坩埚中,加氧化镁 1 g 及 15%硝酸镁溶液 10 ml,混匀,浸泡 4 小时,置水浴锅上蒸干。用小火炭化至无烟后移入马弗炉中加热至 550 ℃,炽灼 3～4 小时,冷却后取出。加 5 ml 水润湿后,用细玻棒搅拌,再用少量水洗下玻棒上附着的灰分至坩埚内。放水浴上蒸干后移入马弗炉 550 ℃炽灼 2 小时,冷却后取出。加 2 ml 水润湿灰分,再慢慢加入 5 ml 盐酸溶液(1→2),然后将溶液移入测砷装置的锥形瓶中,坩埚用盐酸溶液(1→2)洗涤 3 次,每次 2 ml,再用水洗 3 次,每次 5 ml,洗液均并入锥形瓶中,照砷盐检查法(《中国药典》2015 年版四部通则 0822 第一法)测定,含砷不得过 0.0001%。

【铅】* 取本品经高温分离后的纸板,剪碎后称取 1.00 g 置于坩埚中,小火炭化,然后移入马弗炉中 500 ℃炽灼 16 小时后,取出坩埚,放冷后再加少量硝酸-高氯酸溶液(4:1),小火加热,不使干涸,必要时再加入少许硝酸–高氯酸溶液(4:1),如此反复处理,直至残渣中无炭粒,待坩埚稍冷,加 50 ml 盐酸溶液(1→12)溶解残渣后,照原子吸收分光光度法(《中国药典》2015 年版四部通则 0406)测定,含铅不得过 0.0005%。

【微生物限度】 取本品 10 个置于三角烧瓶中,加入氯化钠注射液 100 ml,振摇 1 分钟,即得供试品溶液。供试品溶液进行薄膜过滤后,依法检查(《中国药典》2015 年版四部通则 1105、1106)。应符合表 1 的规定。

表 1　微生物限度指标

项　　目	指标
细菌数（cfu/片）	≤1000
霉菌和酵母菌数（cfu/片）	≤100
大肠埃希菌	—

　　注："—"为每片不得检出。

【贮藏】　内包装用药用低密度聚乙烯袋密封，保持于清洁、通风处。

附件　检验规则

1. 产品检验分为全项检验和部分检验。

2. 有下列情况之一时，应按标准的要求进行全项检验。

（1）产品注册。

（2）产品出现重大质量事故后重新生产。

（3）监督抽验。

（4）产品停产后重新恢复生产。

3. 产品批准注册后，药包材生产、使用企业在原料产地、添加剂、生产工艺等没有变更的情形下，可按标准的要求，进行除"*"外项目检验。

4. 外观的检验，按《计数抽样检验程序　第 1 部分：按接收质量限（AQL）检索的逐批检验抽样计划》（GB/T 2828.1—2012）的规定进行，检验水平为Ⅰ、接收质量限为 4.0。

药用聚酯/铝/聚丙烯封口垫片

Yaoyong Juzhi/Lü/Jubingxi Fengkou Dianpian

Foil Laminated Closure Liners (PET/Al/PP) for Pharmaceutical Packaging

本标准适用于由聚酯/铝/聚丙烯复合膜与纸板通过黏合剂制成的封口垫片，通过将其热合在口服固体药用聚丙烯瓶口上达到密封的目的。

用于生产药品包装用聚酯/铝/聚丙烯封口垫片的聚酯/铝/聚丙烯复合膜应符合药用复合膜、袋通则（YBB00132002—2015）的各项规定。

【外观】 取本品适量，在自然光线明亮处，正视目测。表面应平整、洁净，不得有穿孔、异物、皱纹及污渍等；纸板表面应为白色或类白色；聚酯/铝/聚丙烯复合膜与纸板不得分离。

【热合强度】 取本品 6 片，在垫片中部各裁切出 1 条 15 mm 宽的试片，分别高频热封在与之配套使用的聚丙烯瓶上。冷却后，确认试片的两端与容器封合完好，将其中一端裁开并夹持在拉力试验机的夹具上，同时固定对应的容器，以 200 mm/min±20 mm/min 的速度进行剥离。分别测定 6 次，计算 6 次测定值的算术平均值，不得低于 7.0 N/15 mm。

【高温分离性能】 取本品 5 片，在温度为 145～165 ℃，压力为 $1×10^5$ Pa，接触时间为 1～2 秒的条件下测定，聚酯/铝/聚丙烯复合膜层应与纸板完全分离。

【纸板荧光】 取本品适量，总表面积为 100 cm²，将纸板一面朝上置于紫外灯下，在波长 254 nm 和 365 nm 观察，不得有片状荧光。

【砷】 取本品经高温分离后得到的纸板，剪碎后称取 2.00 g 置于坩埚中，加氧化镁 1 g 及 15%硝酸镁溶液 10 ml，混匀，浸泡 4 小时。置水浴锅上蒸干，用小火炭化至无烟后移入马弗炉中加热至 550 ℃，灼烧 3～4 小时，冷却后取出。加 5 ml 水润湿后，用细玻棒搅拌，再用少量水洗下玻棒上附着的灰分至坩埚内。置水浴锅上蒸干后移入马弗炉 550 ℃灰化 2 小时，冷却后取出。加 2 ml 水润湿灰分，再慢慢加入 5 ml 盐酸溶液（1→2），然后将溶液移入测砷装置的锥形瓶中，坩埚用盐酸溶液（1→2）洗涤 3 次，每次 2 ml，再用水洗 3 次，每次 5 ml，洗液均并入锥形瓶中，照砷盐检查法（《中国药典》2015 年版四部通则 0822 第一法）测定，含砷不得过 0.0001%。

【铅】* 取本品经高温分离后得到的纸板，剪碎后称取 1.00 g 置于坩埚中，小火炭化，然后移入马弗炉中 500 ℃灰化 16 小时后，取出坩埚，放冷后再加少量硝酸–高氯酸溶液（4:1），小火加热，不使干涸，必要时再加入少许硝酸-高氯酸溶液（4:1），如此反复处理，直至残渣中无炭粒，待坩埚稍冷，加 50 ml 盐酸溶液（1→12）溶解残渣后，照原子吸收分光光度法（《中国药典》2015 年版四部通则 0406）测定，含铅不得过 0.0005%。

【微生物限度】 取本品 10 片置于三角烧瓶中，加入 pH 7.0 无菌氯化钠-蛋白胨缓冲液 100 ml，振摇 1 分钟，即得供试品溶液。供试品溶液进行薄膜过滤后，依法检查（《中国药典》2015 年版四部通则 1105、1106），应符合表 1 的规定。

表 1 微生物限度指标

项 目	指 标
细菌数（cfu/片）	≤1000
霉菌和酵母菌数（cfu/片）	≤100

项　目	指　标
大肠埃希菌	—

注："—"为每片不得检出。

【贮藏】　内包装用药用低密度聚乙烯袋密封，保持于清洁、通风处。

附件　检验规则

1. 产品检验分为全项检验和部分检验。

2. 有下列情况之一时，应按标准的要求进行全项检验。

（1）产品注册。

（2）产品出现重大质量事故后重新生产。

（3）监督抽验。

（4）产品停产后重新恢复生产。

3. 产品批准注册后，药包材生产、使用企业在原料产地、添加剂、生产工艺等没有变更的情形下，可按标准的要求，进行除"*"外项目检验。

4. 外观的检验，按《计数抽样检验程序　第 1 部分：按接收质量限（AQL）检索的逐批检验抽样计划》（GB/T 2828.1—2012）的规定进行，检验水平为Ⅰ、接收质量限为 4.0。

药用聚酯/铝/聚酯封口垫片

Yaoyong Juzhi/Lü/Juzhi Fengkou Dianpian

Foil Laminated Closure Liners (PET/Al/PET) for Pharmaceutical Packaging

本标准适用于由聚酯/铝/聚酯复合膜与纸板通过黏合剂制成的封口垫片，通过将其热合在口服固体药用聚酯瓶口上达到密封的目的。

用于生产药品包装用聚酯/铝/聚酯封口垫片的聚酯/铝/聚酯复合膜应符合药用复合膜、袋通则（YBB00132002—2015）的各项规定。

【外观】 取本品适量，在自然光线明亮处，正视目测。表面应平整、洁净，不得有穿孔、异物、皱纹及污渍等；纸板表面应为白色或类白色；聚酯/铝/聚酯复合膜与纸板不得分离。

【热合强度】 取本品 6 片，在垫片中部各裁切出 1 条 15 mm 宽的试片，分别高频热封在与之配套使用的聚酯瓶上。冷却后，确认试片的两端与容器封合完好，将其中一端裁开并夹持在拉力试验机的夹具上，同时固定对应的容器，以 200 mm/min±20 mm/min 的速度进行剥离。分别测定 6 次，计算 6 次测定值的算术平均值，不得低于 7.0 N/15 mm。

【高温分离性能】 取本品 5 片，在温度为 145～165 ℃，压力为 $1×10^5$ Pa，接触时间为 1～2 秒的条件下测定，聚酯/铝/聚酯复合膜层应与纸板完全分离。

【纸板荧光】 取本品适量，总表面积为 100 cm²，将纸板一面朝上置于紫外灯下，在波长 254 nm 和 365 nm 观察，不得有片状荧光。

【砷】 取本品经高温分离后得到的纸板，剪碎后称取 2.00 g 置于坩埚中，加氧化镁 1 g 及 15%硝酸镁溶液 10 ml，混匀，浸泡 4 小时。置水浴锅上蒸干，用小火炭化至无烟后移入马弗炉中加热至 550 ℃，炽灼 3～4 小时，冷却后取出。加 5 ml 水润湿后，用细玻棒搅拌，再用少量水洗下玻棒上附着的灰分至坩埚内。置水浴锅上蒸干后移入马弗炉 550 ℃炽灼 2 小时，冷却后取出。加 2 ml 水润湿灰分，再慢慢加入 5 ml 盐酸溶液（1→2），然后将溶液移入测砷装置的锥形瓶中，坩埚用盐酸溶液（1→2）洗涤 3 次，每次 2 ml，再用水洗 3 次，每次 5 ml，洗液均并入锥形瓶中，照砷盐检查法（《中国药典》2015 年版四部通则 0822 第一法）测定，含砷不得过 0.0001%。

【铅】* 取本品经高温分离后得到的纸板，剪碎后称取 1.00 g 置于坩埚中，小火炭化，然后移入马弗炉中 500 ℃炽灼 16 小时后，取出坩埚，放冷后再加少量硝酸–高氯酸溶液（4:1），小火加热，不使干涸，必要时再加入少许硝酸–高氯酸溶液（4:1），如此反复处理，直至残渣中无炭粒，待坩埚稍冷，加 50 ml 盐酸溶液（1→12）溶解残渣后，照原子吸收分光光度法（《中国药典》2015 年版四部通则 0406）测定，含铅不得过 0.0005%。

【微生物限度】 取垫片 10 片置于三角烧瓶中，加入 pH 7.0 无菌氯化钠-蛋白胨缓冲液 100 ml，振摇 1 分钟，即得供试品溶液。供试品溶液进行薄膜过滤后，依法检查（《中国药典》2015 年版四部通则 1105、1106）。应符合表 1 的规定。

表 1 微生物限度指标

项　　目	指　　标
细菌数（cfu/片）	≤1000
霉菌和酵母菌数（cfu/片）	≤100

续表

项　　目	指　　标
大肠埃希菌	—

注："—"为每片不得检出。

【贮藏】 内包装用药用低密度聚乙烯袋密封，保持于清洁、通风处。

附件　检验规则

1. 产品检验分为全项检验和部分检验。

2. 有下列情况之一时，应按标准的要求进行全项检验。

（1）产品注册。

（2）产品出现重大质量事故后重新生产。

（3）监督抽验。

（4）产品停产后重新恢复生产。

3. 产品批准注册后，药包材生产、使用企业在原料产地、添加剂、生产工艺等没有变更的情形下，可按标准的要求，进行除"*"外项目检验。

4. 外观的检验，按《计数抽样检验程序　第 1 部分：按接收质量限（AQL）检索的逐批检验抽样计划》（GB/T 2828.1—2012）的规定进行，检验水平为Ⅰ、接收质量限为 4.0。

药用聚酯/铝/聚乙烯封口垫片

Yaoyong Juzhi/Lü/Juyixi Fengkou Dianpian

Foil Laminated Closure Liners (PET/Al/PE) for Pharmaceutical Packaging

本标准适用于由聚酯/铝/聚乙烯复合膜与纸板通过黏合剂制成的封口垫片，通过将其热合在口服固体药用高密度聚乙烯瓶口上达到密封的目的。

用于生产药品包装用聚酯/铝/聚乙烯封口垫片的聚酯/铝/聚乙烯复合膜应符合药用复合膜、袋通则（YBB00132002—2015）的各项规定。

【外观】 取本品适量，在自然光线明亮处，正视目测。表面应平整、洁净，不得有穿孔、异物、皱纹及污渍等；纸板表面应为白色或类白色；聚酯/铝/聚乙烯复合膜与纸板不得分离。

【热合强度】 取本品 6 片，在垫片中部各裁切出 1 条 15 mm 宽的试片，分别高频热封在与之配套使用的聚乙烯瓶上。冷却后，确认试片的两端与容器封合完好，将其中一端裁开并夹持在拉力试验机的夹具上，同时固定对应的容器，以 200 mm/min±20 mm/min 的速度进行剥离。分别测定 6 次，计算 6 次测定值的算术平均值，不得低于 7.0 N/15 mm。

【高温分离性能】 取本品 5 片，在温度为 145～165 ℃，压力为 $1×10^5$ Pa，接触时间为 1～2 秒的条件下测定，聚酯/铝/聚乙烯复合膜层应与纸板完全分离。

【纸板荧光】 取本品适量，总表面积为 100 cm²，将纸板一面朝上置于紫外灯下，在波长 254 nm 和 365 nm 观察，不得有片状荧光。

【砷】 取本品经高温分离后得到的纸板，剪碎后称取 2.00 g 置于坩埚中，加氧化镁 1 g 及 15%硝酸镁溶液 10 ml，混匀，浸泡 4 小时。置水浴锅上蒸干，用小火炭化至无烟后移入马弗炉中加热至 550 ℃，炽灼 3～4 小时，冷却后取出。加 5 ml 水润湿后，用细玻棒搅拌，再用少量水洗下玻棒上附着的灰分至坩埚内。置水浴锅上蒸干后移入马弗炉 550 ℃炽灼 2 小时，冷却后取出。加 2 ml 水润湿灰分，再慢慢加入 5 ml 盐酸溶液（1→2），然后将溶液移入测砷装置的锥形瓶中，坩埚用盐酸溶液（1→2）洗涤 3 次，每次 2 ml，再用水洗 3 次，每次 5 ml，洗液均并入锥形瓶中，照砷盐检查法（《中国药典》2015 年版四部通则 0822 第一法）测定，含砷不得过 0.0001%。

【铅】* 取本品经高温分离后得到的纸板，剪碎后称取 1.00 g 置于坩埚中，小火炭化，然后移入马弗炉中 500 ℃炽灼 16 小时后，取出坩埚，放冷后再加少量硝酸–高氯酸溶液（4:1），小火加热，不使干涸，必要时再加入少许硝酸–高氯酸溶液（4:1），如此反复处理，直至残渣中无炭粒，待坩埚稍冷，加 50 ml 盐酸溶液（1→12）溶解残渣后，照原子吸收分光光度法（《中国药典》2015 年版四部通则 0406）测定，含铅不得过 0.0005%。

【微生物限度】 取本品 10 片置于三角烧瓶中，加入 pH 7.0 无菌氯化钠-蛋白胨缓冲液 100 ml，振摇 1 分钟，即得供试品溶液。供试品溶液进行薄膜过滤后，依法检查（《中国药典》2015 年版四部通则 1105、1106），应符合表 1 的规定。

表 1　微生物限度指标

项　　目	指　　标
细菌数（cfu/片）	≤1000
霉菌和酵母菌数（cfu/片）	≤100
大肠埃希菌	—

注："—"为每片不得检出。

【贮藏】　内包装用药用低密度聚乙烯袋密封，保持于清洁、通风处。

附件　检验规则

1. 产品检验分为全项检验和部分检验。

2. 有下列情况之一时，应按标准的要求进行全项检验。

（1）产品注册。

（2）产品出现重大质量事故后重新生产。

（3）监督抽验。

（4）产品停产后重新恢复生产。

3. 产品批准注册后，药包材生产、使用企业在原料产地、添加剂、生产工艺等没有变更的情形下，可按标准的要求，进行除"*"外项目检验。

4. 外观的检验，按《计数抽样检验程序　第 1 部分：按接收质量限（AQL）检索的逐批检验抽样计划》（GB/T 2828.1—2012）的规定进行，检验水平为Ⅰ、接收质量限为 4.0。

聚乙烯/铝/聚乙烯复合药用软膏管

Juyixi/Lü/Juyixi Fuhe Yaoyong Ruangaoguan

Composite Tube (PE/Al/PE) for Ointment

本标准适用于盛放软膏剂的聚乙烯/铝/聚乙烯复合管。

【外观】 取本品适量,在自然光线明亮处,正视目测。不得有歪管肩及管肩缺料、磨损、拉毛和明显皱纹;管身应光洁平整、无塑料破损及焊缝裸铝现象;管内外洁净,不得有刮伤、碰伤、加工残屑及其他异物。

【鉴别】 红外光谱 取本品适量,照包装材料红外光谱测定法(YBB00262004—2015)第四法测定,内、外层 PE 均应与对照图谱基本一致。

【耐压强度】 取本品适量,将管帽拧紧,扭矩 30～90 N·cm,将压缩空气从管尾加入,空气压力为 0.2 MPa,置 20 ℃±2 ℃水浴中,持续加压 30 秒,不得破裂,且焊缝处应无气泡产生。

【内层与次内层剥离强度】 取本品适量,照剥离强度测定法(YBB00102003—2015)测定,纵、横向剥离强度平均值均不得低于 5.0 N/15 mm。

【拉伸强度】 取同批号的复合管材,照拉伸性能测定法(YBB00112003—2015)测定。采用 Ⅱ 型试样,试验速度为 100 mm/min±10 mm/min,记录第一层材料断裂时负荷,即为拉伸强度。纵、横向均不得低于 16.0 MPa。

【管身热合强度】 取本品适量,沿宽度方向均匀截取 15 mm 宽的试样 5 条,将试样两端分别夹在试验机的上下夹头上,试验速度为 100 mm/min±10 mm/min,均不得低于 70.0 N/15 mm。

【管尾热合强度】 取本品适量,沿尾部方向均匀截取 15 mm 宽的试样 5 条,将试样两端分别夹在试验机的上下夹头上,试验速度为 100 mm/min±10 mm/min,均不得低于 20.0 N/15 mm。

【密封性】(1)取本品适量,用扭矩仪将样管帽盖固定,在扭矩 30～90 N·cm 条件下,管盖与管身应配合适宜,不得滑牙。

(2)取上述样品,装满水,倒置后固定管帽,1 分钟后观察,管头不得渗水。

【阻隔性能】 水蒸气透过量 取同批号的复合管材,照水蒸气透过量测定法(YBB00092003—2015)第二法试验条件 B 或第四法试验条件 2 测定,试验时热封面向低湿度侧,水蒸气透过量不得过 0.5 g/(m²·24 h)。

氧气透过量 取同批号的复合管材,照气体透过量测定法(YBB00082003—2015)第一法或第二法,试验时热封面向氧气低压一侧,氧气透过量不得过 0.5 cm³/(m²·24 h·0.1 MPa)。

乙醇透过量 取本品适量,加入 50%乙醇溶液至标示容量,将尾部热封(用热封仪热合,条件 140～170 ℃,压力 0.2～0.4 MPa,时间 2 秒),精密称定(W_0),在温度 40 ℃±2 ℃下,放置 7 天,取出后,再精密称定(W_1)。按下式计算,乙醇透过量不得过 0.5%。

$$乙醇透过量 = \frac{W_0 - W_1}{W_0} \times 100\%$$

透油性 取本品适量,加入液状石蜡至标示容量,将尾部热封(用热封仪热合,条件 140～170 ℃,压力 0.2～0.4 MPa,时间 2 秒),用慢速定量滤纸紧密包裹管身,在温度 60 ℃±2 ℃下,放置 72 小时,取出,滤纸不得有油渍产生。

【焊缝裸铝】 取本品适量,将管盖去除,然后浸入酸性硫酸铜溶液(取硫酸铜 2 g 加盐酸 10 ml,甘油

0.05 ml，加水至 100 ml）至管尾 5 mm 处止，5 分钟后取出，剪开管壁，焊缝处不得变黑。

【溶出物试验】 供试品溶液的制备：取本品内表面积 600 cm² （分割成长 5 cm，宽 0.3 cm 的小片）3 份，分别置于具塞锥形瓶中，加水适量，振摇洗涤，弃去水，重复操作两次。在 30～40 ℃干燥后分别用水（70 ℃±2 ℃）、65%乙醇（70 ℃±2 ℃）、正己烷（58 ℃±2 ℃）200 ml 浸泡 24 小时，取出，放至室温，分别用相应的溶剂补充至原体积，摇匀，作为供试液，以相应的溶剂为空白液，进行下列试验。

吸光度 取水供试液适量，以空白液为对照，照紫外-可见分光光度法（《中国药典》2015 年版四部通则 0401），220～360 nm 波长间的最大吸收度不得过 0.10。

易氧化物 精密量取水供试液 20 ml，精密加入高锰酸钾滴定液（0.002 mol/L）20 ml 与稀硫酸 1 ml，煮沸 3 分钟，迅速冷却，加入碘化钾 0.1 g，在暗处放置 5 分钟，用硫代硫酸钠滴定液（0.01 mol/L）滴定，滴定至近终点时，加入淀粉指示液 5 滴，继续滴定至无色，同时以水空白液做空白试验，二者消耗硫代硫酸钠滴定液（0.01 mol/L）之差不得过 1.0 ml。

不挥发物 分别精密量取水、65%乙醇、正己烷供试液和相应的对照液各 50 ml，置于已恒重的蒸发皿中，水浴蒸干，105 ℃干燥 2 小时，冷却后精密称定，水不挥发物残渣与相应的空白液残渣之差不得过 12.0 mg；65%乙醇不挥发物残渣与相应的空白液残渣之差不得过 50.0 mg；正己烷不挥发物残渣与相应的空白液残渣之差不得过 75.0 mg。

重金属 精密量取水供试液 20 ml，加醋酸盐缓冲液（pH 3.5）2 ml，依法检查（《中国药典》2015 年版四部通则 0821 第一法），含重金属不得过百万分之一。

【微生物限度】 取本品 10 支，向每支加入标示容量 2/3 量的氯化钠注射液，振荡 1 分钟后，合并，即得供试液。供试品溶液进行薄膜过滤后，依法检查（《中国药典》2015 年版四部通则 1105、1106）。细菌数每支不得过 100 cfu，霉菌和酵母菌数每支不得过 100 cfu，金黄色葡萄球菌、铜绿假单胞菌均不得检出。

【无菌】（适用于大面积烧伤及严重损伤皮肤用软膏管）取本品 11 支，向每支加入标示容量 1/2 量的氯化钠注射液，振荡 1 分钟后，合并提取液，依法检查（《中国药典》2015 年版四部通则 1101），应符合规定。

【皮肤刺激】* 取本品 5 支，向每支加入标示容量的氯化钠注射液，振荡 5 分钟后，合并提取液备用，照原发性皮肤刺激检查法（YBB00072003—2015）检查，应符合规定。

【异常毒性】* 取本品内表面积 300 cm²，剪成 5 cm×0.3 cm 小片，加入氯化钠注射液 50 ml，115 ℃保持 30 分钟后取出，提取液放冷，以同批氯化钠注射液做空白，依法检查（《中国药典》2015 年版四部通则 1141），静脉注射给药，应符合规定。

【贮藏】 内包装用药用低密度聚乙烯袋密封，保持于清洁、通风处。不得挤压。

附件 检验规则

1. 产品检验分为全项检验和部分检验。

2. 有下列情况之一时，应按标准的要求进行全项检验。

（1）产品注册。

（2）产品出现重大质量事故后重新生产。

（3）监督抽验。

（4）产品停产后重新恢复生产。

3. 产品批准注册后，药包材生产、使用企业在原料产地、添加剂、生产工艺等没有变更的情形下，可按标准的要求，进行除"*"外项目检验。

4. 外观、耐压强度、密封性、乙醇透过量、焊缝裸铝、透油性的检验，按《计数抽样检验程序　第 1 部分：按接收质量限（AQL）检索的逐批检验抽样计划》（GB/T 2828.1—2012）规定进行，检验项目、检验水平及接收质量限见表 1。

注：软膏管的管肩、管帽盖部分可根据需要选择不同的材料，按复合软管标准中的鉴别试验、溶出物

试验、异常毒性项目进行试验（供试品溶液和异常毒性试液的制备按试验样品重量与浸提介质体积为 0.2 g/ml 比例浸提），应符合相关项下的规定。

表 1　检验项目、检验水平及接收质量限

检验项目	检验水平	接收质量限（AQL）
外观	I	4.0
耐压强度	S-1	1.5
密封性	S-3	4.0
乙醇透过量	S-1	1.5
焊缝裸铝	S-1	1.5
透油性	S-1	1.5

药用低密度聚乙烯膜、袋

Yaoyong Dimidu Juyixi Mo、Dai

LDPE Films and Pouches for Pharmaceutical Packaging

本标准适用于以低密度聚乙烯树脂（LDPE）为主要原料采用流延法、吹制法生产的药用薄膜及由此薄膜通过热封制成的袋。本品适用于非无菌固体原料药的包装。

【外观】 取本品适量，在自然光线明亮处，正视目测。表面应光洁、色泽均匀，不得有穿孔、异物、异味、粘连。袋的热封部位应平整、无虚封。

【鉴别】*（1）红外光谱 取本品适量，照包装材料红外光谱测定法（YBB00262004—2015）第四法测定，应与对照图谱基本一致。

（2）密度 取本品约 2 g，浸渍液选用无水乙醇，照密度测定法（YBB00132003—2015）测定，本品的密度应为 0.910～0.935 g/cm³。

【阻隔性能】 水蒸气透过量 取本品适量，照水蒸气透过量测定法（YBB00092003—2015）第一法实验条件 B 测定，不得过 15 g/（m²·24 h）。

氧气透过量 取本品适量，照气体透过量测定法（YBB00082003—2015）第一法或第二法测定，不得过 4000 cm³/（m²·24 h·0.1 MPa）。

【机械性能】 拉伸强度 取本品适量，照拉伸性能测定法（YBB00112003—2015）测定，试验速度（空载）：300 mm/min±30 mm/min，试样为 I 型。纵向、横向拉伸强度平均值均不得低于 10 MPa。

断裂伸长率 取本品适量，照拉伸性能测定法（YBB00112003—2015）测定，试验速度（空载）300 mm/min±30 mm/min，试样为 I 型。厚度小于等于 0.05 mm 的膜，纵向、横向断裂伸长率平均值均不得低于 130%；厚度大于 0.05 mm 的膜，纵向、横向断裂伸长率平均值均不得低于 200%。

【热合强度】（膜） 裁取 100 mm×100 mm 膜片四片，将任意两个膜片叠合，置热封仪上进行热合，热合温度 130～150 ℃，压力 0.2 MPa，时间 1 秒。照热合强度测定法（YBB00122003—2015）测定，热合强度平均值不得低于 7.0 N/15 mm。

（袋） 从袋的热合强度部位裁取试样，照热合强度测定法（YBB00122003—2015）测定，热合强度平均值不得低于 7.0 N/15 mm。

【炽灼残渣】 取本品 5.0 g，精密称定，置于已恒重的坩埚，缓缓炽灼至完全炭化，再于 550 ℃炽灼至恒重，遗留残渣不得过 0.1%。

【溶出物试验】 供试液的制备：取本品适量，分别取内表面积 600 cm²（分割成 3 cm×0.3 cm 的小片）3 份置具塞锥形瓶中，加水（70 ℃±2 ℃）、65%乙醇（70 ℃±2 ℃）、正己烷（58 ℃±2 ℃）200 ml 浸泡 2 小时后取出，放冷至室温，用同批试验用溶剂补充至原体积作为供试液，以同批水、65%乙醇、正己烷为空白对照溶液，进行下列试验。

易氧化物 精密量取水供试液 20 ml，精密加入高锰酸钾滴定液（0.002 mol/L）20 ml 与稀硫酸 1 ml，煮沸 3 分钟，迅速冷却，加入碘化钾 0.1 g，在暗处放置 5 分钟，用硫代硫酸钠滴定液（0.01 mol/L）滴定，滴定至近终点时，加入淀粉指示液 5 滴，继续滴定至无色，另取水作为空白对照溶液同法操作，二者消耗硫代硫酸钠滴定液（0.01 mol/L）之差不得过 1.5 ml。

不挥发物 分别精密量取水、65%乙醇、正己烷浸液与空白液各 100 ml，分别置于已恒重的蒸发皿中，水浴蒸干，105 ℃干燥 2 小时，冷却后精密称定，水不挥发物残渣与其空白液残渣之差不得过 30.0 mg；65% 乙醇不挥发物残渣与其空白液残渣之差不得过 30.0 mg；正己烷不挥发物残渣与其空白液残渣之差不得过 30.0 mg。

重金属　精密量取水供试液 20 ml，加醋酸盐缓冲液（pH 3.5）2 ml，依法检查（《中国药典》2015 年版四部通则 0821 第一法），含重金属不得过百万分之一。

【微生物限度】　取本品用开孔面积为 20 cm² 的无菌的金属模板压在内层面上，将无菌棉签用氯化钠注射液稍蘸湿，在板孔范围内擦抹 5 次，换 1 支棉签再擦抹 5 次，每个位置用 2 支棉签共擦抹 10 次，共擦抹 5 个位置 100 cm²。每支棉签抹完后立即剪断（或烧断），投入盛有 30 ml 氯化钠注射液的锥形瓶（或大试管）中。全部擦抹棉签投入瓶中后，将瓶迅速摇晃 1 分钟，即得供试液。供试液进行薄膜过滤后，依法检查（《中国药典》2015 年版四部通则 1105、1106），细菌数不得过 1000 cfu/100 cm²，霉菌和酵母菌数不得过 100 cfu/100 cm²，大肠埃希菌不得检出。

【异常毒性】** 取本品 500 cm²，剪碎，加入氯化钠注射液 50 ml，110 ℃保持 30 分钟后取出，冷却至室温备用，静脉注射，依法检查（《中国药典》2015 年版四部通则 1141），应符合规定。

附件　检验规则

1. 产品检验分为全项检验和部分检验。

2. 有下列情况之一时，应按标准的要求进行全项检验。

（1）产品注册。

（2）产品出现重大质量事故后重新生产。

3. 有下列情况之一时，应按标准的要求进行除"**"外项目检验。

（1）监督抽验。

（2）产品停产后重新恢复生产。

4. 产品批准注册后，药包材生产、使用企业在原料产地、添加剂、生产工艺等没有变更的情形下，可按标准的要求，进行除"*"、"**"外项目检验。

5. 外观检验

（1）膜按每卷膜取 2 m 进行检验。

（2）袋的检验，按《计数抽样检验程序　第 1 部分：按接收质量限（AQL）检索的逐批抽样计划》（GB/T 2828.1—2012）规定进行。检验水平为 Ⅱ，接收质量限为 6.5。

第四部分
橡胶类药包材标准

注射液用卤化丁基橡胶塞

Zhusheyeyong Luhuadingji Xiangjiaosai

Halogenated Butyl Rubber Stopper for Injection

本标准适用于直接与注射液接触的氯化或溴化丁基橡胶塞。

【外观】 取本品数个，照表1依法检查，应符合规定。

【鉴别】*（1）称取本品 2.0 g，剪成小颗粒，置坩埚中，加碳酸氢钠 2.0 g 均匀覆盖试样，置电炉上，缓缓加热至炭化，放冷，置马弗炉 300 ℃加热至完全灰化，取出后，冷却至室温，加水 10 ml 使溶解，滤过，取续滤液 1.5 ml，置于试管中，加硝酸酸化，加入硝酸银试液 1 滴，应产生白色或淡黄色沉淀。

（2）取本品适量，照包装材料红外光谱测定法（YBB00262004—2015）第四法测定，应与对照图谱基本一致。

【穿刺落屑】 取本品 10 个，照注射剂用胶塞、垫片穿刺落屑测定法（YBB00332004—2015）第一法测定，落屑数应不得过 20 粒。

【穿刺力】 取本品 10 个，照注射剂用胶塞、垫片穿刺力测定法（YBB00322004—2015）第一法测定，平均穿刺力不得过 75 N，且每个胶塞的穿刺力均不得过 80 N，穿刺过程中不应有胶塞被推入瓶内。

【密封性与穿刺器保持性】 取本品 10 个，置高压蒸汽灭菌器中（不浸水），121 ℃±2 ℃保持 30 分钟，冷却至室温，另取 10 个与之配套的玻璃注射液瓶加水至标示容量，用上述胶塞塞紧，再加上与之配套铝盖，压盖。用符合注射剂用胶塞、垫片穿刺力测定法（YBB00322004—2015）中图 1 所示的穿刺器，向胶塞穿刺部位垂直穿刺，穿刺器刺穿胶塞，倒挂瓶，穿刺器悬挂 0.5 kg 重物，穿刺器应保持 4 小时不被拔出，且瓶塞穿刺部位应无泄漏。

【灰分】 取本品 1.0 g，照橡胶灰分测定法（YBB00262005—2015）测定，遗留残渣不得过 45%。

【挥发性硫化物】* 取本品，照挥发性硫化物测定法（YBB00302004—2015）测定，应符合规定。

【不溶性微粒】 取相当于表面积 100 cm² 的完整胶塞若干个，照包装材料不溶性微粒测定法（YBB00272004—2015）药用胶塞项下测定，每 1 ml 含 10 μm 以上的微粒不得过 30 粒，含 25 μm 以上的微粒不得过 3 粒。

【化学性能】 供试液的制备：取相当于表面积 200 cm² 的完整胶塞若干个，按样品表面积（cm²）与水（ml）的比例为 1:2，加水浸没，煮沸 5 分钟，放冷，再用同体积水冲洗 5 次。移至锥形瓶中，加同体积水，置高压蒸汽灭菌器中，121 ℃±2 ℃保持 30 分钟，冷却至室温，移出，即得供试液。同法制备空白液，进行下列试验。

澄清度与颜色 取供试液，依法检查（《中国药典》2015 年版四部通则 0902、0901），溶液应澄清无色。如显浑浊，与 2 号浊度标准液比较，不得更浓；如显色，与黄绿色 5 号标准比色液比较，不得更深。

pH 变化值 取供试液和空白液各 20 ml，分别加入氯化钾溶液（1→1000）1 ml，依法测定（《中国药典》2015 年版四部通则 0631），两者之差不得过 1.0。

吸光度 取供试液适量，以空白液为对照，照紫外-可见分光光度法（《中国药典》2015 年版四部通则 0401），在 220～360 nm 波长范围内，最大吸光度不得大于 0.1。

易氧化物 精密量取供试液 20 ml，精密加入 0.002 mol/L 高锰酸钾溶液 20 ml 与稀硫酸 2 ml，煮沸 3 分钟，迅速冷却至室温，加碘化钾 0.1 g，在暗处放置 5 分钟，用硫代硫酸钠滴定液（0.01 mol/L）滴定至浅棕色，再加入 5 滴淀粉指示液后滴定至无色。另取空白液同法操作，二者消耗硫代硫酸钠滴定液（0.01 mol/L）之差不得过 3.0 ml。

不挥发物 精密量取供试液及空白液各 100 ml，分别置于已恒重的蒸发皿中，水浴蒸干，在 105 ℃干燥至恒重，两者之差不得过 4.0 mg。

重金属 精密量取供试液 10 ml，加醋酸盐缓冲液（pH 3.5）2 ml，依法检查（《中国药典》2015 年版四部通则 0821 第一法），含重金属不得过百万分之一。

铵离子 精密量取供试液 10 ml，加碱性碘化汞钾试液 2 ml，放置 15 分钟，不得显色；如显色，与氯化铵溶液（取氯化铵 31.5 mg 加无氨水适量使溶解并稀释至 1000.0 ml）2.0 ml，加空白液 8 ml 与碱性碘化汞钾试液 2 ml 制成的对照溶液比较，不得更深（0.0002%）。

锌离子 取供试液，用孔径 0.45 μm 的滤膜过滤，精密量取续滤液 10 ml，加 2 mol/L 盐酸 1 ml 和亚铁氰化钾试液（称取 4.2 g 亚铁氰化钾三水化合物，用水溶解并稀释至 100 ml，摇匀，即得，本品应临用新制）3 滴混合，不得显浑浊，如显浑浊，与标准锌溶液（称取 44.0 mg 硫酸锌七水化合物，用新煮沸并冷却的水溶解并稀释至 1000.0 ml，即得，本溶液应临用新制）3.0 ml，加空白液 7 ml 与 2 mol/L 盐酸 1 ml 和亚铁氰化钾试液 3 滴制成的对照溶液比较，不得更深（0.0003%）。

电导率 在供试液制备 5 小时内，用电导率仪测定。空白液的电导率不得过 3.0 μS/cm（20 ℃±1 ℃），供试液的电导率应不得过 40.0 μS/cm。如果测定不是在 20 ℃±1 ℃下进行，则应对温度进行校正。

【生物试验】 热原* 取本品，按不规则形状比例加入氯化钠注射液，置高压蒸汽灭菌器中，采用 115 ℃±2 ℃，保持 30 分钟，照热原检查法（YBB00022003—2015）测定，应符合规定。

急性全身毒性试验** 取本品，按不规则形状比例加入氯化钠注射液，置高压蒸汽灭菌器中，采用 115 ℃±2 ℃，保持 30 分钟，照急性全身毒性检查法（YBB00042003—2015）测定，应符合规定。

溶血** 取本品，照溶血检查法（YBB00032003—2015）测定，溶血率应符合规定。

附件一 检验规则

1. 产品检验分为全项检验和部分检验。

2. 有下列情况之一时，应按标准的要求进行全项检验。

（1）产品注册。

（2）产品出现重大质量事故后重新生产。

3. 有下列情况之一时，应按标准的要求进行除"**"外项目检验。

（1）监督抽验。

（2）产品停产后重新恢复生产。

4. 产品批准注册后，药包材生产、使用企业在原料产地、添加剂、生产工艺等没有变更的情形下，可按标准的要求，进行除"*"、"**" 外项目检验。

5. 外观的检验，按《计数抽样检验程序 第 1 部分：按接收质量限（AQL）检索的逐批抽样计划》（GB/T 2828.1—2012）规定进行。检验项目、检验水平及接收质量限见表 1。

表 1 外观的不合格分类、检验水平及接收质量限（AQL）

项　　目	外　　观		
检验水平	I		
接收质量限（AQL）	0.4	1.5	6.5
不合格分类	A 类	B 类	C 类
	针刺圈内或与内容物接触面有污点、杂质；针刺圈内或密封面有气泡、裂纹	表面有污点、杂质、胶丝、胶屑、海绵状、毛边，塞颈部分粗糙、明显缺胶	除边造成的残缺和锯齿、模具造成的痕迹、色泽明显不均

附件二　参考尺寸

按照玻璃注射液瓶规格的大小，分类管理，固定瓶口及胶塞的对应尺寸，具体规定见表2。

表 2　注射液瓶规格和与之对应的胶塞尺寸表

注射液瓶规格（ml）	胶塞尺寸（冠状直径mm）
＜50	20，13
50，100	32，28，26，24，23，22，20
250	32，28，26，24，23，22
500	32，28，26，24
1000	32，28

YBB00052005—2015

注射用无菌粉末用卤化丁基橡胶塞

Zhusheyong Wujun Fenmoyong Luhuadingji Xiangjiaosai

Halogenated Butyl Rubber Stopper for Injectable Sterile Powder

本标准适用于直接与注射用无菌粉末接触的氯化或溴化丁基橡胶塞（不含冷冻干燥用胶塞）。

【外观】 取本品数个，照表 1 依法检查，应符合规定。

【鉴别】*（1）称取本品 2.0 g，剪成小颗粒，置坩埚中，加碳酸氢钠 2.0 g 均匀覆盖试样，置电炉上，缓缓加热至炭化，放冷，置马弗炉 300 ℃加热至完全灰化，取出后，冷却至室温，加水 10 ml 使溶解，滤过，取续滤液 1.5 ml，置于试管中，加硝酸酸化，加入硝酸银试液 1 滴，应产生白色或淡黄色沉淀。

（2）取本品适量，照包装材料红外光谱测定法（YBB00262004—2015）第四法测定，应与对照图谱基本一致。

【穿刺落屑】 取本品适量，照注射剂用胶塞、垫片穿刺落屑测定法（YBB00332004—2015）第二法对照法测定，落屑数应不得过 5 粒。

【穿刺力】 取本品 10 个，照注射剂用胶塞、垫片穿刺力测定法（YBB00322004—2015）第二法测定，穿刺瓶塞所需的力均不得过 10 N。

【胶塞与容器密合性】 取本品 10 个，置烧杯中，加水煮沸 5 分钟，取出，在 70 ℃干燥 1 小时，备用。另取 10 个与之配套的注射剂瓶加水至标示容量，用上述胶塞塞紧，再加上与之配套的铝盖，压盖。放入高压蒸汽灭菌器中，121 ℃±2 ℃保持 30 分钟，冷却至室温，放置 24 小时。将上述样品倒置，放入含有 10%亚甲蓝溶液的带抽气装置的容器中，抽真空至真空度 25 kPa，维持 30 分钟，真空装置恢复至常压，再放置 30 分钟取出，用水冲洗瓶外壁，观察，亚甲蓝溶液不得渗入瓶内。

【自密封性】取胶塞与容器密合性项下样品，采用符合注射剂用胶塞、垫片穿刺力测定法（YBB00332004—2015）第二法的注射针，向胶塞不同穿刺部位垂直刺穿胶塞，每个胶塞穿刺 3 次，每穿刺 10 次后更换注射针。将上述样品倒置，放入含有 10%亚甲蓝溶液的带抽气装置的容器中，抽真空至真空度 25 kPa，维持 30 分钟，真空装置恢复至常压，再放置 30 分钟，取出，用水冲洗瓶外壁，观察，亚甲蓝溶液不得渗入瓶内。

【灰分】 取本品 1.0 g，照橡胶灰分测定法（YBB00262005—2015）测定，遗留残渣不得过 50%。

【挥发性硫化物】* 取本品，照挥发性硫化物测定法（YBB00302004—2015）测定，应符合规定。

【不溶性微粒】 取相当于表面积 100 cm² 的完整胶塞若干个，照包装材料不溶性微粒测定法（YBB00272004—2015）药用胶塞项下测定，每 1 ml 中含 10 μm 以上的微粒不得过 60 粒，含 25 μm 以上的微粒不得过 6 粒。

【化学性能】 供试液的制备：取相当于表面积 200 cm² 的完整胶塞若干个，按样品表面积（cm²）与水（ml）的比例为 1:2，加水浸没，煮沸 5 分钟，放冷，再用同体积水冲洗 5 次。移至锥形瓶中，加同体积水，置高压蒸汽灭菌器中，121 ℃±2 ℃保持 30 分钟，冷却至室温，移出，即得供试液。同法制备空白液，进行下列试验。

澄清度与颜色 取供试液，依法检查（《中国药典》2015 年版四部通则 0902、0901），溶液应澄清无色。如显浑浊，与 2 号浊度标准液比较，不得更浓；如显色，与黄绿色 5 号标准比色液比较，不得更深。

pH 变化值 取供试液和空白液各 20 ml，分别加入氯化钾溶液（1→1000）1 ml，依法测定（《中国药典》2015 年版四部通则 0631），两者之差不得大于 1.0。

吸光度　量取供试液适量，以空白液为对照，照紫外-可见分光光度法（《中国药典》2015 年版四部通则 0401），在 220～360 nm 波长范围内，最大吸光度不得大于 0.2。

易氧化物　精密量取供试液 20 ml，精密加入 0.002 mol/L 高锰酸钾溶液 20 ml 与稀硫酸 2 ml，煮沸 3 分钟，迅速冷却，加碘化钾 0.1 g，在暗处放置 5 分钟，用硫代硫酸钠滴定液（0.01 mol/L）滴定至浅棕色，再加入 5 滴淀粉指示液后滴定至无色。另取空白液同法操作，二者消耗硫代硫酸钠滴定液（0.01 mol/L）之差不得过 7.0 ml。

不挥发物　精密量取供试品溶液及空白对照溶液各 100 ml，分别置于已恒重的蒸发皿中，水浴蒸干，在 105 ℃干燥至恒重，两者之差不得过 4.0 mg。

重金属　精密量取供试品溶液 10 ml，加醋酸盐缓冲液（pH 3.5）2 ml，依法检查（《中国药典》2015 年版四部通则 0821 第一法），含重金属不得过百万分之一。

铵离子　精密量取供试品溶液 10 ml，加碱性碘化汞钾试液 2 ml，放置 15 分钟；如显色，与氯化铵溶液（取氯化铵 31.5 mg 加无氨水适量使溶解并稀释至 1000.0 ml）2.0 ml，加空白对照溶液 8 ml 与碱性碘化汞钾试液 2 ml 制成的对照液比较，不得更深（0.0002%）。

锌离子　取供试液，用孔径 0.45 μm 的滤膜过滤，精密量取续滤液 10 ml，加 2 mol/L 盐酸 1 ml 和亚铁氰化钾试液（称取 4.2 g 亚铁氰化钾三水化合物，用水溶解并稀释至 100 ml，摇匀，即得。本品应临用新制）3 滴混合，不得显浑浊，如显浑浊，与标准锌溶液（称取 44.0 mg 硫酸锌七水化合物，用新煮沸并冷却的水溶解并稀释至 1000.0 ml，本品应临用新制）3.0 ml，加空白液 7 ml 与 2 mol/L 盐酸 1 ml 和亚铁氰化钾试液 3 滴对照液比较，不得更深（0.0003%）。

电导率　在供试液制备 5 小时内，用电导率仪测定：空白液的电导率不得过 3.0 μS/cm（20 ℃±1 ℃），供试液的电导率应不得过 40.0 μS/cm。如果测定不是在 20 ℃±1 ℃下进行，则应对温度进行校正。

【生物试验】 热原*　取本品，按不规则形状比例加入氯化钠注射液，置高压蒸汽灭菌器中，采用 115 ℃±2 ℃，保持 30 分钟，照热原检查法（YBB00022003—2015）测定，应符合规定。

急性全身毒性试验**　取本品，按不规则形状比例加入氯化钠注射液，置高压蒸汽灭菌器中，采用 115 ℃±2 ℃，保持 30 分钟，照急性全身毒性检查法（YBB00042003—2015）测定，应符合规定。

溶血**　取本品，照溶血检查法（YBB00032003—2015）测定，溶血率应符合规定。

附件　检验规则

1. 产品检验分为全项检验和部分检验。

2. 有下列情况之一时，应按标准的要求进行全项检验。

（1）产品注册。

（2）产品出现重大质量事故后重新生产。

3. 有下列情况之一时，应按标准的要求进行除"**"外项目检验。

（1）监督抽验。

（2）产品停产后重新恢复生产。

4. 产品批准注册后，药包材生产、使用企业在原料产地、添加剂、生产工艺等没有变更的情形下，可按标准的要求，进行除"*"、"**"外项目检验。

5. 外观的检验，按《计数抽样检验程序　第 1 部分：按接收质量限（AQL）检索的逐批抽样计划》（GB/T 2828.1—2012）规定进行。检验项目、检验水平及接收质量限见表 1。

表 1　外观检验项目、检验水平及接收质量限

项　　　目	外　　观		
检验水平	I		
接收质量限（AQL）	0.4	1.5	6.5

项　　目	外　　观		
	A 类	B 类	C 类
不合格分类	针刺圈内或与内容物接触面有污点、杂质、针刺圈内或密封面有气泡、裂纹	表面有污点、杂质、胶丝、胶屑、海绵状、毛边，塞颈部分粗糙明显缺胶	除边造成的残缺和锯齿、由模具造成的痕迹、色泽明显不均

药用合成聚异戊二烯垫片

Yaoyong Hecheng Juyiwuerxi Dianpian

Pharmaceutical Synthetic Polyisoprene Liners

本标准适用于装配在输液容器用聚丙烯组合盖中的合成聚异戊二烯垫片（以下简称"垫片"）。

【**外观**】 取本品数个，照表1依法检查，应符合规定。

【**鉴别**】 **红外光谱*** 取本品适量，照包装材料红外光谱测定法（YBB00262004—2015）第四法测定，应与对照图谱基本一致。

【**使用适应性试验**】 取本品数个，与配套使用的塑料外盖、内盖装配成组合盖，采用湿热灭菌法 121 ℃±2 ℃，保持 30 分钟（如产品不适合在 121 ℃条件下灭菌 30 分钟，试验时可采用产品生产时所用的灭菌条件），放置至室温，制成供试品，进行下列试验。

穿刺落屑 取本品各 10 个，照注射剂用胶塞、垫片穿刺落屑测定法（YBB00332004—2015）第三法测定，落屑数均不得过 20 粒。

穿刺力 取供试品 10 个，开启拉环，用塑料穿刺器，照注射剂用胶塞、垫片穿刺力测定法（YBB00322004—2015）第三法测定，平均穿刺力不得过 75 N，且每个胶塞的穿刺力均不得过 80 N，穿刺过程中不应有胶塞被推入瓶内。

密封性与穿刺器保持性 取供试品 10 个，分别装配在配套使用的塑料输液容器上，在容器中灌入标示容量的注射用水后封口。用塑料穿刺器（图1），向垫片穿刺标记部位垂直穿刺，穿刺器刺穿垫片，倒挂容器，穿刺器悬挂 0.3 kg 重物，穿刺器应保持 4 小时不被拔出，且垫片穿刺部位应无泄漏。

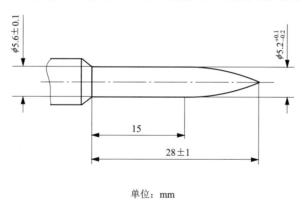

单位：mm

图 1 塑料穿刺器尺寸

【**灰分**】 取本品 2.0 g，照橡胶灰分测定法（YBB00262005—2015）测定，遗留残渣不得过 25%。

【**挥发性硫化物**】 取本品，照挥发性硫化物测定法（YBB00302004—2015）测定，应符合规定。

【**化学性能**】 供试液的制备：取相当于表面积 200 cm² 的完整胶塞若干个，按样品表面积（cm²）与水（ml）的比例为 1:2，加水浸没，煮沸 5 分钟，放冷，再用同体积水冲洗 5 次。移至锥形瓶中，加同体积水，置高压蒸汽灭菌器中，121 ℃±2 ℃保持 30 分钟，冷却至室温，移出，即得供试液。同法制备空白液，进行下列试验。

澄清度与颜色 取供试液，依法检查（《中国药典》2015 年版四部通则 0902、0901），溶液应澄清无色。如显浑浊，与 2 号浊度标准液比较，不得更浓。如显色，与黄绿色 5 号标准比色液比较，不得更深。

pH 变化值 取供试液和空白液各 20 ml，分别加入氯化钾溶液（1→1000）1 ml，依法测定（《中国药典》2015 年版四部通则 0631），两者之差不得大于 1.0。

吸光度 取供试液适量，以空白液为对照，照紫外-可见分光光度法（《中国药典》2015 年版四部通则 0401）测定，在 220～360 nm 的波长范围内，最大吸光度不得过 0.3。

易氧化物 精密量取供试液 20 ml，精密加入 0.002 mol/L 高锰酸钾液 20 ml 和稀硫酸 2 ml，煮沸 3 分钟，迅速冷却，加碘化钾 0.1 g，在暗处放置 5 分钟，用硫代硫酸钠滴定液（0.01 mol/L）滴定至浅棕色，再加入 5 滴淀粉指示液后滴定至无色。另取空白液同法操作，二者消耗硫代硫酸钠滴定液（0.01 mol/L）之差不得过 3.0 ml。

不挥发物 精密量取供试液及空白液各 100 ml，分别置于已恒重的蒸发皿中，蒸干，在 105 ℃干燥至恒重，两者之差不得过 4.0 mg。

重金属 精密量取供试液 10 ml，加醋酸盐缓冲液（pH 3.5）2 ml，依法检查（《中国药典》2015 年版四部通则 0821 第一法），含重金属不得过百万分之一。

铵离子 精密量取供试液 10 ml，加碱性碘化汞钾试液 2 ml，放置 15 分钟，不得显色；如显色，与氯化铵溶液（取氯化铵 31.5 mg 加无氨水适量使溶解并稀释至 1000.0 ml）2.0 ml，加空白液 8 ml 与碱性碘化汞钾试液 2 ml 制成的对照液比较，不得更深（0.0002%）。

锌离子 取供试液，用孔径 0.45 μm 的滤膜过滤，精密量取续滤液 10 ml，加 2 mol/L 盐酸 1 ml 和亚铁氰化钾试液（称取 4.2 g 亚铁氰化钾三水化合物，用水溶解并稀释至 100 ml，摇匀，即得）3 滴混合，不得显浑浊；如显浑浊，与标准锌溶液（称取 44.0 mg 硫酸锌七水化合物，用新煮沸并冷却的水溶解并稀释至 1000.0 ml，本品应临用新制）3.0 ml，加空白液 7 ml 与 2 mol/L 盐酸 1 ml 和亚铁氰化钾试液 3 滴对照液比较，不得更深（0.0003%）。

电导率 供试液应在制备 5 小时内，用电导率仪测定：空白液的电导率不得过 3.0 μS/cm（20 ℃±1 ℃），供试液的电导率应不得过 40.0 μS/cm。如果测定不是在 20 ℃±1 ℃下进行，则应对温度进行校正。

【生物试验】 热原* 取本品，按不规则形状比例加入氯化钠注射液，照热原检查法（YBB00022003—2015）测定，应符合规定。

急性全身毒性试验** 取本品，按样品表面积与浸提介质比例 6 cm²/ml 加入氯化钠注射液，浸提温度为 37 ℃±1 ℃，浸提时间为 24 h±2 h，照急性全身毒性检查法（YBB00042003—2015）测定，应符合规定。

溶血** 取本品，照溶血检查法（YBB00032003—2015）测定，溶血率应符合规定。

【贮藏】 内包装用低密度药用聚乙烯袋密封，保持于清洁、通风处。

附件　检验规则

1. 产品检验分为全项检验和部分检验。

2. 有下列情况之一时，应按标准的要求进行全项检验。

（1）产品注册。

（2）产品出现重大质量事故后重新生产。

3. 有下列情况之一时，应按标准的要求进行除"**"外项目检验。

（1）监督抽验。

（2）产品停产后重新恢复生产。

4. 产品批准注册后，药包材生产、使用企业在原料产地、添加剂、生产工艺等没有变更的情形下，可按标准的要求，进行除"*"、"**"外项目检验。

5. 外观的检验，按《计数抽样检验程序　第 1 部分：按接收质量限（AQL）检索的逐批检验抽样计划》（GB/T 2828.1—2012）规定进行，不合格分类、检验水平和接收质量限见表 1。

表1　外观的检验规则

项　　目	外　　观		
检验水平	I		
接收质量限（AQL）	0.40	1.5	6.5
	A 类	B 类	C 类
不合格分类	针刺圈内或与内容物接触面有污点、杂质，针刺圈内或密封面有气泡、裂纹	表面有污点、杂质、胶丝、胶屑、海绵状、毛边，塞颈部分粗糙、明显缺胶	除边造成的残缺和锯齿由模具造成的痕迹色泽明显不均

口服制剂用硅橡胶胶塞、垫片

Koufu Zhijiyong Guixiangjiao Jiaosai、Dianpian

Silicone Elastomer Closures and Liners for Oral preparation

本标准适用于直接与口服制剂接触热硫化型硅橡胶胶塞、垫片。

【外观】 取本品数个，照表 1 依法检查，应符合规定。

【鉴别】 （1）红外光谱* 照包装材料红外光谱测定法（YBB00262004—2015）第四法测定，本品的红外图谱应与对照图谱基本一致。

（2）密度 取本品 2 g，加水 100 ml 加热回流 2 小时，80 ℃干燥后，照密度测定法（YBB00132003—2015）测定，应为 1.05～1.25 g/cm^3。

【含苯化合物】 取本品 2 g，精密称定，加入正己烷 100 ml，加热回流 4 小时，冷却，用正己烷补足减失重量，用垂熔漏斗滤过，取续滤液作为供试液，同法制备空白液。取上述两种溶液，照紫外-可见分光光度法（《中国药典》2015 年版四部通则 0401），在 250～340 nm 的波长范围内，最大吸光度不得过 0.4。

【正己烷不挥发物】 取含苯化合物项下供试液及空白液各 25.0 ml，分别置已恒重的蒸发皿中，置水浴中蒸干，再在 105 ℃干燥 1 小时，两者之差不得过 15 mg。

【挥发性物质】 取经无水氯化钙干燥 48 小时后的本品 5.0 g，精密称定，置已恒重的称量瓶中，在 200 ℃干燥 4 小时，减失重量不得过 2.0%。

【过氧化物】 称取本品 5.0 g，加二氯甲烷 150 ml，密闭，机械搅拌 16 小时，迅速滤过，滤液收集在碘量瓶中。使瓶中充满氮气，加 20%碘化钠冰醋酸溶液 1 ml，加塞密闭，充分振摇，避光静置 30 分钟，加水 50 ml，用硫代硫酸钠滴定液（0.01 mol/L）滴定至二氯甲烷层至无色。同时做空白试验。消耗滴定液之差不超过 2.0 ml（相当于 0.08%过氧化二氯苯甲酰氯）。

【矿物油】 称取本品 2.0 g 至具塞瓶中，加氨水–吡啶（5:95）混合液 30 ml，振摇 2 小时，滤过，取续滤液至比色管中，置 365 nm 紫外光灯下检视，应无荧光；若呈荧光，与每 1 ml 含有 10 μg 硫酸奎宁的 0.005 mol/L 硫酸溶液比较，不得更强。

【化学性能】 供试液的制备：取本品（完整胶塞或垫片）25.0 g，精密称定，加水 500 ml，加热回流 5 小时，放置至室温，倾出浸出液作为供试液，同法制备空白液，进行下列试验。

澄清度与颜色 取供试液，依法检查（《中国药典》2015 年版四部通则 0902、0901），溶液应澄清无色。如显浑浊，与 2 号浊度标准液比较，不得更浓；如显色，与黄绿色 5 号标准比色液比较，不得更深。

pH 变化值 取供试液和空白液各 20 ml，分别加入氯化钾液（1→1000）1 ml，依法测定（《中国药典》2015 年版四部通则 0631），两者之差不得大于 1.0。

吸光度 取供试液适量，以空白液为对照，照紫外-可见分光光度法（《中国药典》2015 年版四部通则 0401），在 220～360 nm 的波长范围内，吸光度不得过 0.1。

易氧化物 精密量取供试液 20 ml，精密加入 0.002 mol/L 高锰酸钾液 20 ml 与稀硫酸 2 ml，煮沸 3 分钟，迅速冷却，加碘化钾 0.1 g，在暗处放置 5 分钟，用硫代硫酸钠滴定液（0.01 mol/L）滴定至浅棕色，再加入 5 滴淀粉指示液后滴定至无色。另取水空白液同法操作，二者消耗硫代硫酸钠滴定液（0.01 mol/L）之差不得过 1.0 ml。

不挥发物 精密量取供试液及空白液各 100 ml，分别置于已恒重的蒸发皿中，蒸干，在 105 ℃干燥至恒重，两者之差不得过 4.0 mg。

重金属　精密量取供试液 20 ml，加醋酸盐缓冲液（pH 3.5）2 ml，依法检查（《中国药典》2015 年版四部通则 0821 第一法），含重金属不得过百万分之一。

【生物试验】　急性全身毒性试验**　取本品，按不规则形状比例加入氯化钠注射液，浸提温度为 70 ℃±2 ℃，浸提时间为 24 h±2 h，照急性全身毒性检查法（YBB00042003—2015）测定，应符合规定。

附件　检验规则

1. 产品检验分为全项检验和部分检验。

2. 有下列情况之一时，应按标准的要求进行全项检验。

（1）产品注册。

（2）产品出现重大质量事故后重新生产。

3. 有下列情况之一时，应按标准的要求进行除"**"外项目检验。

（1）监督抽验。

（2）产品停产后重新恢复生产。

4. 产品批准注册后，药包材生产、使用企业在原料产地、添加剂、生产工艺等没有变更的情形下，可按标准的要求，进行除"*"、"**"外项目检验。

5. 外观的检验，按《计数抽样检验程序　第 1 部分：按接收质量限（AQL）检索的逐批检验抽样计划》（GB/T 2828.1—2012）规定进行，不合格分类、检验水平和接收质量限见表 1。

表 1　外观的检验规则

项　　　目	外　　　观		
检验水平	I		
接收质量限（AQL）	0.40	1.5	6.5
不合格分类	A 类	B 类	C 类
	针刺圈内或与内容物接触面有污点、杂质，针刺圈内或密封面有气泡、裂纹	表面有污点、杂质、胶丝、胶屑、海绵状、毛边，塞颈部分粗糙明显缺胶	除边造成的残缺和锯齿由模具造成的痕迹色泽明显不均

第五部分

预灌封类药包材标准

预灌封注射器组合件（带注射针）

Yuguanfeng Zhusheqi Zuhejian (Daizhushezhen)

Assemblages for Prefilled Syringes (with Stainless Steel Needles)

本标准适用于预灌封注射器组合件（带注射针）。组合件由玻璃针管、橡胶活塞、不锈钢注射针、针头护帽和推杆组成。

【外观】 取本品适量，在自然光线明亮处，正视目测。玻璃针管管套应无裂缝或裂痕，卷边应无变形；锥头、卷边应无裂缝或断裂；针管外表面应无斑点、污点、擦痕；无影响使用的印刷缺陷；针应无分离、无颠倒、无阻塞；针与针头护帽不得分离。

【玻璃针管】 应符合预灌封注射器用硼硅玻璃针管（YBB00062004—2015）的要求。

【橡胶活塞】 应符合预灌封注射器用氯化丁基橡胶活塞（YBB00072004—2015）或预灌封注射器用溴化丁基橡胶活塞（YBB00082004—2015）的要求。

【不锈钢注射针】 应符合预灌封注射器用不锈钢注射针（YBB00092004—2015）的要求。

【针头护帽】 应符合预灌封注射器用聚异戊二烯橡胶针头护帽（YBB00102004—2015）的要求。

【针与针座的连接力】 取本品适量，将注射器固定在试验机上，以 100 mm/min±5 mm/min 速度，在不得小于 22 N 的拉力下，进行注射针的拉拔试验。不锈钢注射针与玻璃针管的针座间不得松动或分离。

【针头护帽的拔出力】 取本品适量，将针头护帽和注射针管固定在试验机上、下夹具内，试验速度为 100 mm/min±5 mm/min。针头护帽的拔出力应在 4.0～45.0 N 之间。

【活塞与推杆的配合性】（仅适用于带螺纹的活塞）取本品适量，将推杆和活塞相连接，把活塞完全插入经硅油润滑过并装满一半水的预灌封注射器内，排除空气，在注射器上插上针头护帽，缓慢向后撤出约 3 mm 的距离。推杆应保持稳定，不应与活塞分离。

【活塞润滑性】 取本品适量，将活塞插入硅油润滑的注射器针管中，用推杆将活塞推入整个注射器针管中。推杆活塞应平滑的移动，不应有突然的停顿。

【活塞滑动性能】 取本品适量，将推杆活塞放入硅油润滑的针管中，以 100 mm/min±5 mm/min 的速度推动推杆。活塞滑动的启始力和活塞持续滑动的持续力应符合表 1 的规定。

表 1 滑动性能

规格（标示容量，ml）	启始力（F_{max}，N）	持续力（F_{max}，N）
$V<2$	10	5
$2{\leq}V{\leq}20$	25	10

【器身密合性】 取本品适量，在注射器内注入一半的水，将活塞插入注射器，移去护帽，排除残留空气，再用针头护帽阻塞针头，通过推杆，在注射器内部的推杆胶塞上施加轴向压力 30 N，保持 5 秒。针与针座接触部位不得有泄漏，活塞与针筒接触部位不得有泄漏。

【注射器针管残留量】 取本品适量，用精度为 0.1 mg 的天平，称取空注射器重量（W_0），注射器内注入 20 ℃±5 ℃标示容量（V_0）的水，仔细排尽气泡并确保水的半月形水平面与锥头腔末端齐平，压下推杆至水完全排出，擦干注射器的外表面，称量重（W_1）。将排出水后的注射器质量减去空注射器的质量，即为残留在注射器中水的质量，并以体积单位（ml）表示，水的密度（d）以 1.000 g/cm^3 计。应符合表 2 的规定。

$$残留量 = \frac{W_1 - W_0}{V_0 \times d} \times 100\%$$

表 2 残留量

规格（标示容量，ml）	残留量（%）
0.5	≤3.0
1.0（长型）	≤1.5
1.0（标准）	≤3.5
2.25	≤2.0
5	≤1.5
10	≤1.0
20	≤1.0

【分度容量准确度】（有刻度的针管）取本品适量，精密称定空具塞锥形瓶重量，用注射器吸取 20 ℃±5 ℃ 水至刻度容量（V_0，在大于和小于标示容量一半的区间内任选一点），排出气泡并确保水的半月形水面与锥头腔末端齐平，同时基准线上边缘与分度线下边缘相切，将水全部排入空具塞锥形瓶后精密称量，经计算得到实际容量（V_1），再代入公式计算，水的密度以 1.000 g/cm^3 计。应符合表 3 的规定。

$$分度容量准确度 = \frac{V_0 - V_1}{V_1} \times 100\%$$

表 3 分度容量准确度

规格（标示容量，ml）	分度容量公差	
	小于标示容量一半	等于或大于标示容量一半
$V<2$	±（1.5%V+实际容量的2%）	±5%的实际容量
$2 \leq V<5$	±（1.5%V+实际容量的2%）	±5%的实际容量
$5 \leq V<10$	±（1.5%V+实际容量的1%）	±4%的实际容量
$10 \leq V \leq 20$	±（1.5%V+实际容量的1%）	±4%的实际容量

【硅油量】取本品 32 支，去掉针头护帽，安装好注射器，分别吸取标示量的硅溶剂（如 141 B DGX，hydrofluoroether 氢氟代醚），向后拉到注射器卷边处，摇动注射器 3～5 次，使硅油溶解，将溶液分别置已恒重的容器（W_0）中，置水浴上蒸干，移至 80 ℃±5 ℃ 干燥至恒重（W_1）。32 支样品两次称量之差相加后除以样品数，即为每个注射器平均硅油量，应符合表 4 的规定。

表 4 注射器最大硅油量

规格（标示容量，ml）	硅油量（mg）
0.5	0.6
1.0～2.25	0.7
3.0～5.0	1.0
10	1.3
20	1.7

【不溶性微粒】 取本品 10 支，分别装入推杆、活塞，除去针头护帽，分别吸入标示容量的微粒检查用水，摇动注射器，分别注入同一洁净容器中。照包装材料不溶性微粒测定法（YBB00272004—2015）测定，每个注射器中含 10 μm 以上的微粒数不得过 60 粒；含 25 μm 以上的微粒数不得过 6 粒。

【环氧乙烷残留量】 供试液的制备：取本品去除包装，吸入蒸馏水至标示容量（V），在 37 ℃±1 ℃下恒温 1 小时。取一定量的供试液（V_0），照环氧乙烷残留量测定法（YBB00242005—2015）测定，环氧乙烷残留量应不得过 1 μg/ml。

【细菌内毒素】 取至少 3 支样品，抽取注射用水或氯化钠注射液至标示容量，将推杆拉回到开口处，液体来回振洗两次，封闭在 37 ℃±2 ℃的恒温箱中 2 小时，取出后将预灌封注射器内的供试液收集在无热原的玻璃器皿中，在 2 小时内依法检查（《中国药典》2015 年版四部通则 1143），每 1 ml 供试品溶液中含内毒素不得过 0.5 EU。

【无菌】 取本品 6 支，取氯化钠注射液至标示容量，回拉推杆，使活塞稍离液面，振摇提取 5 次，合并提取液，依法检查（《中国药典》2015 年版四部通则 1101），应符合规定。

【生物试验】急性全身毒性** 取至少 3 支样品，取氯化钠注射液至标示容量，将推杆拉回到开口处，液体来回振洗两次，封闭在 37 ℃±2 ℃的恒温箱中，保持 2 小时，取出后将预灌封注射器内的供试液收集在无热原的玻璃器皿中，在 2 小时内照急性全身毒性检查法（YBB00042003—2015）测定，应符合规定。

附件 检验规则

1. 产品检验分为全项检验和部分检验。

2. 有下列情况之一时，应按标准的要求进行全项检验。

（1）产品注册。

（2）产品出现重大质量事故后重新生产。

3. 有下列情况之一时，应按标准的要求进行除"**"外项目检验。

（1）监督抽验。

（2）产品停产后重新恢复生产。

4. 产品批准注册后，药包材生产、使用企业在原料产地、添加剂、生产工艺等没有变更的情形下，可按标准的要求，进行除"**"外项目检验。

5. 外观、活塞与推杆的配合性、活塞润滑性、针与针管的连接力、针头护帽的拔出力、活塞滑动性能、器身密合性、注射器针管残留量、容量准确度的检验，按《计数抽样检验程序 第 1 部分：按接收质量限（AQL）检索的逐批抽样计划》（GB/T 2828.1—2012）规定进行。检验项目、检验水平及接收质量限见表 5。

表 5 检验项目、检验水平及接收质量限

检验项目	检验水平	接收质量限（AQL）
外观	I	0.65
活塞与推杆的配合性	I	0.65
活塞润滑性	I	0.65
针与针座的连接力	S-2	2.5
针头护帽的拔出力	S-2	0.65
活塞滑动性能	S-2	6.5
器身密合性	S-2	2.5
注射器针管残留量	S-2	6.5
分度容量准确度	S-2	2.5

预灌封注射器用硼硅玻璃针管

Yuguanfeng Zhusheqiyong Pengguiboli Zhenguan

Borosilicate Glass Barrels for Prefilled Syringes

本标准适用于盛装注射液的预灌封注射器用硼硅玻璃针管。有带注射针头或带鲁尔锥头两种形式。

【外观】 取本品适量，在自然光线明亮处，正视目测。应无色透明；表面应光洁、平整，不应有明显的玻璃缺陷；任何部位不得有裂纹。

【鉴别】*（1）线热膨胀系数 取本品适量，照平均线热膨胀系数测定法（YBB00202003—2015）或线热膨胀系数测定法（YBB00212003—2015）测定，中硼硅玻璃的线热膨胀系数应为（3.5～6.1）×10^{-6}K^{-1}（20～300 ℃）；高硼硅玻璃的线热膨胀系数应为（3.2～3.4）×10^{-6}K^{-1}（20～300 ℃）。

（2）三氧化二硼含量 取本品适量，照三氧化二硼测定法（YBB00232003—2015）测定，中硼硅玻璃含三氧化二硼应不得小于 8%；高硼硅玻璃含三氧化二硼应不得小于 12%。

【121 ℃颗粒耐水性】取本品适量，照玻璃颗粒在 121 ℃耐水性测定法和分级（YBB00252003—2015）测定，应符合 1 级。

【内表面耐水性】 取本品适量，照 121 ℃内表面耐水性测定法和分级（YBB00242003—2015）测定，应符合 HC1 级。

【内应力】 取本品适量，照内应力测定法（YBB00162003—2015）测定，退火后的最大永久应力造成的光程差不得过 40 nm/mm。

【砷、锑、铅、镉浸出量】* 取本品适量，照砷、锑、铅、镉浸出量测定法（YBB00372004—2015）测定，每升浸出液中砷不得过 0.2 mg、锑不得过 0.7 mg、铅不得过 1.0 mg、镉不得过 0.25 mg。

附件一 检验规则

1. 产品检验分为全项检验和部分检验。

2. 下列情况之一时，应按标准的要求进行全项检验。

（1）产品注册。

（2）产品出现重大质量事故后重新生产。

（3）监督抽验。

（4）产品停产后重新恢复生产。

3. 产品批准注册后，药包材生产、使用企业在原料产地、添加剂、生产工艺等没有变更的情形下，可按标准的要求，进行除"*"外项目检验。

4. 外观、内应力的检验，按《计数抽样检验程序 第1部分：按接收质量限（AQL）检索的逐批检验抽样计划》（GB/T 2828.1—2012）规定进行。检验项目、检验水平及接收质量限见表1。

表1 检验项目、检验水平及接收质量限

检验项目	检验水平	接收质量限（AQL）
外观	I	0.65
内应力	S-2	0.65

附件二 规格尺寸（参考尺寸）

规格尺寸可参考图 1 及表 2。

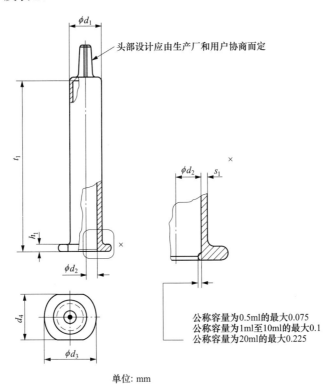

头部设计应由生产厂和用户协商而定

公称容量为0.5ml的最大0.075
公称容量为1ml至10ml的最大0.1
公称容量为20ml的最大0.225

单位: mm

图 1 预灌封注射器玻璃卷边示例

表 2 玻璃针管尺寸

单位：mm

规格（ml）	玻璃针管							卷边					
	d_1	偏差	d_2	偏差	l_1	偏差	$s_1 \approx$	h_1	偏差	d_3	偏差	d_4	偏差
0.5	6.85	±0.1	4.65	±0.1	47.6	±0.5	1.1	1.8	±0.5	13.4	±0.4	10.5	±0.4
1（长型）	8.15		6.35		54		0.9	1.9		13.8		11	
1	10.85		8.65		35.7		1.1	2.2	±0.5	17.75	±0.75	14.7	±0.5
2	10.85		8.65		49		1.1	2.2		17.75		14.7	
2.25	10.85		8.65		54.4		1.1	2.2		17.75		14.7	
3	10.85		8.65	±0.2	72.2		1.1	2.2		17.75		14.7	
5	14.45		11.85		66.7		1.3	2.4		23		19.5	
10	17.05	±0.2	14.25		87.25	±0.75	1.4	2.5	±0.6	27	±1	21.5	
20	22.05		19.05		96.8		1.5	3.1		32.25		25.9	±0.6

预灌封注射器用不锈钢注射针

Yuguanfengzhusheqiyong Buxiugang Zhushezhen

Stainless Steel Needles for Prefilled Syringes

本标准适用于组合在预灌封注射器玻璃针管上，用于人体皮内、皮下、肌肉、静脉等注射用的不锈钢注射针。

【外观】 取本品适量，在自然光线明亮处，正视目测。注射针针管应清洁、无杂物，针管应平直。针尖必须无毛刺、弯钩等缺陷。针管表面使用润滑剂时，针管表面应无微滴形成。注射针与针座的连接应正直，不得有明显的歪斜。

【刚性】 取与玻璃针管分离后的本品适量，置刚性试验仪器[能通过施力推杆最大至 60 N（精度为 ±0.1 N）的力，向下垂直作用在针管上。施力推杆的下端由一个互成 60° 夹角的楔形和曲率半径为 1 mm 的圆柱面组成，其推杆宽度至少 5 mm，仪器的位移测量精度为 0.01 mm（图 1）] 上，按如下要求调整针管和刚性试验仪：①使跨距为表 1 中被测针管规格相对应的数值；②使施力推杆的端部表面位于跨距的中心；③使针管与两个搁针架和施力推杆保持垂直，同时使针管中心线与搁针架中心线重合。按表 1 规定的跨距和荷载条件进行试验：按表 1 中该针管规格相对应的力，以 1 mm/min 的速率通过施力推杆对针管向下施加弯曲力，测量并记录施力点处的针管挠度，精确到 0.01 mm，注射针应有良好的刚性，最大挠度应符合表 1 的规定。

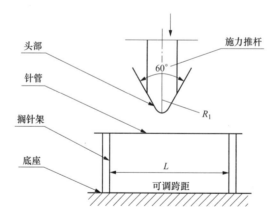

图 1　刚性试验装置示意图

表 1　刚性试验条件

单位：mm

规格	正常壁			薄壁			超薄壁		
	跨距 ±0.1	荷载（N）±0.1	最大挠度	跨距 ±0.1	荷载（N）±0.1	最大挠度	跨距 ±0.1	荷载（N）±0.1	最大挠度
0.30	5	5.5	0.40	5	5.5	0.45	—	—	—
0.33	5	5.5	0.32	5	5.5	0.37	—	—	—
0.36	5	5.5	0.25	5	5.5	0.30	—	—	—
0.40	9.5	5.5	0.60	7.5	5.5	0.65	—	—	—
0.45	10	6	0.56	10	5.5	0.61	—	—	—

规格	正常壁			薄壁			超薄壁		
	跨距±0.1	荷载（N）±0.1	最大挠度	跨距±0.1	荷载（N）±0.1	最大挠度	跨距±0.1	荷载（N）±0.1	最大挠度
0.50	10	7	0.38	10	7	0.43	—	—	—
0.55	10	10	0.50	10	10	0.55	—	—	—
0.60	12.5	10	0.40	12.5	10	0.45	12.5	10	0.50
0.70	15	10	0.45	15	10	0.50	15	10	0.55
0.80	15	15	0.41	15	15	0.50	*	*	*
0.90	17.5	15	0.48	17.5	15	0.65	*	*	*

注：打*号者，由于这些规格无有效数据，故本标准未给出刚性值。

【韧性】　取与玻璃针管分离后的本品适量，将针管一端牢固地固定在夹具（可以对针管施加一个足够大的力，使其能从正反方向在同一个平面上弯曲 25°、20°、15° 等 3 种角度）上，按表 2 规定调整被测针管所对应的规定跨距和选择以下弯曲角度，正常壁：25°、薄壁：20°、超薄壁：15°。在规定跨距位置施加一个足够大的力，以 0.5 Hz 频率，双向施力 20 次，应不得折断。

表 2　韧性试验条件

单位：mm

规格	固定支点和荷载作用点之间的距离±0.1
0.30	8
0.33	8
0.36	8
0.40	10
0.45	10
0.50	12.5
0.55	15
0.60	17.5
0.70	20
0.80	25
0.90	27.5

【耐腐蚀性】　取本品适量，将针管放入盛有 23 ℃±2 ℃的 0.5 mol/L 氯化钠溶液的玻璃器皿中，使针管的一半长度浸入溶液中。并保持溶液和针管在 23 ℃±2 ℃放置 7 h±5 min。取出，用水漂洗并干燥，用正常或矫正视力对浸泡和未浸泡部位观察比较，应不得有由浸泡而导致的腐蚀痕迹。

【针管内表面异物】　取本品适量，取 5 ml 甘油-无水乙醇（1:1）混合溶液通过注射针注射，流过针管内壁的混合液应无异物和脏物。

【针孔通畅性】　取本品适量，用表 3 规定的通针可以自由通过或在不大于 100 kPa 的水压下，流量应不小于相同外径和长度及表 4 中规定的最小内径的针管，在相同条件下流量的 80%。

表3 通针直径

单位：mm

规格	正常壁	薄壁	超薄壁
0.30	0.11	0.13	—
0.33	0.11	0.15	—
0.36	0.11	0.15	—
0.40	0.15	0.19	—
0.45	0.18	0.23	—
0.50	0.18	0.23	—
0.55	0.22	0.27	—
0.60	0.25	0.29	0.30
0.70	0.30	0.35	0.37
0.80	0.40	0.42	0.44
0.90	0.48	0.49	0.50

表4 针管尺寸

单位：mm

规格	外径范围		针管内径				
	最小	最大	正常壁		薄壁		超薄壁
			最小	最大	最小	最大	最小
0.30（30 G）	0.298	0.320	0.133	0.164	0.165	—	—
0.33（29 G）	0.324	0.351	0.133	0.189	0.190	—	—
0.36（28 G）	0.349	0.370	0.133	0.189	0.190	—	—
0.40（27 G）	0.400	0.420	0.184	0.240	0.241	—	—
0.45（26 G）	0.440	0.470	0.232	0.291	0.292	—	—
0.50（25 G）	0.500	0.530	0.232	0.291	0.292	—	—
0.55（24 G）	0.550	0.580	0.280	0.342	0.343	—	—
0.60（23 G）	0.600	0.673	0.317	0.359	0.360	0.379	0.380
0.70（22 G）	0.698	0.730	0.390	0.439	0.440	0.459	0.460
0.80（21 G）	0.800	0.830	0.490	0.529	0.530	0.549	0.550
0.90（20 G）	0.860	0.920	0.560	0.609	0.610	0.629	0.630

【针尖穿刺力】 取与玻璃针管分离后的本品适量，将注射针和模拟皮肤（聚氨酯膜，厚度：0.35 mm±0.05 mm）在 22 ℃±2 ℃下放置至少 24 小时，并在相同温度下进行测试。取适当尺寸的模拟皮肤夹在夹具上，不得有任何明显的拉伸或压缩力施加在模拟皮肤上，将被检针装在试验机上，其轴线垂直于模拟皮肤的表面，针尖指向圆形穿刺区域的中心，以 100 mm/min±10 mm/min 速度垂直穿刺模拟皮肤，进行穿刺试验，同时记录最大峰值力（注：不得使用圆形穿刺区域曾做过穿刺的膜）。针尖最大穿刺力应符合表 5 的规定。

表 5　穿刺力

规格（mm）	穿刺力（N）
0.30～0.60	≤0.70
0.70～0.90	≤0.85

【针与针座的连接力】【针头护帽的拔出力】照预灌封注射器组合件（带注射针）（YBB00112004—2015）项下的方法检查，应符合规定。

【化学性能】　供试液制备：将 25 支除去护帽和玻璃针管的本品浸入 250 ml 水中，在 37～40 ℃温度下浸泡 1 小时，取出注射针即得；同法制备空白液，进行下列试验。

酸碱度　取供试液 20 ml，加入氯化钾溶液（1→1000）1 ml，依法测定（《中国药典》2015 年版四部通则 0631），与空白液之差不得过 1.0。

镉离子　取供试液适量，必要时可浓缩，照原子吸收分光光度法（《中国药典》2015 年版四部通则 0406）在 228.8 nm 的波长处测定，不得过千万分之一。

重金属　精密量取供试液 20 ml，加醋酸盐缓冲液（pH 3.5）2 ml，依法检查（《中国药典》2015 年版四部通则 0821 第一法），含重金属不得过百万分之五。

【生物试验】**　供试液的制备：将 25 支除去护帽和玻璃针管的本品浸入 250 ml 氯化钠注射液中，37～40 ℃温度下浸泡 1 小时，取出注射针，即得（供试液的贮存不得过 2 小时）。

细胞毒性　取上述供试液，照细胞毒性检查法（YBB00012003—2015）第一法测定，应符合规定。

皮肤致敏　取上述供试液，照皮肤致敏检查法（YBB00052003—2015）测定，应不产生致敏反应。

皮内刺激　取上述供试液，照皮内刺激检查法（YBB00062003—2015）测定，应无刺激作用。

急性全身毒性　取上述供试液，照急性全身毒性检查法（YBB00042003—2015）测定，应无急性全身毒性。

溶血　取本品，照溶血检查法（YBB00032003—2015）测定，溶血率应符合规定。

附件一　检验规则

1. 产品检验分为全项检验和部分检验。

2. 有下列情况之一时，应按标准的要求进行全项检验。

（1）产品注册。

（2）产品出现重大质量事故后重新生产。

3. 有下列情况之一时，应按标准的要求进行除"**"外项目检验。

（1）监督抽验。

（2）产品停产后重新恢复生产。

4. 产品批准注册后，药包材生产、使用企业在原料产地、添加剂、生产工艺等没有变更的情形下，可按标准的要求，进行除"**"外项目检验。

5. 外观、刚性、韧性、耐腐蚀性、针管内表面异物、针孔通畅性、穿刺力的检验，按《计数抽样检验程序　第 1 部分：按接收质量限（AQL）检索的逐批抽样计划》（GB/T 2828.1—2012）规定进行。检验项目、检验水平及接收质量限见表 6。

表 6　检验项目、检验水平及接收质量限

检验项目	检验水平	接收质量限（AQL）
外观	I	0.65
刚性	S-2	2.5

检验项目	检验水平	接收质量限（AQL）
韧性	S-2	2.5
耐腐蚀性	S-2	1.5
针管内表面异物	S-3	4.0
针孔通畅性	S-3	4.0
针尖穿刺力	S-2	2.5

续表

预灌封注射器用氯化丁基橡胶活塞

Yuguanfengzhusheqiyong Lühuadingjixiangjiao Huosai

Chlorobutyl Rubber Plungers for Prefilled Syringes

本标准适用于预灌封注射器用氯化丁基橡胶活塞。活塞类型为扣合式（PSL）或螺纹式（PT）。

【外观】 取本品数个，在自然光线明亮处，正视目测。表面色泽应均匀，不得有污点、杂质、气泡、裂纹、缺胶、粗糙、胶丝、胶屑、海绵状、毛边；不得有除边造成的残缺或锯齿现象；不得有模具造成的明显痕迹。如果有浇道口，不应凸出于活塞的表面。

【鉴别】 *（1）称取本品 2.0 g，剪成小颗粒，置坩埚中，加碳酸氢钠 2.0 g 均匀覆盖试样，置电炉上，缓缓加热至炭化，放冷，置马弗炉 300 ℃炽灼至完全灰化，取出后，冷却至室温，加水 10 ml 使溶解，滤过，取续滤液 1.5 ml，置于试管中，加硝酸酸化，加入硝酸银试液 1 滴，应产生白色沉淀。

（2）取本品适量，照包装材料红外光谱测定法（YBB00262004—2015）第四法测定，应与对照图谱基本一致。

【活塞与推杆的配合性】【活塞润滑性】【活塞滑动性能】【器身密合性】 照预灌封注射器组合件（带注射针）（YBB00112004—2015）项下的方法检查，应符合规定。

【灰分】 取本品 1.0 g，照橡胶灰分测定法（YBB00262005—2015）测定，遗留残渣不得过 50%。

【挥发性硫化物】 *取本品，照挥发性硫化物测定法（YBB00302004—2015）测定，应符合规定。

【不溶性微粒】 取本品 10 个，加微粒检查用水 50 ml，照包装材料不溶性微粒测定法（YBB00272004—2015）药用胶塞项下测定，每 1 ml 中含 10 μm 以上的微粒不得过 60 粒，含 25 μm 以上的微粒不得过 6 粒。

【化学性能】 供试液的制备：取相当于表面积 200 cm² 的完整胶塞若干个，按样品外表面积（cm²）与水（ml）的比例 1:2，加水浸没，煮沸 5 分钟，放冷，再用同体积水冲洗 5 次。移至锥形瓶中，加同体积水，置高压蒸汽灭菌器中，升温至 121 ℃±2 ℃，保持 30 分钟，冷却至室温，移出，即得供试液，并同时制备空白液，进行下列试验。

澄清度与颜色 取供试液，依法检查（《中国药典》2015 年版四部通则 0902、0901），溶液应澄清无色。如显浑浊，与 2 号浊度标准液比较，不得更浓；如显色，与黄绿色 5 号标准比色液比较，不得更深。

pH 变化值 取供试液和空白液各 20 ml，分别加入氯化钾溶液（1→1000）1 ml，依法测定（《中国药典》2015 年版四部通则 0631），两者之差不得过 1.0。

吸光度 取供试液适量，以空白液为对照，照紫外-可见分光光度法（《中国药典》2015 年版四部通则 0401），在 220～360 nm 波长范围内，吸光度不得大于 0.1。

易氧化物 精密量取供试液 20 ml，精密加入 0.002 mol/L 高锰酸钾滴定液 20 ml 与稀硫酸 2 ml，煮沸 3 分钟，迅速冷却，加碘化钾 0.1 g，在暗处放置 5 分钟，用硫代硫酸钠滴定液（0.01 mol/L）滴定至浅棕色，再加入 5 滴淀粉指示液后滴定至无色。另取空白液同法操作，二者消耗硫代硫酸钠滴定液（0.01 mol/L）之差不得过 3.0 ml。

不挥发物 精密量取供试液及空白液 100 ml，分别置于已恒重的蒸发皿中，水浴蒸干，在 105 ℃干燥至恒重，两者之差不得过 4.0 mg。

重金属 精密量取供试液 10 ml，加醋酸盐缓冲液（pH 3.5）2 ml，依法检查（《中国药典》2015 年版四部通则 0821 第一法），含重金属不得过百万分之一。

铵离子 精密量取供试液 10 ml，加碱性碘化汞钾试液 2 ml，放置 15 分钟，不得显色；如显色，与氯化铵溶液（取氯化铵 31.5 mg 加无氨水适量使溶解并稀释至 1000.0 ml）2.0 ml，加空白提取液 8 ml 与碱性碘化汞钾试液 2 ml 制成的对照液比较，不得更深（0.0002%）。

锌离子 取供试液，用孔径 0.45 μm 的滤膜过滤，精密量取续滤液 10 ml，加 2 mol/L 盐酸 1 ml 和亚铁氰化钾试液（称取 4.2 g 亚铁氰化钾三水化合物，用水溶解并稀释至 100 ml，摇匀，即得，本品应临用新制）3 滴混合，不得显浑浊；如显浑浊，与标准锌溶液（称取 44.0 mg 硫酸锌七水化合物，用新煮沸并冷却的水溶解并稀释至 1000.0 ml，本品应临用新配）3.0 ml，加空白对照液 7 ml 与 2 mol/L 盐酸 1 ml 和亚铁氰化钾试液 3 滴对照液比较，不得更深（0.0003%）。

电导率 在供试液制备 5 小时内，用电导率仪测定。用水冲洗测定电极（光亮铂电极或铂黑电极）数次，取空白液冲洗电极至少 2 次，测定空白液的电导率不得过 3.0 μS/cm（20 ℃±1 ℃）。再用供试液冲洗电极至少 2 次，测定供试液的电导率，应不得过 40.0 μS/cm。如果测定不是在 20 ℃±1 ℃ 下进行，则应对温度进行校正。

【生物试验】 热原* 取本品，按不规则形状比例加入氯化钠注射液，置高压蒸汽灭菌器中采用 115 ℃±2 ℃，保持 30 分钟，照热原检查法（YBB00022003—2015）测定，应符合规定。

急性全身毒性试验** 取本品，按不规则形状比例加入氯化钠注射液，置高压蒸汽灭菌器中采用 115 ℃±2 ℃，保持 30 分钟，照急性全身毒性检查法（YBB00042003—2015）测定，应符合规定。

溶血** 取本品，照溶血检查法（YBB00032003—2015）测定，溶血率应符合规定。

附件一 检验规则

1. 产品检验分为全项检验和部分检验。

2. 有下列情况之一时，应按标准的要求进行全项检验。

（1）产品注册。

（2）产品出现重大质量事故后重新生产。

3. 有下列情况之一时，应按标准的要求进行除"**"外项目检验。

（1）监督抽验。

（2）产品停产后重新恢复生产。

4. 产品批准注册后，药包材生产、使用企业在原料产地、添加剂、生产工艺等没有变更的情形下，可按标准的要求，进行除"*"、"**"外项目检验。

5. 外观的检验，按《计数抽样检验程序 第 1 部分：按接收质量限（AQL）检索的逐批抽样计划》（GB/T 2828.1—2012）规定进行，检验项目、检验水平及接收质量限见表 1。

表 1 检验项目、检验水平及接收质量限

检验项目	检验水平	接收质量限（AQL）
外观	I	0.65

附件二　规格尺寸（参考尺寸）

规格尺寸可参考图1及表2。

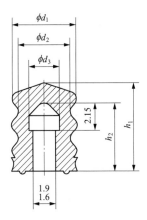

(a) 扣合式活塞(PSL)

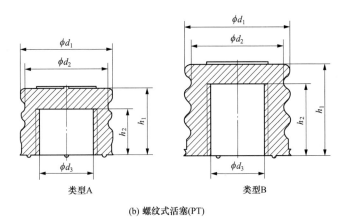

类型A　　　　　　　　类型B

(b) 螺纹式活塞(PT)

单位：mm

图1　带药注射器活塞典型示意图

螺纹：在25.4 mm上有16个螺距；对公称容量为1 ml（长型）的，在25.4 mm上有17个螺距

表2　活塞尺寸

单位：mm

公称容量（ml）	类型	d_1 [a] 公称尺寸	公差	d_2 [a] 公称尺寸	公差	d_3 公称尺寸	公差	h_1 公称尺寸	公差	h_2 公称尺寸	公差
0.5	PSL	5.2～5.3		4.1～4.2		2.5		6.85～7.0		5.3	
1（长型）		6.8～7		5.9～6		2.6	±0.2	7.65～7.85		4.5	
1	PT	9.05～9.25	±0.1	7.6～8	±0.15	4.7		7.7～7.85	±0.4	4	±0.3
2											
2.25											
3											
5		12.5～12.7		10.5～11.15		5.2～5.6		8.5		6.0	
10		15～15.3		13.5～13.75		7.4～7.6	±0.25	8.5～10		6～6.2	
20		19.9～20.1	±0.15	18.4～18.6		10.7		13.45～13.5		7	

注：a表示公称尺寸应由生产厂和用户在给定范围内协商确定。

预灌封注射器用溴化丁基橡胶活塞

Yuguanfengzhusheqiyong Xiuhuadingjixiangjiaohuosai

Bromobutyl Rubber Plungers for Prefilled Syringes

本标准适用于预灌封注射器用溴化丁基橡胶活塞。活塞类型为扣合式（PSL）或螺纹式（PT）。

【外观】 取本品数个，在自然光线明亮处，正视目测。表面色泽应均匀，不得有污点、杂质、气泡、裂纹、缺胶、粗糙、胶丝、胶屑、海绵状、毛边；不得有除边造成的残缺或锯齿现象；不得有模具造成的明显痕迹。如果有浇道口，不应凸出于活塞的表面。

【鉴别】*（1）称取本品 2.0 g，剪成小颗粒，置坩埚中，加碳酸氢钠 2.0 g 均匀覆盖试样，置电炉上，缓缓加热至炭化，放冷，置马弗炉 300 ℃炽灼至完全灰化，取出后，冷却至室温，加水 10 ml 使溶解，滤过，取续滤液 1.5 ml，置于试管中，加硝酸酸化，加入硝酸银试液 1 滴，应产生淡黄色沉淀。

（2）取本品适量，照包装材料红外光谱测定法（YBB00262004—2015）第四法测定，应与对照图谱基本一致。

【活塞与推杆的配合性】【活塞润滑性】【活塞滑动性能】【器身密合性】 照预灌封注射器组合件（带注射针）（YBB00112004—2015）项下的方法检查，应符合规定。

【灰分】 取本品 1.0 g，照橡胶灰分测定法（YBB00262005—2015）测定，遗留残渣不得过 50%。

【挥发性硫化物】* 取本品，照挥发性硫化物测定法（YBB00302004—2015）测定，应符合规定。

【不溶性微粒】 取本品 10 个，加微粒检查用水 50 ml，照包装材料不溶性微粒测定法（YBB00272004—2015）药用胶塞项下测定，每 1 ml 中含 10 μm 以上的微粒不得过 60 粒，含 25 μm 以上的微粒不得过 6 粒。

【化学性能】 供试液的制备：取相当于表面积 200 cm² 的完整胶塞若干个，按样品外表面积（cm²）与水（ml）的比例 1:2，加水浸没，煮沸 5 分钟，放冷，再用同体积水冲洗 5 次。移至锥形瓶中，加同体积水，置高压蒸汽灭菌器中，升温至 121 ℃±2 ℃，保持 30 分钟，冷却至室温，移出，即得供试液，并同时制备空白液，进行下列试验。

澄清度与颜色 取供试液，依法检查（《中国药典》2015 年版四部通则 0902、0901），溶液应澄清无色。如显浑浊，与 2 号浊度标准液比较，不得更浓；如显色，与黄绿色 5 号标准比色液比较，不得更深。

pH 变化值 取供试液和空白液各 20 ml，分别加入氯化钾溶液（1→1000）1 ml，依法测定（《中国药典》2015 年版四部通则 0631），两者之差不得过 1.0。

吸光度 取供试液适量，以空白液为对照，照紫外-可见分光光度法（《中国药典》2015 年版四部通则 0401），在 220～360 nm 波长范围内，吸光度不得大于 0.1。

易氧化物 精密量取供试液 20 ml，精密加入 0.002 mol/L 高锰酸钾滴定液 20 ml 与稀硫酸 2 ml，煮沸 3 分钟，迅速冷却，加碘化钾 0.1 g，在暗处放置 5 分钟，用硫代硫酸钠滴定液（0.01 mol/L）滴定至浅棕色，再加入 5 滴淀粉指示液后滴定至无色。另取空白液同法操作，二者消耗硫代硫酸钠滴定液（0.01 mol/L）之差不得过 3.0 ml。

不挥发物 精密量取供试液及空白液 100 ml，分别置于已恒重的蒸发皿中，水浴蒸干，在 105 ℃干燥至恒重，两者之差不得过 4.0 mg。

重金属 精密量取供试液 10 ml，加醋酸盐缓冲液（pH 3.5）2 ml，依法检查（《中国药典》2015 年版四部通则 0821 第一法），含重金属不得过百万分之一。

铵离子　精密量取供试液 10 ml，加碱性碘化汞钾试液 2 ml，放置 15 分钟，不得显色；如显色，与氯化铵溶液（取氯化铵 31.5 mg 加无氨水适量使溶解并稀释至 1000.0 ml）2.0 ml，加空白提取液 8 ml 与碱性碘化汞钾试液 2 ml 制成的对照液比较，不得更深（0.0002%）。

锌离子　取供试液，用孔径 0.45 μm 的滤膜过滤，精密量取续滤液 10 ml，加 2 mol/L 盐酸 1 ml 和亚铁氰化钾试液（称取 4.2 g 亚铁氰化钾三水化合物，用水溶解并稀释至 100 ml，摇匀，即得，本品应临用新制）3 滴混合，不得显浑浊；如显浑浊，与标准锌溶液（称取 44.0 mg 硫酸锌七水化合物，用新煮沸并冷却的水溶解并稀释至 1000.0 ml，本品应临用新制）3.0 ml，加空白对照液 7 ml 与 2 mol/L 盐酸 1 ml 和亚铁氰化钾试液 3 滴对照液比较，不得更深（0.0003%）。

电导率　在供试液制备 5 小时内，用电导率仪测定。用水冲洗测定电极（光亮铂电极或铂黑电极）数次，取空白液冲洗电极至少 2 次，测定空白液的电导率不得过 3.0 μS/cm（20 ℃±1 ℃）。再用供试液冲洗电极至少 2 次，测定供试液的电导率，应不得过 40.0 μS/cm。如果测定不是在 20 ℃±1 ℃下进行，则应对温度进行校正。

【生物试验】 热原*　取本品，按不规则形状比例加入氯化钠注射液，置高压蒸汽灭菌器中采用 115 ℃±2 ℃，保持 30 分钟，照热原检查法（YBB00022003—2015）测定，应符合规定。

急性全身毒性试验**　取本品，按不规则形状比例加入氯化钠注射液，置高压蒸汽灭菌器中采用 115 ℃±2 ℃，保持 30 分钟，照急性全身毒性检查法（YBB00042003—2015）测定，应符合规定。

溶血**　取本品，照溶血检查法（YBB00032003—2015）测定，溶血率应符合规定。

附件一　检验规则

1. 产品检验分为全项检验和部分检验。

2. 有下列情况之一时，应按标准的要求进行全项检验。

（1）产品注册。

（2）产品出现重大质量事故后重新生产。

3. 有下列情况之一时应按标准的要求进行除"**"外项目检验。

（1）监督抽验。

（2）产品停产后重新恢复生产。

4. 产品批准注册后，药包材生产、使用企业在原料产地、添加剂、生产工艺等没有变更的情形下，可按标准的要求，进行除"*"、"**" 外项目检验。

5. 外观的检验，按《计数抽样检验程序　第 1 部分：按接收质量限（AQL）检索的逐批抽样计划》（GB/T 2828.1—2012）规定进行，检验项目、检验水平及接收质量限见表 1。

表 1　检验项目、检验水平及接收质量限

检验项目	检验水平	接收质量限（AQL）
外观	I	0.65

附件二 规格尺寸（参考尺寸）

规格尺寸可参考图1及表2。

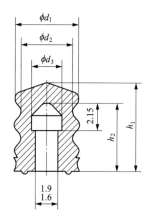

(a) 扣合式活塞(PSL)

类型A   类型B

(b) 螺纹式活塞(PT)

单位：mm

图1 带药注射器活塞典型示意图

螺纹：在25.4 mm上有16个螺距；对公称容量为1 ml（长型）的，在25.4 mm上有17个螺距

表2 活塞尺寸

单位：mm

公称容量（ml）	类型	d_1 [a]		d_2 [a]		d_3		h_1		h_2	
		公称尺寸	公差	公称尺寸	公差	公称尺寸	公差	公称尺寸	公差	公称尺寸	公差
0.5	PSL	5.2～5.3		4.1～4.2		2.5		6.85～7.0		5.3	
1（长型）	PT	6.8～7	±0.1	5.9～6	±0.15	2.6	±0.2	7.65～7.85	±0.4	4.5	±0.3
1		9.05～9.25		7.6～8		4.7		7.7～7.85		4	
2											
2.25											
3											
5		12.5～12.7		10.5～11.15		5.2～5.6		8.5		6.0	
10		15～15.3		13.5～13.75		7.4～7.6	±0.25	8.5～10		6～6.2	
20		19.9～20.1	±0.15	18.4～18.6		10.7		13.45～13.5		7	

注：a 表示公称尺寸应由生产厂和用户在给定范围内协商确定。

预灌封注射器用聚异戊二烯橡胶针头护帽

Yuguanfengzhusheqiyong Juyiwuerxixiangjiao Zhentouhumao

Polyisoprene Rubber Caps for Prefilled Syringe Needles

本标准适用于预灌封注射器用聚异戊二烯橡胶针头护帽。

【外观】 取本品数个，在自然光线明亮处，正视目测。表面色泽应均匀，不得有污点、杂质、气泡、裂纹、缺胶、粗糙。护帽内不得有胶丝、胶屑。

【鉴别】* 取本品适量，照包装材料红外光谱测定法（YBB00262004—2015）第四法测定，应与对照图谱基本一致。

【灰分】 取本品 1.0 g，照橡胶灰分测定法（YBB00262005—2015）测定，遗留残渣不得过 50%。

【挥发性硫化物】* 取本品，照挥发性硫化物测定法（YBB00302004—2015）测定，应符合规定。

【化学性能】 供试液的制备：取相当于表面积 200 cm^2 的完整胶塞若干个，按样品表面积（cm^2）与水（ml）的比例为 1:2，加水浸没，煮沸 5 分钟，放冷，再用同体积水冲洗 5 次。移置于锥形瓶中，加同体积水，置高压蒸汽灭菌器中，121 ℃±2 ℃，保持 30 分钟，冷却至室温，移出，即得供试液，并同法制备空白液，进行下列试验。

澄清度与颜色 取供试液，依法检查（《中国药典》2015 年版四部通则 0902、0901），溶液应澄清无色。如显浑浊，与 2 号浊度标准液比较，不得更浓；如显色，与黄绿色 5 号标准比色液比较，不得更深。

pH 变化值 取供试液和空白液各 20 ml，分别加入氯化钾溶液（1→1000）1 ml，依法测定（《中国药典》2015 年版四部通则 0631），两者之差不得过 1.0。

吸光度 取供试品溶液适量，以空白液为对照，照紫外-可见分光光度法（《中国药典》2015 年版四部通则 0401），在 220～360 nm 波长范围内，最大吸光度不得大于 0.3。

易氧化物 精密量取供试液 20 ml，精密加入 0.002 mol/L 高锰酸钾液 20 ml 与稀硫酸 2 ml，煮沸 3 分钟，迅速冷却，加碘化钾 0.1 g，在暗处放置 5 分钟，用硫代硫酸钠滴定液（0.01 mol/L）滴定至浅棕色，再加入 5 滴淀粉指示液后滴定至无色。另取空白液同法操作，二者消耗硫代硫酸钠滴定液（0.01 mol/L）之差不得过 7.0 ml。

不挥发物 精密量取供试液及空白液各 100 ml，分别置于已恒重的蒸发皿中，水浴蒸干，在 105 ℃干燥至恒重，两者之差不得过 4.0 mg。

重金属 精密量取供试液 10 ml，加醋酸盐缓冲液（pH 3.5）2 ml，依法检查（《中国药典》2015 年版四部通则 0821 第一法），含重金属不得过百万分之一。

铵离子 精密量取供试液 10 ml，加碱性碘化汞钾试液 2 ml，放置 15 分钟，不得显色；如显色，与氯化铵溶液（取氯化铵 31.5 mg 加无氨水适量使溶解并稀释至 1000.0 ml）2.0 ml，加空白提取液 8 ml 与碱性碘化汞钾试液 2 ml 制成的对照液比较，不得更深（0.0002%）。

锌离子 取供试液，用孔径 0.45 μm 的滤膜过滤，精密量取续滤液 10 ml，加 2 mol/L 盐酸 1 ml 和亚铁氰化钾试液（称取 4.2 g 亚铁氰化钾三水化合物，用水溶解并稀释至 100 ml，摇匀，即得，本品应临用新制）3 滴混合，不得显浑浊；如显浑浊，与标准锌溶液（称取 44.0 mg 硫酸锌七水化合物，用新煮沸并冷却的水溶解并稀释至 1000.0 ml，本品应临用新制）3.0 ml，加空白对照液 7 ml 与 2 mol/L 盐酸 1 ml 和亚铁氰化钾试液 3 滴对照液比较，不得更深（0.0003%）。

电导率 在供试液制备 5 小时内，用电导率仪测定：用水冲洗测定电极（光亮铂电极或铂黑电极）数次，取空白液冲洗电极至少 2 次，测定空白液的电导率不得过 3.0 μS/cm（20 ℃±1 ℃）。再用供试液冲洗电极至少 2 次，测定供试液的电导率，应不得过 40.0 μS/cm。如果测定不是在 20 ℃±1 ℃下进行，则应对温度进行校正。

【生物试验】 热原* 取本品，按不规则形状比例加入氯化钠注射液，置高压蒸汽灭菌器中采用 115 ℃±2 ℃，保持 30 分钟，照热原检查法（YBB00022003—2015）测定，应符合规定。

急性全身毒性试验** 取本品，按不规则形状比例加入氯化钠注射液，置高压蒸汽灭菌器中采用 115 ℃±2 ℃，保持 30 分钟，照急性全身毒性检查法（YBB00042003—2015）测定，应符合规定。

溶血** 取本品，照溶血检查法（YBB00032003—2015）测定，溶血率应符合规定。

附件　检验规则

1. 产品检验分为全项检验和部分检验。

2. 有下列情况之一时，应按标准的要求进行全项检验。

（1）产品注册。

（2）产品出现重大质量事故后重新生产。

3. 有下列情况之一时，应按标准的要求进行除"**"外项目检验。

（1）监督抽验。

（2）产品停产后重新恢复生产。

4. 产品批准注册后，药包材生产、使用企业在原料产地、添加剂、生产工艺等没有变更的情形下，可按标准的要求，进行除"*""**"外项目检验。

5. 外观的检验，按《计数抽样检验程序 第 1 部分：按接收质量限（AQL）检索的逐批抽样计划》（GB/T 2828.1—2012）规定进行。检验项目、检验水平及接收质量限见表 1。

表 1　检验项目、检验水平及接收质量限

检验项目	检验水平	接收质量限（AQL）
外观	I	1.5

笔式注射器用硼硅玻璃珠

Bishizhusheqiyong Pengguibolizhu

Borosilicate Glass Beads for Pen-injectors

本标准适用于盛装注射液的笔式注射器用硼硅玻璃珠。

【外观】 取本品适量，在自然光线明亮处，正视目测。应无色透明；表面应光洁、圆整，不应有明显的瑕疵（如裂缝、刮痕、凹痕等）；玻璃珠内不得有气泡（＞0.1 mm）；不得有污染（如污物、油渍、玻璃微粒等）。

【规格尺寸】 玻璃珠的直径为 2.5 mm，偏差为 ±0.05 mm。

【鉴别】*（1）线热膨胀系数 取本品适量，照平均线热膨胀系数测定法（YBB00202003—2015）或线热膨胀系数测定法（YBB00212003—2015）测定，中硼硅玻璃的线热膨胀系数应为（3.5～6.1）×10^{-6} K^{-1}（20～300 ℃）；高硼硅玻璃的线热膨胀系数应为（3.2～3.4）×10^{-6} K^{-1}（20～300 ℃）。

（2）三氧化二硼含量 取本品适量，照三氧化二硼测定法（YBB00232003—2015）测定，中硼硅玻璃含三氧化二硼应不得小于 8%；高硼硅玻璃含三氧化二硼应不得小于 12%。

【121 ℃颗粒耐水性】 取本品适量，照玻璃颗粒在 121 ℃耐水性测定法和分级（YBB00252003—2015）测定，应符合 1 级。

【耐热性】 取本品 10 g，放入烘箱中，在 30 分钟内加热至 180 ℃，恒温 2 小时后，立即取出，不得破裂、变色。

【砷、锑、铅、镉浸出量】* 取本品适量，按每 5 粒玻璃珠加 2 ml 浸提液的比例，照砷、锑、铅、镉浸出量测定法（YBB00372004—2015）测定，每升浸出液中砷不得过 0.2 mg、锑不得过 0.7 mg、铅不得过 1.0 mg、镉不得过 0.25 mg。

附件 检验规则

1. 产品检验分为全项检验和部分检验。

2. 下列情况之一时，应按标准的要求进行全项检验。

（1）产品注册。

（2）产品出现重大质量事故后重新生产。

（3）监督抽验。

（4）产品停产后重新恢复生产。

3. 产品批准注册后，药包材生产、使用企业在原料产地、添加剂、生产工艺等没有变更的情形下，可按标准的要求，进行除"*"外项目检验。

4. 外观、尺寸的检验，按《计数抽样检验程序 第 1 部分：按接收质量限（AQL）检索的逐批抽样计划》（GB/T 2828.1—2012）规定进行。检验项目、检验水平及接收质量限见表 1。

表 1 检验项目、检验水平及接收质量限

检验项目	检验水平	接收质量限（AQL）
外观	I	0.40
规格尺寸	S-2	0.40

笔式注射器用硼硅玻璃套筒

Bishizhusheqiyong Pengguiboli Taotong

Borosilicate Glass Barrels for Pen-injectors

本标准适用于盛装注射液的笔式注射器用硼硅玻璃套筒。

【外观】 取本品适量，在自然光线明亮处，正视目测。应无色透明；表面应光洁、平整，不应有明显的玻璃缺陷；任何部位不得有裂纹。

【鉴别】*（1）线热膨胀系数 取本品适量，照平均线热膨胀系数测定法（YBB00202003—2015）或线热膨胀系数测定法（YBB00212003—2015）测定，中硼硅玻璃的线热膨胀系数应为（3.5～6.1）×10⁻⁶ K⁻¹（20～300 ℃）；高硼硅玻璃的线热膨胀系数应为（3.2～3.4）×10⁻⁶ K⁻¹（20～300 ℃）。

（2）三氧化二硼含量 取本品适量，照三氧化二硼测定法（YBB00232003—2015）测定，中硼硅玻璃含三氧化二硼应不得小于 8%；高硼硅玻璃含三氧化二硼应不得小于 12%。

【密封表面】 取本品适量，目视检查，玻璃套筒的密封表面应平滑且无波纹或波浪形纹。

【121 ℃颗粒耐水性】 取本品适量，照玻璃颗粒在 121 ℃耐水性测定法和分级（YBB00252003—2015）测定，应符合 1 级。

【内表面耐水性】 取本品适量，选用适宜的瓶塞物（如硅橡胶），封住套筒的底部端，照 121 ℃内表面耐水性测定法和分级（YBB00242003—2015）测定，应符合 HC1 级。

【内应力】 取本品适量，照内应力测定法（YBB00162003—2015）测定，退火后的最大永久应力造成的光程差不得过 40 nm/mm。

【耐热性】 取本品适量，放入烘箱中，在 30 分钟内加热至 180 ℃恒温 2 小时后，立即取出，不得破裂。

【砷、锑、铅、镉浸出量】* 取本品适量，选用适宜的瓶塞物（如硅橡胶），封住套筒的底部端，照砷、锑、铅、镉浸出量测定法（YBB00372004—2015）测定，每升浸出液中砷不得过 0.2 mg、锑不得过 0.7 mg、铅不得过 1.0 mg、镉不得过 0.25 mg。

附件一 检验规则

1. 产品检验分为全项检验和部分检验。

2. 有下列情况之一时，应按标准的要求进行全项检验。

（1）产品注册。

（2）产品出现重大质量事故后重新生产。

（3）监督抽验。

（4）产品停产后重新恢复生产。

3. 产品批准注册后，药包材生产、使用企业在原料产地、添加剂、生产工艺等没有变更的情形下，可按标准的要求，进行除"*"外项目检验。

4. 外观、内应力、密封表面、耐热性的检验，按《计数抽样检验程序　第 1 部分：按接收质量限（AQL）检索的逐批抽样计划》（GB/T 2828.1—2012）规定进行。检验项目、检验水平及接收质量限见表 1。

表 1　检验项目、检验水平及接收质量限

检验项目	检验水平	接收质量限（AQL）
外观	I	0.65
密封表面	S-1	0.65
内应力	S-1	1.0
耐热性	S-1	0.65

附件二　规格尺寸（参考尺寸）

笔式注射器用硼硅玻璃套筒的规格尺寸可参考图 1、表 2。

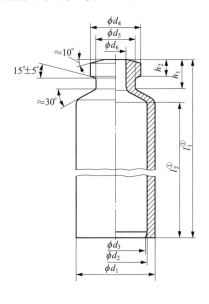

单位：mm

图 1　笔式注射器用硼硅玻璃套筒
①长度 l_1 和 l_2 应由生产厂和客户协商而定

表 2　笔式注射器用硼硅玻璃套筒的尺寸

单位：mm

d_1		d_2		$d_{3\,min}$	d_4		d_5		d_6		h_1		h_2	
尺寸	偏差（±）	尺寸	偏差（±）	尺寸	尺寸	偏差（±）	尺寸	偏差（±）	尺寸	偏差（±）	尺寸	偏差（±）	尺寸	偏差（±）
8.65	0.1	6.85	0.1	6.55	7.15	0.2	5.6	0.35	3.15	0.2	5.0	0.20	2.9	0.1
10.85	0.1	8.65	0.1	8.35	7.15	0.2	5.6	0.35	3.15	0.2	5.0	0.20	2.9	0.1
10.95	0.15	9.25	0.1	8.95	7.15	0.2	5.6	0.35	3.15	0.2	5.0	0.20	2.9	0.1
11.60	0.15	9.65	0.1	9.35	7.15	0.2	5.6	0.35	3.15	0.2	5.0	0.20	2.9	0.1
14.00	0.15	12.00	0.15	11.65	9.5	0.2	7.6	0.35	4.5	0.2	5.0	0.50	2.9	0.15
14.45	0.15	11.85	0.15	11.50	9.5	0.2	7.6	0.35	4.5	0.2	5.0	0.50	2.9	0.15
18.25	0.15	16.05	0.15	15.50	9.5	0.2	7.6	0.35	4.5	0.2	5.0	0.50	2.9	0.15

笔式注射器用铝盖

Bishizhusheqiyong Lügai

Aluminium Caps for Pen-injectors

本标准适用于笔式注射器用铝盖。本品是由橡胶垫片和铝帽两部分组成。

橡胶垫片应符合笔式注射器用氯化丁基橡胶活塞和垫片（YBB00152004—2015）或笔式注射器用溴化丁基橡胶活塞和垫片（YBB00162004—2015）的规定。

【外观】 取本品适量，在自然光线明亮处，正视目测。应清洁，无残留润滑剂、毛刺和损伤。

【配合性】 取本品适量，盖在相适宜的装有标示容量水的笔式注射器用硼硅玻璃套筒（YBB00132004—2015）上，用封盖装置封盖，应配合适宜。

【耐灭菌】 取本品适量，封盖后置高压蒸汽灭菌器中，121 ℃±2 ℃灭菌30分钟，其中包含130 ℃±2 ℃ 5分钟。铝帽表面应不出现断裂和异常变形。

【涂层牢固度】（适用于外表面有涂层的铝盖）取本品适量，经 121 ℃±2 ℃灭菌30分钟，其中包含130 ℃±2 ℃ 5分钟高压蒸汽灭菌后，去除胶垫，用浸有80%乙醇溶液的脱脂棉擦拭表面30秒，再用浸有70%异丙醇溶液的脱脂棉擦拭表面30秒，涂层应无任何磨损。

【胶垫附着力】 取本品适量，将本品顶端朝上放置于试验机上，通过一根直径略小于铝盖穿刺小孔的金属棒，以 10 mm/min±2 mm/min 的试验速度施加力至胶垫。当胶垫在铝帽内发生移动时即刻读取试验机上的负载数值，胶垫从铝盖中分离力不得低于1.0 N。

附件一 检验规则

外观、配合性、耐灭菌、涂层牢固度、胶垫附着力的检验，按《计数抽样检验程序 第1部分：按接收质量限（AQL）检索的逐批检验抽样计划》（GB/T 2828.1—2012）的规定进行。检验项目、检验水平及接收质量限见表1。

表1 检验项目、检验水平及接收质量限

检验项目	检验水平	接收质量限（AQL）
外观	I	4.0
配合性	S-2	4.0
耐灭菌	S-2	4.0
涂层牢固度	S-2	4.0
胶垫附着力	S-2	4.0

附件二

1. 胶垫的规格尺寸可参考图1及表2。

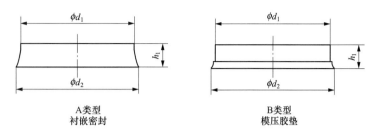

A类型
衬嵌密封

B类型
模压胶垫

图1　笔式注射器胶垫的构型

表2　笔式注射器胶垫尺寸

单位：mm

公称容量（ml）	类型	直径		高度
		d_1	d_2	h_1
1.5	A，B	7.1 min	7.8 max	±0.15
3	A，B	7.65±0.1	7.85 max	1.5
4～6	B	9.85±0.15	10 max	

2. 铝帽的规格尺寸应与笔式注射器玻璃套筒相匹配。

笔式注射器用氯化丁基橡胶活塞和垫片

Bishizhusheqiyong Lühuadingjixiangjiao Huosaihedianpian

Chlorobutyl Rubber Plungers and Liners for Pen-injectors

本标准适用于笔式注射器套筒用氯化丁基橡胶活塞和垫片。

【外观】 取本品数个，在自然光线明亮处，正视目测。表面色泽应均匀，不得有污点、杂质、气泡、裂纹、缺胶、粗糙、胶丝、胶屑、海绵状、毛边；不得有除边造成的残缺或锯齿现象；不得有模具造成的明显痕迹。

【鉴别】*（1）取本品适量剪成小颗粒，称取 2.0 g，置坩锅中，加碳酸氢钠 2.0 g 均匀覆盖试样，置电炉上，缓缓加热至炭化，放冷，置高温炉 300 ℃加热至完全灰化，取出，放冷，加水 10 ml 使溶解，滤过，取续滤液 1.5 ml，置于试管中，加硝酸酸化，加入硝酸银试液 1 滴，应产生白色沉淀。

（2）取本品适量，照包装材料红外光谱测定法（YBB00262004—2015）第四法测定，应与对照图谱基本一致。

【穿刺落屑】（垫片） 垫片预处理：取数只垫片，加入水（ml）为垫片总表面积（cm²）的两倍量，煮沸 5 分钟，用水冲洗 5 次，将垫片放入锥形瓶中，加入垫片总表面积（cm²）两倍量的水覆盖垫片，用铝箔或硅硼酸盐烧杯盖住锥形瓶口，放入高压蒸汽消毒器中加热，升温至 121 ℃±2 ℃，维持 30 分钟，冷却至室温，取出，在 60 ℃条件下烘 60 分钟，贮存于密封的玻璃容器中备用。

将 50 支装配有活塞的笔式注射器套筒注水至一半，并用供试垫片和铝帽（中间有孔）密封，用 50 支装配有已知落屑数垫片的笔式注射器套筒重复该步骤，按先被测垫片再已知穿刺落屑数垫片的顺序交替穿刺胶垫，穿刺时，笔式注射器套筒垂直放在稳固基座上，垫片端向上，将注射器套筒充水并除去注射针头（外径 0.4 mm 皮下注射针头，如图 1 及表 1 所示）上的水，垂直方向握住注射器套筒穿刺垫片，将 1 ml 水注入瓶内，每次穿刺前用丙酮或甲基-异丁基酮擦拭注射针，每针刺 20 次后，更换一只注射针，直至所有垫片都被穿刺一次，取下被测垫片，将瓶中水全部通过快速滤纸过滤，确保瓶中不残留落屑，在一般条件下，眼与滤纸距离为 25 cm，用肉眼观察快速滤纸上的落屑数，并记录，对已知穿刺落屑数的垫片同法操作，50 只供试垫片落屑总数：不得过 3 粒。

注：如果已知垫片的结果与先前测得的结果具有一致性，则应判试验垫片测得的结果有效，反之，则无效.

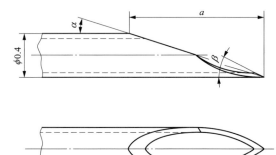

单位：mm

图 1　针尖

表 1　针尖尺寸（参阅图 1）

刃口类型 M（中等）	a（mm）		α	β
	min	max	正常	
	1.35	1.55	≈15 30′	26 ±1

【泄漏试验】 取 10 个经硅油处理内表面的笔式注射器套筒，注水，装上试验用活塞及垫片，加上铝

帽,封口。将 1 个笔式注射器套筒安装于笔式注射器套筒夹持器(有平面和活塞接触),向活塞施加 60 N±3 N 的作用力,保持 1 分钟,试验结束后,检查活塞及垫片的泄漏情况,其余笔式注射器套筒也同法操作,活塞及垫片部位不得有液体泄漏。

【活塞滑动性试验】 取 10 个经硅油处理内表面的笔式注射器套筒,注水,装上试验用活塞及垫片,加上铝帽,封口。将 1 个笔式注射器套筒安装于笔式注射器套筒夹持器(有平面和活塞接触,夹持器必须确保能够穿刺安装在笔式注射器套筒上的垫片,注射针为一两端有刃口的皮下针头,外径为 0.4 mm,当活塞移动时,套筒内的水应能通过该针排出)上,以 40 mm/min±3 mm/min 速度向下移动活塞,在笔式注射器套筒中移动一半距离时,暂停 5 秒,然后将活塞完全压到底,其余笔式注射器套筒同法操作。记录每次试验中启动活塞的最大作用力,取 10 个最大值的平均值作为"启动力",应不得过 30 N;记录每次试验中启动之后保持其移动所需的力,取 10 个值的平均值作为"持续推动力",应不得过 15 N;记录每次试验中暂停 5 秒后重新推动活塞的最大作用力,取 10 个最大值的平均值为"重新启动力",应不得过 30 N;并检查在连续运动期间不得有"颤动"(指活塞的不规则运动)现象。

【灰分】 取本品 1.0 g,照橡胶灰分测定法(YBB00262005—2015)测定,遗留残渣不得过 50%。

【挥发性硫化物】* 取本品,照挥发性硫化物测定法(YBB00302004—2015)测定,应符合规定。

【不溶性微粒】(活塞)取 10 个被测活塞,置于锥形瓶中加入 50 ml 微粒检查用水,照包装材料不溶性微粒测定法(YBB00272004—2015)药用胶塞项下测定,每 1 ml 中含 10 μm 以上的微粒不得过 60 粒,含 25 μm 以上的微粒不得过 6 粒。

【化学性能】 供试液的制备:取相当于表面积 200 cm^2 的完整胶塞若干个,按样品外表面积(cm^2)与水(ml)的比为 1:2 的比例,加水浸没,煮沸 5 分钟,放冷,再用同体积水冲洗 5 次,移置于锥形瓶中,加同体积水,置高压蒸汽灭菌器中,在 30 分钟内升温至 121 ℃±2 ℃,保持 30 分钟,于 20~30 分钟内冷却至室温,移出,即得供试液,并同法制备空白液,进行下列试验。

澄清度与颜色 取供试液,依法检查(《中国药典》2015 年版四部通则 0902、0901),溶液应澄清无色。如显浑浊,与 2 号浊度标准液比较,不得更浓;如显色,与黄绿色 5 号标准比色液比较,不得更深。

pH 变化值 取供试液和空白液各 20 ml,分别加入氯化钾溶液(1→1000)1 ml,依法测定(《中国药典》2015 年版四部通则 0631),两者之差不得过 1.0。

吸光度 取供试液适量,以空白液为对照,照紫外-可见分光光度法(《中国药典》2015 年版四部通则 0401),在 220~360 nm 波长范围内测定,最大吸光度不得大于 0.1。

易氧化物 精密量取供试液 20 ml,精密加入高锰酸钾滴定液(0.002 mol/L)20 ml 与稀硫酸 2 ml,煮沸 3 分钟,迅速冷却,加碘化钾 0.1 g,在暗处放置 5 分钟,用硫代硫酸钠滴定液(0.01 mol/L)滴定至浅棕色,再加入 5 滴淀粉指示液后滴定至无色,另取空白液同法操作,二者消耗硫代硫酸钠滴定液(0.01 mol/L)之差不得过 3.0 ml。

不挥发物 精密量取供试液及空白液 100 ml,分别置于已恒重的蒸发皿中,水浴蒸干,在 105 ℃干燥至恒重,两者之差不得过 4.0 mg。

重金属 精密量取供试液 10 ml,加醋酸盐缓冲液(pH 3.5)2 ml,依法检查(《中国药典》2015 年版四部通则 0821 第一法),含重金属不得过百万分之一。

铵离子 精密量取供试溶液 10 ml,加碱性碘化汞钾试液 2 ml,放置 15 分钟,不得显色,如显色,与氯化铵溶液(取氯化铵 31.5 mg 加无氨水适量使溶解并稀释至 1000.0 ml)2.0 ml 加空白液 8 ml 与碱性碘化汞钾试液 2 ml 制成的对照液比较,不得更深(0.0002%)。

锌离子 取供试液,用孔径 0.45 μm 的滤膜过滤,精密量取续滤液 10 ml,加 2 mol/L 盐酸 1 ml 和亚铁氰化钾试液(称取 4.2 g 亚铁氰化钾三水化合物,用水溶解并稀释至 100 ml 摇匀,即得,本品应临用新制)3 滴混合,不得显浑浊,如显浑浊,与标准锌溶液(称取 44.0 mg 硫酸锌七水化合物,用新煮沸并冷却的水溶解并稀释至 1000.0 ml,本品应临用新制)3.0 ml 加空白对照液 7 ml 与 2 mol/L 盐酸 1 ml 和亚铁氰化钾试液 3 滴对照液比较,不得更深(0.0003%)。

电导率 在供试液制备 5 小时内，用电导率仪测定：用水冲洗测定电极（光亮铂电极或铂黑电极）数次，取空白液冲洗电极至少 2 次，测定空白液的电导率不得过 3.0 μS/cm（20 ℃±1 ℃），再用供试液冲洗电极至少 2 次，测定供试液的电导率，应不得过 40.0 μS/cm。如果测定不是在 20 ℃±1 ℃下进行，则应对温度进行校正。

【生物试验】 热原* 取本品，按不规则形状比例加入氯化钠注射液，置高压蒸汽灭菌器中采用 115 ℃±2 ℃，保持 30 分钟，照热原检查法（YBB00022003—2015）测定，应符合规定。

急性全身毒性试验** 取本品，按不规则形状比例加入氯化钠注射液，置高压蒸汽灭菌器中采用 115 ℃±2 ℃，保持 30 分钟，照急性全身毒性检查法（YBB00042003—2015）测定，应符合规定。

溶血** 取本品，照溶血检查法（YBB00032003—2015）测定，溶血率应符合规定。

附件一 检验规则

1. 产品检验分为全项检验和部分检验。

2. 有下列情况之一时，应按标准的要求进行全项检验。

（1）产品注册。

（2）产品出现重大质量事故后重新生产。

3. 有下列情况之一时，应按标准的要求进行除"**"外项目检验。

（1）监督抽验。

（2）产品停产后重新恢复生产。

4. 产品批准注册后，药包材生产、使用企业在原料产地、添加剂、生产工艺等没有变更的情形下，可按标准的要求，进行除"*""**"外项目检验。

5. 外观的检验，按《计数抽样检验程序 第 1 部分：按接收质量限（AQL）检索的逐批抽样计划》（GB/T 2828.1—2012）规定进行。检验项目、检验水平及接收质量限见表 2。

表 2 检验项目、检验水平及接收质量限

检验项目	检验水平	接收质量限（AQL）
外观	I	0.65

附件二 规格尺寸（参考尺寸）

活塞应为 PSF 型，尺寸可参考图 2 和表 3，垫片的尺寸可参考图 3 和表 4。

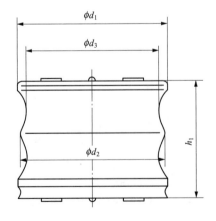

图 2 笔式注射器用活塞的尺寸及构型

表3　活塞尺寸

单位：mm

公称容量（ml）	直径			高度
	d_1 ±0.1	d_2 ±0.1	d_3 ±0.15	h_1 ±0.3
1.5	7.2	6.9	6.4	5.5
2	9.1	8.8	8.3	8.1
2.5	9.6	9.3	8.8	8.7
3	10	9.7	9.2	11.0
4	12.5	12.1	11.7	11
5	12.35	11.95	11.55	11
6	16.6	16.15	15.7	13

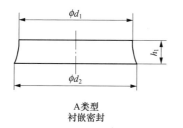

A类型
衬嵌密封

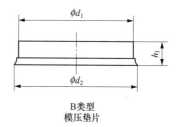

B类型
模压垫片

图3　笔式注射器用垫片的尺寸及构型

表4　笔式注射器用垫片尺寸

单位：mm

公称容量（ml）	类型	直径		高度
		d_1	d_2	h_1 ±0.15
1.5	A，B	7.1 min	7.8 max	
3	A，B	7.65±0.1	7.85 max	1.5
4～6	B	9.85±0.15	10 max	

笔式注射器用溴化丁基橡胶活塞和垫片

Bishizhusheqiyong Xiuhuadingjixiangjiao Huosaihedianpian

Bromobutyl Rubber Plungers and Liners for Pen-injectors

本标准适用于笔式注射器套筒用溴化丁基橡胶活塞和垫片。

【外观】 取本品数个，在自然光线明亮处，正视目测。表面色泽应均匀，不得有污点、杂质、气泡、裂纹、缺胶、粗糙、胶丝、胶屑、海绵状、毛边；不得有除边造成的残缺或锯齿现象；不得有模具造成的明显痕迹。

【鉴别】*（1）取本品适量剪成小颗粒，称取 2.0 g，置坩埚中，加碳酸氢钠 2.0 g 均匀覆盖试样，置电炉上，缓缓加热至炭化，放冷，置高温炉 300 ℃加热至完全灰化，取出，放冷，加水 10 ml 使溶解，滤过，取续滤液 1.5 ml，置于试管中，加硝酸酸化，加入硝酸银试液 1 滴，应产生淡黄色沉淀。

（2）取本品适量，照包装材料红外光谱测定法（YBB00262004—2015）第四法测定，应与对照图谱基本一致。

【穿刺落屑】（垫片）垫片预处理：取数只垫片，加入水（ml）为垫片总表面积（cm²）的两倍量，煮沸 5 分钟，用水冲洗 5 次，将垫片放入锥形瓶中，加入垫片总表面积（cm²）两倍量的水覆盖垫片，用铝箔或硅硼酸盐烧杯盖住锥形瓶口，放入高压蒸汽灭菌器中加热，升温至 121 ℃±2 ℃，保持 30 分钟，冷却至室温，取出，在 60 ℃条件下烘 60 分钟，贮存于密封的玻璃容器中备用。

将 50 支装配有活塞的笔式注射器套筒注水至一半，并用供试垫片和铝帽（中间有孔）密封，用 50 支装配有已知落屑数垫片的笔式注射器套筒重复该步骤。按先被测垫片再已知穿刺落屑数垫片的顺序交替穿刺胶垫，穿刺时，笔式注射器套筒垂直放在稳固基座上，垫片端向上，将注射器套筒充水并除去注射针头（外径 0.4 mm 皮下注射针头，如图 1 及表 1 所示）上的水，垂直方向握住注射器套筒穿刺垫片，将 1 ml 水注入瓶内，每次穿刺前用丙酮或甲基-异丁基酮擦拭注射针，每针刺 20 次后，更换一只注射针，直至所有垫片被穿刺一次，取下被测垫片，将瓶中水全部通过快速滤纸过滤，确保瓶中不残留落屑，在一般条件下，眼与滤纸距离为 25 cm，用肉眼观察快速滤纸上的落屑数，并记录，对已知穿刺落屑数的垫片同法操作，50 只供试垫片落屑总数：不得过 3 粒。

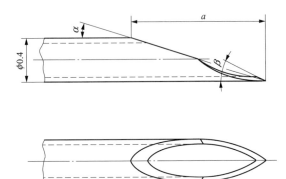

单位：mm

图 1 针尖

注：如果已知垫片的结果与先前测得的结果具有一致性，则应判试验垫片测得的结果有效，反之，则无效。

表 1 针尖尺寸（参阅图 1）

刃口类型 M（中等）	a（mm）		α	β
	min	max	正常	
	1.35	1.55	≈15°30′	26°±1°

【泄漏试验】　取 10 个经硅油处理内表面的笔式注射器套筒，注水，装上试验用活塞及垫片，加上铝帽，封口。将 1 个笔式注射器套筒安装于笔式注射器套筒夹持器(有平面和活塞接触)，向活塞施加 60 N±3 N 的作用力，保持 1 分钟，试验结束后，检查活塞及垫片的泄漏情况，其余笔式注射器套筒也同法操作，活塞及垫片部位不得有液体泄漏。

【活塞滑动性试验】　取 10 个经硅油处理内表面的笔式注射器套筒，注水，装上试验用活塞及垫片，加上铝帽，封口。将 1 个笔式注射器套筒安装于笔式注射器套筒夹持器（有平面和活塞接触，夹持器必须确保能够穿刺安装在笔式注射器套筒上的垫片，注射针为一两端有刃口的皮下针头，外径为 0.4 mm，当活塞移动时，套筒内的水应能通过该针排出）上，以 40 mm/min±3 mm/min 速度向下移动活塞，在笔式注射器套筒中移动一半距离时，暂停 5 秒，然后将活塞完全压到底，其余笔式注射器套筒同法操作，记录每次试验中启动活塞的最大作用力，取 10 个最大值的平均值作为"启动力"，应不得过 30 N；记录每次试验中启动之后保持其移动所需的力，取 10 个值的平均值作为"持续推动力"，应不得过 15 N；记录每次试验中暂停 5 秒后重新推动活塞的最大作用力，取 10 个最大值的平均值为"重新启动力"，应不得过 30 N；并检查在连续运动期间不得有"颤动"（指活塞的不规则运动）现象。

【灰分】　取本品 1.0 g，照橡胶灰分测定法（YBB00262005—2015）测定，遗留残渣不得过 50%。

【挥发性硫化物】*　取本品，照挥发性硫化物测定法（YBB00302004—2015）测定，应符合规定。

【不溶性微粒】（活塞）取 10 个被测活塞，置于锥形瓶中加入 50 ml 微粒检查用水，照包装材料不溶性微粒测定法（YBB00272004—2015）药用胶塞项下测定，每 1 ml 中含 10 μm 以上的微粒不得过 60 粒，含 25 μm 以上的微粒不得过 6 粒。

【化学性能】　供试液的制备：取相当于表面积 200 cm² 的完整胶塞若干个，按样品外表面积（cm²）与水（ml）的比为 1:2 的比例，加水浸没，煮沸 5 分钟，放冷，再用同体积水冲洗 5 次，移置于锥形瓶中，加同体积水，置高压蒸汽灭菌器中，在 30 分钟内升温至 121 ℃±2 ℃，保持 30 分钟，于 20～30 分钟内冷却至室温，移出，即得供试液，并同时制备空白液，进行下列试验。

澄清度与颜色　取供试液，依法检查（《中国药典》2015 年版四部通则 0902、0901），溶液应澄清无色。如显浑浊，与 2 号浊度标准液比较，不得更浓；如显色，与黄绿色 5 号标准比色液比较，不得更深。

pH 变化值　取供试液和空白液各 20 ml，分别加入氯化钾溶液（1→1000）1 ml，依法测定（《中国药典》2015 年版四部通则 0631），两者之差不得过 1.0。

吸光度　取供试液适量，以空白液为对照，照紫外-可见分光光度法（《中国药典》2015 年版四部通则 0401），在 220～360 nm 波长范围内，最大吸光度不得大于 0.1。

易氧化物　精密量取供试液 20 ml，精密加入高锰酸钾滴定液（0.002 mol/L）20 ml 与稀硫酸 2 ml，煮沸 3 分钟，迅速冷却，加碘化钾 0.1 g，在暗处放置 5 分钟，用硫代硫酸钠滴定液（0.01 mol/L）滴定至浅棕色，再加入 5 滴淀粉指示液后滴定至无色，另取空白液同法操作，二者消耗硫代硫酸钠滴定液（0.01 mol/L）之差不得过 3.0 ml。

不挥发物　精密量取供试液及空白液各 100 ml，分别置于已恒重的蒸发皿中，水浴蒸干，在 105 ℃干燥至恒重，两者之差不得过 4.0 mg。

重金属　精密量取供试液 10 ml，加醋酸盐缓冲液（pH 3.5）2 ml，依法检查（《中国药典》2015 年版四部通则 0821 第一法），含重金属不得过百万分之一。

铵离子　精密量取供试液 10 ml，加碱性碘化汞钾试液 2 ml，放置 15 分钟，不得显色；如显色，与氯化铵溶液（取氯化铵 31.5 mg 加无氨水适量使溶解并稀释至 1000.0 ml）2.0 ml 加空白液 8 ml 与碱性碘化汞钾试液 2 ml 制成的对照液比较，不得更深（0.0002%）。

锌离子　取供试液，用孔径 0.45 μm 的滤膜过滤，精密量取滤液 10 ml，加 2 mol/L 盐酸 1 ml 和亚铁氰化钾试液（称取 4.2 g 亚铁氰化钾三水化合物，用水溶解并稀释至 100 ml 摇匀，即得，本品应临用新制）3 滴混合，不得显浑浊，如显浑浊，与标准锌溶液（称取 44.0 mg 硫酸锌七水化合物，用新煮沸并冷却的水溶解并稀释至 1000.0 ml，本品应临用新制）3.0 ml 加空白对照液 7 ml 与 2 mol/L 盐酸 1 ml 和亚铁氰化钾试液 3 滴制成的对照液比较，不得更深（0.0003%）。

电导率 在供试液制备 5 小时内，用电导率仪测定：空白液的电导率不得过 3.0 μS/cm（20 ℃±1 ℃）；供试品液的电导率应不得过 40.0 μS/cm。如果测定不是在 20 ℃±1 ℃下进行，则应对温度进行校正。

【生物试验】 热原* 取本品，按不规则形状比例加入氯化钠注射液，置高压蒸汽灭菌器中，采用 115 ℃±2 ℃，保持 30 分钟，照热原检查法（YBB00022003—2015）测定，应符合规定。

急性全身毒性试验** 取本品，按不规则形状比例加入氯化钠注射液，置高压蒸汽灭菌器中，采用 115 ℃±2 ℃，保持 30 分钟，照急性全身毒性检查法（YBB00042003—2015）测定，应符合规定。

溶血** 取本品，照溶血检查法（YBB00032003—2015）测定，溶血率应符合规定。

附件一 检验规则

1. 产品检验分为全项检验和部分检验。

2. 有下列情况之一时，应按标准的要求进行全项检验。

（1）产品注册。

（2）产品出现重大质量事故后重新生产。

3. 有下列情况之一时，应按标准的要求进行除"**"外项目检验。

（1）监督抽验。

（2）产品停产后重新恢复生产。

4. 产品批准注册后，药包材生产、使用企业在原料产地、添加剂、生产工艺等没有变更的情形下，可按标准的要求，进行除"*""**"外项目检验。

5. 外观的检验，按《计数抽样检验程序 第 1 部分：按接收质量限（AQL）检索的逐批抽样计划》（GB/T 2828.1—2012）规定进行。检验项目、检验水平及接收质量限见表 2。

表 2 检验项目、检验水平及接收质量限

检验项目	检验水平	接收质量限（AQL）
外观	I	0.65

附件二 规格尺寸（参考尺寸）

活塞应为 PSF 型，尺寸可参考图 2 及表 3，垫片的尺寸可参考图 3 及表 4。

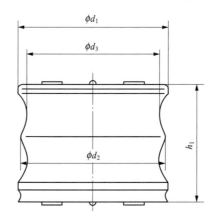

图 2 笔式注射器用活塞的尺寸及构型

表 3 活塞尺寸

单位：mm

公称容量（ml）	直径			高度
	d_1 ±0.1	d_2 ±0.1	d_3 ±0.15	h_1 ±0.3
1.5	7.2	6.9	6.4	5.5
2	9.1	8.8	8.3	8.1
2.5	9.6	9.3	8.8	8.7
3	10	9.7	9.2	11.0
4	12.5	12.1	11.7	11
5	12.35	11.95	11.55	11
6	16.6	16.15	15.7	13

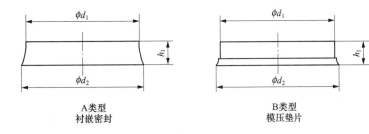

A类型
衬嵌密封

B类型
模压垫片

图 3 笔式注射器用垫片的尺寸及构型

表 4 笔式注射器用垫片尺寸

单位：mm

公称容量（ml）	类型	直径		高度
		d_1	d_2	h_1 ±0.15
1.5	A，B	7.1 min	7.8 max	
3	A，B	7.65±0.1	7.85 max	1.5
4～6	B	9.85±0.15	10 max	

第六部分

其他类药包材标准

固体药用纸袋装硅胶干燥剂

Guti Yaoyong Zhidaizhuang Guijiao Ganzaoji

Packed Silica-gel Desiccant for Oral Solid Preparation

本标准适用于固体制剂滤纸袋包装的细孔球型硅胶干燥剂。

【外观】 取本品适量，在自然光线明亮处，正视目测。纸面应平整，无明显色差，包装袋各部位应无破损。如有印刷，字迹应清晰，无污迹。

【含水率】 取本品适量（规格 3 g/袋以下取 2 袋，规格 3 g 及 3 g 以上/袋取 1 袋），迅速放入已干燥至恒重的称量瓶（m_1）中，精密称定（m_2），将其放入 150 ℃±5 ℃烘箱内干燥 4 小时，冷却至室温后精密称定（m_3），按下式计算，不得过 4.0%。

$$含水率 = \frac{m_2 - m_3}{m_2 - m_1} \times 100\%$$

【吸湿率】 取本品适量（规格 3 g/袋以下取 2 袋，规格 3 g 及 3 g 以上/袋取 1 袋），平摊置于表面皿（或适宜容器），于 150 ℃±5 ℃下干燥 2 小时，冷却至室温，快速精密称定（m_1）后平置放入恒温恒湿箱中，同法操作共制备三份样品。三份样品分别于温度均为 25 ℃±2 ℃,相对湿度分别为 20%±5%、50%±5%、90%±5%条件下放置 48 小时，取出快速精密称定（m_2）。按下式计算，

$$吸湿率 = \frac{m_2 - m_1}{m_1} \times 100\%$$

相对湿度 20%±5%条件下吸湿率不得小于 7.0%；相对湿度 50%±5%条件下吸湿率不得小于 19.0%；相对湿度 90%±5%条件下吸湿率不得小于 29.0%。

【抗跌落】 取本品适量，从 1.2 m 高度自然跌落至水平刚性光滑表面，不得破损。

【纸袋的理化指标】 纸袋荧光 取本品 10 袋，除去干燥剂，将接触药物面的纸袋置于波长 365 nm 和 254 nm 紫外灯下检查，均不得有片状荧光。

砷* 取本品适量，除去干燥剂，称取纸袋 2.00 g 置于坩埚中，加氧化镁 1 g 及 15%硝酸镁溶液 10 ml，混匀，浸泡 4 小时。置水浴锅上蒸干，用小火炭化至无烟后再在 550 ℃炽灼使完全灰化，取出后放冷。加水 5 ml 使润湿，用细玻璃棒搅拌，再用少量水洗下玻璃棒上附着的灰分至坩埚内。置水浴蒸干后再于 550 ℃炽灼 2 小时，冷却后取出。加水 2 ml 润湿，再缓缓加入盐酸溶液（1→2）5 ml，将溶液移入 100 ml 锥形瓶中，坩埚用盐酸溶液（1→2）洗涤 3 次，每次 2 ml，再用水洗 3 次，每次 5 ml，合并洗液并转移至锥形瓶中，依法检查（《中国药典》2015 年版四部通则 0822 第一法），含砷不得过 0.0001%。

铅* 取本品适量，除去干燥剂，称取纸袋 1.00 g 置于坩埚中，小心炭化，然后再在 500 ℃炽灼使完全灰化，放冷后再加入硝酸-高氯酸溶液（4:1）1 ml，小火加热，必要时反复处理，直至残渣中无炭粒，待坩埚稍冷，加 0.5 mol/L 硝酸溶解残渣后，将试液（必要时过滤）转移至 25 ml 量瓶中，坩埚用少量水洗涤，洗液并入量瓶，用水稀释至刻度，作为供试品溶液，同法制备空白溶液，照原子吸收分光光度法（《中国药典》2015 年版四部通则 0406）测定，含铅不得过 0.0005%。

脱色试验 取除去干燥剂的纸袋 5 个，各加水 50 ml，置 60 ℃±2 ℃的条件下浸泡 2 小时，浸泡液应无色。

【溶剂残留量】（适用于有印刷的袋装干燥剂） 取本品适量，除去干燥剂，取整只纸袋数个（内表面积

约 0.02 m^2），照包装材料溶剂残留量测定法（YBB00312004—2015）测定，溶剂残留总量不得过 5.0 mg/m^2，其中苯及苯类每个溶剂残留量不得检出。

【微生物限度】 取本品 10 袋，置于锥形瓶中，加入 pH 7.0 氯化钠注射液-蛋白胨缓冲液 100 ml，振摇 1 分钟，即得 1:10 供试品溶液。依法检查（《中国药典》2015 年版四部通则 1105、1106），细菌数不得过 1000 cfu/袋，霉菌和酵母菌数不得过 100 cfu/袋；大肠埃希菌每袋均不得检出。

【贮藏】 干燥剂的内包装用药用低密度聚乙烯袋密封，保存于干燥、清洁处。

附件 检验规则

1. 产品检验分为全项检验和部分检验。

2. 有下列情况之一时，应按标准的要求进行全项检验。

（1）产品注册。

（2）产品出现重大质量事故后重新生产。

（3）监督检验。

（4）产品停产后重新恢复生产。

3. 产品批准注册后，药包材生产、使用企业在原料产地、添加剂、生产工艺等没有变更的情形下，可按标准的要求，进行除"*"外项目检验。

4. 外观、抗跌落的检验，按《计数抽样检验程序 第 1 部分：按接收质量限（AQL）检索的逐批抽样计划》（GB/T 2828.1—2012）规定进行，检验项目、检验水平及接收质量限见表 1。

表 1 检验项目、检验水平及接收质量限

检验项目	检验水平	接收质量限（AQL）
外观	I	4.0
抗跌落	S-3	4.0

第七部分

方法类药包材标准

包装材料红外光谱测定法

Baozhuangcailiao Hongwaiguangpu Cedingfa

Test for Infrared Spectrum of Packaging Materials

红外光谱测定法是鉴别和分析物质化学结构的有效手段。化合物受红外辐射后，使分子的振动和转动运动由较低能级向较高能级跃迁，从而导致对特定频率红外辐射的选择性吸收，形成特征性很强的红外吸收光谱。以中红外区（4000～400 cm^{-1}）为常用区域。

包装材料的红外光谱测定技术　包括检测方法和制样技术。

检测方法有透射和衰减全反射（ATR）等。

透射是指通过测定透过样品前后的红外光强度变化，得到红外透射光谱。衰减全反射是指红外光以一定的入射角度通过 ATR 晶体后，在与晶体紧贴的样品表面经过多次反射而得到反射光谱图，可分为单点衰减全反射和平面衰减全反射。

制样技术有热敷法、薄膜法、热裂解法、衰减全反射法、显微红外法等。

仪器校正　用聚苯乙烯薄膜（厚度约为 0.05 mm）校正仪器，绘制其光谱图，用 3027 cm^{-1}、2851 cm^{-1}、1601 cm^{-1}、1028 cm^{-1}、907 cm^{-1} 处的吸收峰对仪器的波数进行校正。傅立叶变换红外光谱仪 3000 cm^{-1} 附近的波数误差应不大于 ±5 cm^{-1}，在 1000 cm^{-1} 附近的波数误差应不大于 ±1 cm^{-1}。

用聚苯乙烯薄膜校正时，仪器的分辨率在 3110～2850 cm^{-1} 范围内应能清晰分辨出 7 个峰，峰 2851 cm^{-1} 与谷 2870 cm^{-1} 之间的分辨深度不小于 18%透光率，峰 1583 cm^{-1} 与谷 1589 cm^{-1} 之间的分辨率深度不小于 12%透光率。仪器的标称分辨率，除另有规定外，应不低于 2 cm^{-1}。

环境条件　温度应在 15～30 ℃，相对湿度应小于 65%。适当通风换气，以避免积聚过量的二氧化碳和有机溶剂蒸汽。

测定法

第一法　热敷法

本法适用于粒料、塑料瓶、单层薄膜的红外光谱测定。

将溴化钾晶片或氯化钠晶片在酒精灯或控温电炉（温度接近材料熔点）上加热，趁热将样品轻擦于热溴化钾晶片或氯化钠晶片上（以不冒烟为宜），通过透射绘制光谱。

第二法　薄膜法

本法适用于粒料、塑料瓶、单层薄膜的红外光谱测定。

取样品约 0.25 g（可剪切成小碎块），加适宜的溶剂（如聚乙烯、聚丙烯、乙烯与醋酸乙烯共聚物可用甲苯；聚对苯二甲酸乙二醇酯可用 1,1,2,2-四氯乙烷；聚碳酸酯可用二氯乙烷）约 10 ml，高温回流使样品溶解，用毛细管趁热将回流液涂在溴化钾晶片或氯化钠晶片上，加热挥去溶剂后，通过透射绘制光谱。

第三法　热裂解法

本法适用于橡胶产品的红外光谱测定。

取样品约 3 g 切成小块，用丙酮或适宜的溶剂抽提 8 小时后，在 80 ℃烘干，取 0.1～0.2 g 置于玻璃试管的底部，然后用试管夹水平地将玻璃试管移到酒精灯上加热，当出现裂解产物冷凝在玻璃试管冷端时，用毛细管取裂解物涂在溴化钾晶片或氯化钠晶片上，立刻通过透射绘制光谱。

第四法 衰减全反射法（ATR 法）

本法适用于粒料、塑料瓶、薄膜、硬片、橡胶产品的红外光谱测定。

取表面清洁平整的样品适量，将其紧压在 ATR 附件所使用的晶片［硒化锌（ZnSe）等］，通过反射直接绘制光谱。

第五法 显微红外法

本法适用于多层膜、袋、硬片的红外光谱测定。

用切片器将样品切成厚度适宜（小于 50 μm）的薄片，置于显微红外仪上观察样品横截面，选择所需检测的区域，通过透射绘制光谱。

包装材料不溶性微粒测定法

Baozhuangcailiao Burongxingweili Cedingfa

Test for Insoluble Particulate Matter of Packaging Materials

本法适用于药用胶塞、输液瓶、输液袋和塑料输液容器用内盖的不溶性微粒大小及数量的测定。

本法包括光阻法和显微计数法。除另有规定外，测定方法一般先采用光阻法；当光阻法测定结果不符合规定，应采用显微计数法进行复验，并以显微计数法的测定结果作为判定依据。

第一法 光阻法

原理 当液体中的微粒通过一窄小的检测区时，与液体流向垂直的入射光，由于被微粒阻挡而减弱，传感器输出的信号降低，这种信号变化与微粒的截面积成正比，光阻法检查不溶性微粒即依据此原理。

对仪器的一般要求 仪器通常包括取样器、传感器和数据处理器三部分。测量粒径范围为 2～100 μm，检测微粒浓度为 0～10 000 个/ml。

试验环境及检测 照《中国药典》2015 年版四部通则 0903 下规定进行。

仪器的校正与检定 照《中国药典》2015 年版四部通则 0903 下规定进行。

测定法

（1）药用胶塞：除另有规定外，取被测胶塞数个（总表面积约 100 cm²），置 250 ml 锥形瓶中，加入微粒检查用水适量（取用微粒检查用水的毫升数与被测胶塞总面积的平方厘米数之比为 1:1），用铝箔（或其他适宜的封口材料）盖住锥形瓶瓶口，置振荡器中（水平圆周转动，直径 12 mm±1 mm，振荡频率 300 转/分钟±10 转/分钟）振荡 20 秒。小心移开铝箔（或其他适宜的封口材料），先倒出部分供试液冲洗开启口及取样瓶后，将供试液倒入取样杯中，静置，在 15～30 分钟时间范围内连续测定 3 次，每次取样应不少于 5 ml，记录数据。每个供试品第一次数据不计，取后续测定结果，计算平均值。

（2）输液瓶和输液袋：除另有规定外，取装液供试品适量，用水洗净容器外壁，小心翻转 20 次，使溶液混合均匀，立即小心开启容器，先倒出部分供试液冲洗开启口，再将供试液倒入取样杯中，静置适当时间脱气后，开启搅拌器，缓慢搅拌使溶液均匀（或将供试品容器直接脱气后置于取样器上，不加搅拌），依法测定至少 3 次，每次取样应不少于 5 ml，记录数据。每个供试品第一次数据不计，取后续测定结果计算平均值。

（3）塑料输液容器用内盖：取塑料输液容器用内盖 5 个，置 500 ml 锥形瓶中，加入 250 ml 微粒检查用水，用铝箔（或其他适宜的封口材料）盖住锥形瓶瓶口，置振荡器中（水平圆周转动，直径 12 mm±1 mm，振荡频率 300 转/分钟±10 转/分钟）振荡 20 秒。小心移开铝箔（或其他适宜的材封口料），先倒出部分供试液冲洗开启口，将供试液倒入取样瓶中（或直接置于取样器上），静置，在 15～30 分钟时间范围内连续测定 3 次，每次取样应不少于 5 ml，记录数据。每个供试品第一次数据不计，取后续测定结果计算平均值。

结果表示 按规定粒径分别提交每 1 ml 中所含平均微粒数。

第二法 显微计数法

原理 将溶液中的不溶性微粒富集于滤膜上，通过显微镜放大观察，用测微尺对粒子粒径进行判断，并对粒子的数量进行计数。

显微计数法仅用于测定溶液中的固体不溶性微粒，因此对于凝胶样的非定形、半固体物质以及其他类似污点或脱色、形态不明确的膜状物质，应不进行粒径判断和计数。

对仪器的一般要求 符合《中国药典》2015 年版四部通则 0903 下规定。

试验环境及检测 照《中国药典》2015 年版四部通则 0903 下规定进行。

检查前的准备 照《中国药典》2015 年版四部通则 0903 下规定进行。

测定法

（1）药用胶塞：取完整被测胶塞数个（总表面积约 100 cm²），置 250 ml 锥形瓶中，加入微粒检查用水适量（取用微粒检查用水的毫升数与被测胶塞总面积的平方厘米数之比为 1:1），用铝箔（或其他适宜的封口材料）盖住锥形瓶瓶口，置振荡器中（水平圆周转动，直径 12 mm±1 mm，振荡频率 300 转/分钟±10 转/分钟）振荡 20 秒。小心移开铝箔（或其他适宜的封口材料），用适宜的方法抽取或量取适量（不少于 25 ml）的供试液，沿滤器内壁缓缓注入经预处理的滤器中（如所取供试液的量大于过滤漏斗容积，则在抽滤时分批注入）。供试液全部抽滤后，用滤过水 25 ml 沿壁洗涤并抽滤至滤膜近干，保持抽滤状态下，移去过滤漏斗，关掉真空泵，用平头镊子将滤膜移至平皿上（必要时，可涂抹极薄层的甘油使滤膜平整），微启盖子，50 ℃以下使滤膜充分干燥后，将平皿闭合，置显微镜镜台上，调好入射光，放大 100 倍进行显微测量，调节显微镜使滤膜格栅清晰可见后，移动坐标轴，分别测量有效过滤面积上最长直径大于 10 µm 及 25 µm 的微粒数。平行试验两份，按规定粒径分别提交每 1 ml 中所含平均微粒数。

（2）输液瓶和输液袋：除另有规定外，取装液供试品适量，用水洗净容器外壁，小心翻转 20 次，使溶液混合均匀，立即小心开启容器，用适宜的方法抽取或量取适量（不少于 25 ml）的供试液，沿滤器内壁缓缓注入经预处理的滤器中（如所取供试液的量大于过滤漏斗容积，则在抽滤时分批注入）。照上述（1）同法测定，并测量直径大于 5 µm 的微粒数。

（3）塑料输液容器用内盖：除另有规定外，照光阻法中检查法的（3）制备供试液，照上述（1）同法测定

结果表示 按规定粒径分别提交每 1 ml 中所含平均微粒数，并测量直径大于 5 µm 的微粒数。

乙醛测定法

Yiquan Cedingfa

Test for Acetaldehyde

本法适用于药用聚对苯二甲酸乙二醇酯（PET）瓶中乙醛的测定。

本法以气-固平衡为基础，样品放置在充满氮气的密封容器内，于室温条件下放置 24 小时，取顶空气体定量注入色谱仪中分析，以保留时间定性，峰面积定量。

照气相色谱法（《中国药典》2015 年版四部通则 0521）测定。

色谱条件与系统适用性试验

1. 多孔聚合物的填充柱

色谱柱（推荐）：乙基乙烯苯-二乙烯苯共聚物（2.1 m×1/4 英寸）。

检测器：火焰离子化检测器（FID）。

测定条件（供参考）：柱温 140 ℃，进样口温度：180 ℃；检测器温度：190 ℃。氮气 30 ml/min，氢气 40 ml/min，空气 400 ml/min。理论板数按乙醛峰计算不低于 500。

2. 色谱柱（推荐）：选用以聚乙二醇 20 M 为固定液的毛细管柱。

检测器：火焰离子化检测器（FID）。

测定条件（供参考）：柱温起始温度 50 ℃，维持 5 分钟，再以每分钟 20 ℃的速率升温至 200 ℃；以氮气为载体，流速为每分钟 2.0 ml；进样口温度：180 ℃；检测器温度：200 ℃；乙醛峰与相邻峰分离度应大于 1.5；理论板数按乙醛峰计算不低于 5000。

乙醛标准溶液（1 mg/ml） 使用有证标准物质，也可按以下方法制备乙醛标准溶液（1 mg/ml），并临用标定。

乙醛标准溶液（1 mg/ml）的配制 取乙醛溶液 1 ml，置于 250 ml 烧瓶中，加水 100 ml，加（1→2）硫酸溶液 10 ml，投入玻璃珠数粒，加热蒸馏，用装有少量水的烧杯收集馏出液，尾接管要插入水面以下，烧杯放在冰水浴内。收集馏出液约 50 ml，停止蒸馏。将烧杯内的水转移至 250 ml 容量瓶中，并稀释至刻度，摇匀，即可。容器顶端空间充入氮气后置于冰箱中储存备用。

乙醛标准溶液（1 mg/ml）的标定（应临用新标） 精密量取标准溶液 10 ml，置于 250 ml 碘量瓶中，精密加入 0.05 mol/L 亚硫酸氢钠溶液 25 ml，混匀后在暗处放置 30 分钟，精密加碘滴定液（0.1 mol/L）50 ml，再在暗处放置 5 分钟。用硫代硫酸钠滴定液（0.1 mol/L）滴定，滴定至近终点时，加入淀粉指示液 1 ml，继续滴定无色。并将滴定的结果用空白试验校正。每 1 ml 硫代硫酸钠滴定液（0.1 mol/L）相当于 22.03 mg C_2H_4O。同法测定 3 次，取三次测定的平均值。乙醛的含量（mg/ml）按下式计算。

$$乙醛含量 = \frac{C \times (V_{样} - V_{空}) \times 22.03}{10}$$

式中 C 为硫代硫酸钠滴定液的实际摩尔浓度，mol/L；

$V_{样}$ 为对照液消耗滴定液的体积，ml；

$V_{空}$ 为空白液消耗滴定液的体积，ml。

供试品的制备 取供试品瓶身数个，剪成长条形，取 1 g，精密称定，置顶空瓶中，用氮气以 10 L/min 的流速冲洗 1 分钟，然后迅速压盖密闭，在 23 ℃±2 ℃条件下，放置 24 小时后测定。平行试验 3 次。

测定法 除另有规定外，测定方法一般采用第一法。

第一法 外标法

对照品的制备 取三个顶空瓶，用氮气以 10 L/min 的流速冲洗 1 分钟，各注入适量体积的乙醛对照品溶液（相当于 1 μg），然后迅速压盖密闭，在 23 ℃±2 ℃放置 24 小时后测定。

精密量取顶空瓶中相同体积的对照品和供试品气体，分别注入气相色谱仪中，记录色谱图，测量对照品和样品待测成分的峰面积，计算。

第二法 标准曲线法 取五个顶空瓶，用氮气以 10 L/min 的流速冲洗 1 分钟，然后迅速压盖密闭，分别注入 0.2 μl、0.6 μl、1.0 μl、2.0 μl、3.0 μl 的乙醛对照品溶液，在 23 ℃±2 ℃放置 24 小时后，精密量取顶空瓶气体注入气相色谱仪中。测量峰面积，绘制峰面积与乙醛质量的标准曲线。

精密量取顶空瓶中相同体积的供试品气体，注入气相色谱仪中，根据样品中乙醛峰面积计算，从标准曲线上求得样品中乙醛的含量，按下式计算。

$$X = \frac{m}{W}$$

式中　X 为供试品中乙醛含量，μg/g；

　　　m 为供试品中乙醛质量，μg；

　　　W 为供试品质量，g。

加热伸缩率测定法

Jiare Shensuolü Cedingfa

Test for Thermal Tensile Ratio

本方法适用于各类药用塑料硬片的加热伸缩率的测定。

加热伸缩率系指样品在一定时间内经受一定温度后尺寸的变化，以标点间距离的变化量与初始标点间距离之比的百分率表示。

仪器装置

（1）加热装置：烘箱或老化实验箱，温度控制精度为±1 ℃。

（2）测量用尺：测量精度为：±0.2 mm。

测定法 从硬片上切取正方形试片二片（图1），每片边长分别为 120 mm±1 mm。在中心点位置，用刀片切透，划出标点间距为 100 mm±1 mm 的两条互相垂直线纵向 AB、横向 CD，再分别在两条线的顶端划出刻痕，准确测定每片 AB、CD 线段长度后分别取算术平均值（L_1）。

将试片平放在玻璃或金属板上，不应影响试片的自由变形，水平放置于 100 ℃±1 ℃的加热装置内，保持 10 分种，取出冷却至室温，然后分别准确测定每片 AB、CD 线段长度后分别取算术平均值（L_2）。

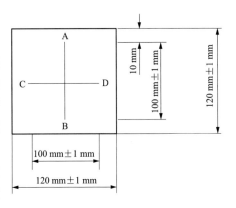

图1　试片示意图

结果表示 加热伸缩率（S）按下式计算：

$$S = \frac{L_2 - L_1}{L_1} \times 100\%$$

式中　S 为加热伸缩率，%；

L_1 为加热前 AB 或 CD 标点间的距离，mm；

L_2 为加热后 AB 或 CD 标点间的距离，mm。

挥发性硫化物测定法

Huifaxing Liuhuawu Cedingfa

Determination of Volatile Sulfides

本法适用于各类药用胶塞或橡胶垫片的挥发性硫化物的测定。

常用的硫化体系使用硫或含硫化合物作为交联剂。将这种化合物硫化的橡胶材料置于水溶液提取的介质中，在一定酸度条件下，会形成挥发性硫化物，这种释放出来的硫化物可以通过与醋酸铅试纸反应生成硫斑，通过比较试纸上留下的硫斑目视测得。

本法是以每 20 cm^2 的橡胶所释放的硫化物表示，单位：$\mu gNa_2S/20\ cm^2$。

测定法 取总表面积为 20 cm^2±2 cm^2 的橡胶，如有必要可切割，置于 250 ml 的锥形瓶中，加 1 ml 水，再加 2%柠檬酸溶液 50 ml，将一张醋酸铅试纸放在锥形瓶瓶口上，用烧杯反扣其上，置高压灭菌器内，121 ℃±2 ℃加热 30 分钟。若显色，将生成的硫斑与 1.00 ml 标准硫化钠溶液（称取适量 $Na_2S \cdot 9H_2O$，加水溶解，使成每 1 ml 溶液中含有 0.154 mg 的 $Na_2S \cdot 9H_2O$，摇匀，即得，本液应临用新制），自"加 2%柠檬酸溶液 50 ml"起，同法操作制得的标准硫斑比较，不得更深（50 $\mu gNa_2S/20\ cm^2$）。

包装材料溶剂残留量测定法

Baozhuangcailiao Rongji Canliuliang Cedingfa

Test for Residual Solvent of Packaging Materials

本法适用于药品包装材料中残留溶剂的测定。药包材中的残留溶剂系指药包材原辅材料和生产过程中使用的，但在药包材生产工艺过程中未能完全除去的有机挥发物。药包材中有机溶剂的残留量应符合各品种项下的规定。需要检测的溶剂种类，应根据产品配方工艺特点确定，不仅局限本标准中举例的溶剂。

本法以气-固平衡为基础，取一定面积的试样置于密封容器内，在一定的温度和时间条件下，试样中残留的有机溶剂受热挥发，达到平衡后，取顶空气体定量注入色谱仪中分析，以保留时间定性，峰面积定量。照残留溶剂测定法（《中国药典》2015 年版四部通则 0861）测定，残留溶剂的限度应符合各品种项下的要求，其中苯及苯类每个溶剂的方法检出限应不得高于 0.01 mg/m^2，而且随着检验方法灵敏度的提高而改变。

色谱条件与系统适用性试验　色谱柱可选用能满足待测溶剂分离要求的毛细管柱或其他适宜色谱柱。用待测物质的色谱峰计算，填充柱理论板数一般不得低于 1000。

毛细管色谱柱除另有规定外，极性相近的同类色谱柱之间可以互代使用。理论板数：不得低于 5000。

1. 非极性色谱柱：100%的二甲基聚硅氧烷。

2. 极性色谱柱：聚乙二醇 PEG 20M。

3. 中极性色谱柱：6%氰丙基苯基-94%二甲基聚硅氧烷。

4. 弱极性色谱柱：5%苯基-95%甲基聚硅氧烷。

一般选用：

色谱柱：INNOWAX（60 m×0.32 mm×0.5 μm）

检测器：火焰离子化检测器（FID）。

测定条件（供参考）：柱温起始温度 50 ℃，保持 5 分钟，再以每分钟 10 ℃的速率升温至 150 ℃，进样口温度 200 ℃，检测器温度 220 ℃。

分流比：10:1。

氮气 2 ml/min，氢气 40 ml/min，空气 400 ml/min。

分离度：待测物质色谱峰与其相邻色谱峰的分离度应大于 1.5。

待测物峰面积的相对标准偏差应不大于 10%。

可分离甲醇、异丙醇、丙酮、丁酮、乙酸乙酯、乙酸丁酯、苯、甲苯、乙苯、对二甲苯、邻二甲苯、间二甲苯等。

供试品的制备　除另有规定外，将样品剪成 1 cm×3 cm 大小，置顶空瓶中，加入两粒玻璃珠后，压盖，密封，平行试验 2 份。

对照品溶液的制备　分别取上述有机溶剂适量，至装有约 40 ml 稀释溶剂（该溶剂应不干扰所有组分的测定，推荐使用正己烷）的 50 ml 容量瓶中，加溶剂稀释至刻度，摇匀，备用。用微量进样器精密量取适量（各组分浓度应与规定限度基本相当，总量应不高于样品中可能的总量），注入顶空瓶中迅速压盖密封，平行试验 3 份。

测定法

第一法　外标法（推荐使用）

除另有规定外，将加有对照品溶液和供试品的顶空瓶，分别置于 100 ℃±2 ℃保持 60 分钟。精密量取供试品和对照品的顶空瓶中相同体积的气体注入气相色谱仪中。记录色谱图,测量峰面积,按外标法计算供试品中各溶剂的含量应符合规定。对照品连续进样三次,三次结果的相对偏差不大于10%。

　　注:如果溶剂残留量不符合规定,应采用第二法进行测定。

　　第二法　标准曲线法

　　用微量进样器分别精密量取上述对照品溶液适量,分别注入五个顶空瓶中迅速压盖密封(线性范围根据样品待测有机溶剂实际含量确定),制成五种不同浓度的对照品。将加入对照品和供试品的顶空瓶分别置100 ℃±2 ℃保持60分钟,精密量取供试品和对照品相同体积的气体注入气相色谱仪中。记录色谱图,测量峰面积,绘制峰面积与对照品中相应溶剂浓度的标准曲线,并从标准曲线读出各溶剂的浓度,并计算供试品中各溶剂的含量。

注射剂用胶塞、垫片穿刺力测定法

Zhushejiyongjiaosai Dianpian Chuancili Cedingfa

Test for Penetration Force of Injection Closures

本法适用于注射剂用胶塞、垫片穿刺力的测定。

穿刺力是指在穿刺试验中，穿刺器刺透胶塞或垫片的最大力值，用牛顿（N）表示。

第一法

适用范围：用于注射剂用适合规格的胶塞。

仪器装置　材料试验机：该仪器能使穿刺器以 200 mm/min±20 mm/min 速度作垂直运动，运动期间穿刺器受到的反作用力能被记录，精度为±2 N；轴向应有合适的位置放置注射剂瓶，以使注射剂瓶上的胶塞标记位置能被垂直穿刺。

注射剂瓶：与被测胶塞配套，装量 50 ml 以上（含 50 ml），10 个。

铝盖或铝塑组合盖：与被测胶塞配套，10 个。

手动封盖机：与被测胶塞配套，一把。

金属穿刺器：不锈钢（如 1Cr18Ni9Ti）长针，规格尺寸见图 1，共 2 个。

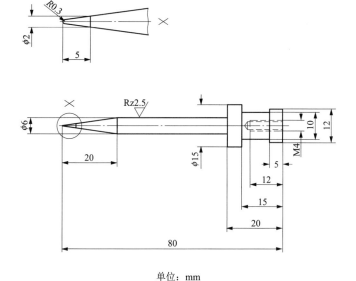

单位：mm

图 1　金属穿刺器

测定法　除另有规定外，对胶塞进行如下预处理：取 10 个与被测胶塞配套的注射剂瓶，每个瓶内加 1/2 公称容量的水，把被测胶塞分别装在配套注射剂瓶上。盖上铝盖或铝塑组合盖，用手动封盖机封口，放入高压蒸汽灭菌器中，在 121 ℃±2 ℃下保持 30 分钟，取出，冷却至室温。

用丙酮或其他适当的有机溶剂擦拭一个穿刺器尽可能不使其钝化，将其安装于材料试验机对应位置上。将上述 10 个预处理过的注射剂瓶分别放入穿刺装置中，打开铝盖或铝塑组合盖，露出胶塞标记部位，穿刺器以 200 mm/min 的速度对胶塞标记位置进行垂直穿刺，记录刺透胶塞所施加的最大力值。重复上述步骤，穿刺接下来的 4 个注射剂瓶，每次穿刺前，都要用丙酮或其他适当的有机溶剂擦拭穿刺器，待 5 个注射剂瓶均被穿刺一次后，更换一个穿刺器，重复上述步骤穿刺剩下的 5 个注射剂瓶。

结果表示 以刺透胶塞所施加的最大力值表示。若 10 个瓶中任意 2 瓶之间穿刺力的差值大于 50 N，则需重新试验，重新试验差值仍大于 50 N，则更换两根金属穿刺器重新整个试验。在穿刺过程中，若有两个以上（含两个）胶塞在穿刺过程中被推入瓶中，则判该项不合格；若 10 个被测胶塞中有一个被推入瓶中，则需另取 10 个胶塞重新试验，不得有胶塞被推入瓶中。

第二法

适用范围：用于注射剂用适合规格的胶塞。

仪器装置 材料试验机：该仪器能使穿刺器以 200 mm/min±20 mm/min 速度作垂直运动，运动期间穿刺器受到的反作用力能被记录，精度为±0.25 N；轴向应有合适的位置放置注射剂瓶，以使注射剂瓶上的胶塞标记位置能被垂直穿刺。

注射剂瓶：与被测胶塞配套，装量 50 ml 以下，10 个。

铝盖或铝塑组合盖：与被测胶塞配套，10 个。

手动封盖机：与被测胶塞配套，一把。

注射针（符合 GB 15811—2001）：外径 0.8 mm、斜角型号 L 型（长型），斜角 12°±2°，10 个。使用前用丙酮或甲基-异丁基酮擦拭。

测定法 除另有规定外，对胶塞进行如下预处理：估算 10 个被测胶塞总表面积 A（cm^2），将胶塞置于合适的玻璃容器内，加二倍胶塞总表面积 2A 的水（ml），煮沸 5 分钟±15 秒，用冷水冲洗 5 次，将洗过的胶塞放入锥形瓶中，加二倍胶塞总表面积 2A 的水（ml），用铝箔或一个硅硼酸盐烧杯将锥形瓶瓶口盖住，放入高压蒸汽灭菌器中加热，在 30 分钟内升温至 121 ℃±1 ℃，保持 30 分钟，然后在 30 分钟内冷却至室温，取出，在 60 ℃热空气中干燥 60 分钟，取出，将胶塞贮存于密封的玻璃容器中备用。

取 10 个配套的注射剂瓶，分别加入公称容量的水，装上预处理过的被测胶塞，加上铝盖或铝塑组合盖，用手动封盖机封口。将一只注射针置于材料试验机上固定，将注射剂瓶放入材料试验机中，打开铝盖或铝塑组合盖，露出胶塞标记部位，穿刺器以 200 mm/min 的速度对胶塞标记位置进行垂直穿刺，记录刺透胶塞所施加的最大力值。更换一只注射针重复上述步骤，直至所有胶塞被穿刺一次。

结果表示 以刺透胶塞所施加的最大力值表示。

第三法

适用范围：用于注射液的垫片。

仪器装置 材料试验机：该仪器能使穿刺器以 200 mm/min±20 mm/min 速度作垂直运动，运动期间穿刺器受到的反作用力能被记录，精度为±2 N；轴向应有合适的位置放置垫片支撑装置，以使支撑装置上的垫片标记部位能被垂直穿刺。

垫片支撑装置：该装置为带有垫片夹持器的钢瓶，当用夹持器将垫片夹持在该装置顶部时，该装置能支撑、固定住垫片在被穿刺时不被刺入瓶内，瓶内容量 50 ml 以上（含 50 ml）；也可采用其他合适的垫片支撑装置进行本法。垫片支撑装置如图 2 所示。

穿刺器：金属穿刺器（图 1）和塑料穿刺器（图 3）。

测定法 除另有规定外，对垫片进行如下预处理：取 10 个被测垫片置于合适的玻璃容器中，放入高压蒸汽灭菌器中，在 121 ℃±2 ℃下保持 30 分钟，取出，冷却至室温。如果用于大容量注射剂用塑料组合盖中的弹性体不能在 121 ℃±2 ℃下保持 30 分钟，则以实际生产中采用的灭菌温度对垫片进行预处理。

取一个预处理过的垫片，置于支撑装置中，将穿刺器置于材料试验机上固定，以 200 mm/min 的速度对垫片标记部位进行垂直穿刺，记录刺透垫片所施加的最大力值。另取一个垫片重复上述步骤，直至 10 个垫片均被穿刺一次。穿刺器使用前，检查穿刺器的锋利度，穿刺器应保持其原始锋利度未遭破坏。

结果表示 以刺透垫片所施加的最大力值表示，并在结果中注明所用穿刺器类型。

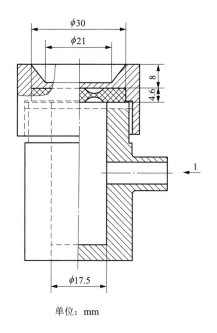

单位：mm

图 2 垫片支撑装置

1. 压缩气体进口

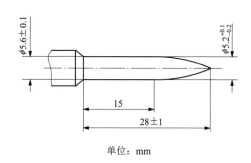

单位：mm

图 3 塑料穿刺器尺寸

注射剂用胶塞、垫片穿刺落屑测定法

Zhushejiyong Jiaosai Dianpian Chuanciluoxie Cedingfa

Test for Fragmentation of Injection Closures

本法适用于注射剂用胶塞、垫片穿刺落屑的测定。

穿刺落屑是指在穿刺试验中，穿刺器刺透胶塞或垫片所产生的，在没有放大工具帮助下观察到的可见落屑数，以落屑数量计。

第一法

适用范围：用于注射剂用适合规格的胶塞。

本法目的是测定不同注射液用胶塞或冻干胶塞穿刺落屑的相对趋势关系，其结果受多种因素的影响，如胶塞优化过程，封盖装置类型，密封阻力，穿刺器大小，其锋利程度，穿刺器上润滑剂的数量和操作者视力好坏等。

基于上述原因，为了得到可比较的结果，有必要控制以上影响结果的因素，为此被测胶塞必须和已知穿刺落屑数的胶塞做同步比较试验。

如果已知穿刺落屑数胶塞的结果与先前已知的结果具有一致性（即测试结果与已知落屑数相同或相差一粒），则应判被测胶塞测得的结果有效。

仪器装置　注射剂瓶：与被测胶塞配套，装量 50 ml 以上（含 50 ml），20 个（包括对照试验）。

铝盖或铝塑组合盖：与被测胶塞配套，20 个。

手动封盖机：与被测胶塞配套，一把。

抽滤装置。

金属穿刺器：不锈钢（如 1Cr18Ni9Ti）长针，规格尺寸见图 1，1 个。

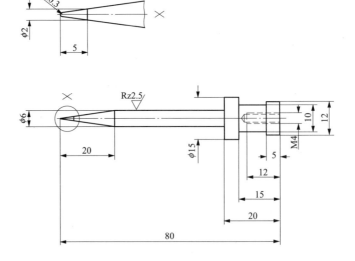

单位：mm

图 1　金属穿刺器

测定法　选择 20 个上述注射剂瓶，每个瓶内加 1/2 公称容量的水。取 10 个被测胶塞和 10 个已知穿刺落屑的胶塞分别装在注射剂瓶上，盖上铝盖或铝塑组合盖，用手动封盖机封口，放入高压蒸汽灭菌器中，在 121 ℃±2 ℃下保持 30 分钟，取出，冷却至室温，分两排放置，第一排为被测胶塞，第二排为已知胶塞。

用丙酮或其他适当的有机溶剂擦拭金属穿刺器，然后将其浸在水中，使用前，检查穿刺器的锋利度，穿刺器应保持其原始锋利度未遭破坏。手持穿刺器，垂直穿刺第一排第一个被测胶塞上的标记部位，刺入后，晃动注射剂瓶数秒后拨出穿刺器。接着按上述步骤穿刺第二排第一个已知穿刺落屑数胶塞。以此类推，按先被测胶塞再已知穿刺落屑数胶塞的顺序，交替垂直穿刺胶塞上的标记部位，直至所有胶塞被穿刺一次。

将第一排注射剂瓶中水全部通过一张滤纸过滤，确保瓶中不残留落屑。在人眼距离滤纸 25 cm 的位置，用肉眼观察滤纸上的落屑数（相当于 50 μm 以上微粒）。必要时，可通过显微镜进一步证实落屑大小和数量。

对已知穿刺落屑数的胶塞同法计数。

结果表示　分别记录两排注射剂瓶的可见落屑总数（即每 10 针的落屑总数）。若已知穿刺落屑数胶塞的结果与先前已知的结果具有一致性，则应判被测胶塞测得的结果有效。反之，则无效。在穿刺过程中，若有两个以上（含两个）胶塞在穿刺过程中被推入瓶中，则判该项不合格；若 10 个被测胶塞中有一个被推入瓶中，则需另取 10 个胶塞重新试验，不得有胶塞被推入瓶中。

第二法

适用范围：用于注射剂用适合规格的胶塞。

药用胶塞通常与注射针配合使用，当用注射针穿透注射剂瓶上的胶塞时，可能会使胶塞产生落屑，其数量和大小会影响到瓶内药物质量，故需严格控制。

除另有规定外，一般选用"直接法"进行试验。

（1）直接法

仪器装置　注射剂瓶：与被测胶塞配套，装量 50 ml 以下，12 个。

铝盖或铝塑组合盖：与被测胶塞配套，12 个。

手动封盖机：与被测胶塞配套，一把。

抽滤装置：装 0.5 μm 滤膜。

注射器：有 1 ml 刻度的注射器，与注射针配套。

注射针（符合 GB 15811—2001）：外径 0.8 mm，斜角大小 L 型（长型），针头斜角 12°±2°，使用前用丙酮或甲基-异丁基酮擦拭，12 个。

测定法　首先对胶塞进行预处理：估算所需 12 个被测胶塞总表面积 A（cm²），将胶塞置于合适的玻璃容器内，加二倍胶塞总表面积 $2A$ 的水（ml），煮沸 5 分钟±15 秒，用冷水冲洗 5 次，将洗过的胶塞放入广口锥形瓶中，加二倍胶塞总表面积 $2A$ 的水（ml），用铝箔或一个硅硼酸盐烧杯将锥形瓶瓶口盖住，放入高压蒸汽灭菌器中加热，在 30 分钟内升温至 121 ℃±1 ℃，保持 30 分钟，然后 30 分钟内冷却至室温，取出，然后在 60 ℃热空气中干燥胶塞 60 分钟，取出，将胶塞贮存于密封的玻璃容器中备用。

用于水溶液制品的胶塞：向 12 个配套干净小瓶中分别加入公称容量减去 4 ml 的水，盖上预处理过的胶塞，加上铝盖或铝塑组合盖，用手动封盖机封口，允许放置 16 小时；用于冻干剂的胶塞：向 12 个配套干净小瓶分别盖上预处理过的冻干胶塞，加上铝盖或铝塑组合盖，用手动封盖机封口。

打开铝盖或铝塑组合盖，露出胶塞标记部位。将注射器充水并除去注射针头上的水，垂直向第一个被测胶塞上的标记区域内穿刺，注入 1 ml 水，并抽去 1 ml 空气，拔出注射器，再在胶塞标记区域内另外三处不同位置同法进行穿刺。更换一个新的注射针和被测胶塞，按上述步骤进行穿刺，直至每个胶塞被穿刺 4 次。穿刺时，应检查注射针在试验时是否变钝，每一个胶塞用一个新针。

将瓶中水全部通过一张 0.5 μm 滤膜过滤，确保瓶中不残留落屑。用肉眼观察滤纸上的落屑数（相当于 50 μm 以上微粒），必要时，可通过显微镜进一步证实落屑大小和数量。

结果表示：记录 12 个瓶的可见落屑总数（即每 48 针的落屑总数）。

（2）对照法

胶塞穿刺落屑结果受多种因素的影响，如胶塞优化过程，封盖装置类型，密封阻力，注射针大小，其锋利度，针上润滑剂的数量，注射针量程和操作者视力好坏等。

基于上述原因，为了得到可比较的结果，有必要控制以上影响结果的因素，为此应根据实际情况，适时选择已知穿刺落屑数的胶塞为对照，进行同步比较试验。

如果已知穿刺落屑数胶塞的结果与先前已知的结果具有一致性（即测试结果与已知落屑数相同或相差一粒），则应判被测胶塞测得的结果有效。

仪器装置 注射剂瓶：与被测胶塞配套，装量 50 ml 以下，50 个（包括对照试验）。

铝盖或铝塑组合盖：与被测胶塞配套，50 个（包括对照试验）。

手动封盖机：与被测胶塞配套，一把。

抽滤装置。

注射器：有 1 ml 刻度的注射器，与注射针配套。

注射针（符合 GB 15811—2001）：外径 0.8 mm，斜角大小 L 型（长型），针头斜角 12°±2°，使用前用丙酮或甲基-异丁基酮擦拭，10 个。

测定法 取 25 个被测胶塞和 25 个已知穿刺落屑数的胶塞，按"直接法"对胶塞进行预处理。

选择 50 个与被测胶塞相配的注射剂瓶，每个瓶内加 1/2 公称容量的水。将预处理过的被测胶塞装在其中 25 个注射剂瓶上，将预处理过已知穿刺落屑数的胶塞装在另外 25 个注射剂瓶上，加上铝盖或铝塑组合盖，用手动封盖机封口，分两排放置，第一排为被测胶塞，第二排为已知胶塞。

打开铝盖或铝塑组合盖，露出胶塞标记部位。将注射器充水并除去注射针头上的水，垂直向第一排第一个被测胶塞上的标记区域内穿刺，拔出注射器，再在胶塞标记区域内另外三处不同位置进行穿刺，最后一次拔出针头前，将 1 ml 水注入瓶内。接着按上述步骤穿刺第二排第一个已知穿刺落屑数胶塞。以此类推，按先被测胶塞再已知穿刺落屑数胶塞的顺序，交替垂直穿刺胶塞上的标记部位，每针刺 20 次后，更换一个注射针，直至所有胶塞被穿刺四次。

将第一排瓶中水全部通过一张快速滤纸过滤，确保瓶中不残留落屑。在人眼距离滤纸 25 cm 的位置，用肉眼观察滤纸上的落屑数（相当于 50 μm 以上微粒）。必要时，可通过显微镜进一步证实落屑大小和数量。

对已知穿刺落屑数的胶塞同法计数。

结果表示 分别记录两排注射剂瓶的可见落屑总数（即每 100 针的落屑总数）。如果已知穿刺落屑数胶塞的结果与先前已知的结果具有一致性，则应判被测胶塞测得的结果有效。反之，则无效。

第三法

适用范围：用于注射液的垫片。

仪器装置 垫片支撑装置：该装置为带有垫片夹持器的钢瓶，当用夹持器将垫片夹持在该装置顶部时，该装置能支撑、固定住垫片在被穿刺时不被刺入瓶内，瓶内容量 50 ml 以上（含 50 ml）；也可采用其他合适的垫片支撑装置进行本法。垫片支撑装置如图 2 所示。

穿刺器：金属穿刺器（图 1）和塑料的穿刺器（图 3）。

抽滤装置。

测定法 除另有规定外，对垫片进行如下预处理：取 10 个被测垫片，放入高压蒸汽灭菌器中，在 121 ℃±2 ℃下保持 30 分钟，取出，冷却至室温。如果用于大容量注射剂用塑料组合盖中的弹性体不能在 121 ℃±2 ℃下保持 30 分钟，则以实际生产中采用的灭菌温度对垫片进行预处理。

向垫片支撑装置的瓶腔内加入一半容量的水，取一个预处理过的垫片，置于支撑装置中，用丙酮擦拭穿刺器，手持穿刺器，垂直穿刺垫片标记部位，刺入后，晃动支撑装置数秒后拔出穿刺器，打开支撑装置，取出垫片，将瓶中水全部通过一张滤纸过滤，确保瓶中不残留落屑。在人眼距离滤纸 25 cm 的位置，用肉眼观察滤纸上的落屑数。重复上述步骤，对余下的 9 个垫片进行试验。

结果表示 记录 10 个被测垫片的可见落屑总数（相当于 50 μm 以上微粒），并在结果中注明所用穿刺器类型。

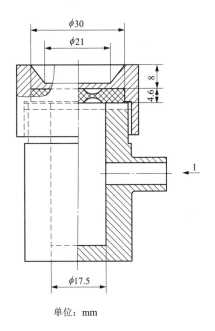

单位：mm

图 2　垫片支撑装置

　1. 压缩气体进口

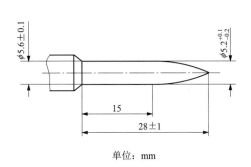

单位：mm

图 3　塑料穿刺器尺寸

玻璃耐沸腾盐酸浸蚀性测定法

Boli Nai Feiteng Yansuan Jinshixing Cedingfa

Test for Resistance to Attack of Glass by Boiling Hydrochloric Acid

本法适用于各类药用玻璃容器及管材耐沸腾盐酸浸蚀性的测定。

根据测定的原理和方法不同分为重量法和火焰光度法或原子吸收分光光度法。

第一法　重量法

本法是将约为 $100 \, cm^2$ 的玻璃供试品，在沸腾的 $6 \, mol/L \pm 0.2 \, mol/L$ 盐酸溶液中浸蚀 6 小时，测定单位表面积损失的质量。

供试品制备　将试样切割成有规则几何形状，总表面积为 $100 \, cm^2 \pm 10 \, cm^2$ 的玻璃管或片，断面细工研磨，不得用火抛光，新切割表面积不多于总表面积的约 10%。用水洗净，再用无水乙醇或丙酮漂洗，在 150 ℃烘箱中干燥 45 分钟，转入干燥器中冷却 45 分钟，精密称定至 0.1 mg，记录质量（m_1）。同法制备 2 份供试品。

若测定玻璃材质耐酸性时，应考虑表面结构的影响，供试品须经混合酸预处理，其操作如下：在塑料烧杯中放入供试品，加入 40%氢氟酸溶液-2 mol/L 盐酸溶液（1:9）的混合溶液将其完全浸没，用磁力搅拌器搅拌 10 分钟，用镊子（头部包有塑料或铂，用前用稀盐酸处理，再用水洗净）将供试品取出，依上所述进行清洗、干燥、冷却、称重。

测定法　在锥形瓶中，加入 $6 \, mol/L \pm 0.2 \, mol/L$ 盐酸溶液 800 ml，加热至沸，取供试品用铂丝悬挂在沸腾的酸中（供试品应全部浸没并悬于中央），瓶口上方装上冷凝器，均匀沸腾 6 小时（图 1）后，将供试品取出，用水冲洗干净，在 150 ℃烘箱中干燥 45 分钟，转入干燥器中冷却 45 分钟，精密称定至 0.1 mg，记录质量（m_2）。

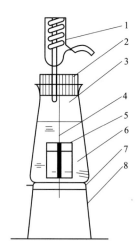

图 1　重量法耐酸性试验装置

1. 冷凝器；2. 胶塞；3. 锥形烧杯；4. 铂丝；5. 供试品；6. 盐酸；7. 石棉网；8. 可控温加热装置

结果表示方法和分级

计算：对每个测得的结果计算供试品单位表面积损失的质量，计算公式如下：

$$H = \frac{100(m_1 - m_2)}{S}$$

式中 H 为供试品每单位表面积损失的质量，mg/dm²；

m_1 为供试品最初质量，mg；

m_2 为供试品最终质量，mg；

S 为供试品总表面积，cm²。

供试品总表面积的计算：

当供试品为管状时，供试品总表面积的计算公式如下：

$$S = 3.14(D_{外} + D_{内})(H + \frac{D_{外} - D_{内}}{2})$$

式中 S 为供试品总表面积，cm²；

$D_{外}$ 为供试品外径，cm；

$D_{内}$ 为供试品内径，cm；

H 为供试品高度，cm。

当供试品为弧形片状时（图 2），供试品总表面积的计算公式如下：

图 2 弧形片状样品

$$S = \frac{3.14(R_{外} + R_{内})[H + (R_{外} - R_{内})]}{90} \times \sin^{-1}\frac{a/2}{R} + 2H(R_{外} - R_{内})$$

式中 S 为供试品总表面积，cm²；

$R_{外}$ 为圆形样品外径的半径，cm；

$R_{内}$ 为圆形样品内径的半径，cm；

H 为弧形片高度，cm；

a 为弧形片壁厚的中间弧的弦长，cm。

由两个供试品所得的结果求出平均值。假如两个结果与平均值相对偏差大于 10%，则必须再取两个供试品重新测定。

依据供试品每平方分米所损失质量的毫克数的一半进行分级，见表 1。

表 1 耐酸试验分级表

级 别	特 性	6 小时后单位表面积损失质量的一半（mg/dm²）
1	低浸蚀性	0～0.7
2	弱浸蚀性	>0.7～1.5
3	中浸蚀性	>1.5～15
4	高浸蚀性	>15

第二法　火焰光度法或原子吸收分光光度法

本法是将 $30\sim40$ cm^2 的供试品，在 100 ℃ 6 mol/L±0.2 mol/L 盐酸溶液中浸蚀 3 小时，测定单位表面积析出碱性氧化物的量。

供试品制备　将试样切割成有规则几何形状，总表面积为 $30\sim40$ cm^2 的玻璃管或片，断面细工研磨，用水洗净，最后以无水乙醇或丙酮漂洗，在 115 ℃烘箱中干燥 30 分钟。同法制备三份供试品。

若测定玻璃材质耐酸性时，应考虑表面结构的影响，供试品须经混合酸预处理，其操作如下：在塑料烧杯中放入供试品，加入 40%氢氟酸溶液-2 mol/L 盐酸溶液（1:9）的混合溶液将其完全浸没，用磁力搅拌器搅拌 10 分钟，用镊子（头部包有塑料或铂，用前用稀盐酸处理，再用水洗净）将供试品取出，依上所述进行清洗、干燥。

仪器装置　火焰光度计或原子吸收光谱仪。

测定法　用镊子将三块洗净的供试品分别放入三个聚四氟乙烯具盖皿中，盖上盖后，置 115 ℃保持 8 小时，迅速加入沸腾的 6 mol/L±0.2 mol/L 盐酸溶液（在老化过的烧杯中加热至沸）25 ml，将供试品浸没，全过程不应超过 2 分钟。再置 100 ℃±1 ℃，保持 3 小时。取出，将溶液转移至铂皿中，用水冲洗聚四氟乙烯具盖皿数次，合并洗液，立即在沙浴上蒸干。残渣用 2 mol/L 盐酸溶液 0.2 ml 和少量水溶解，至 10 ml 量瓶中，再加入电离屏蔽剂 0.5 ml（250 g 硝酸铝和 50 g 氯化铯加水溶解并稀释至 1000 ml），用水稀释至刻度，即得。同法制备三份空白溶液。

照火焰光度法（《中国药典》2015 年版四部通则 0407）或原子吸收分光光度法（《中国药典》2015 年版四部通则 0406）测定碱性氯化物的含量，计算三个供试品溶液的平均值和三个空白溶液的平均值（μg/ml），如果一个空白值与其平均值之差大于 0.1 μg/ml 或氧化钠的绝对含量大于 5 μg，则应重新测定。

结果表示　从供试品溶液碱性氧化物的平均值减去空白溶液碱性氧化物的平均值，计算每平方分米供试品表面积浸出的碱性氧化物。测量结果可用每平方分米玻璃析出氧化钠和氧化钾的质量表示。

玻璃耐沸腾混合碱水溶液浸蚀性测定法

Boli Nai Feiteng Hunhejianshui Rongye Jinshixing Cedingfa

Test for Resistance to Attack of Glass by Boiling Aqueous Solution of Mixed Alkali

本法适用于各类药用玻璃耐沸腾混合碱水溶液浸蚀性的测定和分级。

本法是将总表面积为 $10 \sim 15 \ cm^2$ 的玻璃供试品，用等体积的 0.5 mol/L 碳酸钠和 1 mol/L 氢氧化钠沸腾混合溶液浸蚀 3 小时。测定该玻璃供试品单位表面积损失的质量。

装置 容器（图1）：用纯银或耐碱的银合金或焊接不锈钢制成（焊接不锈钢的相关成分：18%铬、10%镍、0.08%碳以及附加钛），由带半球形的底或平底和紧密结合的盖子组成的圆柱形银杯，盖子具有粗颈口和插温度计的小嘴，并在下面配有四个悬挂样品的吊钩，必要时可加一个材质稳定的垫圈以保证杯体和盖子之间接缝密封。

冷凝器：球形或直形，长度为 400 mm 由耐化学浸蚀的玻璃制成。

古氏玻璃漏斗（图2）：由耐化学浸蚀的玻璃制成，上口用塞子与冷凝器连接，漏斗下管用塞子与容器的颈部连接，塞子应由材质稳定的材料制成，并预先要在水中煮沸 60 分钟。

加热浴池：配有一个能加热甘油和在 100～120 ℃任一温度恒温的控制器，并配有搅拌装置。

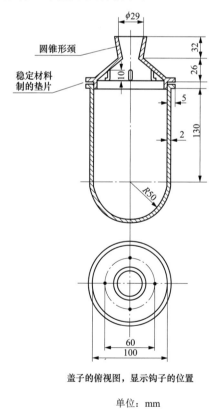

盖子的俯视图，显示钩子的位置

单位：mm

图1 试验容器示意图

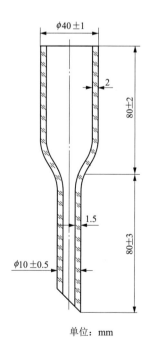

单位：mm

图2 古氏玻璃漏斗

供试品 将玻璃制品切割成易测形状，总表面积为 $10 \sim 15 \ cm^2$ 的两个供试品，断面细工研磨，不得用火抛光，新切割表面积不多于总表面积的 20%。计算供试品的总表面积，误差应小于 2%，记录所测得值。

清洗每个供试品，然后用镊子夹住供试品，用纯化水分别冲洗三遍，再用丙酮或无水乙醇漂洗。置 110 ℃ 干燥 60 分钟，再将供试品转入干燥器中冷却至室温，精密称定，记录其质量（m_1）。

若测定玻璃材质耐碱性时，应考虑表面结构的影响，供试品须经混合酸预处理，其操作如下：在塑料烧杯中放入供试品，加入 40%氢氟酸溶液-2 mol/L 盐酸溶液（1:9）的混合溶液将其完全浸没，用磁力搅拌器搅拌 10 分钟，用镊子（头部包有塑料或铂，用前用稀盐酸处理，再用水洗净）将供试品取出，按上述方法进行清洗、干燥、冷却、称重。

测定法 将试验容器浸入加热浴池内，在试验容器内加入 0.5 mol/L 碳酸钠溶液 400 ml 和 1 mol/L 氢氧化钠溶液 400 ml，使试验容器内液面与浴液的液面一致。盖上盖后安装上古氏玻璃漏斗和冷凝器，接通冷凝器水流，启动搅拌器并加热浴液，使试验容器内的温度达到 102.5 ℃±0.5 ℃，应控制回流液下滴速度为每 4～6 秒 1 滴。然后打开盖子用银丝将供试品悬挂在容器盖子的吊钩上，将供试品浸入沸腾的溶液中（供试品之间及供试品同容器壁之间不得相互碰撞）连续煮沸 3 小时±2 分钟。将供试品取出，快速放入 1 mol/L 盐酸溶液里浸泡三次。用水洗涤三次，最后用丙酮或无水乙醇漂净，置 110 ℃中干燥 60 分钟，转入干燥器中冷却至室温，然后精密称定，记录其质量（m_2）。

结果表示方法和分级 对每个测得的结果计算供试品单位表面积损失的质量 ρ_A，其计算公式如下：

$$\rho_A = \frac{100 \times (m_1 - m_2)}{S}$$

式中　ρ_A 为供试品单位表面积损失的质量，mg/dm²；

m_1 为供试品最初质量，mg；

m_2 为供试品最终质量，mg；

S 为供试品总表面积，cm²。

供试品总表面积的计算

当供试品为管状时，供试品总表面积的计算公式如下：

$$S = 3.14(D_{外} + D_{内})(H + \frac{D_{外} - D_{内}}{2})$$

式中　S 为供试品总表面积，cm²；

$D_{外}$ 为供试品外径，cm；

$D_{内}$ 为供试品内径，cm；

H 为供试品高度，cm。

当供试品为弧形片状时（图 3），供试品总表面积的计算公式如下：

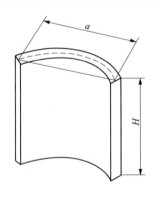

图 3

$$S = \frac{3.14(R_{外} + R_{内})[H + (R_{外} - R_{内})]}{90} \times \sin^{-1}\frac{a/2}{R} + 2H(R_{外} - R_{内})$$

式中　S 为供试品总表面积，cm²；

$R_{外}$为圆形供试品外径的半径，cm；

$R_{内}$为圆形供试品内径的半径，cm；

H 为弧形片高度，cm；

a 为弧形片壁厚的中间弧的弦长，cm。

由两个供试品所得的结果求出平均值。两个结果与平均值之差不得大于10%，否则必须再取两个供试品重新测定。

按照本法所规定的方法试验时，供试品应根据每平方分米所损失的质量毫克数进行分级，见表1。

表1　耐碱试验分级表

级　别	特　性	3 小时后单位表面积损失的质量（mg/dm²）
1	低浸蚀性	0～≤75
2	弱浸蚀性	＞75～≤175
3	高浸蚀性	＞175

玻璃颗粒在 98 ℃耐水性测定法和分级

Boli Keli Zai 98 ℃ Naishuixing Cedingfa He Fenji

Test and Classification for Hydrolytic Resistance of Glass Grains at 98 ℃

本法适用于各类药用玻璃耐水性的测定和分级。

本法是一种材质试验法。将粒径为 300～500 μm 的玻璃颗粒 2 g，在 98 ℃试验用水中浸泡 60 分钟。通过滴定浸蚀液来测定玻璃颗粒受水浸蚀的程度并分级。

试验用水 试验用水不得含有重金属（特别是铜），必要时可用双硫腙极限试验法检验，其电导率在 25 ℃±1 ℃时，不得超过 0.1 mS/m。试验用水应在经过老化处理的烧杯中煮沸 15 分钟以上以去除二氧化碳等气体。试验用水对甲基红应呈中性，即在 50 ml 水中加入甲基红指示液（甲基红钠 0.025 g，加水溶解并稀释至 100 ml）4 滴，水的颜色变为橙红色（pH 5.4～5.6）。该水可用于做空白试验。试验用水通常可在具有磨口玻璃塞的烧瓶中贮存 24 小时而不改变其 pH 值。

仪器装置 水浴锅（可进行恒温控制）、量瓶、锥形瓶（注：玻璃容器须用平均线热膨胀系数约为 3.3×10^{-6} K^{-1} 硼硅玻璃制成，新的玻璃容器须经过老化处理，即将适量的水加入玻璃容器中，按测定法中的热压条件反复处理，直到水对甲基红呈中性后方可使用）、锤子、由淬火钢制成碾钵和杵（图 1）、一套不锈钢标准筛（含有 A 筛：孔径 500 μm、B 筛：孔径 300 μm、O 筛：孔径 600～1000 μm）。

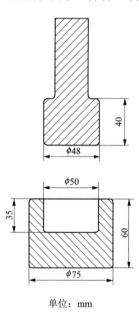

单位：mm

图 1　碾钵和杵

供试品的制备 将供试品击打成碎块，取适量放入碾钵中，插入杵，用锤子猛击杵，只准击一次，将碾钵中的玻璃转移到套筛上层的 O 筛上，重复上述操作过程。用振筛机振动套筛（或手工摇动套筛）5 分钟，将通过 A 筛但留在 B 筛上的玻璃颗粒转移到称量瓶内，玻璃颗粒至少准备 10 g。

用磁铁将玻璃颗粒中的铁屑除去，移入 250 ml 锥形瓶中，用无水乙醇或丙酮旋动洗涤玻璃颗粒至少 6 次，每次 30 ml，至无水乙醇或丙酮清澈为止。然后将装有玻璃颗粒的锥形瓶放在电热板上加热，除去残留的丙酮或无水乙醇，再转入烘箱中，在 140 ℃加热 20 分钟，取出，置干燥器中冷却。贮存时间不得过 24 小时。

测定法 分别取上述玻璃颗粒 2.00 g，精密称定，装入 3 个 50 ml 量瓶中，加水至刻度，另取 2 个 50 ml 量瓶，加水至刻度，一个作为空白溶液，另一个用作温度控制（将温度计插入此量瓶中，以测量瓶内溶液的实际温度）。轻轻摇动量瓶，使玻璃颗粒均匀分布在瓶底上，然后把所有不加瓶塞的量瓶放进水浴锅中，使其瓶颈的一半浸没在水里。快速升温使控制用的量瓶在 3 分钟内达到规定的温度 98 ℃±0.5 ℃，2 分钟后，塞上瓶塞。从浸没时间起连续加热 60 分钟±1 分钟，并使瓶内温度保持在 98 ℃±0.5 ℃。

从水浴锅中取出量瓶，打开瓶塞，将量瓶放入冷水槽中，用自来水冷却至室温。若瓶内溶液低于量瓶的刻度，则用试验用水补足至刻度，再塞上瓶塞并摇匀，静置，精密吸取上层清液 25 ml 至 100 ml 锥形瓶中，分别在每个锥形瓶中加入甲基红指示液（甲基红钠 0.025 g，加水溶解并稀释至 100 ml）2 滴，用盐酸滴定液（0.01 mol/L）滴定至微红色，并用空白溶液校正。应在 1 小时内完成滴定。

结果表示 计算滴定结果的平均值，以每 1 g 玻璃颗粒消耗盐酸滴定液（0.01 mol/L）的体积（ml）表示。

若最高值和最低值超过表 1 中所列的允许范围，则应重做试验。

表 1　测得值的允许范围

每 1 g 玻璃颗粒所消耗的盐酸滴定液（0.01 mol/L）的体积（ml）	测得值的允许范围
≤0.10	平均值的 30%
＞0.10～0.20	平均值的 20%
＞0.20	平均值的 10%

分级　玻璃颗粒的耐水性应根据盐酸滴定液（0.01 mol/L）的消耗量（ml）按表 2 进行分级。

表 2　玻璃颗粒试验的耐水性分级

玻璃分级	每 1 g 玻璃颗粒耗用盐酸滴定液（0.01 mol/L）的体积（ml）
HGB1	≤0.10
HGB2	＞0.10～0.20
HGB3	＞0.20～0.85
HGB4	＞0.85～2.0
HGB5	＞2.0～3.5

砷、锑、铅、镉浸出量测定法

Shen Ti Qian Ge Jinchuliang Cedingfa

Test for Release of Arsenic Antimony Lead and Cadmium

本法适用于各类药用玻璃容器及管材中的砷、锑、铅、镉浸出量的测定。

供试品溶液的制备 供试品为容器时，将供试品清洗干净，并用4%醋酸溶液灌装至满口容量的90%，对于安瓿等容量较小的容器，则灌装醋酸溶液至瓶身缩肩部，用倒置烧杯［需用平均线热膨胀系数α（20～300℃）约为$3.3×10^{-6}$ K^{-1}的硼硅玻璃制成，新的烧杯须经过老化处理］或惰性材料铝箔盖住口部。98℃±1℃蒸煮2小时，冷却后取出，溶液即为供试品溶液。取样数量见表1。

表1 玻璃容器容量与取样数量

容量（ml）	数量（支）
≤10	30
>10～50	10
>50～250	2
>250	1

供试品为玻璃管时，取总表面积（包括每截管的内、外表面及两端的截面）约为500 cm^2的玻璃管，两端截面细工研磨后清洗干净，置入装有4%醋酸溶液1000 ml的玻璃容器（玻璃容器不应含有砷、锑、铅、镉元素）中，98℃±1℃蒸煮2小时，冷却后取出，溶液即为供试品溶液。

1. 砷浸出量测定法

试验原理 供试品溶液中含有的高价砷被碘化钾、氯化亚锡还原为三价砷，然后与锌粒和酸反应产生新生态氢，生成砷化氢，经银盐溶液吸收后，形成红色胶态物，与标准曲线或与规定限度比较，测定其含量或控制其限度。

第一法 标准曲线测定法 精密量取供试品溶液10 ml、空白液10 ml、标准砷溶液（每1 ml相当于1 µg的As）1 ml、2 ml、3 ml、4 ml、5 ml（必要时可根据样品实际情况调整线性范围），分别置测砷瓶中，依法（《中国药典》2015年版四部通则0822第二法）测定，在510 nm的波长处测定吸收度。以浓度为X轴，以吸收度为Y轴，绘制标准曲线，与标准曲线比较确定供试品溶液的浓度。

第二法 限度检查法 精密量取供试品溶液10 ml、空白液10 ml、标准砷溶液（每1 ml相当于1 µg的砷）2 ml（测定容器时）或3.5 ml（测定管材时），分别置测砷瓶中，依法（《中国药典》2015年版四部通则0822第二法）测定，在510 nm的波长处分别测定吸收度。供试品溶液的吸收度不得高于标准砷溶液的吸收度。

结果表示 玻璃容器以砷（mg/L）表示，玻璃管材以砷（mg/dm^2）表示。

2. 锑浸出量测定法

试验原理 孔雀绿（$C_{23}H_{25}N_2Cl$）与五价锑离子形成绿色络合物，经甲苯萃取，提取有机相进行比色，与标准曲线或与规定限度比较，测定其含量或控制其限度。

第一法 标准曲线测定法 精密量取供试品溶液10 ml、空白液10 ml、标准锑溶液（每1 ml相当于

1 μg 的锑）0.5 ml、1 ml、1.5 ml、2 ml、2.5 ml（必要时可根据样品实际情况调整线性范围），分别置于分液漏斗中，各加盐酸溶液（1→2）10 ml，各加 10%氯化亚锡-盐酸溶液 6 滴，摇匀，放置 1 分钟，各加 14%亚硝酸钠溶液（临用新制）1 ml，摇匀，各加 50%尿素溶液 1 ml，振摇至气泡逸完，各加磷酸溶液（1→2）1 ml、水 10 ml、甲苯 10 ml 和 0.2%孔雀绿溶液 0.5 ml，摇振 1～2 分钟，静置分层后，弃去水层，取甲苯层，照紫外-可见分光光度法（《中国药典》2015 年版四部通则 0401），在 634 nm 的波长处测定吸收度，以浓度为 X 轴，以吸收度为 Y 轴，绘制标准曲线，与标准曲线比较确定供试品溶液的浓度。

第二法 限度检查法 测定容器时，精密量取供试品溶液 3 ml、空白液 3 ml、标准锑溶液（每 1 ml 相当于 1 μg 的锑）2 ml，分别置于分液漏斗中，各加盐酸溶液（1→2）10 ml、10%氯化亚锡盐酸溶液 6 滴，摇匀，放置 1 分钟，各加 14%亚硝酸钠溶液（临用新制）1 ml，摇匀，各加 50%尿素溶液 1 ml，振摇至气泡逸完。各加磷酸溶液（1→2）1 ml，水 10 ml，甲苯 10 ml，0.2%孔雀绿溶液 0.5 ml，摇振 1～2 分钟，静置，弃去水层，取甲苯层，照紫外-可见分光光度法（《中国药典》2015 年版四部通则 0401）测定，在 634 nm 的波长测定，供试品溶液的吸收度不得高于标准锑溶液的吸收度。

测定管材时，精密量取供试品溶液 0.6 ml、空白液 0.6 ml、标准锑溶液（每 1 ml 相当于 1 μg 的 Sb）2 ml，分别置于分液漏斗中，各加盐酸溶液（1→2）10 ml、10%氯化亚锡-盐酸溶液 6 滴，摇匀，放置 1 分钟，各加 14%亚硝酸钠溶液（临用新制）1 ml，摇匀，各加 50%尿素溶液 1 ml，振摇至气泡逸完。各加磷酸溶液（1→2）1 ml，水 10 ml，甲苯 10 ml，0.2%孔雀绿溶液 0.5 ml，摇振 1～2 分钟，静置，弃去水层，取甲苯层，照紫外-可见分光光度法（《中国药典》2015 年版四部通则 0401），在 634 nm 的波长处测定，供试品溶液的吸收度不得高于标准锑溶液的吸收度。

结果表示 玻璃容器以锑（mg/L）表示，玻璃管材以锑（mg/dm²）表示。

3. 铅浸出量测定法

试验原理 铅离子在一定酸度下，在原子吸收分光光度计中，经火焰原子化后，吸收 217.0 nm 共振线，其吸收量与铅含量成正比，与标准系列比较确定其含量。

测定法 取铅标准溶液（每 1 ml 相当于 10 μg 的铅，必要时可将该溶液稀释至每 1 ml 相当于 0.01 μg 的铅）作为对照品溶液，与上述供试品溶液，照原子吸收分光光度法（《中国药典》2015 年版四部通则 0406 第一法），在 217.0 nm 波长处测定，计算。

结果表示 玻璃容器以铅（mg/L）表示，玻璃管材以铅（mg/dm²）表示

4. 镉浸出量测定法

试验原理 镉离子在一定酸度下，在原子吸收分光光度计中，经火焰原子化后，吸收 228.8 nm 共振线，其吸收量与镉含量成正比，与标准系列比较定其含量。

测定法 取镉标准溶液（每 1 ml 相当于 10 μg 的镉，必要时可将该溶液稀释至每 1 ml 相当于 0.01 μg 的镉）作为对照品溶液，与上述供试品溶液，照原子吸收分光光度法（《中国药典》2015 年版四部通则 0406 第一法），在 228.8 nm 波长处测定，计算。

结果表示 玻璃容器以镉（mg/L）表示，玻璃管材以镉（mg/dm²）表示。

抗机械冲击测定法

Kangjixiechongji Cedingfa

Test for Impact Resistance

本法适用于各类药用玻璃容器抗机械冲击的测定。

仪器装置 摆式抗冲击仪（图1），必须符合下列要求：摆端点的打击物采用球径为 25.4 mm（1 英寸）、重约 67 g 的滚球轴承用钢球。

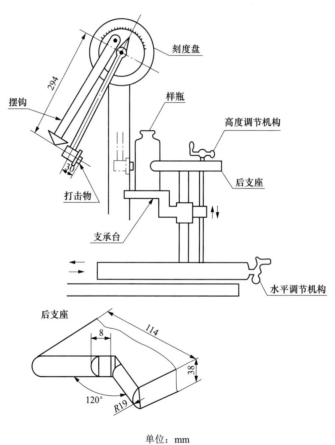

单位：mm

图1 摆式抗冲击仪结构示意图

摆的重心必须在杆的中心线上，摆的打击点和重心的轨迹应在同一垂直平面内，包括打击物在内，摆的质量为 608～618 g，摆的支点与其重心的连线成水平时，由支点和打击点把摆支承起来后，摆在打击点的悬挂荷重为 4.85～4.95 N。从打击点对摆支点与重心连线的延长线做垂线时，其交点与支点的距离为 290～295 mm，交点与打击点的距离为 28.0～31.0 mm。

标有不同降落角度的冲击能量的刻度盘，冲击能量的最小分度值为：当冲击能小于 0.54 J 时，分度值小于 0.06 J。当冲击能大于 0.54 J 时，其分度值应小于 0.12 J。

有后支座以支撑放在支承台上的样品，后支座由半径 R19 的圆柱形构成的 V 形块（120°）组成。其材质应为 45 号钢。

支承台应能在水平及垂直方向移动。将摆放在刻度值为 0.07 J 处释放时，其自由摆动应在 20 周以上。

测定法　供试品在试验前不能经受影响其抗冲击试验结果的其他任何机械性能和热性能的试验，在室温条件下静置 30 分钟。根据试验的类型选择下列任一种测定步骤：

通过性试验：将供试品放置在支承台上，紧靠后支座。上下调节支承台，将打击部位调节到需要检测的部位，再在水平方向调节支承台，使摆处于自由静止状态而打击物则轻微触及试样表面。以规定的冲击能量重复打击瓶身周围相距约 120° 的三个点，检查供试品有无破坏。

递增性试验：即通过性试验后，以规定的冲击能量重复打击瓶身周围相距约 120° 的三个点，再提高冲击能量重复试验，直至供试品破坏。

结果表示

通过性试验：试验的冲击能量以及相应破坏的供试品数量。

递增性试验：各次试验的冲击能量以及与各次冲击能量相应破坏的供试品数量。

直线度测定法
Zhixiandu Cedingfa
Test for Straightness

本法适用于各种药用玻璃管直线度的测定。

定义 直线度（t）：以玻璃管一条母线上任意两点连成的直线为基准线，两点间玻璃管母线偏离基准线的最大距离（h）与基准线长度（L）之比（图1）。

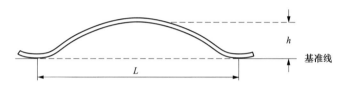

图1 直线度原理图

测试原理

玻璃管横截面为圆形并且等径时，玻璃管轴线与玻璃管的母线相平行，通过对玻璃管母线的测量，即可以反映出玻璃管轴线的直线度。

第一法 平面测量法

装置 用钢板精加工制作长 1000～1500 mm、宽 50 mm、直角高度 20 mm 的直角平面，表面光洁。用钢材料在直角面两端分别加上一组厚度（δ）为 5.00 mm 的支撑垫。用同样材料在直角面后端加上一组支撑，使直角面与水平面成 10° 角。

测定法 把要测试的玻璃管轻轻放在直角面上，旋转玻璃管并始终保持玻璃管两端紧靠在直角边上，转至玻璃管弯曲最大的部位。轻轻用力压住玻璃管，用 0.02 mm 精度的深度尺，测量玻璃管外缘至直角边的距离（$h+D+\delta$）。所测数值减去玻璃管直径（D）再减去δ的差值即为 h（图2）。

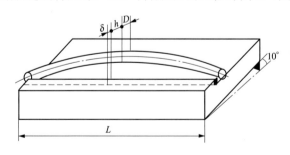

图2 平面测量法

第二法 仪器测量法

装置 直线度测定仪应符合下列要求。

仪器应有可供百分表或测微传感器作直线滑动的固定导轨，导轨应有较高的加工精度和光洁度，导轨上装有测量精度为 0.01 mm 的百分表或测微传感器，百分表或测微传感器可在垂直于固定导轨方向上进行 10 mm 的数值测量。与固定导轨相平行的座架上装有固定玻璃管的一组"V"形块。一块为固定"V"形块，另一块为可调"V"形块，可调"V"形块可在与固定导轨相垂直的方向上进行调节，以使"V"形块上的玻璃管两点间连线与固定导轨相平行。

百分表或测微传感器的触头，加工宽为 3 mm、韧口 0.5 mm 的铲形形状，使百分表或测微传感器测量方向垂直于两"V"形块的连线。

测定法 检测前首先在固定"V"形块上和可调"V"形块上放好玻璃管。根据被测玻璃管的直径调整表架的高度，使百分表或测微传感器的触头接触在玻璃管上并预压进程 3 mm。

调零：首先在固定"V"形块上调整百分表或测微传感器，使百分表或测微传感器指示为零。然后把百分表或测微传感器移至可调"V"形块处，调整可调"V"形块至百分表或测微传感器指示同样为零。

玻璃管两端校正零点后，使百分表或测微传感器在导轨上作平行于玻璃管母线的运动找出百分表或测微传感器量值变化最大值的点，此点可在玻璃管每次以 30° 角旋转后测量中找出。确定最大值点后，在该点上进行一周的测量，读出百分表或测微传感器的最大量程，该量程的二分之一为 h（图3）。

注：①导轨、滑动支座和"V"形块使用 45# 钢制作，表面光洁镀铬处理。

②"V"形块高度 50 mm 宽度为 30 mm 厚度 10 mm。V 形口制成厚度为 1 mm。

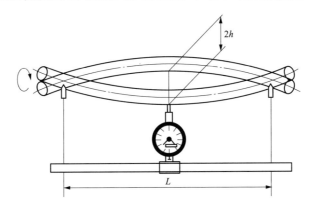

图3 仪器测量法

结果表示

对每支玻璃管测得的结果，表示为玻璃管长 1000 mm 时的直线度，计算公式如下：

$$t = \frac{h}{L} \times 1000‰$$

式中 t 为直线度，‰；

h 为玻管至基准线的最大垂直距离，mm；

L 为基准线长度，mm。

药用陶瓷吸水率测定法

Yaoyongtaoci Xishuilü Cedingfa

Test for Water Absorption of Medicinal Ceramic Bottles

本法适用于药用陶瓷容器吸水率的测定。

吸水率 陶瓷试样开口气孔吸附水的质量与干燥试样质量之比称为该供试品的吸水率，以百分数表示。

根据样品的形态不同，测定方法分为磨釉法和不磨釉法两种。

第一法 磨釉法

仪器装置

天平：精度为 0.001 g 天平。

真空装置：真空度不低于 0.095 MPa。

煮沸装置一套。

棉布巾一块。

供试品 取同类样品三件，在每件样品的底部取重约 10 g 试样两块，构成三组。如遇特殊小件样品则需六件。磨去试样表面釉层，并力求各试样总表面积接近，整平边角，冲洗干净，作为供试品。

测定法 将供试品干燥至恒重，精密称定为 G_0。6 块试样同时置于真空装置内（要求试样悬空），待真空度达到 0.095 MPa 后，徐徐向真空容器注入蒸馏水，直到水面高于试样最高处 10 mm 为止，维持原真空度 1 小时。或将供试品置于盛蒸馏水的容器中（试样之间要求相互隔开），煮沸 3 小时，煮沸期间水面应保持高于试样 10 mm。

取出供试品，用已吸水饱和的布揩去试样表面附着水，迅速精密称定为 G_1。

结果表示 按下式进行计算，以所测供试品吸水率的算术平均值为测试结果。

$$W = \frac{G_1 - G_0}{G_0} \times 100\%$$

式中 W 为供试品吸水率，%；

G_0 为供试品干质量，g；

G_1 为供试品吸水饱和后质量，g。

第二法 不磨釉法

仪器装置

天平：精度为 0.001 g 天平一台。

真空装置：真空度不低于 0.095 MPa。

煮沸装置一套。

棉布巾一块。

供试品 取同类样品三件，在每件样品的底部取重约 10 g 试样两块，构成三组。如遇特殊小件样品则需六件。取样力求各试样总表面积接近相等，去掉锋利的边角，冲洗干净，作为供试品。

测定法 将供试品干燥至恒重，精密称定为 G_0。6 块试样同时置于真空装置内（要求试样悬空），待真空度达到 0.095 MPa 后，徐徐向真空容器注入蒸馏水，直到水面高于试样最高处 10 mm 为止，维持原真空度 1 小时。或将供试品置于盛蒸馏水的容器中（试样之间要求相互隔开），煮沸 3 小时，煮沸期间水面应保持高于供试品 10 mm。

取出样品，用已吸水饱和的布揩去试样表面附着水，迅速精密称定为 G_1。

结果表示　按下式进行计算，以所测供试品吸水率的算术平均值为测试结果。

$$W = K\frac{G_1 - G_0}{G_0} \times 100\%$$

式中　W 为供试品吸水率，%；

$\quad\quad$ G_0 为供试品干质量，g；

$\quad\quad$ G_1 为供试品吸水饱和后质量，g；

$\quad\quad$ K 为换算系数，根据不同瓷种定为：白瓷为 4.0、青瓷为 2.5、炻器为 2.0、精陶为 1.2。

药品包装材料生产厂房洁净室（区）的测试方法

Yaopin Baozhuangcailiao Shengchanchangfang Jiejingshi（qu）de Ceshifangfa

Test for Clean Rooms（Areas）Producing Pharmaceutical Packaging Materials

本标准适用于药品包装材料生产厂房洁净室（区）的测试。

【定义】

（1）洁净室 clean room　对空气悬浮粒子及微生物浓度受控的房间或区域。它的建筑结构、装备和使用应具有减少室内诱入、产生及滞留污染源的功能。室内其他有关参数如温度、湿度、压力等按要求进行控制。

（2）单向流 unidirectional airflow　指空气朝着同一个方向，以稳定均匀的方式和足够的速率流动的气流。与水平面垂直的叫垂直单向流（vertical unidirectional airflow），与水平面平行的叫水平单向流（horizontal unidirectional airflow）。单向流能持续清除关键操作区域的颗粒。

（3）非单向流 non-unidirectional airflow　具有多个通路循环特性或气流方向不平行的气流。

（4）悬浮粒子 airborne particle　用于空气洁净度分级的空气悬浮粒子尺寸范围在 0.1～5.0 μm 的固体或液体粒子。

（5）洁净度 cleanliness　以单位体积空气中某一粒径粒子的数量来区分的洁净程度。

（6）隔离操作器 isolator　指配备 A 级或更高洁净度级别的空气净化装置，并能使其内部环境始终与外界环境（如其所在洁净室和操作人员）完全隔离的装置或系统。

（7）t 分布 t distribution　正态总体中的一种抽样分布，其分布函数为：

$$t = \frac{总体平均值 - 样本平均值}{标准误差}$$

（8）置信上限（UCL）upper confidence limit　从正态分布抽样得到的实际均值按给定的置信度（本标准为95%）计算得到的估计上限将大于此实际均值，则称计算得到的这一均值估计上限为置信上限。

（9）菌落 colony forming units　细菌培养后，由一个或几个细菌繁殖而形成的一细菌集落，缩写为CFU，通常用个数表示。

（10）浮游菌 airborne microbe　通过收集悬游在空气中的生物性粒子于专门的培养基，经若干时间，在适宜的生长条件下让其繁殖到可见的菌落计数。单位体积空气中含浮游菌菌落数的数量，以计数浓度表示，单位是 cfu/m³。

（11）沉降菌 settling microbe　通过自然沉降原理收集在空气中的生物粒子于专门的培养基，经若干时间，在适宜的生长条件下让其繁殖到可见的菌落计数。单位体积空气中含沉降菌菌落数的数量，以计数浓度表示，单位是 cfu/m³。

（12）洁净工作区 clean working area　指洁净室（区）内离地面高度 0.8～1.5 m（除工艺特殊要求外）的区域。

（13）洁净工作台 clean bench　能够保持操作空间所需洁净度的工作台，或与之类似的一个封闭围挡工作区。

（14）洁净工作服 clean working garment　把工作人员产生的粒子限制在最小程度所使用的发尘量少的洁净服装。

（15）静态 as-rest　指所有生产设备均已安装就绪，但没有生产活动且无操作人员在场的状态。并且生产操作全部结束、操作人员撤出生产现场并经 15～20 分钟（指导值）自净后，洁净区的悬浮粒子应当达到"静态"标准。

（16）动态 operational　指生产设备按预定的工艺模式运行并有规定数量的操作人员在现场操作的状态。

（17）检漏试验 leakage test　检查空气过滤器及其与安装框架连接部位等的密封性试验。

（18）高效空气过滤器（HEPA）high efficiency particulate air filter　在额定的风量下，对粒径大于等于 0.3 μm 粒子的捕集效率在 99.9%以上以及气流阻力在 250 Pa 以下的空气过滤器。

（19）自净时间 recovery time　洁净室被污染后，空气净化空调系统开始运行至恢复到稳定的规定室内洁净度等级的时间。

（20）验证 validation　证明任何程序、生产过程、设备、物料、活动或系统确实能达到预期结果的有文件证明的一系列活动。

（21）再验证 revalidation　为了重新确定工艺的可靠性而重复进行的一部分或全部的验证试验。

（22）纠偏限度 action levels　对于受控的洁净室（区），由使用者自行设定悬浮粒子和微生物含量等级。当测试结果超过规定等级时，应启动监测程序对该区域的悬浮粒子和微生物污染情况立即进行跟踪。

（23）警戒限度 alert levels　对于受控的洁净室（区），由使用者自行设定一个悬浮粒子和微生物含量等级，从而给定了一个与正常状态相比最早报警的偏差值。当超过该最早报警的偏差值时，应启动保证工艺或环境不受影响的程序及相关措施。

【人员的职责及培训】　所有的工作人员，包括与测试、维护有关的人员，应该定期接受与洁净室（区）生产有关的培训，其中包含涉及到的卫生知识和基本微生物知识。如果没有接受过这种训练的外来人员（包括建筑或维护的人员）必须进入洁净室（区），那么必须对他们进行指导和监督。

参与动物组织或微生物试验的人员一般情况下不宜进入洁净室（区），除非有相应的严密措施和明确的规程指导。对进入洁净室（区）的人员应有相应的卫生标准，所有工作人员应随时报告非正常的污染（身体灰尘或疾病），并进行每年一次的体检。

洁净室（区）的测试人员应进行本专业的培训并获得相应资格后才能履行对洁净室（区）测试的职责。

【仪器装置】

（1）在适当的情况下，对洁净室（区）的测试仪器的需求和功能进行评估，减少潜在的测试隐患；

（2）测试仪器必须满足有效操作及使用精度要求，满足测试的重现性，满足性能与环境条件的关系，满足校验的要求和便于维护保养；

（3）若必需，则为测试仪器安装预警系统，有安全防护措施和明确的标识；

（4）在用的测试仪器必须校验合格，且在使用有效期内。

【人员和物品的出入限制】

（1）在洁净室（区）内，所需操作人员在不影响生产的条件下应考虑最小数量，以避免人员的活动对环境的影响；

（2）应当按照操作规程更衣和洗手，尽可能减少对洁净区的污染或将污染物带入洁净区；

（3）工作服及其质量应当与生产操作的要求及操作区的洁净度级别相适应，其式样和穿着方式应当能够满足保护产品和人员的要求，各洁净区的着装要求规定如下：

D 级洁净区：应当将头发、胡须等相关部位遮盖，应当穿合适的工作服和鞋子或鞋套，应当采取适当措施，以避免带入洁净室（区）外的污染物；

C 级洁净区：应当将头发、胡须等相关部位遮盖，应当戴口罩。应当穿手腕处可收紧的连体服或衣裤分开的工作服，并穿适当的鞋子或鞋套，工作服应当不脱落纤维和微粒；

A/B 级洁净区：应当用头罩将所有头发以及胡须等相关部位全部遮盖，头罩应该塞进衣领内，应当戴口罩以防散发飞沫，必要时戴防护目镜；应当戴经灭菌且无颗粒物（如滑石粉）散发的橡胶或塑料手套，穿经灭菌或消毒的脚套，裤腿应当塞进脚套内，袖口应当塞进手套内。工作服应为灭菌的连体工作服，不脱落纤维或微粒，并能滞留身体散发的微粒。

个人外衣不得带入通向 B 级或 C 级洁净区的更衣室。每位员工每次进入 A/B 级洁净区，应当更换无菌工作服；或每班至少更换一次，但应当用监测结果证明这种方法的可行性。操作期间应当经常消毒手套，并在必要时更换口罩和手套。

洁净区所用工作服的清洗和处理方式应当能够保证其不携带有污染物，不会污染洁净区。应当按照相关操作规程进行工作服的清洗、灭菌，洗衣间最好单独设置。

（4）物品进出洁净区域应设置缓冲设施，宜采用气闸或连锁装置。

【测试指导原则】

（1）在进行测试之前，应先确定待测区域、测试状态、仪器设备、测试规程、采样点位置、评价标准以及相关注意事项。

（2）建立环境监测程序，这样才能证实设备以及产品的接触环境是洁净和卫生的，并可以确定潜在的污染物是否能被控制到适当水平，确保消毒剂保持对微生物群的效力，书面的监测程序应有科学的取样时间表，包括采样点位置及频次，此外，最高微生物限度和发现样品超过这一限度时采取行动的明确过程均应确定。

【测试法】

（1）温度与相对湿度的测试

①测试之前空气净化系统应至少已连续运行 24 小时，且系统处于稳定和正常运行的状态，测试人员在采样时也应注意站在测试仪器的下风侧，并应尽量少活动。

②若局部为恒温恒湿区域，则必须在测试记录中注明，并按规定布置采样点和计算偏差，采样点布置如下：若非恒温恒湿洁净室（区），则采样点为离地 0.8 m、距墙 0.5 m 的室内中心位置；若为恒温恒湿度洁净室（区），则应符合以下规定：

a. 每次测试间隔不大于 30 分钟；

b. 室内采样点布置应包括送回风口处、恒温工作区具有代表性的地点（例如沿着工艺设备周围布置或等距离布置）；

c. 采样点一般应布置在距墙面大于 0.5 m，离地面 0.8 m 的同一高度上，也可以根据恒温区的大小，分别布置在离地不同高度的几个平面上；

d. 采样点数应符合表 1 规定。

表 1   温度与相对湿度采样点数

波动范围	室面积≤50 m²	每增加 20~50 m²
$\Delta t=\pm 0.5\ ℃\sim\pm 2.0\ ℃$	5 个	增加 3~5 个
$\Delta RH=\pm 5\%\sim\pm 10\%$		
$\Delta t\leqslant\pm 0.5\ ℃$	采样点间距不应大于 2 m，采样点数不应少于 3 个	
$\Delta RH\leqslant\pm 5\%$		

③采用直接读数法，从而评定该洁净室（区）的温度与相对湿度。若使用电子元件支持的数字式温度与相对湿度计，则仪器开机预热至稳定后，方可按仪器说明书的规定对仪器进行校正，并选定相应的测试量程范围，宜将温度和相对湿度计的测试探头尽量与采样点保持水平面一致，在确认读数稳定后方可开始测试。

④应同时测试室外的温度和相对湿度值。

⑤对于无恒温恒湿要求的洁净室（区），温度与相对湿度的采样数据与标准对比后得出合格与否的结论。对于有恒温恒湿要求的洁净室（区），判断温度与相对湿度是否符合标准应同时满足：室温波动范围与各采样点的各次温度测试数据中偏差控制点温度的最大值一致，占采样点总数的百分比整理成累积统计曲

线，若90%以上的采样点的偏差值在室温波动范围内，则为符合规定，反之则不合格，相对湿度的波动范围可按室温波动范围的规定执行。

⑥若同时测试两个项目以上时，温度和相对湿度的测试宜在最先进行，有利于综合评估温度与相对湿度对其他项目的影响；太低的相对湿度会导致静电问题，使灰尘吸附在金属表面，而相对湿度过高时，微生物污染的风险显著增大；对于洁净室（区）的加湿处理，应使用高质量的水以避免污染。

（2）换气次数的测试

①对于非单向流洁净室（区），对每个送风口测试送风量来换算出换气次数。换气次数的计算公式如下：

$$换气次数（次/小时）= \frac{洁净室（区）送风量（m^3/h）}{洁净室（区）体积（m^3）}$$

②采用空气平衡热辐射测量仪或风量罩，直接读出每个送风口的送风量值（m³/h），洁净室（区）内所有送风口的送风量之和即为洁净室（区）送风量。

③对于非单向流洁净室（区），也可采用风口法或风管法确定送风量，方法如下。

a. 风口法是在安装有高效过滤器的送风口处，根据送风口形状连接辅助风管进行测量。即用镀锌钢板或其他不产尘材料做成与风口形状及内截面相同，长度等于2倍风口长边长的直管段，连接于风口外部，在辅助风管的出口平面上，按最小采样点数不小于6点均匀布置采样点，用风速仪测定各采样点风速。采样点范围为送风口边界内0.05 m以内的面积，以所有采样点风速读数的算术平均值作为平均风速；然后以送风口截面平均风速乘以送风口净截面积求取风量。

b. 对于风口上风侧有较长的矩形支管段，且已经或可以钻孔时，可以用风管法确定风量。测量断面应位于大于或等于局部阻力部件前3倍管径或管径长边长的部位，也可以是局部阻力部件后5倍管径或管径长边长的部位，对于圆形风管，应根据管径大小将截面划分成若干个面积相同的同心圆环，每个圆环设4个采样点，圆环数量宜不少于3个，以所有采样点风速读数的算术平均值作为平均风速，对于矩形风管，可将风管截面划分成若干个相等的小截面，每个小截面尽可能接近正方形，边长最好不大于200 mm，以每个正方形的中心点作为采样点测试风速值，但整个截面上的采样点数不少于3个，以所有采样点风速读数的算术平均值作为平均风速；然后，以送风口截面平均风速乘以送风口净截面积求取送风量。

c. 截面平均风速换算成送风量的公式如下。

截面平均风速 $\bar{v}$:

$$\bar{v} = \frac{\sum_{i=1}^{n} v_i}{n}$$

式中　$\bar{v}$ 为截面平均风速，m/s；

v_i 为某一采样点的风速（i=1，2，…，n），m/s；

n 为采样次数，次。

某一送风口的送风量 S：

$$S = \bar{v} \times 3600 \times 风口截面积$$

④测试数据经过计算整理后，与标准值比较后得出结论。

（3）截面平均风速的测试

采用风速计直接测试。风速为0.36～0.54 m/s（指导值）。

①对于垂直单向流洁净室，测试时取离高效过滤器0.3 m垂直于气流处的截面作为采样截面，对于水平单向流洁净室，测试时采样点应取在距送风面0.5 m的垂直截面上，截面上的采样点间距不宜大于0.6 m，均匀布点；采样点数应不少于5个。

②测试风速时，宜用测定架固定风速仪，以避免人体干扰；若不得不用手持风速仪测试时，手臂应伸至最长位置，尽量使人体远离采样点；在具体操作时要注意的是，测试截面风速时测试仪器的测试元件前

后不能有遮挡物，否则就会导致数据失准或者无法测出风速。

③以所有测点的风速读数的算术平均值作为截面平均风速，并以截面平均风速的数值与标准对比得出合格与否的结论。截面平均风速 $\bar{v}$ 按本标准"测试方法"项下第（2）项"换气次数的测试"中的"截面平均风速 $\bar{v}$"进行。

④截面风速不均匀度 β_v 应按下式计算：

$$\beta_v = \frac{\sqrt{\dfrac{\sum (v_i - \bar{v})^2}{n-1}}}{v}$$

式中　β_v 为截面风速不均匀度；

v_i 为某一采样点的风速（$i=1$，2，…，n），m/s；

n 为采样次数，次；

$\bar{v}$ 为截面平均风速：m/s；

截面风速不均匀度 β_v 不大于 0.25。

（4）气流流型的测试

本项测试的目的是确认 A 级或 B 级区域的气流流型和洁净室与相邻区域的气流方向。方法按照 ISO 14644.3《Cleanrooms and associated controlled environments-Part 3 Test Methods》中 4.2.5 条款 Airflow direction test and visualization 中测试程序 B7 进行。

对于 A 级或 B 级区域的气流流型测试，采用 MSP-2010 气流可视化测试仪测试。将 MSP-2010 气流可视化测试仪注满注射用水，调节释放蒸汽流量到 4 升/分钟并达到稳定，将柱型蒸汽流放置于层流罩 LAF 下缓慢水平移动，观察柱型蒸汽流的流动方向，用数码影像记录并文化化，同时确认气流流型是否符合接受标准；对于洁净室与相邻区域的气流方向测试，采用气流方向测试棒，在洁净室与相邻区域的缝隙处释放烟雾，用数码影像记录并文化化，同时确认是否符合接受标准。

（5）压差和压差梯度的测试

本标准定义的压差值为被测洁净室（区）与相邻区域或相邻室外大气的气体压力差。

压差测试应在风量平衡调节完毕后进行。为了测量相邻区域的压差，在整个测试过程中用微压差计进行测量。测量时必须把所有门全部关紧，然后从洁净室的最里面逐步向外测量，每一个房间相对于所有其他房间或区域的压差均应测量，在测量时应特别注意每一个测点与其相邻位置压差的方向，同时在气流流向图上标明压差梯度。

如果相邻两个房间或区域之间的压差有接受标准，则用具体数值表示，无压差要求则用"/"表示；"+"则表示"房间"的压力高于"相对位置"的区域；"-"则表示"房间"的压力低于"相对位置"的区域。测试时应尽量远离送风口和回风口或其他可以影响压差测量的因素。有不可关闭的开口与邻室相通的洁净室，还应测试开口处的两端压差，气流流速和气流流型等。

①若使用指针型微压差计，则采用直接读数法，并根据测试的压差值评定该洁净室（区）与相邻区域的气体压力，若使用其他微压差计，则应先调整水平，确认符合后方可进行，若使用电子元件支持的数字式微压差计，则仪器开机预热至稳定后，方可按说明书的规定对仪器进行校正，并选定相应的测试量程范围。

②若可能，宜将微压差计的连接管尽量与采样点水平面一致，采样点位置离地约 0.8 m 高度的水平面上，选择在无涡流无回风口的位置，在确认读数稳定后可开始测试。

③压差值的采样数据与标准比较得出合格与否的结论，测试压差的同时应结合被测洁净室（区）的换气次数或截面风速的测试，有利于对洁净室（区）进行综合评价，A 级（ISO Class 5）以上洁净级别的洁净室（区）在开门时，若必需，则要监控门内 0.6 m 处的悬浮粒子的浓度。

（6）悬浮粒子的测试

采用计数浓度法，即通过测定洁净环境内单位体积空气中含大于或等于某粒径的悬浮粒子数，来评定该洁净室（区）的洁净度等级。测试方法采用 ISO 14644.1《Cleanrooms and associated controlled environments-Part 1 Classification of air cleanliness》以及 GB/T 16292—2010《医药工业洁净室（区）悬浮粒子的测试方法》。为确认 A 级洁净区的级别，每个采样点的采样量不得少于 1 m³。A 级洁净区空气悬浮粒子的级别为 ISO 4.8，以≥5.0 μm 的悬浮粒子为限度标准。B 级洁净区（静态）的空气悬浮粒子的级别为 ISO 5，同时包括表中两种粒径的悬浮粒子。对于 C 级洁净区（静态和动态）而言，空气悬浮粒子的级别分别为 ISO 7 和 ISO 8。对于 D 级洁净区（静态）空气悬浮粒子的级别为 ISO 8。

测试方法如下。

①最少采样点数量 N_L：

$$N_L = \sqrt{A}$$

式中　N_L 为最少采样点；

　　　A 为洁净室或被控洁净区的面积，m²。

注：在水平单向流情况下，面积 A 为垂直于气流方向的横截面积。

静态测试时，采样点离地面 0.8 m 高度的水平面上均匀布置。每点采样 2～3 次。

②结果计算

采样点的平均悬浮粒子浓度：

$$\overline{x}_i = \frac{\sum_{i=1}^{n} x_i}{n}$$

式中　$\overline{x}_i$ 为某一采样点的平均粒子浓度，粒/m³；

　　　x_i 为某一采样点的粒子浓度（$i=1, 2, \cdots, n$），粒/m³；

　　　n 为某一采样点上的采样次数，次。

平均值的均值：

$$\overline{\overline{x}} = \frac{\sum_{m=1}^{m} \overline{x}_i}{m}$$

式中　$\overline{\overline{x}}$ 为平均值的均值，即洁净室（区）的平均粒子浓度，粒/m³；

　　　$\overline{x}_i$ 为某一采样点的平均粒子浓度（$i=1, 2, \cdots, L$），粒/m³；

　　　m 为某一洁净室（区）内的总采样点数，个。

标准差 S：

$$S = \sqrt{\frac{(\overline{x}_{i,1} - \overline{\overline{x}})^2 + (\overline{x}_{i,2} - \overline{\overline{x}})^2 + \cdots + (\overline{x}_{i,m} - \overline{\overline{x}})^2}{(m-1)}}$$

式中　S 为平均值均值的标准误差，粒/m³。

95%置信上限（95%UCL）：

$$95\%\mathrm{UCL} = \overline{\overline{x}} + t_{0.95} \times \left(\frac{s}{\sqrt{m}}\right)$$

式中　95%UCL 为平均值均值的 95%置信上限，粒/m³；

　　　$t_{0.95}$ 为 95%置性上限的 t 分布系数，见表 2。

表 2　95%置信上限的 t 分布系数

采样点数（m）	2	3	4	5	6	7	8	9	>9
t	6.3	2.9	2.4	2.1	2.0	1.9	1.9	1.9	—

注：当采样点数多于 9 点时，不需要计算 95%UCL。

③接受标准为同时满足以下两条：

a. 每个采样点的平均悬浮粒子浓度不得大于规定的级别界限，即 $\overline{x}_i \leqslant$ 级别界限；

b. 全部采样点的悬浮粒子浓度平均值均值的 95% 置信上限必须不大于规定的级别界限，即 $UCL \leqslant$ 级别界限。

④任何洁净室（区）的采样点不得少于 2 个，每个选定的采样点至少采样一次，在一个区域内至少采样 5 次，不同采样点的采样次数可以不同，工作区的采样点位置宜在离地 0.8 m 高度的水平面上，采样点多于 5 点时，也可以在离地面 0.8～1.5 m 高度的区域内分层布置，但每层不少于 5 点。

⑤采样管必须干净，连接处不得有渗漏，采样管的长度应根据允许长度确定，如果无规定时，不宜大于 1.5 m。对于单向流洁净室（区），粒子计数器的采样管口朝向应正对气流方向，对于非单向流洁净室（区），采样器的采样管口向上，采样时应适当避开尘粒较集中的回风口，测试人员在采样时也应在粒子计数器采样管口的下风侧，并尽量少活动。

⑥采样管口置于采样点采样时，宜在粒子计数器确认计数稳定后方可开始连续读数，粒子计数器的采样管口与仪器工作位置宜处在同一气压和温度下，以免产生测量误差，采样完毕后，仪器须自净。

⑦应采取一切措施防止采样过程的污染。静态测试时采样点可遵循均匀布置的原则，同时根据相应的洁净度级别开展风险评估，确定动态监测的采样点位置并推荐进行日常动态监控。

⑧若同时测试两个以上项目时，悬浮粒子的测试宜在温度和相对湿度、送风量（换气次数）、压差等项目结束后进行，以降低干扰。

（7）浮游菌的测试

采用计数浓度法。即通过收集悬游在空气中的生物性粒子于专门的培养基（选择能证实其能够支持微生物生长的培养基），经若干时间和适宜的生长条件让其繁殖到可见的菌落计数，以判定该洁净室的微生物浓度。测试方法采用 GB/T 16293—2010《医药工业洁净室（区）浮游菌的测试方法》。

若被测区域为洁净度 A 级洁净区（静态或动态），B 级洁净区（静态）应满足每个采样点的最小采样量不小于 1 立方米，应满足最少采样点和每个采样点的最小采样量的规定。

①最少采样点数量 N_L：

$$N_L = \sqrt{A}$$

式中　N_L 为最少采样点；

　　　A 为洁净室或被控洁净区的面积，m^2。

静态测试时，采样点离地面 0.8 m 高度的水平面上均匀布置。每点采样 1～2 次。同时根据相应的洁净度级别开展风险评估，确定动态监测的采样点位置并推荐进行日常动态监控。

②浮游菌采样器一般采用撞击法机制，可分为狭缝式、离心式或针孔式采样器。狭缝式采样器由附加的真空抽气泵抽气，通过采样器的狭缝式平板，将采集的空气喷射并撞击到缓慢旋转的平板培养基表面上，附着的活微生物粒子经培养后形成菌落。离心式采样器由于内部风机的高速旋转，气流从采样器前部吸入从后部流出，在离心力的作用下，空气中的活微生物粒子有足够的时间撞击到专用的圆形培养皿上，附着的活微生物粒子经培养后形成菌落。针孔式采样器是气流通过一个金属盖吸入，盖子上是密集的经过机械加工的特制小孔，通过风机将收集到的细小的空气流直接撞击到平板培养基表面上，附着的活微生物粒子经培养后形成菌落。

③浮游菌采样器一般采用 $\phi150\ mm \times 15\ mm$、$\phi90\ mm \times 15\ mm$、$\phi65\ mm \times 15\ mm$ 等规格的平板培养皿，也可根据所选用的采样器选择合适的培养皿。培养基为肉汤琼脂培养基或其他《中国药典》认可的培养基。恒温培养箱：必须是定期检定的满足相应的培养温度及精度要求的培养箱。

④培养基的准备及灭菌：一般采用商品脱水培养基，临用时按照使用说明书进行配制，并调节 pH 值使灭菌后培养基的 pH 值符合规定。若为自制培养基，原料应挑选，琼脂凝固力应测定，以决定配制时的琼脂用量，试剂规格应为化学纯以上。培养基配制后应在 2 小时内按《中国药典》规定的方法灭菌，避免

细菌繁殖。

⑤培养皿的制备：空白培养皿在注入培养基前应为无菌状态，然后将配制灭菌后的培养基加热熔化，冷却至 45 ℃左右时，在无菌操作的要求下将培养基注入培养皿，直径为 150 mm 的培养皿不少于 60 ml 培养基，直径为 90 mm 的培养皿不少于 20 ml 培养基。

⑥培养皿使用前的培养：待琼脂凝固后，将培养皿倒置于 30～35 ℃的恒温培养箱中培养 48 小时以上，若培养皿上确无菌落生长，即可供采样用。

⑦对于单向流洁净室（区），采样器的采样管口朝向应正对气流方向，对于非单向流洁净室（区），采样器的采样管口向上，采样时应适当避开尘粒较集中的回风口，测试人员在采样时也应站在采样器采样管口的下风侧。

⑧应采取一切措施防止采样过程的污染和其他对样本可能的污染。测试状态有静态和动态两种，必须在测试记录中注明。

⑨在进行测试之前，应先对所用的培养皿进行检查，确认没有气泡、无凹陷、无细菌生长并在使用有效期内；培养皿在使用前必须用消毒剂擦净外表面。

⑩采样器的采样头及盖子应采用可以灭菌的材料，在进入洁净室（区）测试前也应采用适当方式消毒。若必须进入 A 级洁净室（区）采样，整个设备要有措施保护，然后才能带入相关洁净室（区）。在开始采样准备前，采样器的采样头的内外表面宜用消毒剂擦拭，狭缝式和离心式采样器应检查采样器的采样管，严禁渗漏，内壁应光滑，采样管应尽量减少弯曲，采样管的内外壁都要消毒，检查采样器的流量显示，并选定合适的采样时间，仪器在消毒后，先不放入培养皿，开启采样器一段时间驱赶消毒剂的残留物。

⑪测试人员在采样时应避免接触采样头和采样管的内表面，在采样器内放入培养皿后，取下培养皿的盖子，避免被水滴或其他浮游物质污染，然后开启采样器；采样过程结束后，盖上培养皿的盖子，取下培养皿，在采样器上调换培养皿时，测试人员宜双手消毒，也可戴无菌手套操作，每一个培养皿上都应作标识。

⑫全部采样结束后，将培养皿倒置于恒温培养箱中培养。采用大豆酪蛋白琼脂培养基（TSA）配制的培养皿经采样后，在 30～35 ℃培养箱中培养，时间不少于 2 天，采用沙氏培养基（SDA）配制的培养皿经采样后，在 20～25 ℃培养箱中培养，时间不少于 5 天。每批培养基应有对照试验，检验培养基本身是否污染。可每批选定 3 只培养皿作对照培养。用肉眼对培养皿上所有的菌落直接计数、标记或在菌落计数器上点计，然后用 5～10 倍放大镜检查，有否遗漏。若平板上有 2 个或 2 个以上的菌落重叠，可分辨时仍以 2 个或 2 个以上菌落。

⑬用计数方法得出各个培养皿的菌落数后，用下式计算每个采样点浮游菌的平均浓度：

$$\text{平均浓度（cfu/m}^3\text{）} = \frac{\text{菌落数（cfu）}}{\text{采样量（m}^3\text{）}}$$

若某个采样点的平均浓度大于级别上限，则必须对该区域重新消毒，再采样 2 次，2 次必须均合格后才能判定合格。

⑭对于浮游菌的监控，应采用基于风险的原则设定纠偏限度和警戒限度，以保证洁净室（区）的微生物浓度受到控制，操作规程中应当详细说明结果超标时需采取的纠偏措施。应定期测试以检查微生物负荷以及消毒剂的效力，并作趋势分析。静态和动态的监控都可以采用以上方法。

⑮若同时测试两个以上项目时，浮游菌浓度的测试宜在其他项目结束后进行，以降低干扰。

⑯培养皿在用于测试时，宜同时进行空白试验校正，避免培养皿运输或搬动过程造成的影响。每次或每个区域取 1 个对照皿，然后与采样后的培养皿（肉汤琼脂）一起放入 35 ℃±2 ℃的培养箱内培养 48 小时以上，结果应无细菌生长。

⑰浮游菌采样时，由于气流以每秒几十米的速度从缝隙或细孔中吹向培养基表面，时间过久就会使培养基水分减少导致灵敏度降低，因此采样时间宜控制在 20 分钟之内。

（8）沉降菌的测试

采用沉降法，即通过自然沉降原理收集空气中的生物性粒子于培养皿（选择能证实其能够支持微生物生长的培养基），经若干时间和适宜的生长条件让其繁殖到形成一个个独立可见的菌落为计数依据，以判定该洁净室（区）的微生物浓度。

①沉降菌测试一般采用 ϕ 90 mm×15 mm、ϕ 65 mm×15 mm 等规格的平板培养皿，也可根据工艺要求选择合适的培养皿。

②培养基的准备及灭菌、培养皿的制备、培养皿使用前的培养采用与本标准"测试方法"项下第 7 项"浮游菌的测试"相同的方法制备。

③静态测试时洁净室（区）沉降菌采样点的布置应遵循均匀全面的原则，避免采样点在某局部区域过于集中，除非是为了特殊的目的。工作区的采样点位置离地 0.8～1.5 m 左右，离开送风面 30 cm 以上，动态测试时也可在关键设备或关键工序处增加采样点。采样点的位置可以与悬浮粒子的采样点相同，每个采样点至少采样一次。

④对于单向流洁净室（区），采样时应正对气流方向，对于非单向流洁净室（区），采样时培养基平皿打开向上，采样时应适当避开尘粒较集中的回风口，测试人员在采样时也应站在采样器采样管口的下风侧。

⑤在进行测试之前，应先对所用的培养皿进行检查，确认没有气泡、无凹陷、无细菌生长并在使用有效期内，培养皿在使用前必须用消毒剂擦净外表面。

⑥应采取一切措施防止采样过程的污染和其他对样本可能的污染。静态测试时，室内测试人员不得多于 2 人。沉降菌采样时应按事先确定的采样点位置从里到外放置好培养皿，然后从里到外取下培养皿的盖子，同时避免被水滴或其他浮游物质污染，采样过程结束后，从外到里盖上培养皿的盖子，也可带无菌手套操作，每一个培养皿上都应作标识。

⑦全部采样结束后，将培养皿倒置于恒温培养箱中培养。采用大豆酪蛋白琼脂培养基（TSA）配制的培养皿经采样后，在 30～35 ℃培养箱中培养，时间不少于 2 天；采用沙氏培养基（SDA）配制的培养皿经采样后，在 20～25 ℃培养箱中培养，时间不少于 5 天。每批培养基应有对照试验，检验培养基本身是否污染。可每批选定 3 只培养皿作对照培养。用肉眼对培养皿上所有的菌落直接计数、标记或在菌落计数器上点计，然后用 5～10 倍放大镜检查，有否遗漏。若平板上有 2 个或 2 个以上的菌落重叠，可分辨时仍以 2 个或 2 个以上菌落计数。

⑧用计数方法得出各个培养基平皿的菌落数后，用下式计算沉降菌的平均浓度：

$$M(\text{cfu}/\text{皿}) = \frac{\sum_{i=1}^{n} M_i}{n}$$

式中　M 为平均菌落数，cfu/皿；

　　　M_i 为某一编号培养皿的菌落数，cfu/皿；

　　　n 为培养皿总数。

⑨对于沉降菌的监控，应采用基于风险的原则设定纠偏限度和警戒限度，以保证洁净室（区）的微生物数量受到控制，操作规程中应当详细说明结果超标时需采取的纠偏措施。应定期测试以检查微生物负荷以及消毒剂的效力，并作趋势分析。静态和动态的监控都可以采用以上方法。

⑩若同时测试两个以上项目时，沉降菌浓度的测试宜在其他项目结束后进行，以降低干扰；沉降菌测试时，在放置培养皿时应注意尽量防止人员走动引起的气流扰动影响检测结果。

⑪培养皿在用于测试时，宜同时进行空白试验校正，避免培养皿运输或搬动过程造成的影响。每次或每个区域取 1 个对照皿，然后与采样后的培养皿（肉汤琼脂）一起放入 35 ℃±2 ℃的培养箱内培养 48 小时以上，结果应无细菌生长。

（9）照度的测试

本标准定义的照度值为被测洁净室（区）的室内最低照度值。采用直接读数法，即通过测定洁净环境内各点的照度值，并从中筛选出最低照度值，从而评定该洁净室（区）的照度。若必需，也可根据测试的照度值计算出照度均匀度。

①照度测试应在光源输出趋于稳定，并尽量避开自然采光的情况下进行，若有局部照明，则必须在测试记录中注明动态测试时的局部照明位置和局部照明的照度值，照度测试时应确认所有光源的工作状态处于正常，否则必须详细记录光源状况，应注意测试者的投影以及服装的反射影响测试结果。

②应在测试出被测洁净室（区）的温度值后再进行照度测试。照度测试仪器开机、预热至稳定后，方可按说明书的规定对仪器进行校正，并选定相应的测试量程范围。

③应将照度计的受光面尽量与测试点相应水平面一致，在确认读数稳定后方可开始测试。

④照度测试时的采样点布置：任何洁净室（区）的采样点不得少于 2 个，除受洁净室（区）内的设备限制之外，采样点应在整个洁净室（区）内均匀布置，采样点距墙 1 m（小面积房间 0.5 m），按 1～2 m 间距布点。每个选定的采样点之间间距不超过 2 m，不刻意在灯下或避开灯下选点，至少采样一次，在一个区域内至少采样 5 次，不同采样点的采样次数可以不同。如无特别规定，采样点置于离地 0.8 m 高度的水平面上，若以室内工作台为对象面时，测试面定为其面上 0.05 m 的水平面。

⑤最低照度值的采样数据应按下述步骤进行统计计算：

$$B = A_{min}$$

式中　B 为洁净室（区）的照度值，lx；

A_{min} 为某一采样点的最低照度值（$i = 1, 2, \cdots, N$），lx；

照度均匀度按下述步骤进行统计计算：

平均照度 B_{Avg}：

$$B_{Avg} = \dfrac{\sum\limits_{i=1}^{n} A_i}{n}$$

式中　B_{Avg} 为平均照度，lx；

A_i 为某一采样点的照度（$i = 1, 2, \cdots, n$），m/s；

n 为采样次数，次。

照度均匀度 $B_{均}$：

$$B_{均} = \dfrac{B}{B_{Avg}}$$

⑥判断照度是否符合标准应同时满足：

a. 洁净室（区）内主要工作区的最低照度值必须大于规定的范围，即 $B \geqslant 300$ lx；有局部照明的除外；

b. 若必须，洁净室（区）内主要工作区的照度均匀度宜大于 0.7；

⑦备用照明和应急照明的测试不在本标准规定的范围内。

【结果评价】

（1）在测试过程中，与洁净室（区）有关的环境参数和观察结果都应作记录。这些参数可能包括（但不仅限于此）：测试状态、室外空气的温度和相对湿度、采样点的位置（必要的话，再注明采样点高度）、与相邻区域的压差和压差梯度、洁净室（区）的位置，必要时注明相邻的区域，注明采样点的特定编号和示意图等，还有动态测试时设备和人员的活动情况等，以便在结果评价和分析时参考。

（2）对于浮游菌和沉降菌测试的取样频次，如果出现下列情况应考虑修改，在评估以下情况后，也应确定其他项目的测试频次。

①连续超过警戒限度和纠偏限度；

②停工时间比预计延长；

③关键区域内发现有传染的试剂；

④在生产期间，空气净化系统进行任何重大的维修；

⑤日常操作记录反映出倾向性的数据；

⑥净化和消毒规程的改变；

⑦引起生物污染的事故等。

【注意事项】

（1）适宜的监测频次：保证洁净室（区）始终处于受控状态。关键区域在正常使用期间，应规定定期测试的频次，以检查洁净室（区）的以上九个控制参数值背离正常水平的一切变化。若出现了不正常的状况，应进行调查并采取措施。静态和动态的监控都可以采用以上方法。应当对无菌生产洁净室（区）的微生物进行动态监测，评估无菌生产的微生物状况。监测方法有沉降菌法、浮游菌法和表面微生物法（如棉签擦拭法和接触碟法）等。动态取样应当避免对洁净区造成不良影响。成品批记录的审核应当包括环境监测的结果。对表面微生物和操作人员的监测，应当在关键操作完成后进行。在正常的生产操作监测外，可在系统验证、清洁或消毒等操作完成后增加微生物监测。对生产洁净室（区）的换气次数、压差、悬浮粒子和微生物的检测建立程序，对检测数据分类整理，并作趋势分析，用以判断空调净化系统的性能和开展风险评估。

（2）适宜的清洁消毒和检查：包括洁净工作服的定期清洗和消毒等，保证洁净室（区）的悬浮粒子和微生物污染处于受控状态。

（3）验证：洁净室（区）投入运行之前应对其综合性能进行确认和验证，确认或验证的范围和程度应当经过风险评估来确定。应当建立确认或验证的文件和记录，包含设计确认、安装确认、运行确认和性能确认。例如系统运行以后，设计值与安装竣工后输出的数据之间的对照可以通过静态或动态的测试来获得。验证工作贯穿整个过程，包括施工前期设计、工程准备及承包商的选择以及整个施工周期的监控，项目竣工后静态运行阶段的测试（包括高效过滤器的检漏试验和自净时间等），实际生产时的动态测试等。

常规的验证工作有以下几个步骤：设立验证的组织机构（验证小组等）；制定验证计划，确定所需的设备、系统、过程和时间表，制定验证方案，必须确定为达到预期目的的具有可操作性的验证方法，包括验证目的、适用范围、系统或设备、验证方法、可接受标准、实施步骤等，按照验证方案实施，收集验证数据出具验证报告，包括验证结果、验证评价和建议、再验证周期等。

附件一

《药品生产质量管理规范》（2010 年修订）中规定的洁净室（区）悬浮粒子和室内微生物标准见表 3、表 4。

表 3 各级别空气悬浮粒子的标准规定

洁净度级别	悬浮粒子最大允许数/立方米			
	静态		动态③	
	≥0.5 μm	≥5.0 μm②	≥0.5 μm	≥5.0 μm
A 级①	3520	20	3520	20
B 级	3520	29	352 000	2900
C 级	352 000	2900	3 520 000	29 000
D 级	3 520 000	29 000	不作规定	不作规定

注：①为确认 A 级洁净区的级别，每个采样点的采样量不得少于 1 m³。A 级洁净区空气悬浮粒子的级别为 ISO 4.8，以≥5.0 μm 的悬浮粒子为限度标准。B 级洁净区（静态）的空气悬浮粒子的级别为 ISO 5，同时包括表中两种粒径的悬浮粒子。对于 C 级洁净区（静态和动态）而言，空气悬浮粒子的级别分别为 ISO 7 和 ISO 8。对于 D 级洁净区（静态）空气悬浮粒子的级别为 ISO 8。测试方法可参照 ISO 14644-1。

②在确认级别时，应当使用采样管较短的便携式尘埃粒子计数器，避免≥5.0 μm 悬浮粒子在远程采样系统的长采样管中沉降。在单向流系统中，应当采用等动力学的取样头。

③动态测试可在常规操作、培养基模拟灌装过程中进行，证明达到动态的洁净级别，但培养基模拟灌装试验要求在"最差状况"下进行动态测试。

表 4 洁净区微生物监测的动态标准①

洁净度级别	浮游菌（cfu/m³）	沉降菌（ϕ90 mm）（cfu/4 小时）②	表面微生物	
			接触（ϕ55 mm）（cfu/皿）	5 指手套（cfu/手套）
A 级	<1	<1	<1	<1
B 级	10	5	5	5
C 级	100	50	25	—
D 级	200	100	50	—

注：①表中各数值均为平均值。

②单个沉降碟的暴露时间可以少于 4 小时，同一位置可使用多个沉降碟连续进行监测并累积计数。

附件二 采样点的布置参考图

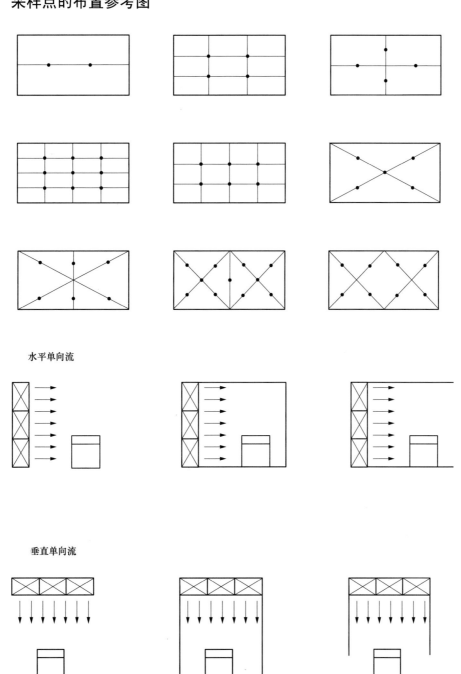

水平单向流

垂直单向流

药用玻璃砷、锑、铅、镉浸出量限度

Yaoyongboli Shen Ti Qian Ge Jinchuliang Xiandu

Limits of Arsenic Antimony Lead and Cadmium Release from Medicinal Glass

本标准适用于直接接触药品的各种玻璃容器和材料。

除另有规定外，药用玻璃砷、锑、铅、镉浸出量的限度应符合表1规定。

表1　砷、锑、铅、镉浸出量的限度

药用玻璃类型	单位	浸出量的限度			
		砷	锑	铅	镉
管材	mg/dm^2	0.07	0.7	0.8	0.07
容器	mg/L	0.2	0.7	1.0	0.25

浸泡条件：将供试品按 121 ℃内表面耐水性测定法和分级（YBB00242003—2015）清洗，内装 4%醋酸溶液，在 98 ℃±1 ℃，加热 120 min±2 min。

药用陶瓷容器铅、镉浸出量限度

Yaoyong Taocirongqi Qian Ge Jinchuliang Xiandu

Limits of Lead and Cadmium Release from Medicinal Ceramic Containers

本标准适用于直接接触药品的各种陶瓷容器。

当采用药用陶瓷容器铅、镉浸出量测定法（YBB00192005—2015）所规定的方法测定时，任何单一制品铅、镉浸出量的限度不得超过表1的规定。

表1 铅、镉浸出量的限度

药用陶瓷容器类型	单位	浸出量的限度	
		铅	镉
小空心制品 （容量小于0.5 L）	mg/L	3.0	0.50
空心制品 （容量大于0.5 L、小于1.1 L）	mg/L	2.0	0.30

药用陶瓷容器铅、镉浸出量测定法

Yaoyong Taocirongqi Qian Ge Jinchuliang Cedingfa

Test for Lead and Cadmium Release from Medicinal Ceramic Containers

本法适用于各类药用陶瓷容器铅、镉浸出量的测定。

供试品溶液的制备 取供试品适量（表1），将供试品清洗干净，用4%醋酸溶液灌装至距容器溢出口5 mm处，若内部有装饰颜色或容积小于20 ml，灌装至溢出口沿，必要时测定浸泡液的体积，准确到±2%。在22 ℃±2 ℃浸泡24小时，用不含铅、镉物质的硼硅玻璃或惰性材料铝箔等盖住供试品口部，以防溶液蒸发（在浸泡镉时应避免光照）。提取浸泡液之前，用玻璃棒将浸泡液搅拌均匀（搅拌时应避免浸泡液的损失），然后将混合后的浸泡液移入洁净的聚乙烯或聚丙烯容器中，摇匀。

表1　药用陶瓷容器容量与取样数量

容量（ml）	数量（支）
≤10	30
>10～50	10
>50～250	2
>250	1

测定法 铅 取铅标准溶液（每1 ml相当于10 μg的铅，必要时可将该溶液稀释至每1 ml相当于0.01 μg的铅）作为对照品溶液，与上述供试品溶液，照原子吸收分光光度法（《中国药典》2015年版四部通则0406第一法），在217.0 nm波长处测定，计算。

镉 取镉标准溶液（每1 ml相当于10 μg的镉，必要时可将该溶液稀释至每1 ml相当于0.01 μg的镉）作为对照品溶液，与上述供试品溶液，照原子吸收分光光度法（《中国药典》2015年版四部通则0406第一法），在228.8 nm波长处测定，计算。

环氧乙烷残留量测定法

Huanyangyiwan Canliuliang Cedingfa

Test for Residue of Ethylene Oxide

本法适用于环氧乙烷灭菌的药品包装材料中环氧乙烷残留量的测定。

本法在一定温度下，用水萃取样品中所含环氧乙烷，用顶空气相色谱法测定环氧乙烷的含量。

本法照气相色谱法（《中国药典》2015 年版四部通则 0521）测定。

色谱条件与系统适用性试验　色谱柱可选用能满足待测环氧乙烷分离要求的填充色谱柱或毛细管色谱柱。

填充色谱柱：理论板数不得低于 1000。

毛细管色谱柱除另有规定外，极性相近的同类色谱柱之间可以互代使用。理论板数不得低于 5000。一般选用如下色谱柱。

1. 填充色谱柱：应能使试样中的杂质和环氧乙烷完全分开，并有一定的耐水性。可选用表 1 推荐的条件。

表 1　推荐的气相填充柱

柱长	内径	担体	柱温
1～2 m	2～3 mm	GDX-407　80～100 目	约 130 ℃
		Porapak q-s　80～100 目	约 120 ℃

测定条件（供参考）：进样口温度 200 ℃，检测器温度 250 ℃，氮气 15～30 ml/min，氢气 30 ml/min，空气 300 ml/min。

检测器：火焰离子化检测器（FID）。

2. 毛细管色谱柱

毛细管色谱柱（推荐）：固定相为聚苯乙烯-二乙烯苯（如 HP-PLOT Q 30 m×0.53 mm×40 μm）。

测定条件（供参考）：柱温 120 ℃，进样口温度 100 ℃，检测器温度 200 ℃。柱前压：35 kPa。分流比 1:1。

检测器：火焰离子化检测器（FID）。

对照贮备液的制备　取外部干燥的 50 ml 容量瓶，加入约 30 ml 水，加瓶塞，称重，精确到 0.1 mg。用注射器注入约 0.6 ml 环氧乙烷对照品（纯度大于 99.7%），不加瓶塞，轻轻摇匀，盖好瓶塞，称重，前后两次称重之差，即为溶液中所含环氧乙烷的重量。加水至刻度，再将此溶液稀释成 1 g/L 作为对照贮备液。

样品的制备　样品制备应在取样后立即进行，否则应将供试样品封于由聚四氟乙烯密封的金属容器中保存。

样品制备 1　将样品截为长 5 mm 的碎块，取 1.0 g 放入 20 ml 顶空瓶中，加 5 ml 水，密闭。

样品制备 2　注射器或容器类样品，按产品标准项下规定制备供试液，精密量取 5 ml 供试液置于 20 ml 顶空瓶中，密闭。

测定法　除另有规定外，测定方法一般采用第一法；当第一法测定结果不符合规定时，应采用第二法进行复验或测定。

第一法（外标法）

对照液的制备 在顶空瓶中预先加入 5 ml 水，用微量注射器精密吸取对照贮备液适量（根据样品中环氧乙烷的实际残留量确定对照液浓度，通常对照液的色谱峰面积与样品中对应的色谱峰面积比值不超过 2 倍），注入顶空瓶中，立即压盖密闭，摇匀。

样品测定 将对照液和样品，分别置于 60 ℃±1 ℃的条件下平衡 20 分钟（如手动进样，进样器预热至相同温度）。分别取 1 ml 液上气体注入气相色谱仪中，记录色谱图，测量对照品和样品待测成分的峰面积（峰高），计算。外标法测定结果的相对标准偏差不大于 10%；

第二法（标准曲线法）

标准曲线的绘制 取五个顶空瓶，预先各加 5 ml 水，用微量注射器吸取 0.5 μl、1 μl、2 μl、4 μl、5 μl 的对照溶液分别注入各顶空瓶，立即压盖密闭，摇匀，配成 0.5～5 μg/ml 环氧乙烷对照系列（必要时可根据样品实际情况调整线性范围），分别置于 60 ℃±1 ℃的条件下平衡 20 分钟（如手动进样，进样器预热至相同温度）。分别取 1 ml 液上气体注入气相色谱仪中。调整检测器灵敏度，测量峰面积（或峰高），绘制峰面积（或峰高）标准曲线。

样品测定 取样品溶液，按标准曲线的绘制"置于 60 ℃±1 ℃的条件下……"操作。根据样品中环氧乙烷峰面积（或峰高），从标准曲线上求得样品中环氧乙烷质量。标准曲线法测定结果相对标准偏差不大于 2%。

按式（1）计算样品中环氧乙烷含量：

$$X = \frac{m_1}{m_2} \tag{1}$$

式（1）中 X 为样品中环氧乙烷含量，μg/g；

m_1 为标准曲线上求出的样品制备液中环氧乙烷质量，μg；

m_2 为样品质量，g。

按式（2）计算注射器或容器类样品环氧乙烷含量：

$$X = \frac{m_1}{V} \tag{2}$$

式（2）中 X 为样品中环氧乙烷含量，μg/ml；

m_1 为标准曲线上求出的样品制备液中环氧乙烷质量，μg；

V 为样品制备液体积，ml。

橡胶灰分测定法

Xiangjiao Huifen Cedingfa

Determination of Ash for Rubber

本标准适用于药用卤化丁基橡胶、聚异戊二烯橡胶塞、垫片灰分的测定。

测定法 取本品适量，剪碎，取 1.0 g，置已炽灼至恒重的坩埚中，精密称定，在电炉上缓缓炽灼至完全炭化（应防止试样着火），放冷；在 800 ℃±25 ℃炽灼使完全灰化，移置干燥器内，放冷，精密称定后，再在 800 ℃±25 ℃炽灼至恒重，即得。

结果表示 灰分的百分含量 X 按下式计算：

$$X = \frac{m_2 - m_1}{m_0} \times 100\%$$

式中 X 为灰分的百分含量，%；

m_0 为供试品的质量，g；

m_1 为空坩埚的质量，g；

m_2 为坩埚加灰分的质量，g。

细胞毒性检查法

Xibao Duxing Jianchafa

Test for Cytotoxicity

本法是将一定量的供试品溶液加入细胞培养液中，培养细胞，通过对细胞形态、增殖和抑制影响的观察，评价供试品对体外细胞的潜在毒性作用。

试验用细胞　推荐使用小鼠成纤维细胞（L-929）。试验时采用传代 48～72 小时生长旺盛的细胞。

试验前的准备　与样品及细胞接触的所有器具均需无菌（必要时可采用湿热灭菌如 115 ℃保持 30 分钟；干热灭菌如 250 ℃保持 30 分钟或用 180 ℃保持 2 小时）。

细胞悬液的制备　对已培养 48～72 小时生长旺盛的细胞消化混匀进行计数，将其配制成 $4×10^4$ 个/ml 的细胞悬液。

供试品溶液的制备　将供试品用适宜的清洁剂清洗除去油污，再用纯化水冲洗干净，滤纸吸干后切成 0.5 cm×2 cm 条状，用湿热灭菌或紫外线照射消毒后，置玻璃容器内。除另有规定外，按表 1 加入氯化钠注射液或无血清培养基作为浸提液，使浸提液浸没供试品，按表 2 选择浸提条件（若采用含血清培养基，应用 37 ℃±1 ℃、24 小时±2 小时的条件）浸提，即得。

表 1　供试品表面积或重量与浸提液的比例

供试品厚度（mm）	表面积或重量与浸提液体积的比例
≤0.5	6 cm²/ml
>0.5～1.0	3 cm²/ml
>1.0	1.25 cm²/ml
不规则形状	0.2 g/ml

表 2　浸提条件

浸提温度（℃）	浸提时间（小时）
37±1	24±2
37±1	72±2
50±2	72±2
70±2	24±2

第一法　相对增殖度法

阴性对照液　为不加供试品的细胞培养液。

阳性对照液　6.3%苯酚的细胞培养液

检查法　取 33 个培养瓶，分别加入细胞悬液 1 ml，细胞培养液 4 ml，置 37 ℃±2 ℃，5%二氧化碳的条件下培养 24 小时。培养 24 小时后弃去原培养液。

阴性对照组：取 13 个培养瓶加入 5 ml 阴性对照液；阳性对照组：取 10 个培养瓶加入 5 ml 阳性对照液；试验组：取 10 个培养瓶加入 5 ml 含 50%供试品溶液的细胞培养液，置 37 ℃±2 ℃，5%二氧化碳的条件下继续培养 7 天。

细胞形态学观察和计数：在更换细胞培养液的当天，取 3 瓶阴性对照组，并在更换后第 2、4、7 天，每组各取 3 瓶进行细胞形态观察和细胞计数。

毒性评定：细胞形态分析标准按表 3 规定。

表 3 细胞形态分析表

反应程度	细胞形态
无毒	细胞形态正常，贴壁生长良好，细胞呈棱形或不规则三角形
轻微毒	细胞贴壁生长好，但可见少数细胞圆缩，偶见悬浮死细胞
中度毒	细胞贴壁生长不佳，细胞圆缩较多，达 1/3 以上，见悬浮死细胞
严重毒	细胞基本不贴壁，90%以上呈悬浮死细胞

细胞相对增殖度分级标准按表 4 规定。

表 4 细胞相对增殖度分级表

分级	相对增殖度
0	≥100
1	75～99
2	50～74
3	25～49
4	1～24
5	0

根据各组细胞浓度按下式计算细胞相对增殖度（*RGR*）：

$$RGR = \frac{\text{供试品组（或阳性对照组）细胞浓度平均值}}{\text{阴性对照组细胞浓度平均值}} \times 100\%$$

结果评价 试验组相对增殖度（以第 7 天的细胞浓度计算）为 0 级或 1 级判为合格。试验组相对增殖度为 2 级，应结合形态综合评价，轻微毒或无毒的判为合格。试验组相对增殖度为 3～5 级判为不合格。

第二法 琼脂扩散法

本法适用于弹性体细胞毒性的测定。当聚合物样品中可滤取的化学物质扩散时，琼脂层可起到隔垫的作用保护细胞免受机械损伤。材料中的提取物将通过一张滤纸被进行试验。

阴性对照制备 取高密度聚乙烯参比物质，照供试品溶液制备项下的规定进行。

阳性对照制备 取生物毒性阳性参比物质，照供试品溶液制备项下的规定进行。

检查法 取细胞悬浮液 7 ml，置直径 60 mm 的平皿中培养单层细胞。培养后，吸去培养基，替换为添加琼脂不少于 2%的含血清培养基（注：琼脂的量必需适应细胞生长。琼脂层必需足够薄以利于滤取的化学物质的扩散）。

将供试品溶液、阴性对照、阳性对照或它们在合适的浸提介质中的提取物放置在固化的琼脂表面，平行试验 2 份。每个平皿中的样品不超过 3 个。37 ℃±2 ℃培养至少 24 小时，最好选用增湿的培养箱，含二氧化碳浓度为 5%。在显微镜下观查每个样品、阴性对照、阳性对照周围的培养基，如有必要，进行染色。

结果评价 生物毒性（细胞退化和畸变）按 0～4 级（表 5）评价和分级。记录样品、阴性、阳性细胞培养基的现象。如阴性对照为 0 级（无毒）、阳性对照不小于 3 级（中等毒），则细胞培养基试验系统有效。

若试验系统不成立，重复试验。样品不大于 2 级（轻微毒），则样品判为合格。

表5　琼脂扩散试验和直接接触试验的毒性分级

分级	毒性	毒性区域的描述
0	无毒	样品周围或底部无可见的毒性区域
1	极轻微	样品底部有一些退化或畸变的细胞
2	轻微毒	仅限于样品底部有毒性区域
3	中度毒	毒性区域超出样品边缘 0.5～1.0 cm
4	重度毒	毒性区域超出样品边缘大于 1.0 cm

第三法　直接接触法

本法适用于各种形状的材料细胞毒性的测定。适用于同时提取并测试从含血清培养基中提取到的化学物质。该试验对极低或极高密度的材料，因其有可能对细胞有机械性损伤而不适用。

样品制备　按规定采用样品的平整部分，表面积不小于 100 mm²。

阴性对照制备　取高密度聚乙烯参比物质，照供试品制备项下的规定进行。

阳性对照制备　取生物毒性阳性参比物质，照供试品制备项下的规定进行。

检查法　取细胞悬浮液 2 ml，置直径 35 mm 的平皿中培养单层细胞。培养后，吸去培养基，替换为 0.8 ml 的新鲜培养基。

在每个双层培养基上单独放置 1 个样品、阳性对照或阴性对照。将所有的培养物在 37 ℃±2 ℃，增湿且含二氧化碳浓度为 5%的培养箱中培养至少 24 小时。直接目视观察或在显微镜下观查每个样品、阴性对照、阳性对照周围的培养基，如有必要，应进行染色。

结果评价　照第二法琼脂扩散法结果评价项下的规定进行。若样品不超过 2 级（轻微毒），则样品判为合格。

第四法　浸提法

本法适用于聚合物材料细胞毒性的测定。采用生理温度或非生理温度及各种不同时间进行提取。它适用于高密度材料及剂量-反应程度评价。

样品制备　照供试品溶液制备项下规定（若样品的表面积难以测量，弹性材料可按 0.1 g/ml 比例提取，塑料或聚合物材料可按 0.2 g/ml 比例提取）。或者选用含血清的哺乳动物细胞培养基作为浸提介质可更好地模拟生理条件。在含二氧化碳浓度为 5%的培养箱中保温 24 小时制备提取物，温度控制在 37 ℃±2 ℃，过高的温度将会导致血清蛋白变性。

阴性对照制备　取高密度聚乙烯参比物质，照供试品溶液制备项下的规定进行。

阳性对照制备　取生物毒性阳性参比物质，照供试品溶液制备项下的规定进行。

检查法　取细胞悬浮液 2 ml，置直径 35 mm 的平皿中培养单层细胞。培养后，吸去培养基，替换为样品溶液、阴性对照或阳性对照。含血清培养基浸提液和不含血清培养基浸提液无需稀释，平行试验 2 份。氯化钠注射液为介质的浸提液用含血清的细胞培养基稀释至浸提液浓度为 25%，平行试验 2 份。所有的培养物在 37 ℃±2 ℃，增湿且含二氧化碳浓度为 5%的培养箱中培养 48 小时。48 小时后，在显微镜下观察培养物，如有必要，进行染色。

结果评价　按琼脂扩散法结果评价项下的规定进行，毒性分级按 0～4 级（表6）评价和分级。若试验系统不成立，重复试验。样品不超过 2 级（轻微毒），则样品判为合格。如需进行剂量-反应程度评价，可通过定量稀释样品浸提液，重复试验。

表 6 浸提法毒性分级

分级	毒性	毒性区域的描述
0	无毒	胞内颗粒明显，无细胞溶解
1	极轻微	圆缩、贴壁不佳及无胞内颗粒的细胞不超过 20%，偶见悬浮死细胞
2	轻微毒	圆缩细胞及胞内颗粒溶解的细胞不超过 50%，无严重的细胞溶解现象，细胞间无较大空隙
3	中度毒	圆缩或溶解的细胞不超过 70%
4	重度毒	几乎所有细胞坏死

热原检查法

Reyuan Jianchafa

Test for Pyrogen

本法系将供试品溶液经静脉注入家兔体内，在规定时间内，观察家兔体温升高的情况，以判定供试品中所含热原的限度是否符合规定。

供试用家兔 应符合热原检查法（《中国药典》2015年版四部通则1142）中供试用家兔的要求。

试验前的准备 应符合热原检查法（《中国药典》2015年版四部通则1142）中试验前的准备要求。

供试品溶液的制备 制备过程应按无菌操作法进行。

将供试品用纯化水冲洗干净，用滤纸吸干后切成约0.5 cm×3 cm条状，置浸提容器内。除另有规定外，供试品置高压蒸汽灭菌器内，115 ℃保持30分钟，再按表1规定加入浸提液，使浸提液浸没供试品，按表2条件浸提，即得。供试品溶液应在制备后2小时内使用。

表1 供试品表面积或重量与浸提液的比例

供试品厚度（mm）	表面积或重量与浸提液体积的比例
≤0.5	6 cm²/ml
>0.5～1.0	3 cm²/ml
>1.0	1.25 cm²/ml
不规则形状	0.2 g/ml

表2 浸提条件

浸提温度（℃）	浸提时间（h）
37±1	24±2
37±1	72±2
50±2	72±2
70±2	24±2

检查法 取适用的家兔3只，测定其正常体温符合要求后15分钟以内，自耳静脉缓缓注入温热至约38 ℃的供试品溶液，注射剂量为10 ml/kg，然后每隔30分钟按前法测量其体温1次，共测6次，以6次体温中最高的一次减去正常体温，即为该兔体温的升高温度（℃）。如3只家兔中有1只温度升高0.6 ℃或高于0.6 ℃，或3只家兔体温升高的总和达1.3 ℃或高于1.3 ℃，应另取5只家兔复试，检查方法同上。

结果判断 在初试的3只家兔中，体温升高均低于0.6 ℃，并且3只家兔体温升高总和低于1.3 ℃；或在复试的5只家兔中，体温升高0.6 ℃或高于0.6 ℃的家兔不超过1只，并且初试、复试合并8只家兔的体温升高总和为3.5 ℃或低于3.5 ℃，均判定供试品的热原检查符合规定。

在初试3只家兔中，体温升高0.6 ℃或高于0.6 ℃的家兔超过1只；或在复试的5只家兔中，体温升高0.6 ℃或高于0.6 ℃的家兔超过1只；或在初试、复试合并8只家兔的体温升高总和超过3.5 ℃，均判定供试品的热原检查不符合规定。

当家兔升温为负值时，均以0 ℃计。

溶血检查法

Rongxue Jianchafa

Test for Hemolysis

本试验是通过供试品与血液直接接触，测定红细胞释放的血红蛋白量以检测供试品体外溶血程度的一种方法。

试验前的准备 由健康家兔心脏采血 20 ml，加 2%草酸钾溶液 1 ml，制备成新鲜抗凝兔血。取新鲜抗凝兔血 8 ml，加氯化钠注射液 10 ml 稀释。

供试品的制备 称取 3 份供试品，每份 5 g，除另有规定外，一般切成 0.5 cm×2 cm 条状。

检查法 供试品组 3 支试管，每管加入供试品 5 g 及氯化钠注射液 10 ml；阴性对照组 3 支试管，每管加入氯化钠注射液 10 ml；阳性对照管组 3 支试管，每管加入纯化水 10 ml。全部试管放入 37 ℃±1 ℃恒温水浴中保温 30 分钟后，每支试管加入 0.2 ml 稀释兔血，轻轻混匀，置 37 ℃±1 ℃水浴中继续保温 60 分钟。倒出管内液体离心 5 分钟（2500 rpm）。吸取上清液移入比色皿内，照紫外-可见分光光度法（《中国药典》2015 年版四部通则 0401）测定，于 545 nm 波长处测定吸收度。

结果计算 供试品组和对照组吸收度均取 3 支管的平均值。阴性对照管的吸收度应不大于 0.03；阳性对照管的吸收度应为 0.8±0.3，否则应重新试验。按下式计算：

$$溶血率 = \frac{供试品组吸收度 - 阴性对照组吸收度}{阳性对照组吸收度 - 阴性对照组吸收度} \times 100\%$$

结果判断 溶血率应小于 5%。

急性全身毒性检查法

Jixing Quanshen Duxing Jianchafa

Test for Acute Systemic Toxicity

本法系将一定剂量的供试品溶液由静脉注入小鼠体内，在规定时间内观察小鼠有无毒性反应和死亡情况，以判定供试品是否符合规定的一种方法。

供试用小鼠应健康合格。须在同一饲养条件下饲养（实验室和饲养室室温控制在 19～28 ℃），雌鼠应无孕，体重 17～23 g。做过本试验的小鼠不得重复使用。将小鼠随机分为试验和对照两组，每组 5 只。复试时每组取 18～19 g 的小鼠 10 只。

供试品溶液的制备　制备过程应按无菌操作法进行。

将供试品用纯化水冲洗干净，用滤纸吸干后切成 0.5 cm×3 cm 条状，置浸提容器内。除另有规定外，按表 1 加入氯化钠注射液作为浸提液，使浸提液浸没供试品；按表 2 条件浸提，即得。必要时，制备供试品溶液前，先将供试品置高压蒸汽灭菌器内，115 ℃保持 30 分钟。

空白对照液　氯化钠注射液。

空白对照液、供试品溶液应在制备后 24 小时内使用。

表 1　供试品表面积或重量与浸提液的比例

供试品厚度（mm）	表面积或重量与浸提液体积的比例
≤0.5	6 cm²/ml
>0.5～1.0	3 cm²/ml
>1.0	1.25 cm²/ml
不规则形状	0.2 g/ml

表 2　浸提条件

浸提温度（℃）	浸提时间（小时）
37±1	24±2
37±1	72±2
50±2	72±2
70±2	24±2

检查法　将小鼠放入固定器内，自尾静脉分别注入供试品溶液和空白对照液，注射速度为 0.1 ml/s，注射剂量为 50 ml/kg。注射完毕后，观察小鼠即时反应，如发现有血或供试品溶液外溢现象，弃去此小鼠，另取小鼠依法操作，试验后待观察小鼠喂养方法同试验前，并于 4 小时、24 小时、48 小时和 72 小时，观察和记录试验组和对照组动物的一般状态、毒性表现和死亡动物数，在 72 小时时称量动物体重，动物反应观察判定按表 3 规定。

结果判断

表3　注射后动物反应观察指标

程度	症　状
无	注射后未见毒性症状
轻	注射后有轻度症状但无运动减少，呼吸困难或腹部刺激症状
中	出现明显腹部刺激症状，呼吸困难，运动减少，眼睑下垂，腹泻，体重通常下降至15～17 g
重	衰竭，发绀，震颤，严重腹部刺激症状，眼睑下垂，呼吸困难，体重急剧下降，通常小于15 g
死亡	注射后死亡

在72小时观察期内，试验组动物的反应不大于对照组动物，则判定供试品合格。如试验组动物有2只或2只以上出现中度毒性症状或死亡，则判定供试品不合格。如试验组动物有2只或2只以上出现轻度毒性症状，或不超过1只动物出现中度毒性症状或死亡，或虽无毒性症状但组内动物体重普遍下降，则另取体重18～19 g小鼠10只为1组进行复试，在72小时观察期内，试验组动物的反应不大于对照组动物，判定供试品合格。

皮肤致敏检查法

Pifu Zhimin Jianchafa

Test for Skin Sensitization

本试验系将一定量的供试品溶液与豚鼠皮肤接触，以检测供试品是否具有引起接触性皮肤变态反应的可能性。

供试用豚鼠应健康合格，体重300～500 g，雌鼠应未产并无孕，每组至少10只，对照组至少5只。试验前24小时剃除豚鼠肩背部4 cm×6 cm区域毛发。

弗氏完全佐剂（CFA）的制备　无水羊毛脂与液体石蜡的体积比为4:6（如冬天，使用比例为3:5）。将无水羊毛脂加热溶解后，取40 ml，置研钵中，稍冷却后，边研磨边加液体石蜡，直至60 ml液体石蜡加完。置高压蒸汽灭菌器内，115 ℃保持30分钟，即制备成弗氏不完全佐剂（IFA），4 ℃保存备用。在IFA中按4～5 mg/ml加入死的或减毒的分枝杆菌（如卡介苗或结核杆菌），即得弗氏完全佐剂（CFA）。

与供试品溶液接触的所有器具均应置高压蒸汽灭菌器内121 ℃灭菌30分钟。

供试品溶液的制备　将供试品用肥皂水清洗除去油污，再用纯化水冲洗干净，滤纸吸干后切成0.5 cm×2 cm条状，置玻璃容器内，加入氯化钠注射液作为浸提液（供试品每3 cm² 表面积加入氯化钠注射液1 ml），使浸提液浸没供试品，置高压蒸汽灭菌器内，121 ℃保持60分钟，即得。同条件制备阴性对照液。将供试品溶液及阴性对照液、阳性对照液（5%甲醛溶液）与弗氏完全佐剂（CFA）等体积混合，用力搅拌数分钟至完全乳化为止。

检查法　最大剂量法

诱导：用75%乙醇清洁豚鼠背部去毛区，在每只豚鼠去毛区作6点对称的皮内注射，各点相距1～2 cm，每点注射量为0.1 ml（图1）。皮内注射后7天，在注射部位再次剃毛，用75%乙醇清洁。若未出现刺激反应，每一试验区用10%十二烷基硫酸钠石蜡液预处理，在局部斑贴前24小时涂抹、按摩试验区皮肤，24小时后，将2 cm×4 cm滤纸浸入供试品溶液或阴性对照液、阳性对照液至饱和，将其贴敷于豚鼠背部注射部位，封闭固定48小时。

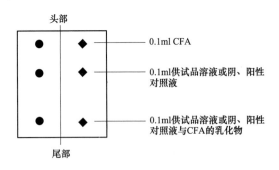

图1　皮内注射点部位

激发：于诱导完成14天，在豚鼠左右腹侧未用过处剃毛，用75%乙醇清洁，将2 cm×2 cm滤纸浸入供试品溶液或阴、阳性对照液中至饱和，将其贴敷于剃毛区，封闭固定24小时。

结果判断　将贴敷物取下后1小时、24小时和48小时，分别观察贴敷处红斑和水肿，并记分（表1）和分级（表2）。

表1 记分

红 斑	记分	水 肿	记分
无红斑现象	0	无水肿现象	0
轻度红斑（勉强可见）	1	轻度水肿（勉强可见皮肤增厚）	1
明显红斑（淡红色）	2	明显水肿（隆起而轮廓清楚）	2
中度红斑（鲜红色）	3	中度水肿（隆起近 1 mm）	3
重度红斑（紫红色伴有轻微焦痂形成）	4	重度水肿（隆起大于 1 mm 边界超过接触区）	4

表2 致敏反应率分级

致敏率（%）	分度	分级
0～8	I	与阴性对照无差别
9～28	II	轻微反应
29～64	III	中度反应
65～80	IV	强烈反应
81～100	V	极强反应

按 1 小时、24 小时、48 小时情况列表，如激发部位记分为 2 或大于 2，则认为致敏；如阴性对照组或供试品组中超过 50%的试验动物的记分为 1 分或 60%的阳性对照动物的反应记分小于 2，应重复试验。

皮内刺激检查法

Pineiciji Jianchafa

Test for Intracutaneous Irritation

本试验系将一定量的供试品溶液注入家兔皮内，通过对局部皮肤反应的观察，评价供试品对接触组织的潜在刺激性。

供试用的家兔应健康合格，体重 2.0～2.5 kg，无任何皮肤疾病或损伤，未做过任何试验。初试用兔 2 只，复试用兔 3 只。试验前 24 小时在兔脊柱两侧各剪剃 5 cm×15 cm 区域兔毛，应避免损伤皮肤。

供试品溶液的制备　将供试品用肥皂水清洗除去油污，再用纯化水冲洗干净，滤纸吸干后切成 0.5 cm×2 cm 条状，置玻璃容器内，加入氯化钠注射液作为浸提液（每 6 cm² 表面积加入 1 ml 氯化钠注射液），使浸提液浸没供试品，封闭后置高压蒸汽灭菌器内，121 ℃保持 60 分钟，即得。

空白对照液　氯化钠注射液。

检查法　用 75%乙醇清洁暴露皮肤，在每只兔脊柱一侧的 10 个点，皮内注射 0.2 ml 供试品溶液；在每只兔的脊柱另一侧的 5 个点，皮内注射 0.2 ml 空白对照液（图1）。注射后 24 小时、48 小时和 72 小时，观察注射局部及其周围皮肤组织反应，包括红斑、水肿和坏死等。

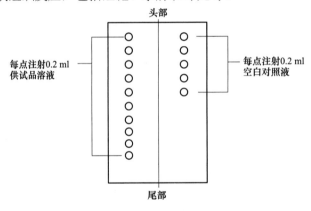

图1　注射点排列

结果判断

按表1记分标准，分别计算每一动物供试品溶液和阴性对照液注射部位红斑、水肿平均记分，供试品溶液记分减去阴性对照液记分为每一动物原发性刺激记分。每一动物原发性刺激记分相加再除以动物总数为原发性刺激指数（PII）。按表2划分反应等级。

表1　皮肤反应记分标准

红　斑	记分	水　肿	记分
无红斑现象	0	无水肿现象	0
轻度红斑（勉强可见）	1	轻度水肿（勉强可见皮肤增厚）	1
明显红斑（淡红色）	2	明显水肿（隆起而轮廓清楚）	2
中度红斑（鲜红色）	3	中度水肿（隆起近 1 mm）	3
重度红斑（紫红色伴有轻微焦痂形成）	4	重度水肿（隆起大于 1 mm）	4

表 2 原发性刺激指数（PII）

反 应 分 级	原发性刺激指数（PII）
无	0.0～0.4
轻微	0.5～1.9
中度	2.0～4.9
重度	5.0～8.0

原发性皮肤刺激检查法

Yuanfaxing Pifuciji Jianchafa

Test for Primary Skin Irritation

本试验是将材料或材料浸提液与动物皮肤在规定时间内接触，通过动物皮肤的局部反应情况来评价材料对皮肤的原发性刺激作用。

供试验用的家兔应健康合格，体重应不低于 2 kg，每种材料至少需 3 只家兔。试验前 24 小时动物背部去毛，脊柱两侧各选 3 cm×3 cm 面积的去毛区，间距 10 cm。

供试品溶液的制备 将供试品用肥皂水清洗除去油污，再用纯化水冲洗干净，滤纸吸干后切成 0.5 cm×2 cm 条状，置玻璃容器内，加入氯化钠注射液作为浸提液（每 6 cm^2 表面积加入 1 ml 氯化钠注射液），使浸提液浸没供试品，封闭后置高压蒸汽灭菌器内，121 ℃保持 60 分钟，即得。

空白对照液 氯化钠注射液。

检查法 用 75%乙醇消毒背部去毛区，将适量材料置于试验部位，或用 2.5 cm×2.5 cm 滤纸块浸泡于供试品浸提液中至饱和，贴敷于试验部位（图 1）。贴敷后，立即用 3 cm×3 cm 纱布块覆盖，最外层用胶布固定。贴敷固定 24 小时后，除去贴敷物，用温水清洁试验部位。在除去贴敷物后 1 小时、24 小时、48 小时和 72 小时对试验部位进行观察后记分。应注意由于皮肤温度的改变或皮肤的破损造成的感染所引起红斑和水肿与材料所引起的刺激反应相区别。

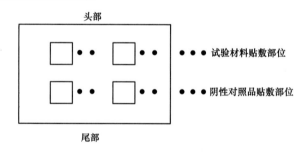

图 1 试验部位示意图

结果判断

按皮肤反应记分标准（表 1），分别计算每一动物材料试验部位和对照试验部位红斑、水肿平均记分，材料试验部位记分减去对照试验部位记分为每一动物原发性刺激记分。每一动物原发性刺激记分相加再除以动物总数为原发性刺激指数（PII），按表 2 划分反应等级。

表 1 皮肤反应记分标准

红 斑	记分	水 肿	记分
无红斑	0	无水肿	0
极轻微的红斑（几乎看不到）	1	极轻微的水肿（刚可察出）	1
边界清晰的红斑（淡红色）	2	轻度水肿（边缘明显高出周围皮面）	2
中等到严重的红斑（鲜红色，界限分明）	3	中等水肿（水肿区高出周围皮面约 1 mm）	3
极严重的红斑（呈紫红色）并有轻微焦痂出现	4	严重水肿（水肿高出表皮面在 1 mm 以上，面积超出斑贴区）	4

表 2　皮肤反应分级标准

反应分级	原发性刺激指数（PII）
无	0.0～0.4
轻微	0.5～1.9
中度	2.0～4.9
重度	5.0～8.0

气体透过量测定法

Qiti Touguoliang Cedingfa

Test for Gas Transmission

气体透过量系指在恒定温度和单位压力下，在稳定透过时，单位时间内透过试样单位面积的气体的体积。以标准温度和压力下的体积值表示，单位为：cm³/（m²·24 h·0.1 MPa）。

气体透过系数系指在恒定温度和单位压力差下，在稳定透过时，单位时间内透过试样单位厚度、单位面积的气体的体积。以标准温度和压力下的体积值表示，单位为：cm³·cm/（m²·s·Pa）。

测试环境：温度 23 ℃±2 ℃，相对湿度 50%±5%。

第一法　压差法

药用薄膜或薄片将低压室和高压室分开，高压室充约 0.1 MPa 的试验气体，低压室的体积已知。试样密封后用真空泵将低压室内的空气抽到接近零值。用测压计测量低压室的压力增量Δp，可确定试验气体由高压室透过试样到低压室的以时间为函数的气体量，但应排除气体透过速度随时间而变化的初始阶段。

仪器装置　气体透过量测定仪，仪器主要包括以下几部分。

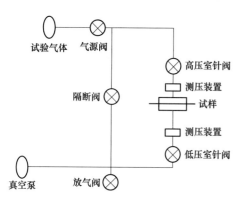

图 1　压差法气体透过量测定仪示意图

透气室：由上下两部分组成，当装入试样时，上部为高压室，用于存放试验气体。下部为低压室，用于贮存透过的气体并测定透气过程中的前后压差，上下两部分均装有试验气体的进样管。

测压装置：高、低压室应分别有一个测压装置，低压室测压装置的准确度应不低于 6 Pa。

真空泵：应能使低压室的压力不大于 1 Pa。

压差法气体透过量测定仪示意图见图1。

测定法　除另有规定外，选取厚度均匀，无皱褶、折痕、针孔及其他缺陷的试样三片，在 23 ℃±2 ℃环境下，置于干燥器中，放置 48 小时以上，进行下列试验（也可按仪器使用说明书操作）。

按 GB/T 6672—2001 测量试样厚度，至少测量 5 个点，取算术平均值。在试验台密封圈处涂一层真空油脂，将试样置于试验台上，轻轻按压，使试样与试样台上的真空油脂良好接触，试样应保持平整，不得有皱褶。开启低压室排气阀，开始抽真空，试样在真空下应紧贴试验台，盖好上盖并紧固。打开高压室排气阀，开始抽真空直到 27 kPa 以下，并持续脱气以排除试样所吸附的气体和水蒸气。脱气结束后，打开试验气瓶和气源开关向高压室充试验气体，气体流量为每分钟 100 ml，高压室的气体压力应在 1.0×10⁵～1.1×10⁵ Pa 范围内。关闭高、低压室排气阀，开始透气试验。为剔除开始试验时的非线性阶段，应进行 10 分钟的预透气试验，继续试验直到在相同的时间间隔内压差的变化保持恒定，达到稳定透过。气体透过量（Q_g）按下式进行计算：

$$Q_g = \frac{\Delta p}{\Delta t} \times \frac{V}{S} \times \frac{T_0}{p_0 T} \times \frac{24}{p_1 - p_2}$$

式中　Q_g 为材料的气体透过量，cm³/（m²·24 h·0.1 MPa）；

　　　$\Delta p / \Delta t$ 为在稳定透过时，单位时间内低压室气体变化的算术平均值，Pa/h；

　　　V 为低压室体积，cm³；

　　　S 为试样的试验面积，m²；

　　　T 为试验温度，K；

　　　p_1-p_2 为试样两侧的压差，Pa；

　　　T_0 为标准状态下的温度（273.15 K）；

　　　p_0 为标准状态下的压力（1.0133×10⁵ Pa）。

试验结果以三个试样的算术平均值表示，每一个试样测定值与算术平均值的偏差应不得过±10%。

气体透过系数（p_g）按下式进行计算：

$$p_g = \frac{\Delta p}{\Delta t} \times \frac{V}{S} \times \frac{T_0}{p_0 T} \times \frac{D}{p_1 - p_2} = 1.1574 \times 10^{-9} Q_g \times D$$

式中　p_g 为材料的气体透过率，cm³·cm/（m²·s·Pa）；

　　　$\Delta p / \Delta t$ 为在稳定透过时，单位时间内低气压室气体压力变化的算术平均值，Pa/s；

　　　T 为试验温度，K；

　　　D 为试样厚度，cm。

试验结果以三个试样的算术平均值表示。

气体透过量和气体透过系数也可由仪器所带的计算机按规定程序计算后输出或打印在记录纸上。

第二法　电量分析法（本法仅适用于检测氧气透过量）

试样将透气室分成两部分。试样的一侧通氧气，另一侧通氮气载气。透过试样的氧气随氮气载气一起进入电量分析检测仪中进行化学反应并产生电压，该电压与单位时间内通过电量分析检测仪的氧气量成正比。

仪器装置　电量分析法气体透过量测试仪，仪器主要包括以下几部分。

透气室：测试面积已知，应在 50 cm² 到 100 cm² 之间。

载气通道：通常为氮气。

电量分析探测器：气体分析用电极。

检测装置：灵敏度不小于 0.05 cm³/（m²·24 h·0.1 MPa）。

电量分析法　氧气透过量测试仪示意图见图 2。

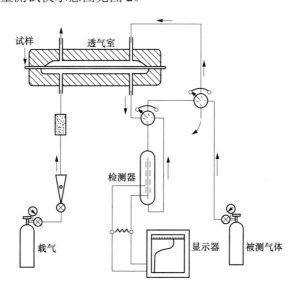

图 2　电量分析法氧气透过量测试仪示意图

测定法　除另有规定外，选取厚度均匀、平整、无皱褶、折痕、针孔及其他缺陷的试样三片，在 23 ℃±2 ℃环境下，置于干燥器中，放置 48 小时以上，按 GB/T 6672—2001 测量试样厚度，至少测量 5 个点，取算术平均值。

将样品放入透气室进行试验，当显示的值已稳定一段时间后，测试结束。试验结果以三个试样的算术平均值表示，每一个试样测定值与算术平均值的偏差应不得过±10%。

水蒸气透过量测定法

Shuizhengqi Touguoliang Cedingfa

Test for Water Transmission

水蒸气透过量系指在规定的温度、相对湿度，一定的水蒸气压差下，试样在一定时间内透过水蒸气的量。

药用薄膜、薄片及药用铝箔的水蒸气透过量系指在规定的温度、相对湿度，一定的水蒸气压差和一定厚度的条件下，1平方米的试样在 24 小时内透过水蒸气的量。单位为：g/（m² · 24 h）。

液体瓶水蒸气透过量系指在规定的温度、相对湿度环境中，一定时间内瓶中水分损失的百分比。单位为：%。

固体瓶水蒸气透过量系指在规定的温度、相对湿度环境中，每升容量的瓶在 24 小时内透入的水蒸气量。单位为：mg/（24 h · L）。

输液用容器水蒸气透过量系指在规定的温度、相对湿度环境中，一定时间内容器中水分损失的百分比。单位为：%。

第一法　杯式法

一般适用于水蒸气透过量不低于 2 g/（m² · 24 h）的薄膜、薄片。

杯式法系指将试样固定在特制的透湿杯上，通过测定透湿杯的重量增量来计算药用薄膜、薄片及药用铝箔的水蒸气透过量的分析方法。

仪器装置

（1）恒温恒湿箱：恒温恒湿箱温度精度为±0.6 ℃；相对湿度精度为±2%；风速为 0.5～2.5 m/s。恒温恒湿箱关闭之后，15 分钟内应重新达到设定的温、湿度。

（2）透湿杯：应由质轻、耐腐蚀、不透水、不透气的材料制成。有效测定面积不得低于 25 cm²。

（3）分析天平：灵敏度为 0.1 mg。

（4）干燥器。

（5）密封蜡：密封蜡应在温度 38 ℃、相对湿度 90%条件下暴露不会软化变形。若暴露表面积为 50 cm²，则在 24 小时内质量变化不能超过 1 mg。例如：石蜡（熔点为 50～52 ℃）与蜂蜡的配比约为 85:15。

（6）干燥剂：无水氯化钙粒度为 0.60～2.36 mm。使用前应在 200 ℃±2 ℃烘箱中，干燥 2 小时。

透湿杯：组装图见图 1。

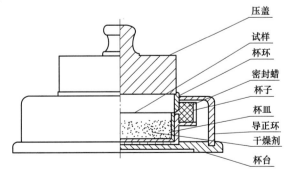

图 1　透湿杯组装图

试验条件 除另有规定外，A：温度 23 ℃±0.5 ℃，相对湿度 90%±2%。

B：温度 38 ℃±0.5 ℃，相对湿度 90%±2%。

测定法 除另有规定外，选取厚度均匀、无皱褶、折痕、针孔及其他缺陷的试样三片，分别用圆片冲刀冲切，试样直径应介于杯环直径与杯子直径之间。将干燥剂放入清洁的杯皿中，加入量应使干燥剂距试样表面约 3 mm 为宜。将盛有干燥剂的杯皿放入杯子中，然后将杯子放到杯台上，试样放在杯子正中，加上杯环后，用导正环固定好试样的位置，再加上压盖。小心地取下导正环，将熔融的密封蜡浇灌至杯子的凹槽中，密封蜡凝固后不允许产生裂纹及气泡。待密封蜡凝固后，取下压盖和杯台，并清除黏在透湿杯边及底部的密封蜡。在 23 ℃±2 ℃环境中放置 30 分钟，称量封好的透湿杯。将透湿杯放入已调好温度、湿度的恒温恒湿箱中，16 小时后从箱中取出，放在处于 23 ℃±2 ℃环境中的干燥器中，平衡 30 分钟后进行称量，称量后将透湿杯重新放入恒温恒湿箱内，以后每两次称量的间隔时间为 24 小时、48 小时或 96 小时，称量前均应先放在处于 23 ℃±2 ℃环境中的干燥器中，平衡 30 分钟。直到前后两次质量增量相差不大于 5%时，方可结束试验（注：每次称量后应轻微晃动杯子中的干燥剂，使其上下混合；干燥剂吸湿总增量应不得过 10%）。同时取一个试样进行空白试验（注：空白试验系指除杯中不加干燥剂外，其他试验步骤同样品试验）。水蒸气透过量（*WVT*）按下式进行计算：

$$WVT = \frac{24 \times (\Delta m_1 - \Delta m_2)}{A \times t}$$

式中 *WVT* 为水蒸气透过量，g/（m^2·24 h）；

t 为质量增量稳定后的两次间隔时间，h；

Δm_1 为 *t* 时间内的样品试验试样质量增量，g；

Δm_2 为 *t* 时间内的空白试验试样质量增量，g；

A 为试样透水蒸气的面积，m^2。

试验结果以三个试样的算术平均值表示，每一个试样测定值与算术平均值的偏差应不得过±10%。

第二法 电解分析法

电解分析法系指水蒸气遇电极电解为氢气和氧气，通过电解电流的数值计算出一定时间内透过单位面积试样的水蒸气透过总量的水蒸气透过量分析方法。

仪器装置 水蒸气透过量测定仪，仪器主要包括以下几部分。

透湿室：上端测试皿包含一个在饱和盐溶液中浸泡过的毛玻璃板，以保持试样一端的水蒸气，下端与电解槽相通。

测试装置：精度为读数的±2%，不小于 0.01 g/（m^2·24 h）。

试验条件 除另有规定外，A. 温度 23 ℃±0.5 ℃，相对湿度 85%±2%。

B. 温度 38 ℃±0.5 ℃，相对湿度 90%±2%。

测定法 除另有规定外，选取厚度均匀、无皱褶、折痕、针孔及其他缺陷的试样三片，进行试验，所需相对湿度可通过盐溶液调节。配制方法见表 1，当显示的值已稳定一段时间后，测试结束（当相邻 3 次电流采样值波动幅度不大于 5%时，可视为电流已保持恒定，水蒸气渗透量达到稳定状态）。

表 1 控制相对湿度的盐溶液配制表

温度（℃）	相对湿度（%）	溶液
23	85	KCl 饱和溶液
38	90	KNO$_3$ 饱和溶液

试验结果以三个试样的算术平均值表示，每一个试样测定值与算术平均值的偏差应不得过±10%。按下式计算每个试样的水蒸气透过量。

$$WVT = 8.067 \times \frac{I}{A}$$

式中　WVT 为试样的水蒸气透过量，g/（m² · 24 h）；

A 为试样的透过面积，m²；

I 为电解电流，安培；

8.067 为常数，g/（安培 · 24 h）。

第三法　重量法

（1）适用于口服、外用液体瓶。

仪器装置　①恒温恒湿箱：恒温恒湿箱温度精度为±0.6 ℃；相对湿度精度为±2%；风速为 0.5～2.5 m/s。恒温恒湿箱关闭之后，15 分钟内应重新达到规定的温、湿度。

②分析天平：灵敏度为 0.1 mg。

试验条件　除另有规定外，A. 温度 40 ℃±2 ℃，相对湿度 25%±5%。

B. 温度 25 ℃±2 ℃，相对湿度 40%±5%。

C. 温度 30 ℃±2 ℃，相对湿度 35%±5%。

测定法　除另有规定外，取试验瓶适量，在瓶中加入纯化水至标示容量，旋紧瓶盖，精密称定。然后将试瓶置于恒温恒湿箱中，放置 14 天，取出后，室温放置 45 分钟后，精密称定。按下式计算水分损失的百分比。

$$水分损失百分率 = \frac{W_1 - W_2}{W_1 - W_0} \times 100\%$$

式中　W_1 为试验前液体瓶及水溶液的重量，g；

W_0 为空液体瓶重量，g；

W_2 为实验后液体瓶及水溶液的重量，g。

（2）适用于固体瓶

仪器装置　①恒温恒湿箱：恒温恒湿箱温度精度为±0.6 ℃；相对湿度精度为±2%；风速为 0.5～2.5 m/s。恒温恒湿箱关闭之后，15 分钟内应重新达到规定的温、湿度。

②分析天平：灵敏度为 0.1 mg。

试验条件　除另有规定外，

A. 温度 40 ℃±2 ℃，相对湿度 75%±5%

B. 温度 30 ℃±2 ℃，相对湿度 65%±5%

C. 温度 25 ℃±2 ℃，相对湿度 75%±5%

测定法　除另有规定外，取试验瓶适量，用干燥绸布擦净每个试瓶，将瓶盖连续开、关 30 次后，在试瓶内加入干燥剂无水氯化钙（除去过 4 目筛的细粉，置 110 ℃干燥 1 小时）：20 ml 或 20 ml 以上的试瓶，加入干燥剂至距瓶口 13 mm 处；小于 20 ml 的试瓶，加入的干燥剂量为容积的 2/3，立即将盖盖紧。另取两个试瓶装入与干燥剂相等量的玻璃小球，作对照用。试瓶紧盖后分别精密称定，然后将试瓶置于恒温恒湿箱中，放置 72 小时，取出，用干燥绸布擦干每个试瓶，室温放置 45 分钟，分别精密称定。按下式计算水蒸气透过量：

$$水蒸气透过量（mg/24\,h \cdot L）= \frac{1000}{3V}\big[(T_t - T_i) - (C_t - C_i)\big]$$

式中　V 为试瓶的容积，ml；

T_i 为试瓶试验前的重量，mg；

C_i 为对照瓶试验前的平均重量，mg；

T_t 为试瓶试验后的重量，mg；

C_t 为对照瓶试验后的平均重量，mg。

（3）适用于输液用容器

仪器装置 ①恒温恒湿箱：恒温恒湿箱温度精度为±0.6 ℃；相对湿度精度为±2%；风速为 0.5～2.5 m/s。恒温恒湿箱关闭之后，15 分钟内应重新达到规定的温、湿度。

②分析天平：灵敏度为 1 mg。

试验条件 除另有规定外，

A. 温度 40 ℃±2 ℃，相对湿度 25%±5%

B. 温度 25 ℃±2 ℃，相对湿度 40%±5%

C. 温度 30 ℃±2 ℃，相对湿度 35%±5%

测定法 除另有规定外，取装液容器数个，精密称定。然后将容器置于恒温恒湿箱中，放置 14 天，取出后，室温放置 45 分钟后，精密称定。按下式计算水分损失的百分比：

$$水分损失百分率 = \frac{W_1 - W_2}{W_1} \times 100\%$$

式中　W_1 为试验前输液用容器及水溶液的重量，g；

　　　W_2 为试验后输液用容器及水溶液的重量，g。

第四法　红外检测器法（仲裁法）

红外检测器法系指当样品置于测试腔时，样品将测试腔隔为两腔，样品一边为低湿腔，另一边为高湿腔，里面充满水蒸气且温度已知，由于存在一定的湿度差，水蒸气从高湿腔通过样品渗透到低湿腔，由载气传送到红外检测器产生一定量的电信号，当试验达到稳定状态后，通过输出的电信号计算出样品水蒸气透过量的分析方法。

仪器装置 红外透湿仪示意图见图 2，透湿仪由湿度调节装置、测试腔、红外检测器、干燥管及流量表等组成。高湿腔的湿度调节可采用载气加湿的方式或饱和盐溶液的方式调节，红外检测器与低湿腔相连测定水蒸气浓度。

红外传感器对水蒸气的灵敏度至少为 1 μg/L 或 1 mm³/dm³。

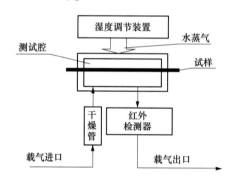

图 2　红外透湿仪示意图

试验条件

应优先从表 2 中选择测试条件，也可根据实际需要变动测试条件。

表 2　测试条件

序号	温度（℃）	相对湿度（%）
1	25±0.5	90±2
2	38±0.5	90±2
3	40±0.5	90±2
4	23±0.5	85±2
5	25±0.5	75±2

测定法　除另有规定外，选取具有代表性、厚度均匀、无皱褶、折痕、针孔及其他缺陷的试样三片，样品应在温度 23 ℃±2 ℃，相对湿度 50%±10%的条件下，进行状态调节，调节时间至少 4 小时。然后进行试验，当仪器显示的值已稳定一段时间后，测试结束（试验稳定时输出的电压值或仪器显示的水蒸气透过率值变化在 5%以内，如果输出值变化未在 5%以内，应在报告里加以说明）。

注：试验具体操作如零点漂移测定、载气流量调节等应根据所测材料阻隔性能的高低，按照仪器使用说明书的要求进行。

试验结果以所测三个试样的算术平均值表示，结果若小于 1，小数点后保留 2 位；大于 1，则保留两位有效数字。按照下式计算每个样品水蒸气透过量：

$$WVT = \frac{S \times (E_S - E_0)}{(E_R - E_0)} \times \frac{A_R}{A_S}$$

式中　WVT 为水蒸气透过量，g/（$m^2 \cdot$ 24 h）；

E_0 为零点漂移值电压，V；

E_R 为参考膜测试稳定时电压，V；

S 为参考膜水蒸气透过量，g/（$m^2 \cdot$ 24 h）；

E_S 为样品测试稳定时电压，V；

A_R 为参考膜测试面积，m^2；

A_S 为样品测试面积，m^2。

剥离强度测定法

Boli Qiangdu Cedingfa

Test for Peel Strength

本法适用于塑料复合在塑料或其他基材（如铝箔、纸等）上的各种软质、硬质复合塑料材料剥离强度的测定。

剥离强度系指将规定宽度的试样，在一定速度下，进行 T 型剥离，测定得到的复合层与基材的平均剥离力。

测定法 取试样适量，将试样宽度方向两端除去 50 mm，均匀截取纵、横向宽度为 15.0 mm±0.1 mm，长度 200 mm 的试样各 5 条。复合方向为纵向。试样应在温度 23 ℃±2 ℃，相对湿度 50%±5% 的环境中，放置 4 小时以上，并在上述条件下进行试验。

沿试样长度方向一端将复合层与基材预先剥开 50 mm，被剥开部分不得有明显损伤。若试样不易剥开，可将试样一端约 20 mm 浸入适当的溶剂（常用乙酸乙酯、丙酮）中处理，待溶剂完全挥发后，再进行剥离强度的试验。

若复合层经上述方法的处理，仍不能与基材分离，则试验不可进行，判定为不能剥离。

将试样剥开部分的两端分别夹在试验机上下夹具中，使试样剥开部分的纵轴与上、下夹具中心连线重合，并松紧适宜。试验时，未剥开部分与拉伸方向呈 T 型，见图1，试验速度为 300 mm/min±30 mm/min，记录试样剥离过程中的剥离力曲线。

试验结果 参照图 2 三种典型曲线采取其中相近的一种取值方法，算出每个试样平均剥离强度。每组试样分别计算其纵、横向剥离强度算术平均值为试验结果，取两位有效数字，单位以 N/15 mm 表示。

若复合层不能剥离或复合层断裂时，其剥离强度为合格。

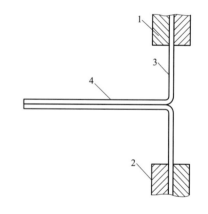

图 1　试样夹持示意图

1. 上夹具；2. 下夹具；3. 试样剥开部分；4. 未剥离试样

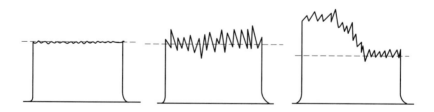

图 2　剥离力典型曲线的取值（虚线示值为试样的平均值）

拉伸性能测定法

Lashen Xingneng Cedingfa

Test for Tensile Properties

本法适用于塑料薄膜和片材（厚度应不大于 1 mm）的拉伸强度和断裂伸长率的测定。

拉伸强度系指在拉伸试验中，试验直至断裂为止，单位初始横截面上承受的最大拉伸负荷。

断裂伸长率系指在拉伸试验中，试样断裂时，标线间距离的增加量与初始标距之比，以百分率表示。

仪器装置　仪器应有适当的夹具，夹具应使试样长轴与通过夹具中心线的拉伸方向重合，夹具应尽可能避免试样在夹具处断裂，并防止被夹持试样在夹具中滑动。夹具的移动速度应满足试验要求。仪器的示值误差应在±1%内。

试样形状及尺寸　本方法规定使用四种类型的试样，Ⅰ、Ⅱ、Ⅲ型为哑铃形试样。见图1～图3。Ⅳ型为长条型试样，宽度 10～25 mm，总长度不小于 150 mm，标距至少为 50 mm。试样形状和尺寸根据各品种项下规定进行选择。

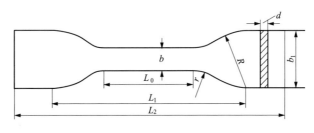

单位：mm

图 1　Ⅰ型试样

L_2. 总长 120；L_1. 夹具间初始距离 86±5；L_0. 标线间距离 40±0.5；d. 厚度；

R. 大半径 25±2；r. 小半径 14±1；b. 平行部分宽度 10±0.5；b_1. 端部宽度 25±0.5

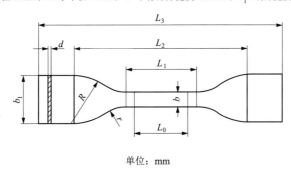

单位：mm

图 2　Ⅱ型试样

L_3. 总长 115；L_2. 夹具间初始距离 80±5；L_1. 平行部分长度 33±2；L_0. 标线间距离 25±0.25；

R. 大半径 25±2；r. 小半径 14±1；b. 平行部分宽度 6±0.4；b_1. 端部宽度 25±1；d. 厚度

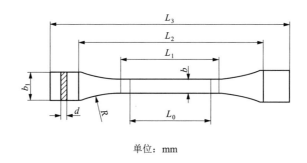

单位：mm

图 3   III型试样

L_3. 总长 150；L_2. 夹具间初始距离 115±5；L_1. 平行部分长度 60±0.5；d. 厚度；
L_0. 标线间距离 50±0.55；R. 半径 60；b. 平行部分宽度 10±0.5；b_1. 端部宽度 20±0.5

试样制备   试样应沿纵、横方向大约等间隔裁取。哑铃形及长条形试样可用冲刀冲制，长条型试样也可用在标准试片截取板上用裁刀截取。试样边缘必须平滑无缺口损伤，按试样尺寸要求准确打印或画出标线。此标线应对试样产品不产生任何影响。

试样按每个试验方向为一组，每组试样不少于 5 个。试样应在 23 ℃±2 ℃、50%±5%相对湿度的环境中放置 4 小时以上，并在此条件下进行试验。

试验速度（空载）

a. 1 mm/min±0.5 mm/min；

b. 2 mm/min±0.5 mm/min 或 2.5 mm/min±0.5 mm/min；

c. 5 mm/min±1 mm/min；

d. 10 mm/min±2 mm/min；

e. 30 mm/min±3 mm/min 或 25 mm/min±2.5 mm/min；

f. 50 mm/min±5 mm/min；

g. 100 mm/min±10 mm/min；

h. 200 mm/min±20 mm/min 或 250 mm/min±25 mm/min；

i. 500 mm/min±50 mm/min。

应按各品种项下规定的要求选择速度。如果没有规定速度，则硬质材料和半硬质材料选用较低的速度，软质材料选用较高的速度。

测定法

（1）用上、下两侧面为平面的精度为 0.001 mm 的量具测量试样厚度，用精度为 0.1 mm 的量具测量试样宽度。每个试样的厚度及宽度应在标距内测量三点，取算术平均值。长条形试样宽度和哑铃型试样中间平行部分宽度应用冲刀的相应部分的平均宽度。

（2）将试样置于试验机的两夹具中，使试样纵轴与上、下夹具中心连线相重合，夹具松紧适宜，以防止试样滑脱或在夹具中断裂。

（3）按规定速度开动试验机进行试验。试样断裂后读取断裂时所需负荷以及相应的标线间伸长值。若试样断裂在标线外的部位时，此试样作废。另取试样重做。

结果的计算和表示

拉伸强度   按下式计算：

$$\sigma_t = \frac{p}{bd}$$

式中　σ_t 为拉伸强度，MPa；

　　　p 为最大负荷、断裂负荷，N；

　　　b 为试样宽度，mm；

　　　d 为试样厚度，mm。

断裂伸长率　按下式计算：

$$\varepsilon_t = \frac{L - L_0}{L_0} \times 100\%$$

式中　ε_t 为断裂伸长率，%；

L_0 为试样原始标线距离，mm；

L 为试样断裂时标线间距离，mm。

分别计算纵、横向组试样的算术平均值为试验结果。

热合强度测定法

Rehe Qiangdu Cedingfa

Test for Welding Strength

本法适用于塑料热合在塑料或其他基材（如铝箔等）上的热合强度及塑料复合袋的热合强度的测定。

试样制备

材料：根据产品项下规定的热合条件，将试样在热封仪上进行热合。从热合中间部位纵向、横向裁取 15.0 mm±0.1 mm 宽的试样各 5 条。

复合袋：如图 1 所示，在复合袋的侧面、背面、顶部和底部，与热合部位成垂直方向上裁取 15.0 mm±0.1 mm 宽的试样总共 10 条，各部位取样条数相差不得超过一条。展开长度 100 mm±1 mm，若展开长度不足 100 mm±1 mm 时，可按图 2 所示，用胶黏带粘接与袋相同材料，使试样展开长度满足 100 mm±1 mm 要求。

试样应在温度 23 ℃±2 ℃，相对湿度 50%±5% 环境中放置 4 小时以上，并在此条件下进行试验。

测定法 取试样，以热合部位为中心，打开呈 180°，把试样的两端夹在试验机的两个夹具上，试样轴线应与上下夹具中心线相重合，并要求松紧适宜，以防止试验前试样滑脱或断裂在夹具内。夹具间距离为 50 mm，试验速度为 300 mm/min±20 mm/min，读取试样分离或断裂时的最大载荷（拉力试验机示值误差应在 ±1% 之内）。

若试样断在夹具内，则此试样作废，另取试样重做。

结果判定 试验结果，材料以纵向、横向 5 个试样的算术平均值，复合袋以不同热合部位 10 个试样的平均值作为该样品的热合强度，单位以 N/15 mm 表示。

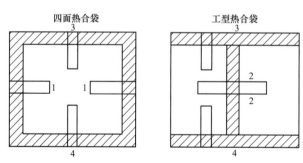

图 1 取样位置

1—侧面热合；2—背面热合；3—顶部热合；4—底部热合

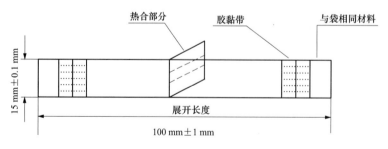

图 2 形状与尺寸

密度测定法

Midu Cedingfa

Determination of Density

本法适用于除泡沫塑料以外的塑料容器（材料）的密度测定。

本标准采用浸渍法，即根据浮力法进行密度的测定。

密度系指在规定温度下单位体积物质的质量。温度为t℃时的密度用ρ_t表示，单位为kg/m^3、g/cm^3。

浸渍法系指试样在规定温度的浸渍液中，所受到浮力的大小，等于试样排开浸渍液的体积与浸渍液密度的乘积。而浮力的大小可以通过测量试样的质量与试样在浸渍液中的质量求得。

仪器 精度为 0.1 mg 的天平，附密度测定装置（温度计的最小分度值为 0.5 ℃）。

试样与浸渍液 试样应在温度 23 ℃±2 ℃，相对湿度 50%±5%环境中放置 4 小时以上，然后在此条件下进行试验。试样为除粉料以外的任何无气孔材料，表面应光滑平整、无凹陷，清洁，无裂缝，无气泡等缺陷。尺寸适宜，试样质量不超过 2 g。

浸渍液应选用新沸水或其他适宜的液体，不与试样作用的液体，必要时可加入润湿剂，但应小于浸渍液总体积的 0.1%，以除去小气泡。在测试过程中，试样与该液体接触时，对试样应无影响。浸渍液密度一般应小于试样密度；当材料密度大于 1 时选用水，当材料密度小于 1 时选用无水乙醇。

测定法 取试样适量，置于天平上，精密测定其在空气中的质量（a），然后将样品置于盛有一定量已知密度（ρ_x）的浸渍液（水或无水乙醇）中，精密测定其质量（b），按下式计算容器（材料）的密度。

$$\rho_t = \frac{a \cdot \rho_x}{a-b}$$

式中：ρ_t为温度为 t℃时试样的密度，g/cm^3

a 为试样在空气中的质量，g

b 为试样在浸渍液中的质量，g

ρ_x 为浸渍液的密度，g/cm^3。

如果在温度控制的环境中测试，整个仪器的温度，包括浸渍液的温度都应控制在 23 ℃±2 ℃范围内。

注：试样上端距液面应不小于 10 mm，试样表面不能黏附空气泡。

水及无水乙醇在不同温度下的密度见表 1、表 2。

表 1　水在不同温度下的密度 单位：g/cm^3

T/℃	0.0	0.1	0.2	0.3	0.4	0.5	0.6	0.7	0.8	0.9
18	0.998 62	0.998 60	0.998 59	0.998 57	0.998 55	0.998 53	0.998 51	0.998 49	0.998 47	0.998 45
19	0.998 43	0.998 41	0.998 39	0.998 37	0.998 35	0.998 33	0.998 31	0.998 29	0.998 27	0.998 25
20	0.998 23	0.998 21	0.998 19	0.998 17	0.998 15	0.998 13	0.998 11	0.998 08	0.998 06	0.998 04
21	0.998 02	0.998 00	0.997 98	0.997 95	0.997 93	0.997 91	0.997 89	0.997 86	0.997 84	0.997 82
22	0.997 80	0.997 77	0.997 75	0.997 73	0.997 71	0.997 68	0.997 66	0.997 64	0.997 61	0.997 59
23	0.997 56	0.997 54	0.997 52	0.997 49	0.997 47	0.997 44	0.997 42	0.997 40	0.997 37	0.997 35
24	0.997 32	0.997 30	0.997 27	0.997 25	0.997 22	0.997 20	0.997 17	0.997 15	0.997 12	0.997 10
25	0.997 07	0.997 04	0.997 02	0.996 99	0.996 97	0.996 94	0.996 91	0.996 89	0.996 86	0.996 84

表2 无水乙醇在不同温度下的密度

单位：g/cm³

$T/℃$	0.0	0.1	0.2	0.3	0.4	0.5	0.6	0.7	0.8	0.9
18	0.791 05	0.790 96	0.790 88	0.790 79	0.790 71	0.790 62	0.790 54	0.790 45	0.790 37	0.790 28
19	0.790 20	0.790 11	0.790 02	0.789 94	0.789 85	0.789 77	0.789 68	0.789 60	0.789 51	0.789 43
20	0.789 34	0.789 26	0.789 17	0.789 09	0.789 00	0.788 92	0.788 83	0.788 74	0.788 66	0.788 57
21	0.788 49	0.788 40	0.788 32	0.788 23	0.788 15	0.788 06	0.787 97	0.787 89	0.787 80	0.787 72
22	0.787 63	0.787 55	0.787 46	0.787 38	0.787 29	0.787 20	0.787 12	0.787 03	0.786 95	0.786 86
23	0.786 78	0.786 69	0.786 60	0.786 52	0.786 43	0.786 35	0.786 26	0.786 18	0.786 09	0.786 00
24	0.785 92	0.785 83	0.785 75	0.785 66	0.785 58	0.785 49	0.785 40	0.785 32	0.785 23	0.785 15
25	0.785 06	0.784 97	0.784 89	0.784 80	0.784 72	0.784 63	0.784 54	0.784 46	0.784 37	0.784 29

氯乙烯单体测定法

Lüyixi Danti Cedingfa

Determination of Vinyl Chloride Monomer

本标准适用于聚氯乙烯产品中残留氯乙烯单体的测定。

本法以气-液平衡为基础,试样在密封容器内,用合适的溶剂溶解。在一定温度下,氯乙烯单体向空间扩散,达到平衡后,取定量顶空气体注入气相色谱仪中测定,以保留时间定性,以峰面积定量。

本法照气相色谱法(《中国药典》2015 年版四部通则 0521)测定。

色谱条件与系统适应性试验

1. 填充柱:上试 407 有机担体,60～80 目,200 ℃老化 4 小时。

测定条件(供参考):柱温 100 ℃,进样口温度 150 ℃,氮气 20 ml/min,氢气 30 ml/min,空气 300 ml/min。

检测器:火焰离子化检测器(FID)。

理论板数:不得低于 500。

2. 毛细管柱:固定相为聚苯乙烯-二乙烯苯(如 HP-PLOT Q 30 m×0.53 mm×40 μm)。

测定条件(供参考):柱温 150 ℃,进样口温度 200 ℃,检测器温度 210 ℃,氮气 5 ml/min,氢气 40 ml/min,空气 400 ml/min,分流比 5:1。

检测器:火焰离子化检测器(FID)。

理论板数:不得低于 5000。

分离度:待测物质与相邻色谱峰的分离度应大于 1.5。

3. 测定结果的相对标准偏差不大于 10%。

供试液的制备 将供试品剪成细小颗粒,取 0.5～1.0 g,精密称定,置于 20 ml 顶空瓶中,加 3 ml *N*,*N*-二甲基乙酰胺(DMAC)后,立即压盖密闭,振摇使完全溶解或充分溶胀。

测定法 除另有规定外,测定方法一般采用第一法;当第一法测定结果不符合规定时,应采用第二法进行复验或测定。

第一法(外标法)

对照溶液的制备 精密量取氯乙烯标准物质适量,用标准物质用的稀释溶剂稀释,配制成适宜浓度的对照溶液,取适量注入预先已加入 3 ml *N*,*N*-二甲基乙酰胺的 20 ml 顶空瓶中(通常对照溶液的色谱峰面积与供试品中对应的色谱峰面积比值不超过 2 倍),立即压盖密闭。

取对照溶液和供试液,分别置于 70 ℃±1 ℃的条件下平衡 30 分钟(如手动进样,进样器预热至相同温度)。取 1 ml 瓶内气体注入气相色谱仪中,记录色谱图,测量对照溶液和供试液氯乙烯的峰面积,计算。

第二法(标准曲线法)

标准曲线对照溶液的制备 精密量取氯乙烯标准物质适量,用标准物质用的稀释溶剂稀释,配制成浓度为 0.2 mg/ml 的对照溶液。取 20 ml 顶空瓶数个,预先各加 3 ml 的 *N*,*N*-二甲基乙酰胺,用微量注射器吸取 5 μl、10 μl、15 μl、20 μl、25 μl 的对照溶液分别注入各顶空瓶,立即压盖密闭,配成 1 μg、2 μg、3 μg、4 μg、5 μg 的氯乙烯标准曲线对照溶液(必要时可根据供试品实际情况调整线性范围),分别置于 70 ℃±1 ℃的条件下,平衡 30 分钟(如手动进样,进样器预热至相同温度)。取 1 ml 瓶内气体注入气相色谱仪中,记录色谱图,测量峰面积,绘制峰面积标准曲线。

取供试液，置于 70 ℃±1 ℃的条件下平衡 30 分钟（如手动进样，进样器预热至相同温度）。取 1 ml 瓶内气体注入气相色谱仪中，记录色谱图，根据供试液中氯乙烯峰面积，从标准曲线上求得供试品中氯乙烯质量，按下式计算出供试品中氯乙烯单体含量：

$$X = \frac{m_1}{m_2}$$

式中　X 为供试品中氯乙烯单体含量，$\mu g/g$；

m_1 为标准曲线上求出的供试液中氯乙烯质量，μg；

m_2 为供试品质量，g。

偏二氯乙烯单体测定法

Pianerlüyixi Danti Cedingfa

Determination of Ethylene Dichloride

本法适用于聚偏二氯乙烯产品中残留偏二氯乙烯单体的测定。

本法以气-固平衡为基础，在密封容器内，在一定的温度下，试样中残留的偏二氯乙烯迅速地向空间扩散，达到平衡后，取定量顶空气体注入色谱仪中分析，以保留时间定性，峰面积定量。

本法照气相色谱法（《中国药典》2015 年版四部通则 0521）测定。

色谱条件与系统适用性试验

1. 填充柱（推荐）：固定相为涂有 2.5%邻苯二甲酸二辛酯和 2.5%有机皂土 34（Bentone34，二甲基双十八烷基铵皂土）的 102 硅藻土担体的填充柱。

测定条件（推荐）：柱温 70 ℃，进样口温度 130 ℃，检测器温度 130 ℃，氮气 25 ml/min，氢气 30 ml/min，空气 400 ml/min。

检测器：火焰离子化检测器（FID）。

理论板数：不得低于 500。

2. 毛细管柱（推荐）：固定液为聚乙二醇（如 INNOWAX Q 30 m×0.53 mm×1 μm）。

测定条件（推荐）：柱温 80 ℃，进样口温度 180 ℃，检测器温度 190 ℃，氮气 5 ml/min，氢气 40 ml/min，空气 400 ml/min，分流比 5:1。

检测器：火焰离子化检测器（FID）。

理论板数：不得低于 5000。

待测物质与相邻色谱峰的分离度应大于 1.5。

3. 测定结果的相对标准偏差不大于 10%。

供试品的制备　将供试品剪成细小颗粒，取 1.0 g，精密称定，放入 20 ml 顶空瓶中，压盖密闭。

测定法　除另有规定外，测定方法一般采用第一法；当第一法测定结果不符合规定时，应采用第二法进行复验或测定。

第一法（外标法）

对照溶液的制备　精密量取偏二氯乙烯标准物质适量，用标准物质用的稀释溶剂稀释，配制成适宜浓度的对照溶液，取适量注入 20 ml 顶空瓶中（通常对照溶液的色谱峰面积与供试品中对应的色谱峰面积比值不超过 2 倍），立即压盖密闭。

取对照溶液和供试品，分别置于 80 ℃±1 ℃的条件下平衡 30 分钟（如手动进样，进样器预热至相同温度）。取 1 ml 瓶内气体注入气相色谱仪中，记录色谱图，测量对照溶液和供试品偏二氯乙烯的峰面积，计算。

第二法（标准曲线法）

标准曲线对照溶液的制备　精密量取偏二氯乙烯标准物质适量，用标准物质用的稀释溶剂稀释，配制成浓度为 0.2 mg/ml 的对照溶液。用微量注射器吸取 5 μl、10 μl、15 μl、20 μl、25 μl 的对照溶液分别注入 20 ml 顶空瓶中，立即压盖密闭，配成 1 μg、2 μg、3 μg、4 μg、5 μg 的偏二氯乙烯标准曲线对照溶液（必要时可根据供试品实际情况调整线性范围），分别置于 80 ℃±1 ℃的条件下平衡 30 分钟。取 1 ml 瓶内气体注入气相色谱仪中，记录色谱图，测量峰面积，绘制峰面积标准曲线。

取供试品，置于 80 ℃±1 ℃的条件下平衡 30 分钟。取 1 ml 瓶内气体注入气相色谱仪中，记录色谱图，根据供试品中偏二氯乙烯峰面积，从标准曲线上求得供试品中偏二氯乙烯质量，按下式计算出供试品中偏二氯乙烯单体含量：

$$X = \frac{m_1}{m_2}$$

式中 X 为供试品中偏二氯乙烯单体含量，μg/g；

　　　m_1 为标准曲线上求出的样品中偏二氯乙烯质量，μg；

　　　m_2 为供试品质量，g。

内应力测定法

Neiyingli Cedingfa

Test for Stress

本法适用于药用玻璃容器内应力的测定。

通常玻璃为各向同性的均质体材料，当有应力存在时，它会表现各向异性，产生光的双折射现象。本法规定了使用偏光应力仪测量双折射光程差，并以单位厚度光程差数值来表示产品内应力大小的测定法。

仪器装置　偏光应力仪应符合下列技术要求：在使用偏光元件和保护件进行观察时，光场边沿的亮度不小于 120 cd/m²；所采用的偏振元件应保证亮场时任何一点偏振度都不小于 99%；偏振场不小于 85 mm；在起偏镜和检偏镜之间能分别置入 565 nm 的全波片（灵敏色片）及四分之一波片，波片的慢轴与起偏镜的偏振平面成 90°；检偏镜应安装成能相对于起偏镜和全波片或四分之一波片旋转，并且有旋转角度的测量装置（度盘格值为 1°）。

测定法　供试品应为退火后未经其他试验的产品，须预先在实验室内温度条件下放置 30 分钟以上，测定时应戴手套，避免用手直接接触供试品。

1. 无色供试品的测定

无色供试品底部的检验：将四分之一波片置入视场，调整偏光应力仪零点，使之呈暗视场。把供试品放入视场，从口部观察底部，这时视场中会出现暗十字，如果供试品应力小，则这个暗十字便会模糊不清。旋转检偏镜，使暗十字分离成两个沿相反方向移动的圆弧，随着暗区的外移，在圆弧的凹侧便出现蓝灰色，凸侧便出现褐色。如测定某选定点的应力值，则旋转检偏镜直至该点蓝灰色刚好被褐色取代为止。绕轴线旋转供试品，找出最大应力点，旋转检偏镜，直至蓝灰色被褐色取代，记录此时的检偏镜旋转角度，并测量该点的厚度。

无色供试品侧壁的检验：将四分之一波片置入视场，调整偏光应力仪零点，使之呈暗视场。把供试品放入视场中，使供试品的轴线与偏振平面成 45°，这时侧壁上出现亮暗不同的区域。旋转检偏镜直至侧壁上暗区聚会，刚好完全取代亮区为止。绕轴线旋转供试品，借以确定最大应力区。记录测得最大应力区的检偏镜放置角度，并分别测量两侧壁的厚度（记录两侧壁壁厚之和）。

2. 有色供试品的测定

检验步骤与 1 相同。当没有明显的蓝色和褐色以及玻璃透过率较低时，较难确定检偏镜的旋转终点，深色供试品尤为严重，这时可以采用平均的方法来确定准确的终点。即以暗区取代亮区的旋转角度与再使亮区刚好重新出现的总旋转角度之和的平均值表示。

结果计算

$$\delta = T/t = \theta \times 3.14/t$$

式中　δ 为供试品的内应力，nm/mm；

　　　T 为供试品被测部位的光程差，nm；

　　　t 为供试品被测部位通光处的总厚度，mm；

　　　θ 为检偏镜旋转角度（在测得最大应力时）；

　　　3.14 为采用白光光源（有效波长约为 565 nm）时的常数，检偏镜每旋转 1° 约相当于光程差 3.14 nm（$T = \theta \times 3.14$）。

耐内压力测定法

Naineiyali Cedingfa

Test for Internal Pressure Resistance

本法适用于药用玻璃容器耐内压力的测定。

根据仪器设备的种类不同，测定方法分为两类。

第一法　在预定时间内施加均匀内压力的试验

仪器装置　耐压机应符合下列要求：供试品应在悬挂条件下进行试验，瓶口应很容易夹在试验仪器上；试验时为保证加压介质无泄漏，压头和瓶口封合面之间必须有弹性物质密封，接触面应有足够的压力以防止在加压过程中介质的泄漏；试验设备应具有 0.4 MPa/s±0.1 MPa/s 的速率使液体压力达到预定值，能在试验时维持压力的恒定并能保持预定加压时间的装置；仪器应能显示试验在任何情况下终止时的压力值。

测定法　供试品在试验前不能经受影响其耐内压力试验结果的其他任何机械性能和热性能的试验，在室温条件下静置 30 分钟。除另有规定外，使用的介质一般为与室温相差不得过 5 ℃的水。根据试验的类型选择下列任一种测定步骤。

通过性试验：使供试品内压力按照规定要求达到预定值后，并维持恒压 60 秒±2 秒的时间。如果该设备装有能将压力值修正到 60 秒试验期内应得值的装置，则保压的时间可以有所不同。

递增性试验：继通过性试验后，以递增量为 0.1 MPa 或 0.2 MPa 的压力值增压，直至容器破损率达 50%或 100%。

结果表示

通过性试验：试验中使用的压力和容器破裂的数量以及破裂时的相应压力值。

递增性试验：首次破裂时的压力以及在此压力下破裂的瓶子数；达到预定百分数所需的压力，以最接近于 0.01 MPa 表示；平均破裂压力和标准偏差。

第二法　在预定的恒速下增加内压力的试验

仪器装置　耐压机应符合下列要求：

供试品应在悬挂条件下进行试验，瓶口应很容易夹在试验仪器上；试验时为保证加压介质无泄漏，压头和瓶口封合面之间必须有弹性物质密封，接触面应有足够的压力以防止在加压过程中介质的泄漏；试验设备应具有能按 0.4 MPa/s±0.1 MPa/s 的速率增加液压的装置，直至容器破裂或达到预定指标，增压速率的重复性为 2%；能显示试验在任何情况下终止时的压力值和试验达到要求规定值的装置；仪器应具有一个表明恒速加压和固定时限持压之间关系的装置。

注：恒速增压与固定时限（保持 60 秒）压力之间关系如下：

$$P_R = 1.38 P_{60} + 0.1783$$

式中　P_R 为实际压力值，MPa；

P_{60} 为恒压保持 60 秒压力值，MPa。

测定法　与第一法的要求基本相同。根据试验的类型选择下列任一种试验步骤。

通过性试验：按 0.4 MPa/s±0.1 MPa/s 的速率提高试验压力，直到达到预定的压力值。

破坏性试验：按 0.4 MPa/s±0.1 MPa/s 的速率增加试验压力，直至容器破裂为止。

结果表示

通过性试验：试验中使用的压力和容器破裂的数量以及破裂时的相应压力值。

破坏性试验：首次破裂时的压力以及在此压力下破裂的瓶子数；达到预定百分数所需的压力，以最接近于 0.01 MPa 表示；平均破裂压力和标准偏差。

热冲击和热冲击强度测定法

Rechongji He Rechongjiqiangdu Cedingfa

Test for Thermal Shock and Thermal Shock Endurance

本法适用于测定药用容器的热冲击及热冲击强度。

热冲击（曾称为热震性） 从供试品加热的温度（上限温度 t_1）到供试品所放入的冷水浴的温度（下限温度 t_2）之间的差。

热冲击强度 玻璃容器在热冲击试验中，有 50% 的供试品出现破裂时的温差。

根据试验温差的不同，测定方法分为冷热水槽法和烘箱法两种。

第一法 冷热水槽法

本法适用于试验温差低于 100 ℃的各类药用玻璃容器。

仪器装置

热水槽：容量至少是一次试验的玻璃供试品总体积的两倍，且不得少于 5 升。水槽应包含水循环器、温度计、恒温加热器，以确保温度稳定在±1 ℃以内。

冷水槽：容量至少是一次试验的玻璃供试品总体积的五倍，水槽应包含水循环器、温度计、恒温控制器，以确保在低温范围 0～27 ℃时的温度稳定在±1 ℃以内。

网篮：可同时放入两个或两个以上的供试品，网篮的材料（必要时涂层）要求在试验中不得划伤或擦伤供试品，网篮应能保持玻璃供试品直立且分开，并配有固定供试品的装置以防止受试样品浸入时上浮。

测定法 供试品应为未经受其他性能（如机械、热性能等）测试的制品，先置于试验场所，以保证供试品与环境温度一致。

将两个水槽（冷、热水槽）充水，然后分别将水温调节到 t_1 和 t_2，一般 t_2 用水温为 0～27 ℃的自来水温度，所选定的 t_1 能得出所需要的热冲击温差 t_1-t_2（℃）。

在把已置于网篮中的供试品转送到冷水槽的时间内，t_1 和 t_2 的温差值不得超过规定值的±1 ℃。

将供试品置于网篮中浸入温度为 t_1 的水浴中，使供试品充满水，然后让其浸泡一段时间，以确保玻璃和水之间达到温度平衡。供试品至少浸泡 15 分钟。

注：经验证明，达到温度平衡所需的时间取决于玻璃供试品的最大厚度，如果是玻璃供试品的壁两侧都受热，每毫米壁厚达到温度平衡至少需要 30 秒。

然后将网篮中装满水的供试品迅速转送到温度为 t_2 的水槽中，供试品的转送过程必须在 10 秒±2 秒的时间内完成。

这些供试品必须完全浸没在水槽中，不允许冷水进入供试品，浸没时间规定至少 8 秒，但不超过 2 分钟。

测定内容

合格性试验：按规定的 t_1 和 t_2 温差进行热冲击试验后，供试品的破裂数低于规定数，则判为合格。

递增性试验：按规定的试验步骤，以每次 5～10 ℃的温差递增量进行重复试验，直至破裂数达到预定的百分数。

破坏性试验：按递增性试验的步骤进行试验，直至供试品全部破裂。

注：若热水槽温度已升到 95 ℃，而试验尚未结束，则可通过降低冷水槽的温度而继续进行。

热冲击强度试验：按破坏性试验的步骤进行试验，以供试品有 50% 破裂时的温差表示。其温差值可由供试品的累计破裂百分数与对应温差所绘制的曲线上取得。

结果判断　从冷水槽中取出的供试品经立即检验，凡无破碎、无裂纹和无破损的供试品方可定为检验合格。

注：检验中没有破损的供试品不再用于试验。

第二法　烘箱法

本方法适用于试验温差为 80 ℃或高于 80 ℃的各类药用玻璃容器。

仪器装置　烘箱：温度至少可达 300 ℃，并装备空气搅拌器或循环器，以保证温度变化不超过±5 ℃，烘箱必须装备一个自动调温器，至 180 ℃能保持温度波动在±1 ℃以内，在 180～300 ℃能保持温度波动在±2 ℃以内。

冷水槽：与第一法所要求的冷水槽相似。

网篮：与第一法所要求的网篮相同。

夹钳：用隔热材料包头，使用时应保持干燥。

测定法　供试品应为未经受其他性能（如机械、热性能等）测试的制品，将供试品（或将供试品装入网篮中）放入预热到上限温度 t_1 的烘箱中，然后将供试品在该温度下保持一段时间以确保玻璃供试品达到温度平衡，供试品至少保持 30 分钟。

注：经验证明，达到温度平衡时间取决于玻璃供试品的最大壁厚，每毫米壁厚至少需要 6 分钟。

然后用带隔热包头的夹钳一次一个地将供试品从烘箱中取出，如果同时试验两个或两个以上供试品时，从烘箱中取出装有供试品的网篮，并将供试品身高的一半（如果是带颈的瓶，就是指不算瓶颈部总高度的一半），（或连同网篮）浸入冷水槽中，浸没时间至少为 8 秒，但不超过 2 分钟，冷水槽应靠近烘箱，并保持在 0～27 ℃的下限温度 t_2。烘箱与冷水槽的温差分别由两支温度计测定，此温差值和将供试品送入冷水槽时所要求的温差不应大于±3 ℃。

每件供试品的转送过程须在 5 秒±1 秒的时间内完成。

注：转送过程是指从打开烘箱开始，到供试品浸入冷水中为止。

测定内容

合格性试验：按规定的 t_1 和 t_2 温差进行热冲击试验后，供试品的破裂数低于规定数，则判为合格。

递增性试验：按规定的试验步骤，以每次 5～10 ℃的温差递增量进行重复试验，直至破裂数达到预定的百分数。

破坏性试验：按递增性试验的步骤进行试验，直至供试品全部破裂。

热冲击强度试验：按破坏性试验的步骤进行试验，以供试品有 50%破裂时的温差表示。其温差值可由供试品的累计破裂百分数与对应温差所绘制的曲线上取得。

结果判断　从冷水槽中取出的供试品经立即检验，凡无破碎、无裂纹和无破损的供试品方可定为检验合格。

注：检验中没有破损的供试品不再用于试验。

垂直轴偏差测定法

Chuizhizhoupiancha Cedingfa

Test for Vertical Axis Deviation of Bottles

本法适用于形状为圆形的药用玻璃瓶垂直轴偏差、安瓿圆跳动的测定。异形瓶一般不使用此方法（瓶底轴线可固定的除外）。

垂直轴偏差是指瓶口的中心到通过瓶底中心垂直线的水平偏差。

本法规定的垂直轴偏差是指玻璃瓶绕瓶底中心轴旋转一周时，瓶口的中心绕瓶底中心轴所作圆的直径的二分之一。

仪器装置　测试仪器要求：保证供试品瓶底水平放置时，可测得供试品瓶口中心与瓶底中心垂直轴的水平距离。

仪器要求有固定瓶底或保证瓶底与水平面的紧密接触的方法或设备，可使瓶子旋转的底盘或可靠的旋转方法，保证瓶子在旋转过程中始终保持瓶底轴线的稳定。保证足够的高度且平行于瓶底轴线的立柱。立柱上可装置测量刻度尺、百分表或读数显微镜。刻度尺或百分表与瓶口外沿接触有平行于瓶口外沿的接触平面，以保证在瓶口旋转过程中瓶口轴线变化有足够的接触。

测定法　将供试品瓶底夹持固定在水平板的旋转盘上，使瓶口与百分表接触，旋转 360° 读取最大值和最小值，最大值与最小值之差的二分之一即为垂直轴偏差数值。如使用"V"形座测量时，则将样品紧靠在"V"槽内，用手在与水平面成 45° 的方向下施加一个向侧下方的力，并旋转瓶子 360°，读取最大值和最小值，最大值与最小值之差的二分之一即为垂直轴偏差数值。

测量数值精确度应不小于 0.1 mm。按精确度修正由实测得到垂直轴偏差。

平均线热膨胀系数测定法

Pingjunxianrepengzhangxishu Cedingfa

Test for Coefficient of Mean Linear Thermal Expansion

本法规定了远低于转变温度的弹性固体玻璃的平均线热膨胀系数的测定方法。

本法适用于各种材质药用玻璃平均线热膨胀系数的测定。

定义

（1）平均线热膨胀系数 $a(t_0;t)$

在一定的温度间隔内，供试品的长度变化与温度间隔及供试品初始长度之比。用式（1）表示：

$$\alpha(t_0;t) = \frac{1}{L_0} \times \frac{L - L_0}{t - t_0} \tag{1}$$

式中　t_0 为初始温度或基准温度，℃；

　　　t 为供试品实际温度，℃；

　　　L_0 为试验时玻璃供试品在温度 t_0 时的长度，mm；

　　　L 为供试品在温度 t 时的长度，mm。

本法规定标称基准温度 t_0 是 20 ℃，因此平均线热膨胀系数表示为 $a(20\,℃;t)$。

（2）转变温度 t_g

玻璃动态黏度为 $10^{12.3}$ Pa·s 时的温度，该温度表示了玻璃由脆性状态向黏滞状态的转变，它相应于热膨胀曲线高温部分和低温部分两切线交点的温度。

仪器装置

（1）测量供试品的长度装置，精度为 0.1%。

（2）推杆式膨胀仪（水平或垂直），能测出 $2 \times 10^{-5} L_0$ 的供试品长度变化量（即 2 μm/100 mm）。

测长计的接触力不应超过 1.0 N。这个力通过平面与球面的接触起作用，球面的曲率半径不应小于供试品的直径，在一些特殊的装置中需要平行平面。

承载供试品装置应确保供试品安放在稳固的位置上，在整个试验过程中供试品要与推杆轴在同一轴线上，防止有任何微小改变。

若承载供试品装置是用石英玻璃制造，见结果表示（2）中给出的注意事项。

应采用标准材料进行仪器性能试验，方法见仪器性能试验。

（3）加热炉

加热炉应与膨胀仪装置相匹配，其温度上限要比预期的转变温度高 50 ℃左右，加热炉相对于膨胀仪的工作位置在轴向和径向上应具有 0.5 mm 以内的重现性。

在试验温度范围内（即上限温度比最高的预期的转变温度 t_g 低 150 ℃并至少为 300 ℃），在整个供试品长度区间，炉温应能恒定在 ±2 ℃之内。

（4）炉温控制装置应符合升降速率为 5 ℃/min±1 ℃/min 控制要求。

（5）温度测量装置

在 t_0 和 t 温度范围内，能准确测定供试品的温度，误差应小于 ±2 ℃之内。

供试品

（1）形状和尺寸

供试品通常为棒状，其形状取决于所用膨胀仪的类型，长度 L_0 至少应为膨胀仪测长装置的测长分辨率的 $5×10^4$ 倍。

注：例如，供试品可以是直径为 5 mm 的圆棒，也可以是截面为 5 mm×5 mm、长度为 25～100 mm 的正方形棒，在某些情况下，横截面为 100 mm² 更为方便。

（2）制备

供试品在试验前应退火：将供试品加热到比转变温度高大约 30 ℃，然后以 2 ℃/min 的速率将供试品冷至比转变温度低大约 150 ℃，在无通风的条件下将供试品进一步冷却至室温。

（3）数量

每次试验测定两个供试品，见结果表示（4）。

测定法

（1）试验范围的选择

根据定义规定标称基准温度为 20 ℃，然而，由于实际原因，温度可以在 18 ℃和 28 ℃之间起始，终点温度一般是 290 ℃≤t≤310 ℃。t 的相应标称值为 300 ℃。温度和温差读数精度应为 2 ℃，虽然在结果表示中的实际计算中使用温度的实际测量值，可是试验范围用标称温度表示。对于用标称温度表示的给定系数 a（20 ℃；300 ℃），只要所选的实际温度在规定的限度内，系数不受影响。

（2）基准长度的测定

在基准温度 t_0 时，测定退过火的供试品的基准长度 L_0，其精度为 0.1%，然后放供试品在膨胀仪内，稳定 5 分钟以上。

（3）升温试验

在初始温度为 t_0 时确定膨胀仪的位置，并将这个读数作为将要测量的未校正的长度变化量 ΔL_{meas} 的零点，然后将炉温控制装置调到所需的加热程序开始升温。记录温度 t 和相应的长度变化量 ΔL_{meas} 直到达到所需要的终点温度。除另有规定外，升温速率不应超过每 1 分钟 5 ℃。

因为在温度由 t_0 到 t 的升温期间，记录的膨胀的读数 ΔL_{meas}，由于热电偶的热接点和试验供试品之间存在温差，所以试验供试品的表观温度应加上修正值。

注：此修正值的大小，依赖于温度变化速率和加热炉与供试品之间热交换的速率。从根本上说来，修正值是要与恒温试验相比较而确定的。

（4）恒温试验

在初始温度为 t_0 时确定膨胀仪的位置，并将这个读数作为将要测量的未校正的长度变化量 ΔL_{meas} 的零点，然后加热使炉温达到所选择的终点温度 t，并保持炉温恒定到 ±2 ℃，20 分钟后从膨胀仪上读取 ΔL_{meas} 的值。

注：虽然升温试验能够在试验进行中测定各种温度 t 的系数 a（t_0；t），如果只要求一个终点温度 t 时，应优先采用恒温试验，因为这个试验能提供比较好的精度。

结果表示

（1）最终长度（L）的计算

由测得的长度变量 ΔL_{meas}，计算温度为 t 时的修正后的最终长度（L）用式（2）：

$$L=L_0+\Delta L_{meas}+\Delta L_Q-\Delta L_B \tag{2}$$

式中修正项 ΔL_Q 和 ΔL_B 分别在下面（2）或（3）中解释。

（2）承载供试品装置膨胀（ΔL_Q）的计算

在单推杆式膨胀仪的情况下，式（2）中的修正项 ΔL_Q 是位于供试品近旁的承载供试品装置在温度为 t_0 时长度为 L_0 的那部分的热膨胀。

在差动式推杆膨胀仪的情况下，修正项 ΔL_Q 是标准杆的热膨胀，标准杆与样品有相同的长度，在温度

为 t_0 时长度为 L_0。

在任何一种情况下，修正项 ΔL_Q 用式（3）计算：

$$\Delta L_Q = L_0 \times a_Q\ (t_0;\ t) \tag{3}$$

在单推杆式膨胀仪的情况下，a_Q 是制作承载供试品装置所用材料的平均线热膨胀系数。

在差动式推杆膨胀仪的情况下，a_Q 是制作标准杆材料的平均线热膨胀系数。

如果承载供试品装置，推杆或标准杆是由基本上不含氢氧根的石英玻璃制作，可以使用表 1 中给出的 a_Q 值，膨胀仪的这些部件在第一次使用之前必须在 1100 ℃退火 7 小时，然后以 0.2 ℃/分钟恒定速率从 1100 ℃冷却至 900 ℃。

为了避免石英玻璃的失透，表面要保持清洁，建议用分析纯乙醇清洗两次，清洗后避免用手指接触表面。

表 1　石英玻璃的平均线热膨胀系数 a_Q 值

温度范围（℃）	a_Q 值（K^{-1}）
20～100	0.54×10^{-6}
20～200	0.57×10^{-6}
20～300	0.58×10^{-6}
20～400	0.57×10^{-6}

注：当系统加热到高于 700 ℃时，表中给出的 a_Q 值会有变化。

（3）膨胀仪修正值（ΔL_B）的测定

设置膨胀仪的修正项 ΔL_B 是必要的，因为处于温度为 t 的供试品和处于环境温度的测长计之间的过渡区域内温度分布不均匀。膨胀仪修正项用空白试验测定。

使用单推杆式膨胀仪时，空白试验的供试品由与制造膨胀仪相同材料制作，如果空白试验供试品是由石英玻璃制作的则应该按照结果表示（2）退火。

使用差动式推杆膨胀仪时，允许使用由任何合适的材料制作的两个相同的样品。

空白试验应和玻璃的测定在相同的条件下进行，在每次按仪器性能试验进行仪器性能试验时要重复空白试验。

（4）平均线热膨胀系数的计算

为计算平均线热膨胀系数 $a\ (t_0;\ t)$，将 L_0 和 ΔL_{meas} 的测量值，根据结果表示（2）和（3）确立的修正值，t_0 实测值及 t 值（如果是升温试验，用修正后的值）代入式（4）：

$$\alpha(t_0; t) = \frac{1}{L_0} \times \frac{\Delta L_{meas} + \Delta L_Q - \Delta L_B}{t - t_0} \tag{4}$$

计算两个供试品的 a（20 ℃；t），一般为 a（20 ℃；300 ℃），也可根据需要分别测定出 a（20 ℃；200 ℃），a（20 ℃；100 ℃）或 a（20 ℃；400 ℃）。如果 a（20 ℃；t）$< 10 \times 10^{-6}\ K^{-1}$ 取两位有效数字，如果 a（20 ℃；t）$\geqslant 10 \times 10^{-6}\ K^{-1}$ 取三位有效数字。

如果两个供试品的结果偏差不大于 $0.2 \times 10^{-6}\ K^{-1}$，取算术平均值。否则，要用另外两个供试品重做试验。

仪器性能试验　为了核对整个试验装置是否在正常的运行，用标准品做样品，按试验步骤和结果表示的试验步骤进行试验和计算，标准品的平均线热膨胀系数值是已知的标准值。

建议使用下面的标准材料。

——国家计量单位认证的标准玻璃。

——美国标准参考材料 731。

——按照结果表示（2）退过火的石英玻璃。

标准样品的形状和尺寸，应与通常在试验装置中进行试验的样品形状和尺寸相似。

应确保标准材料的热膨胀特性不被试验所改变，如果标准材料是玻璃应按供试品的（2）退火，除非标准材料的验证者规定了其他步骤。

线热膨胀系数测定法

Xianrepengzhangxishu Cedingfa

Test for Coefficient of Linear Thermal Expansion

本法适用于测定与标准玻璃成分相近的药用玻璃容器的线热膨胀系数。

本法是将已知线热膨胀系数的标准玻璃与待测线热膨胀系数的玻璃叠烧在一起，拉成细丝，由于两种玻璃线热膨胀系数不同，细丝出现弯曲，根据丝的弯曲程度，可测出待测玻璃的平均线热膨胀系数。

装置　喷灯、千分尺及千分尺座（精度为 0.01 mm）、特制夹子（如图 1 所示，尺寸大致为：长 200 mm、宽 20 mm、厚 1 mm 的钢带制成。为防烫手，前端 100 mm 处镶两片绝缘）、测量用标尺（如图 2 所示，由 250 mm×300 mm 大小的玻璃板和玻璃镜各一块组成，镜面上贴有坐标纸，画上横竖坐标线，横向相距 200 mm 处两个点周围和竖线两侧各切除 3 mm 纸，露出镜面，竖线两侧切去部分上下各 60 mm）。

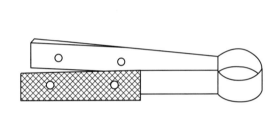

图 1　特制铁夹

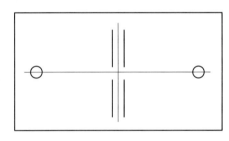

图 2　测量用标尺

测定法　取生产正常时的无缺陷玻璃拔成直径为 4～6 mm 玻璃棒，照平均线热膨胀系数测定法（YBB00202003—2015），精确测定平均线热膨胀系数作为标准玻璃。

将标准玻璃一端烧软，用特制夹子夹扁，再烧软，拉长 20～30 mm，再次烧软，拉去前面尖头，成宽约 6 mm、长约 20 mm、厚约 1 mm 的铲形。

取一小块被测试样，沾于玻璃棒上，按上法做成铲形，要求两个铲形宽度、厚度一致，不得有玻璃缺陷。

将两个铲形重叠，烧在一起，不许有气泡，把沾有供试品的棒端烧掉。

将烧在一起的铲形玻璃拉成直径 0.10～0.14 mm，长约 600 mm 的丝，拉时两手平行。防止玻璃丝扭曲。丝冷却后截断，观察判断丝弯曲方向。

每个铲形可拉制 5～6 条丝。供选择测试使用。见图 3 拉丝步骤。

测量与计算　玻璃丝冷却后，向膨胀系数较大的一方弯曲，弯曲的程度与两玻璃膨胀系数之差值成正比。如向被测玻璃方向弯，则标准玻璃的 α_0 加上 $\Delta\alpha$，反之则标准玻璃的 α_0 减去 $\Delta\alpha$ 即为供试品的线热膨胀系数。

测量：用千分尺选测直径在 0.10～0.14 mm 的丝，截取 220～230 mm 长度，如弯曲度大，应取长些，在截取的长度内中点和两端的直径差不应大于 0.02 mm。

把截好的玻璃丝放在玻璃板上，移动玻璃板，使玻璃丝上两点正对镜面坐标纸相距 200 mm 的点上，读出中间弯曲高度 h，以毫米计。弯曲度高要多测几次，取平均值。如图 4。

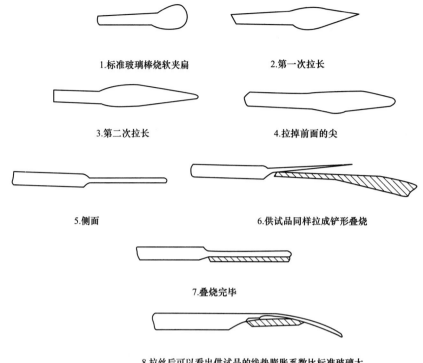

1.标准玻璃棒烧软夹扁　　　2.第一次拉长

3.第二次拉长　　　　　　4.拉掉前面的尖

5.侧面　　　　　　　6.供试品同样拉成铲形叠烧

7.叠烧完毕

8.拉丝后可以看出供试品的线热膨胀系数比标准玻璃大

图3　拉丝步骤

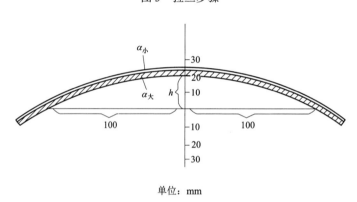

单位：mm

图4　丝的弯曲度测量

计算：

$$\alpha = \alpha_0 \pm \Delta\alpha \tag{1}$$

式中　α 为被测玻璃的线热膨胀系数；

α_0 为标准玻璃的线热膨胀系数；

$\Delta\alpha$ 为标准玻璃与被测玻璃的线热膨胀系数之差。

当 $h \leq 20$ mm 时

$$\Delta\alpha = 0.14hd \times 10^{-6}\,\mathrm{K}^{-1} \tag{2}$$

当 $h > 20$ mm 时

$$\Delta\alpha = \frac{0.14dh}{1 + h^2 \times 10^{-4}} \times 10^{-6}\,\mathrm{K}^{-1} \tag{3}$$

式中　h 为弯曲高度；

d 为丝的直径。

每个样品至少测量三条丝，求平均值，三个数值之间误差应小于 $0.02 \times 10^{-6}\,\mathrm{K}^{-1}$。为简化计算，可预先计算出各种弯曲、各种直径之数值列成表格，查表即可直接出结果。

三氧化二硼测定法

Sanyanghuaerpeng Cedingfa

Determination of Boron Oxide

本法适用于各类药用玻璃包装材料三氧化二硼的含量测定。

本法是将供试品经研磨、烘干后，用碱熔融和酸分解后，加入碳酸钙使硼形成易溶于水的硼酸钙与其他杂质元素分离。加入甘露醇使硼酸定量地转变为醇硼酸，以酚酞为指示剂，用氢氧化钠滴定液滴定，根据消耗氢氧化钠滴定液的体积计算出三氧化二硼含量。

测定法 取供试品（不应有印字）清理干净，粉碎，研磨至细粉（颗粒度应小于 100 μm），于 105～110 ℃烘干 1 小时，放于干燥器中冷却 1 小时。取细粉约 0.5 g，精密称定，置铂坩埚（或银坩埚、镍坩埚）中，加无水碳酸钠 4 g（或氢氧化钠 4 g）在 850～900 ℃熔融，放冷，用热水洗出熔块于 300 ml 烧杯中，加盐酸 20 ml 分解熔块，再用少量盐酸溶液（1→2）清洗坩埚，洗液合并于烧杯中。待熔块完全分解后用碳酸钙中和剩余的酸，并过量加入 4 g 碳酸钙，将烧杯放在水浴中蒸煮约 30 分钟后，用定性快速滤纸过滤，滤液中加乙二胺四乙酸二钠少许，煮沸，取下冷却，加 0.1%甲基红指示剂 2 滴，用 0.1 mol/L 氢氧化钠溶液和 0.1 mol/L 盐酸溶液将溶液调成中性（呈亮黄色），加 0.1%酚酞指示剂 1 ml 和甘露醇 2～3 g，用氢氧化钠滴定液（0.1 mol/L）滴定至微红色，如此反复直至加入甘露醇后微红色不褪为止，按下式计算，即得（结果应表示至两位小数）。

$$三氧化二硼含量 = \frac{M \times V \times 0.034\,81}{G} \times 100\%$$

式中 M 为氢氧化钠滴定液的浓度，mol/L；

V 为滴定消耗氢氧化钠滴定液的体积，ml；

G 为样品的重量，g。

0.034 81 为与 1 ml 氢氧化钠滴定液（1.000 mol/L）相当的三氧化二硼的质量，g。

121 ℃内表面耐水性测定法和分级

121 ℃ Neibiaomian Naishuixing Cedingfa He Fenji

Test and Classification for Hydrolytic Resistance of Interior Surfaces at 121 ℃

本法适用于采用滴定法对各类药用玻璃容器内表面耐水性的测定和分级。

本法是一种表面试验法。将试验用水注入供试容器到规定的容量，并在规定的条件下加热，通过滴定浸蚀液来测量容器受水浸蚀的程度并分级。

试验用水 试验用水不得含有重金属（特别是铜），必要时可用双硫腙极限试验法检验，其电导率在 25 ℃±1 ℃时，不得超过 0.1 mS/m。试验用水应在经过老化处理的烧杯中煮沸 15 分钟以上以去除二氧化碳等气体。试验用水对甲基红应呈中性，即在 50 ml 水中加入甲基红指示液（甲基红钠 0.025 g，加水溶解并稀释至 100 ml）4 滴，水的颜色变为橙红色（pH 5.4～5.6）。该水可用于做空白试验。试验用水通常可在具有磨口玻璃塞的烧瓶中贮存 24 小时而不改变其 pH 值。

仪器装置 压力蒸汽灭菌器、滴定管、烧杯、烧瓶(注：玻璃容器须用平均线热膨胀系数约为 3.3×10^{-6} K^{-1} 硼硅玻璃制成，新的玻璃容器须经过老化处理，即将适量的水加入玻璃容器中，然后按测定法中的热压条件反复处理，直到水对甲基红呈中性后方可使用)。

供试品 供试品的数量取决于容器的容量、一次滴定所需浸提液的体积和所需的滴定结果的次数，可按表 1 计算。

表 1 用滴定法测定耐水性时所需容器的数量

容量（ml） （相当于灌装体积）	一次滴定所需容器的最少数量 （个）	一次滴定所需浸提液的体积 （ml）	滴定次数
≤3	10	25.0	1
>3～30	5	50.0	2
>30～100	3	100.0	2
>100	1	100.0	3

测定法 供试品的清洗过程应在 20～25 分钟内完成，清除其中的碎屑或污物。在环境温度下用水彻底清洗每个容器至少 2 次，灌满水以备用。临用前倒空容器，再依次用水和试验用水各冲洗 1 次，然后使容器完全晾干。

取清洗干净后的供试品，加试验用水至其满口容量的 90%，对于安瓿等容量较小的容器，则灌装水至瓶身缩肩部，用倒置的烧杯（经过老化处理的）或其他适宜的材料盖住口部。将供试品放入压力蒸汽灭菌器中，开放排气阀，匀速加热，使蒸汽从排气阀喷出持续 10 分钟，关闭排气阀，继续加热，在 19～33 分钟内，将温度升至 121 ℃，到达该温度时开始计时。在 121 ℃保持 60 分钟±1 分钟后，缓缓冷却和减压，在 38～46 分钟内将温度降至 100 ℃（防止形成真空）。从压力灭菌器中取出供试品，冷却至室温。

按表 1 规定，对灌装体积小于等于 100 ml 的玻璃容器，将若干个容器中的浸提液合并于一个干燥的烧杯中，用移液管吸取浸提液至锥形瓶中，同法制备相应的份数。

按表 1 规定，对灌装体积大于 100 ml 的玻璃容器，用移液管吸取容器中的 100 ml 浸提液至锥形瓶中，同法制备 3 份。

以水作为空白溶液，在相应条件下进行空白校正。

每份浸提液，以每 25 ml 为单位，加入甲基红指示液 2 滴。用盐酸滴定液（0.01 mol/L）滴定至微红色，并用空白试验校正。

结果表示　计算滴定结果的平均值，以每 100 ml 浸提液消耗盐酸滴定液（0.01 mol/L）的体积（ml）表示。

分级　玻璃容器应根据盐酸滴定液（0.01 mol/L）的消耗量（ml）进行分级，见表 2。

表 2　玻璃容器内表面试验的耐水性分级（滴定法）

容量（ml）（相当于灌装体积）	每 100 ml 浸提液消耗盐酸滴定液（0.01 mol/L）的最大值（ml）				
	HC1 级	HC2 级	HC3 级	HCB 级	HCD 级
≤1	2.0	2.0	20.0	4.0	32.0
>1～2	1.8	1.8	17.6	3.6	28.0
>2～5	1.3	1.3	13.2	2.6	21.0
>5～10	1.0	1.0	10.2	2.0	17.0
>10～20	0.80	0.80	8.1	1.6	13.5
>20～50	0.60	0.60	6.1	1.2	9.8
>50～100	0.50	0.50	4.8	1.0	7.8
>100～200	0.40	0.40	3.8	0.80	6.2
>200～500	0.30	0.30	2.9	0.60	4.6
>500	0.20	0.20	2.2	0.40	3.6

注：HC1 级适用于的硼硅酸盐玻璃制成的玻璃容器的分级；HC2 级适用于以钠钙玻璃制成的内表面经过处理的玻璃容器的分级。

玻璃颗粒在 121 ℃耐水性测定法和分级

Boli Keli Zai 121 ℃ Naishuixing Cedingfa He Fenji

Test and Classification for Hydrolytic Resistance of Glass Grains at 121 ℃

本法适用于各类药用玻璃材质耐水性的滴定法测定和分级。

本法是一种材质试验法，取一定量规定尺寸的玻璃颗粒，放在规定的容器内，加入规定量的水，并在规定的条件下加热，通过滴定浸提液来测量玻璃颗粒受水浸蚀的程度并分级。

试验用水 试验用水不得含有重金属（特别是铜），必要时可用双硫腙极限试验法检验，其电导率在 25 ℃±1 ℃时，不得超过 0.1 mS/m.。试验用水应在经过老化处理的烧杯中煮沸 15 分钟以上以去除二氧化碳等气体。试验用水对甲基红应呈中性，即在 50 ml 水中加入甲基红指示液（甲基红钠 0.025 g，加水溶解并稀释至 100 ml）4 滴，水的颜色变为橙红色（pH 5.4～5.6）。该水可用于做空白试验。试验用水通常可在具有磨口玻璃塞的烧瓶中贮存 24 小时而不改变其 pH 值。

仪器装置 压力蒸汽灭菌器、锥形瓶、烧杯（注：玻璃容器须用平均线热膨胀系数约为 3.3×10⁻⁶ K⁻¹ 硼硅玻璃制成，新的玻璃容器须经过老化处理，即将适量的水加入玻璃容器中，按试验步骤中规定的热压条件反复处理，直到水对甲基红呈中性后方可使用）、烘箱、锤子、由淬火钢制成的碾钵和杵（图 1）、一套不锈钢筛网（含有 A 筛：孔径 425 μm、B 筛：孔径 300 μm、O 筛：孔径 600～1000 μm）。

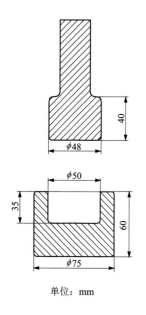

单位：mm

图 1 碾钵和杵

供试品的制备 将供试品击打成碎块，取适量放入碾钵中，插入杵，用锤子猛击杵，只准击一次，将碾钵中的玻璃转移到套筛上层的 O 筛上，重复上述操作过程。用振筛机振动套筛（或手工摇动套筛）5 分钟，将通过 A 筛但留在 B 筛上的玻璃颗粒转移到称量瓶内，玻璃颗粒以多于 10 g 为准。共制备玻璃颗粒 3 份。

用磁铁将每份玻璃颗粒中的铁屑除去，移入 250 ml 锥形瓶中，用无水乙醇或丙酮旋动洗涤玻璃颗粒至少 6 次，每次 30 ml，至无水乙醇或丙酮清澈为止。然后将装有玻璃颗粒的锥形瓶放在电热板上加热，除去残留的丙酮或无水乙醇，再转入烘箱中烘干，取出，置干燥器中冷却。贮存时间不得过 24 小时。

测定法 分别取上述玻璃颗粒 10.00 g，精密称定，置 250 ml 锥形瓶中，精密加入水 50 ml。用烧杯倒置在锥形瓶上，将锥形瓶放入压力蒸汽灭菌器，打开排气阀，匀速加热，使蒸汽从排气阀喷出持续 10 分钟，关闭排气阀，继续加热，在 19～33 分钟内，将温度升至 121 ℃，到达该温度时开始记时。在 121 ℃保持 30 分钟±1 分钟后，缓缓冷却和减压，在 38～46 分钟内将温度降至 100 ℃（防止形成真空）。从压力蒸汽灭菌器中取出，冷却至室温。同法制备空白溶液。在 1 小时内完成滴定。

在每个锥形瓶中加入甲基红指示液（甲基红钠 0.025 g，加水溶解并稀释至 100 ml）4 滴，用盐酸滴定液（0.02 mol/L）滴定至微红色，并用空白溶液校正。

结果表示 计算滴定结果的平均值，以每 1 g 玻璃颗粒消耗盐酸滴定液（0.02 mol/L）的体积（ml）表示。

分级 玻璃颗粒的耐水性应根据盐酸滴定液（0.02 mol/L）的消耗量（ml）按表 1 进行分级。

表 1 玻璃颗粒试验的耐水性分级

玻璃耐水级别	每 1 g 玻璃颗粒耗用盐酸滴定液（0.02 mol/L）的体积（ml）
1 级	≤0.10
2 级	0.10～0.85
3 级	0.85～1.50

药用玻璃成分分类及理化参数

Yaoyongbolichengfen Fenlei Ji Lihuacanshu

Composition, Classification & Parameters of Medicinal Glass

本标准适用于各种药用玻璃的成分分类。

根据玻璃成分及性能的不同，可将药用玻璃成分分类如表 1 所示：

表 1 药用玻璃按成分分类

化学组成及性能		玻 璃 类 型			
		高硼硅玻璃	中硼硅玻璃	低硼硅玻璃	钠钙玻璃
B_2O_3（%）		≥12	≥8	≥5	<5
SiO_2（%）		约 81	约 75	约 71	约 70
Na_2O+K_2O（%）		约 4	约 4～8	约 11.5	约 12～16
$MgO+CaO+BaO+SrO$（%）		—	约 5	约 5.5	约 12
Al_2O_3（%）		2～3	2～7	3～6	0～3.5
平均线热膨胀系数 $10^{-6}K^{-1}$（20～300 ℃）		3.2～3.4	3.5～6.1	6.2～7.5	7.6～9.0
121 ℃颗粒耐水性		1 级	1 级	1 级	2 级
98 ℃颗粒耐水性		HGB1 级	HGB1 级	HGB 1 级或 HGB 2 级	HGB 2 级或 HGB 3 级
耐酸性能	重量法	1 级	1 级	1 级	1～2 级
	原子吸收分光光度法	100 μg/dm²	100 μg/dm²	—	—
耐碱性能		2 级	2 级	2 级	2 级

注：①表中 SiO_2、Na_2O+K_2O、$MgO+CaO+BaO+SrO$、Al_2O_3 的含量不作为限定值，因为玻璃成分在一定范围内的差异，实际上并不影响其理化性能。

②表中主要成分及性能测定所依据的标准：

三氧化二硼测定法（YBB00232003—2015）

平均线热膨胀系数测定法（YBB00202003—2015）；

玻璃颗粒在 121 ℃耐水性测定法和分级（YBB00252003—2015）；

玻璃颗粒在 98 ℃耐水性测定法和分级（YBB00362004—2015）；

玻璃耐沸腾盐酸浸蚀性测定法（YBB00342004—2015）；

玻璃耐沸腾混合碱水溶液浸蚀性测定法（YBB00352004—2015）。

药品包装材料与药物相容性试验指导原则

Yaopinbaozhuangcailiao Yu Yaowu Xiangrongxingshiyan Zhidaoyuanze

Guidelines of Evaluating Compatibility between Pharmaceutical Packaging and Pharmaceuticals

药品包装材料与药物相容性试验是指为考察药品包装材料与药物之间是否发生迁移或吸附等现象，进而影响药物质量而进行的一种试验。由于包装材料众多、包装容器的各异及被包装制剂的不同，为方便、有效地进行本试验，特制定本指导原则。

一、相容性试验测试方法的建立

在考察药品包装材料时，应选用三批包装材料制成的容器对拟包装的一批药品进行相容性试验；考察药品时，应选用三批药物用拟上市包装的一批材料或容器包装后进行相容性试验。当进行药品包装材料与药物的相容性试验时，可参照药物及该包装材料或容器的质量标准，建立测试方法。必要时，进行方法学的研究。

二、相容性试验的条件

1. 光照试验 采用避光或遮光包装材料或容器包装的药品，应进行强光照射试验。将供试品置于装有日光灯的光照箱或其他适宜的光照装置内，照度为 4500 lx±500 lx 的条件下放置 10 天，于第 5 天和第 10 天取样，按相容性重点考察项目，进行检测。

2. 加速试验 将供试品置于温度 40 ℃±2 ℃、相对湿度为 90%±10%或 20%±5%的条件下放置 6 个月，分别于 0、1、2、3、6 个月取出，进行检测。对温度敏感的药物，可在温度为 25 ℃±2 ℃、相对湿度为 60%±10%条件下，放置 6 个月后，进行检测。

3. 长期试验 将供试品置于温度 25 ℃±2 ℃、相对湿度为 60%±10%的恒温恒湿箱内，放置 12 个月，分别于 0、3、6、9、12 个月取出，进行检测。12 个月以后，仍需按有关规定继续考察，分别于 18、24、36 个月取出，进行检测，以确定包装对药物有效期的影响。对温度敏感的药物，可在 6 ℃±2 ℃条件下放置。

4. 特别要求 将供试品置于温度 25 ℃±2 ℃、相对湿度为 20%±5%或温度 25 ℃±2 ℃、相对湿度 90%±10%的条件下，放置 1、2、6 个月。本试验主要对象为塑料容器包装的眼药水、注射剂、混悬液等液体制剂及铝塑泡罩包装的固体制剂等，以考察水分是否会逸出或渗入包装容器。

5. 过程要求 在整个试验过程中，药物与药品包装容器应充分接触，并模拟实际使用状况。如考察注射剂、软膏剂、口服溶液剂时，包装容器应倒置、侧放；多剂量包装应进行多次开启。

6. 必要时应考察使用过程的相容性。

三、包装材料与药物相容性的重点考察项目

1. 包装材料重点考察项目

取经过上述试验条件放置后的装有药物的三批包装材料或容器，弃去药物，测试包装材料或容器中是否有药物溶入、添加剂释出及包装材料是否变形、失去光泽等。

（1）玻璃 常用于注射剂、片剂、口服溶液剂等剂型包装。玻璃按材质可分为钠钙玻璃、低硼硅玻璃、中硼硅玻璃和高硼硅玻璃。不同成分的材质其性能有很大差别，应重点考察玻璃中碱性离子的释放对药液pH 值的影响；有害金属元素的释放；不同温度（尤其冷冻干燥时）、不同酸碱度条件下玻璃的脱片；含有着色剂的避光玻璃被某些波长的光线透过，使药物分解；玻璃对药物的吸附以及玻璃容器的针孔、瓶口歪斜等问题。

（2）**金属** 常用于软膏剂、气雾剂、片剂等的包装。应重点考察药物对金属的腐蚀；金属离子对药物稳定性的影响；金属涂层在试验前后的完整性等。

（3）**塑料** 常用于片剂、胶囊剂、注射剂、滴眼剂等剂型的包装。按材质可分为高密度聚乙烯、低密度聚乙烯、聚丙烯、聚对苯二甲酸乙二醇酯、聚氯乙烯等。应重点考察水蒸气的透过、氧气的渗入；水分、挥发性药物的透出；脂溶性药物、抑菌剂向塑料的转移；塑料对药物的吸附；溶剂与塑料的作用；塑料中添加剂、加工时分解产物对药物的影响；以及微粒、密封性等问题。

（4）**橡胶** 通常作为容器的塞、垫圈。按材质可分为异戊二烯橡胶、卤化丁基橡胶、硅橡胶。鉴于橡胶配方的复杂性，应重点考察其中各种添加物的溶出对药物的作用；橡胶对药物的吸附以及填充材料在溶液中的脱落。在进行注射剂、口服液体制剂等试验时，应倒置、侧放，使药物能充分与橡胶塞接触。

2. 原料药及药物制剂相容性重点考察项目 取经过上述试验条件放置后带包装容器的三批药物，取出药物，按表1项目考察药物的相容性，并观察包装容器（表1）。

表1 原料药及药物制剂相容性重点考察项目

剂 型	相容性重点考察项目
原料药	性状、熔点、含量、有关物质、水分
片 剂	性状、含量、有关物质、崩解时限或溶出度、脆碎度、水分、颜色
胶囊剂	外观、内容物色泽、含量、有关物质、崩解时限或溶出度、水分（含囊材）、粘连
注射剂	外观色泽、含量、pH值、澄明度、有关物质、不溶性微粒、紫外吸收、胶塞的外观
栓 剂	性状、含量、融变时限、有关物质、包装物内表面性状
软膏剂	性状、结皮、失重、水分、均匀性、含量、有关物质（乳膏还应检查有无分层现象）、膏体易氧化值、碘值、酸败、包装物内表面性状
眼膏剂	性状、结皮、均匀性、含量、粒度、有关物质、膏体易氧化值、碘值、酸败、包装物内表面性状
滴眼剂	应考察性状、澄明度、含量、pH值、有关物质、失重、紫外吸收、渗透压
丸 剂	性状、含量、色泽、有关物质、溶散时限、水分
口服溶液剂、糖浆剂	性状、含量、澄清度、相对密度、有关物质、失重、pH值、紫外吸收、包装物内表面性状
口服乳剂	性状、含量、色泽、有关物质
散 剂	性状、含量、粒度、有关物质、外观均匀度、水分、包装物吸附量
吸入气（粉、喷）雾剂	容器严密性、含量、有关物质、每揿（吸）主药含量、有效部位药物沉积量、包装物内表面性状
颗粒剂	性状、含量、粒度、有关物质、溶化性、水分、包装物吸附量
贴 剂	性状、含量、释放度、黏着性、包装物内表面颜色及吸附量
搽剂、洗剂	性状、含量、有关物质、包装物内表面颜色

注：表中未列出的剂型，可参照要求制定项目。